水资源承载力评价理论与应用

李原园　郦建强　李云玲　徐翔宇　著

·北京·

内 容 提 要

本书从机理研究、评价方法和应用实践三个方面阐述了水资源承载能力的理论技术与战略问题。全书共分为9章，在概述水资源承载能力的概念和理论基础后，通过平衡空间阐述水资源承载能力的内在机理，构建了包含“水量、水质、水域、水流”四个要素的水资源承载能力指标体系，介绍了短板法、风险矩阵法、联系数法等水资源承载能力的评价方法，重点开展了全国县域、地级市和三级区水量要素与水质要素的评价，以及试点地区“水量、水质、水域、水流”四个要素的评价。在此基础上分析水资源承载能力的时空演变特征，识别关键影响因子，针对超载原因提出相应的调控对策。

本书可供水资源规划、设计领域的工程技术人员以及高等院校相关专业的师生阅读，也可供相关政府部门在进行水资源战略配置和决策调控时参考。

图书在版编目（CIP）数据

水资源承载力评价理论与应用 / 李原园等著. -- 北京 : 中国水利水电出版社, 2021.12
ISBN 978-7-5226-0357-5

Ⅰ. ①水… Ⅱ. ①李… Ⅲ. ①水资源一承载力一研究 Ⅳ. ①TV211

中国版本图书馆CIP数据核字(2022)第000019号

审图号：GS（2021）5742号

书　　名	**水资源承载力评价理论与应用** SHUIZIYUAN CHENGZAILI PINGJIA LILUN YU YINGYONG
作　　者	李原园　郦建强　李云玲　徐翔宇　著
出版发行	中国水利水电出版社 （北京市海淀区玉渊潭南路1号D座　100038） 网址：www.waterpub.com.cn E-mail：sales@waterpub.com.cn 电话：（010）68367658（营销中心）
经　　售	北京科水图书销售中心（零售） 电话：（010）88383994、63202643、68545874 全国各地新华书店和相关出版物销售网点
排　　版	中国水利水电出版社微机排版中心
印　　刷	北京印匠彩色印刷有限公司
规　　格	184mm×260mm　16开本　15.5印张　377千字
版　　次	2021年12月第1版　2021年12月第1次印刷
印　　数	0001—1000册
定　　价	**120.00**元

前言

QianYan

中国水资源的严峻形势迫切要求协调人口、经济与包括水资源在内的资源环境之间的关系。党的十八届三中全会通过的《中共中央关于全面深化改革若干重大问题的决定》明确提出，“建立资源环境承载能力监测预警机制，对水土资源、环境容量和海洋资源超载区域实行限制性措施”。因此，以水资源承载能力评价为抓手，加强对水资源的管控，强化水资源刚性约束，对促进水资源-经济社会-生态环境系统协调发展具有重要意义。

本书从机理研究、评价方法和应用实践三个方面阐述了水资源承载能力的理论技术与战略问题：一是在机理研究上，提出了基于流域整体循环（水循环、物质循环、能量传输、污染物的迁移转化、生物演替等）的全过程及其基本特征，揭示了生态水文过程的本质内涵，通过剖析生态环境系统、经济社会系统对水资源水循环各环节的作用关系及其响应机制，提出了水资源承载能力的基础理论；二是在评价方法上，构建了包括“水量、水质、水域、水流”（以下简称“量质域流”）四个要素的水资源承载能力动态评价方法和指标体系；三是在应用实践上，提出了一整套全国县域和三级区的水资源承载能力、承载状况、超载区域分布及超载成因等评价成果，绘制了全国县域水资源承载状况图，揭示全国水资源承载能力的演变特征。

全书共9章。第1章主要阐述承载能力的起源与演变、水资源承载能力概念的发展和演化，以及水资源承载能力的评价方法；第2章主要阐述水资源承载能力评价总体框架；第3章主要阐述水资源承载能力评价的理论分析，通过平衡空间来阐述水资源承载能力的内在机理；第4章主要阐述水资源承载能力评价指标体系构建，基于“量质域流”四个要素的水资源承载能力评价体系；第5章主要阐述“量质域流”单要素评价指标与计算；第6章主要阐述区域水资源承载能力评价方法，包括单要素评价采用的短板法，以及多要素综合评价采用的短板法和风险矩阵法的对比分析；第7章主要阐述水资源承载状况评价，包括全国县域、地级市和三级区水量要素和水质要素的评价和重点地区的评价，以及在试点地区对“量质域流”四个要素的评价；第8章主要分析水资源承载能力时空演变特征，进行影响因素分析和关键影响因子的识别；第9

章主要分析水资源超载原因与调控对策。

本书的出版得到国家重点研发项目“水资源承载力评价方法及全国县域承载评价”（2016YFC0401303）的资助。

本书由李原园、郦建强、李云玲、徐翔宇统稿。第1章由李爱花、岳卫峰、金菊良等编写；第2章由徐翔宇编写；第3章由岳卫峰、叶文、李爱花、金菊良编写；第4章由郭旭宁、唱彤、金菊良、徐翔宇编写；第5章由郭旭宁、唱彤、徐翔宇编写；第6章由金菊良、何君、肖书虎编写；第7章由徐翔宇、唱彤、何君、郭东阳、雷静、杨国宪、詹同涛、汪伟编写；第8章由赵志轩、徐翔宇、刘昀竺、何君编写；第9章由徐翔宇、雷静、杨国宪、詹同涛、汪伟编写。

在项目研究和书稿撰写、出版过程中，得到了多方的大力帮助和支持，在此一并致以最诚挚的感谢！

限于作者水平，书中难免存在不足之处，敬请读者批评指正。

作　者

2021年2月

目录

MuLu

第1章 绪　论

1.1 承载能力的起源与演变

在有关水资源承载能力的研究中，经常涉及一些名词，如承载力、承载能力、水资源承载能力、水环境承载能力、水环境容量等。这些名词表达方式虽有差别，但均与水资源可持续发展意义下的可持续利用密切相关，同时也体现了承载能力的起源、演化和发展。

承载力（bearing capacity）原为力学中的一个指标，是指物体在不产生明显破坏时的极限荷载，具有力的量纲，是静态的、无交互的。人们在研究区域系统的时候，常借用这一概念来描述区域对外部环境变化的最大承受能力。承载能力（carrying capacity）最早起源于生态学，用于描述一定环境条件下可供养某种生物群体的最大数量，是动态的、相互影响的，如著名的草原“鼠口”问题、“狼群问题”等。多种生物的研究历史表明，任何物种的生存发展都遵循着一定的规律：即开始增长缓慢，当环境条件好时增长较快，其数量急剧增长，当该物种达到一定的数目时，由于环境的制约，种群出现大量死亡导致数量急剧下降，重新回到新的平衡。早期的水资源承载能力研究中，承载能力对应的英文翻译常常混淆，目前已基本统一为 carrying capacity。从承载力和承载能力的细微差别可以看出承载能力在研究过程中是由静态向动态，无交互向相互影响的转变过程。

承载能力在实践中最初是应用于畜牧业。由于对草地的过度开垦、放牧等原因造成了一些草地的退化，为了防止这一现象进一步恶化，许多学者将承载能力的理念引用到草原管理中，提出了草地承载能力的概念。随之出现的另一概念是土地承载能力，这一概念是在全球人口不断增加、耕地面积逐渐萎缩、人类面临粮食危机的背景下产生的。特别是18 世纪产业革命以后，全球性区域发展的规模和速度加剧，人口急剧增加，超出了区域所能承受的经济负荷和土地承载能力，导致环境污染的恶化以及资源的短缺，最终造成了若干地区的粮食危机。于是，承载能力的概念又被应用到土地生态学中，用以研究土地到底能生产多少粮食、承纳多少人口的问题。20 世纪 50—70 年代，国外许多学者探讨了土地承载力的计算依据，即在确保不会对土地资源造成不可逆的负面影响的前提下，土地的生产潜力能容纳的最大人口。1978 年联合国粮食及农业组织（Food and Agriculture Organization of the United Nations，FAO）（以下简称联合国粮农组织）发起了“发展中世界土地自然资源的承载力和潜在人口支持能力研究”，1986 年我国也开始了土地资源生产力及人口承载量方面的研究（《中国土地资源生产能力及人口承载量研究》课题组，1991；聂庆华，1993），研究认为土地资源承载力通常是指：一个区域在一定的农业技术条件下，土地用于食物生产所能供养的人口数量；或在一定生产条件下，土地资源生产力所能承载一定生活水平下的人口限度。

在人类面临资源短缺的同时，环境污染一方面导致资源利用的价值降低，资源短缺的矛盾更加突出；另一方面，水体、土壤的污染对人类的生存构成了严重的威胁。与环境污染同时存在的另一问题是生态破坏，如森林砍伐、水土流失、荒漠化等，这些变化引起了人们对资源消耗与供给能力、生态破坏与可持续发展的思考，并在此基础上又分别对环境承载能力和生态承载能力进行了研究。承载力概念的提出过程见表1.1。

表1.1　　承载力概念的提出过程

阶段	时间	国家/地区/组织	作者/单位	方法/成果
第一阶段（20世纪70年代以前）	1650年	德国	Varenius	《通论地理》一书中正式提出"人地关系"
	1812年	英国	Malthus	提出"人口与粮食问题"假说
	1921年	美国	Park 和 Burgess	提出承载力概念，认为一个区域的人口负荷能力可以根据该区内的食物资源来确定
	1948年	美国	Vogt	提出土地资源承载力定量化概念，表达式为$C=B/E$
	1949年	英国	Allan	提出以粮食为标志的土地承载力计算公式，其目的是计算出某个地区的集约化农业生产所提供的粮食能够养活多少人口
	1953年	美国	Odum	将承载力概念与逻辑斯缔增长方程相联系，赋予承载力概念较精确的数学形式
第二阶段（20世纪70年代至今）	20世纪70年代初	澳大利亚	Millington 和 Gifford	土地承载力的动态研究，采用多目标决策分析法，从各种资源对人口的限制角度出发，讨论了本国土地资源承载能力
	20世纪80年代初	FAO	Higgins 和 Kassam	提出确定农业土地生产潜力的新途径，即农业生态区域法（AEZ）
	20世纪80年代初	UNESCO & FAO	Slessor	提出ECCO模型，采用系统动力学方法，综合考虑人口、资源、环境与发展之间的关系，模拟不同发展策略下人口变化与承载力之间的动态变化
	20世纪80年代后期	中国	中国科学院综考会	提出土地资源承载力是"在一定生产条件下土地资源的生产力和一定生活水平下所承载的人口限度"
	20世纪80年代后期	中国	原国家土地管理局	提出土地资源承载力的表述为"一个国家或地区，在一定生产力水平下，当地土地资源持续利用于食物生产的能力和所能供养一定营养水平的人口数量"
	2000年	中国	可持续发展研究组	《2000中国可持续发展战略报告》从可持续发展的角度对省一级区域的土地资源人口承载力进行了研究
	2001年	中国	王书华等	提出土地资源（综合）承载力的定义，即指在一定时期，一定空间区域，一定的社会、经济、生态环境条件下，土地资源所能承载的人类各种活动的规模和强度的阈值

总之，承载能力随着社会、环境的发展而发展，具有动态变化的内涵，在对资源短缺和环境污染问题的研究中，承载能力概念得到延伸发展并广泛用于说明环境或生态系统承受发展和特定活动能力的限度，其发展经过了种群（人口承载力）—资源承载力—环境承载力的过程。

1.2 水资源承载能力相关概念

水资源承载能力（也称水资源承载力）作为近代的研究热点，其理论雏形可追溯至1968年日本学者提出的水环境容量。我国较早的相关研究出现于1989年（新疆水资源软科学课题研究组，1989），20世纪80年代中后期，作为水资源质量安全的基本度量，水资源承载能力在可持续发展研究和水资源安全战略研究中成为基础课题被再次提出（夏军，2002a；赵军凯等，2006）。在后续的研究中，越来越多的研究者认为水资源承载能力不应该只是一个数值，而是由表征经济社会发展规模的一组数据组合而成的集合（杨峰等，2007）。由于水资源承载能力研究在不同地区、不同自然资源条件对应着不同的水-经济社会-生态环境系统的耦合状况，具有一定的不确定性和复杂性，因而对于其概念与内涵的界定尚不明确，在此基础上进行的理论研究多基于不同的假设，故而缺乏统一认识。

对于水资源承载能力概念的探讨随着不同的研究目标还在不断更新，在当前可持续发展的主题下，形成了不少具有代表性的定义。从表1.2可以看出，水资源承载能力概念发展大致经历了初步形成、发展和相对成熟三个阶段。1998年以前，国内多数学者注重动态发展的理念，研究以考虑极限承载居多；在1998—2004年，研究者大多引入可持续发展理念作为指导；2004年以后，几乎所有的研究成果都将生态环境作为承载对象而非承载条件，并将承载对象作为整体考虑，意识到合理配置水资源是提高水资源承载能力的一个技术手段，并更多地强调可持续承载能力（Zuo，2005；党丽娟等，2015）。国外学者一般在资源、生态和环境评价中，从保障经济社会可持续发展的角度少量涉及，并以水资源为影响因素进行讨论；相比之下，国内学者对于水资源承载能力的概念、内涵和评价指标体系的探索，以及水资源评价、配置等模型开发与方法研究方面已有丰富的成果（Zuo and Zhang，2015；Wang et al.，2017）。

表1.2　具有代表性的水资源承载能力定义

序号	承载条件	承载主体	承载客体	类型	备注
1	社会和生态系统不被破坏	水资源	农业、工业、城市规模和人口	极限	施雅风等，1992a
2	一定的技术经济水平和社会生产条件下	水资源	“三生”用水的能力，水资源最大开发容量	极限	许有鹏，1993
3	保证正常的社会文化准则的物质生活水平下	区域自身水资源	直接或间接持续供养的人口	适度	阮本青等，1998
4	生态环境良性发展为条件，经过合理的优化配置	水资源	经济社会发展的最大支撑能力	适度	王浩等，2001
5	特定的生态环境下	可开采水资源	人口、环境与经济协调发展的能力	适度	王在高等，2001
6	水资源可持续利用	水资源可利用量	人口/生物或经济总量	适度	许新宜，2002
7	可预见的技术文化等影响，合适的管理技术条件	水资源	生态经济系统的支撑能力	适度	程国栋，2002

续表

序号	承载条件	承载主体	承载客体	类型	备注
8	生态环境良性循环发展，水资源合理开发利用	水资源数量和质量	一定生活质量的人口最大支撑能力	适度	张丽，2004
9	水管理和经济社会达到优化时	水生态系统自身	最大可持续发展水平	可持续	耿福明等，2007
10	生态、环境健康发展和经济社会可持续发展	区域水资源	经济社会可持续发展规模	可持续	段春青等，2010
11	社会发展、水资源利用可持续，生态环境良性发展	区域水资源	社会、经济、生态环境协调发展规模	可持续	刘佳骏等，2011
12	考虑社会和生态系统对水资源短缺的适应性	淡水资源	协调发展指数	可持续	Pandey，2011
13	保持水生态环境不发生严重退化	可供区域利用的水资源	最大的人口数量	可持续	Aoudia and Azzag，2016

目前关于水资源承载能力研究的成果很多，但基本定义尚无统一标准。从文献综述的结果来看，大部分学者采用“水资源承载力”的概念，少数学者使用了“水资源承载能力”作为基本定义，对此认识并不统一。从概念的起源来说，“力”源于力学，描述一种主动压迫、引发弹性形变的含义，应用到水资源承载能力的承载客体表述中更为合适，如经济社会压力；“能力”一般指内在禀赋，描述承载主体所具有的抵抗外力且不引起塑性变形的承载极限能力。对比之下可以发现，采用水资源承载能力作为基本概念更适合水资源作为承载主体的属性。

结合上述基本概念的认识，可以确定，水资源承载能力作为自然资源的一种功能属性，受生态环境和经济社会外部条件的影响，具有一些基本特点，参考李令跃等（2000）的相关研究成果，从水资源承载能力的内涵出发，本书总结了下列基本特征：

（1）有限性。一个地区的水资源，无论是广义水资源还是狭义水资源本身都具有一定的自然限度，而且还具有经济社会和生态环境方面的利用限度，因而在一定时期的技术水平下，水资源承载能力存在可能的最大负荷上限。

（2）动态性。水资源承载能力是一个动态的概念，这是因为水资源承载系统的主体和客体都是动态的，具体体现在人类社会的发展过程中，水资源、生态系统和经济社会的发展是随之变化的，因此供用水量等均为变量。

（3）可增强性。在水文循环和水资源循环的复杂背景下，水资源承载系统的结构和功能受经济社会发展的影响会发生变化。如采用新型节水技术可以降低水资源使用的无效损耗，提高用水效率，增加可供水量（潘灶新等，2009）；对废污水的处理与再生利用可提高水资源的重复利用率，提高水资源承载能力。

1.3　水资源承载能力评价的理论基础

我国从“六五”开始就开展了水资源承载能力相关研究。施雅风等（1995）在研究西北干旱区治理时率先提出了水资源承载能力的概念；许新宜等（1997）在华北、西北、黄

河、海河等水资源国家攻关项目中，提出了水资源承载能力的理论基础、生态临界阈值、调控措施等关键性成果。之后，不少学者还对疏勒河、塔里木河、黑河等水资源供需矛盾比较突出的流域和地区，开展了水资源承载能力的综合评价与分析。朱一中等（2002）认为水资源承载能力研究的理论基础是可持续发展理论、水资源-生态环境-经济社会复合系统理论以及“自然-人工”二元模式下的水文循环过程与机制；而贺中华等（2005）则认为水资源承载能力研究的基础理论还应包括时空统一性理论；孙富行（2003）认为水资源的支撑理论是可持续发展理论、生态环境大系统理论、水资源合理配置理论以及各态历经假说；周长春（2009）认为水资源短缺风险理论也适用于水资源承载能力评价，类似研究还包括供水系统风险管理理论等（陶涛，2000）。

相关理论可以概括为“自然-人工”二元水文循环理论、可持续发展理论、水资源-生态环境-经济社会复合系统理论、生存空间理论四个方面。

1.3.1　“自然-人工”二元水文循环理论

随着人类活动的逐渐增强，人类行为渗入到自然系统的各个角落，自然界的客观物质基础受人类活动影响被转变为各类资源，天然河道径流被水利工程拦蓄取用而转变为水资源。一元流域天然水文循环模式受到了人类的改变，因此在原有天然水文循环内产生了人工侧支循环，两者相互作用、影响形成了此消彼长动态的二元循环过程，也成为水资源系统的重要组成部分（马丽平，2006；杨金鹏，2007）。人类对径流的各种调节使产汇流方式发生巨大变化，受此影响的汇集水量成为人类社会可持续发展的重要途径和手段，这是人工侧支循环的体现，也被称为水资源循环（吴琳娜，2005）。具有二元结构的流域水资源演化不仅构成了经济社会发展的基础，也是生态环境的控制因素，同时也是诸多水问题的共同症结所在，因此它也是进行水资源承载能力研究的一个基石（杨广，2009）。

“自然-人工”二元模式下，水资源存在强烈的用水竞争性，其表现为人工侧支水循环能量不断加大，河道外用水量不断扩大，经济社会用水占用生态环境用水的份额不断扩大，改变了流域天然水循环的时空分布，引发了下游河道断流，地下水位不断下降，河湖洼淀和湿地的不断萎缩等一系列的生态与环境劣变。在国民经济用水的侧支循环中，由于城市生活和工业用水具有较强的取水手段并能够支付较高的供水水价，在竞争性用水中往往占优势，在水资源总量不足的情况下，占用传统农业水源，通过超采地下水和增加从河道取水量占用了生态系统用水（许晓彤，2006）。农业用水受此影响，被城市和工业用水占用的同时，又不断占用生态用水，从而演变成与生态环境成为竞争性用水的模式。上述影响集中表现为流域内的湖泊湿地萎缩、河道断流及入海水量减少、地下水位下降。研究水资源承载能力要在兼顾生态环境系统和经济社会系统的需求基础上，充分维护水循环自身的稳定性和可持续性，以便形成增强水资源承载能力的水资源开发利用模式。

1.3.2　可持续发展理论

可持续发展是社会发展引起全球环境问题的历史背景条件下提出的一种新型的社会发展理论，强调 3 个主题：公平性、持续性和人口、资源、环境之间的协调性（温雅欣，2010）。在可持续发展理论的指导下，资源的可持续利用、人与环境的协调发展取代了过去片面追求经济增长的发展观念（郑瑜，2011）。

可持续发展理论是水资源承载能力研究的指导思想，水资源的使用就是要在代内和代际之间实现公平，并维持水资源、水环境的良性循环，实现水资源合理配置，从而达到水资源的可持续利用。可持续发展在水利行业的具体体现就是水利可持续发展，单纯从水资源领域考虑可持续发展问题就是水资源的可持续利用。水资源承载能力是水利可持续发展和水资源的可持续利用研究的重要量化方法之一，它能较系统、准确、简洁地表达为实现社会可持续发展，水资源对经济社会系统的支撑能力和状况。它以水利可持续发展和水资源的可持续利用为目标，以可持续发展为最终目的，使水资源既满足当代人的需要，又不对后代人的用水需求构成损害。

可持续发展和水资源承载能力本质上是相辅相成的，都是针对当今人类所面临的人口、资源、环境方面的现实问题，都强调发展与人口、资源、环境之间的关系，但是侧重点有所不同，可持续发展以一个比较高的视角看问题，强调发展的可持续性、协调性、公平性，强调发展不能脱离自然资源与环境的束缚（李娟，2005）；承载能力则是从基础出发，以可持续发展为原则，根据资源实际承载能力，确定人口与经济社会的发展速度与发展规模，强调发展的极限性。水资源承载能力需综合考虑水资源对地区人口、资源、环境和经济协调发展的支撑能力，必须把它置于可持续发展战略构架下进行研究，离开或偏离社会持续发展模式是没有意义的。水资源承载能力是可持续发展理论在水资源管理领域中的具体体现和应用，也是衡量和反映可持续发展的一个重要指标和途径。

1.3.3　水资源-生态环境-经济社会复合系统理论

区域是具有层次结构和整体功能的复合系统，由水资源、经济社会、生态环境三个子系统耦合而成，这是一个结构复杂、因素众多、作用方式错综复杂的巨大系统。从系统关系分析，生态环境系统为经济社会系统提供了良好的生存环境，水资源系统支持经济社会系统生命的存在，并为其提供生存的物质条件，而这些系统及其相互关系构成了复杂的区域水资源-经济社会系统（刘明，2007）。

水资源系统是水资源-经济社会系统中以水为主体构成的一种特定子系统，这一系统是量与质的统一、稳定性与动态性的统一，同时具有时空变化与分布的不均匀性、多用途与利害双重性及循环再生等特点。水资源支撑一切生命活动和非生命活动，而可利用的水资源支撑水资源-经济社会系统中人类的一切活动。社会系统的核心是人口，人口的结构特征对区域产业结构布局、经济发展和水资源的开发利用都会产生影响。人作为区域水资源的“用水户”，人的生活用水量随着社会发展水平的提高而不断提高。经济社会系统是水资源-经济社会系统的核心，是水资源系统支撑的主体。经济社会发展离不开水，又对水资源系统形成压力，这种压力随着经济规模的不断扩大、用水总量的增加而增大，对水资源相对缺乏的地区，其经济发展到一定的程度会出现水资源难以支撑的局面。同时，排污总量也会随经济规模的扩大而增加，经济社会发展对水资源的压力更加严峻。区域水资源的数量与特征影响区域产业结构布局和经济社会发展规模（李秀霞，2011）。经济社会系统用水户繁多，不同的产业结构形成不同的用水结构，通过对这一系统的分析，制订与区域水资源承载能力相适应的产业结构与经济社会发展规模是本研究的核心内容。

生态环境系统是生物群落与非生命环境相互作用的功能系统，具有生物生产、能量流动、物质循环及信息传递的功能（杨菊，2006）。水是构成生态环境系统结构的要素，形成生态环境系统的完整功能，是维持生态环境良性循环发展的保证。生态环境系统作为“用水户”可进一步分为河道、湖泊、湿地、植被生态环境用水及城市生态环境用水和供水系统的生态环境用水。

水资源既是该复合系统的基本组成要素，又是该系统存在和发展的支持条件，其承载能力是对水资源支持能力的度量。水资源承载能力的实质是水资源在水资源-生态环境-经济社会复合系统中所具有的一种协调能力，这种能力取决于水资源系统本身的运行机制，也受制于这个复合系统中的其他子系统能力的提高，水资源承载能力的提高将促进经济社会的可持续发展和生态环境的良性循环，反之，经济社会的科学合理发展和对生态环境的保护改善，可为水资源系统的良性循环和承载能力的提高提供条件。为了研究流域水资源的可持续利用和水资源、生态环境、经济社会的协调发展，必须在分析研究水资源-生态环境-经济社会复合系统的基础上，研究水资源的承载能力及其调控对策，确保水资源承载能力的研究成果能够符合实际、有应用价值（庞清江，2004）。

1.3.4 生存空间理论

随着资源、环境科学的发展，生存空间理论从提出到不断完善，已经形成较为完整的理论体系，并逐渐被应用于人类与资源、人类与环境等理论与实际问题的探讨和研究。根据中科院自然资源研究会生存空间理论研究小组的研究定义，生存空间是指一段时间内，能维持一定生活标准和数量的人口生存和发展的多维空间，是人类群体对生存环境中生态系统生态位的有效占据。生存空间不仅包括人类栖居的物理空间，同时还包括物理空间范围内的资源系统、环境系统及物理空间与资源系统、环境系统相互联系的相关系统。由于区域的开放特点及区域内部资源、环境系统及关系系统的差异，使区域生存空间分布不均衡，并呈动态变化，理论上称其为异质性或不均匀性。因此生存空间不断产生位移，其位移方向指向区域内部那些由于自然、社会、经济等多方面因素差异而形成的资源、环境及其相互关系更为优化的区域，在此，称其为吸引子。当吸引子的功能增强，不断吸收外部甚至区域外的资源和能量时，区域的生存空间发生变化，吸引子生存空间扩大；当吸引子功能减弱时，吸引子内部的资源、能量外流，转向其他吸引子甚至域外，区域生存空间也发生变化和移动，吸引子生存空间减小。因此，根据生存空间基本的理论和特点，生存空间与人类栖居的物理空间不同，它们之间呈虚幻映射关系，并非严格映射（杨金鹏，2007）。生存空间是一个抽象的概念，它可在一定的物理空间内转移、聚合、扩散，通常在研究区域发展和区域承载能力等问题时习惯以物理空间界定区域（王小博，1997）。

借用生存空间理论研究分析区域水资源人口承载能力问题时，不仅要研究分析水资源承载能力的大小和状况，更要注重资源、环境及相关系统的分析，致力于生存空间的扩展研究，使水资源承载能力的分析科学、合理，符合实际。生存空间理论在水资源承载能力上的体现就是区域经济社会发展规模应控制在水资源能够承载的能力之内，以保证经济社会的可持续发展。若水资源的开发利用程度不超过水资源的承受能力，能够满足当代人的发展需要，又不对后代人满足其需要的能力构成危害，就具备了可持续发展的条件（钱海涛，2007）。若暂时满足不了发展需要，可借助科技进步，挖掘潜力、节约用水，提高水的利用效率，以满足用水需要。因此，地区人口、环境与经济发展的目标应落实在水资源承载能力之内，否则发展的目标在物质上得不到保障，经济发展变为不可能，即使经济上可行，也不会持久地发展下去。

综合来看，国内外关于水资源承载能力的研究，目前未能形成一个普遍接受的定义和完整的理论体系，对于水资源承载能力的内涵、表述、评价方法等仍具有较大的争议。基于此，本书在对水资源承载能力内涵的不同观点进行归纳讨论的基础上，提出一种以现状技术与管理水平为基础，在全国范围内切实可行、便于操作的水资源承载能力评价方法。

第2章 水资源承载能力评价总体框架

2.1 政策背景

我国水资源的严峻形势迫切要求协调人口、经济与包括水资源在内的资源环境的关系。党的十八届三中全会通过的《中共中央关于全面深化改革若干重大问题的决定》明确提出，“建立资源环境承载能力监测预警机制，对水土资源、环境容量和海洋资源超载区域实行限制性措施”。因此，以水资源承载能力评价为抓手，加强水资源管控，强化水资源刚性约束，对促进水资源-经济社会-生态环境系统协调发展具有重要意义。

2015年10月，随着十八届五中全会的召开，增强生态文明建设首次被写入国家五年规划，习近平总书记在十九大报告中指出面对资源约束趋紧、环境污染严重、生态系统退化的严峻形势，必须树立尊重自然、顺应自然、保护自然的生态文明理念，走可持续发展道路，加快生态文明体制改革，建设美丽中国。资源约束趋紧、环境污染严重、生态系统退化等问题是生态环境恶性循环的具体体现，走可持续发展道路是维持生态环境良性循环的必经之路，研究水资源承载能力的重要组成部分是维护生态环境的良性发展，因此，研究水资源承载能力是体现生态文明建设历程的重要指标，是反应生态文明建设是否落到实处的重要判别标准。

2016年5月30日，财政部、国土资源部和水利部等联合发布《关于加强资源环境生态红线管控的指导意见》，总体要求是统筹考虑资源禀赋、环境容量、生态状况等基本国情，根据我国发展的阶段性特征及全面建成小康社会目标的需要，合理设置红线管控指标，构建红线管控体系，健全红线管控制度，保障国家能源资源和生态环境安全，倒逼发展质量和效益提升，构建人与自然和谐发展的现代化建设新格局。其中有关水资源的管控内涵依据水资源禀赋、生态用水需求、经济社会发展合理需要等因素，确定用水总量控制目标，严重缺水以及地下水超采地区，要严格设定地下水开采总量指标。用水总量指标和地下水开采是区域水资源承载能力评价的重要组成部分，是判断区域水资源承载状况是否超载的重要指标，因此研究区域水资源承载能力是制定资源环境管控意见的重要理论依据。

国土是生态文明建设的空间载体，习近平总书记在十九大报告中指出优化国土空间开发格局要按照人口资源环境相均衡、经济社会生态效益相统一的原则，控制开发强度，调整空间结构，促进生产空间集约高效、生活空间宜居适度、生态空间山清水秀，给自然留下更多修复空间，给农业留下更多良田，给子孙后代留下天蓝、地绿、水净的美好家园。水资源承载能力的研究对象包括水资源、经济社会和生态环境三个子系统，评价区域水资源承载能力的重要判断依据是衡量水资源系统对经济社会和生态环境的支撑作用和生态环境和经济社会对水资源系统的压力作用之间的平衡关系。研究区域水资源承载能力契合国土空间的开发原则，是优化国土空间的基础性研究，为优化国土空间制定相关政策和意见提供理论支撑。

综上，研究水资源承载能力是反应生态文明建设是否落到实处的重要判别标准、为优化国土空间制定相关政策和意见提供理论支撑和制定资源环境管控意见的重要理论依据，在新时代的发展中有特定的历史含义，有重要的实践作用。

2.2 逻 辑 框 架

本书的逻辑框架主要分为 4 个主要内容，水资源承载能力概念分析、水资源承载能力机理分析、水资源承载能力评价方法、水资源承载能力评价结果展示，研究技术路线如图 2.1 所示。

2.2.1 水资源承载能力概念分析

水资源是自然环境的重要组成部分，承载能力则是一个物理概念，指物体在不产生任何破坏时所能承受的最大负荷。水资源承载能力是承载能力概念在水资源系统研究中的具体体现，是衡量区域水资源承载状况的一个重要指标。水资源承载能力的研究最早可追溯到 20 世纪 70 年代，国际相关组织针对资源匮乏国家的土地、水等资源的承载能力进行相关研究，并提出了水资源承载能力的相关概念。国内最早开展水资源承载能力研究是在 1989 年，施雅风院士首次对新疆的水资源承载能力进行研究，定义水资源承载能力是指某一地区的水资源，在一定社会历史和科学技术发展阶段，在不破坏社会和生态系统时，最大可承载的农业、工业、城市规模和人口的能力，是一个随着社会、经济、科学技术发展而变化的综合目标。新疆水资源承载能力的研究为制定新疆开发对策提供了重要的理论依据，伴随我国现代化进程的加快，水资源承载能力研究在新时代赋予了新的研究内涵和意义。随着 20 世纪中期可持续发展理念的提出，国际社会对于资源环境承载能力的研究和实践持续深入推进。联合国粮农组织（1986）、世界气象组织（World Meteorological Organization，WMO）（1988）等针对资源承载能力进行了研究和定义；在实践层面，美国、以色列等国家提出需水管理战略及措施，探索了在水资源承载能力容量较低条件下通过提高效率、调整结构保障国家水安全的新路径。

水资源承载能力的研究对象包括水资源、经济社会和生态环境三个组成部分，研究主体是水资源系统，研究客体是经济社会和生态环境系统，水资源承载能力的研究内容是研究主体对研究客体的支撑作用和研究客体对研究主体之间的平衡关系。水资源承载能力的研究是必须要在一定的时空前提下，且需要契合当代重视生态环境保护的国情。综上，本书给出水资源承载能力概念是指可预见的时期内，在满足合理的水域生态环境保护和河流生态环境用水前提下，在特定的经济条件与技术水平下，区域水资源的最大可开发利用规模或对经济社会发展的最大支撑能力。

2.2.2 水资源承载能力机理分析

从水资源承载能力的概念可知水资源承载能力的研究对象囊括水资源、经济社会和生态环境三大系统，三大系统各有其特征，水资源系统的主要特征是水量和水质，经济社会

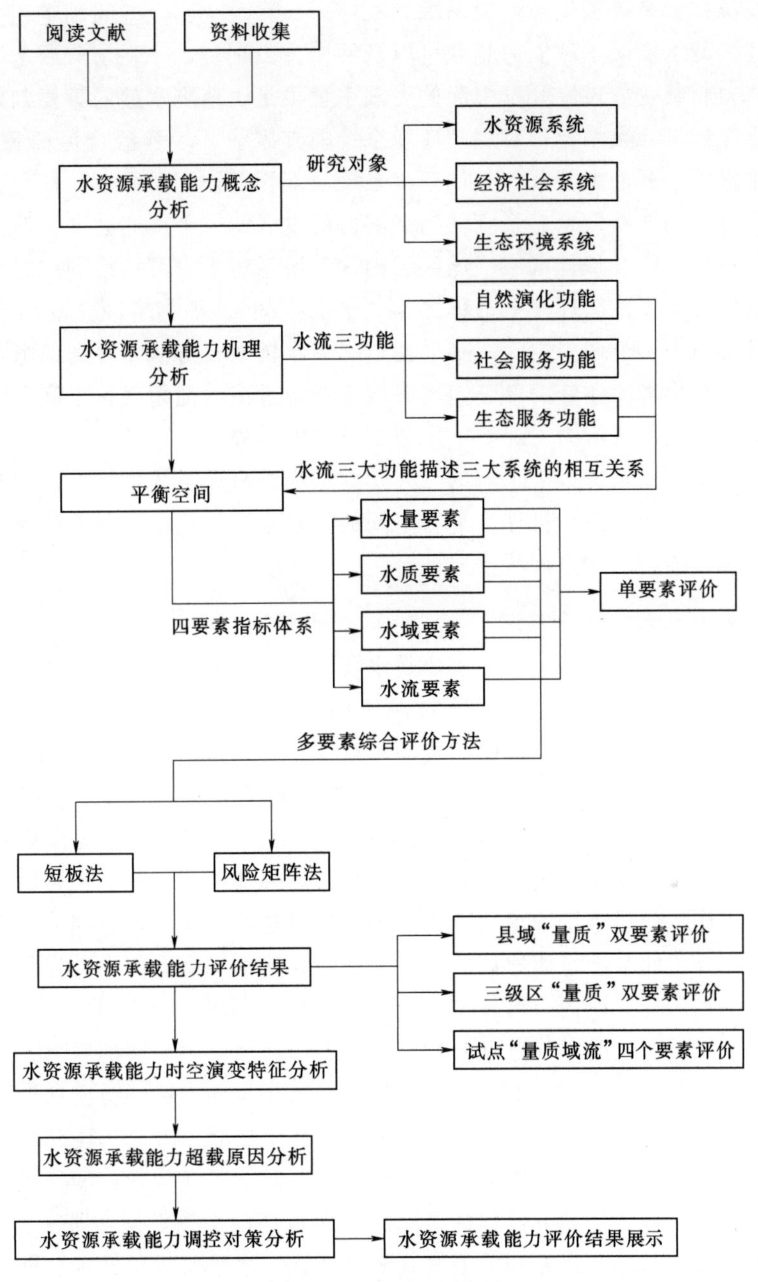

图 2.1　研究技术路线图

系统的主要特征是活动构成和活动强度，生态环境系统的主要特征是生态过程和生态空间。水流的概念一般是指由水循环连接起来的各种水体的总称，《中华人民共和国宪法》（以下简称《宪法》）中水流的概念是作为一种自然资源被提出来的。水流的三大功能是指水的自然演化功能、经济社会服务功能和生态系统服务功能，描述的是水资源系统自身状况以及对另两大系统的支撑和保障的状况。从水流的三大功能出发，可以描述水资源承载能力中各种承载状况，其本质是在水资源自身系统不遭受破坏的前提下，可以支撑最大规模的经济社会系统和生态环境系统。

当前叙述区域水资源承载能力超载可以从两个方面理解，一是水资源系统自身导致的水资源承载能力超载，如过度开发引起的河湖水量不足、地下水超采等；二是由于水资源系统过度地支撑经济社会系统，对生态环境系统的支撑不足，引起了生态环境系统恶性循环而导致的水资源承载能力超载。分析三大系统及其相互作用关系，其核心内容是找出维系各个系统自身结构能够稳定、系统之间能够协同发展的一个空间区域，该区域是三大系统耦合演变后找出的一个最佳区域，该区域内水资源系统本身可持续利用、经济社会可持续发展和生态环境是良性循环，本书称之为“平衡空间”。平衡空间是在由水流的三大功能构成的三维空间中一个假想空间，在平衡空间内水资源自身演化得到保障，另外两大系统也是健康的，超出平衡空间的部分表明区域水资源承载状况超载，平衡空间以下的区域表明区域水资源承载仍有潜力。综上，水资源承载能力概念表明其研究对象是水资源、经济社会和生态环境三大系统，用水流的三大功能来描绘三大系统相互关系构造一个平衡空间阐述水资源承载能力的内在机理，平衡空间的构建是在叙述水资源承载能力概念的基础上解析水资源承载能力内在机理的重要平台。

2.2.3　水资源承载能力评价方法

本书研究的水资源承载能力内容主要是水资源承载能力评价，水资源承载能力评价首先要确定评价对象的时空特征，本书水资源承载能力评价对象的空间特征表现为全国县域、地级市和三级区以及重点地区的水资源承载能力“水量、水质”（以下简称“量质”）双要素的综合评价，试点地区水资源承载能力“水量、水质、水域、水流”（以下简称“量质域流”）四个要素的综合评价，水资源承载能力评价对象的时间特征表现为现状年评价。阐述水资源承载能力的内在机理是进行具有物理解析意义上的水资源承载能力评价的重要基础性工作，分析水资源承载能力的内在机理构造一个平衡空间，本质上，平衡空间是三大系统相互之间耦合矛盾协调的结果。三大系统的平衡空间具有显著的特征：①水资源开发应控制在可控范围内，可保障水资源的可持续利用；②不同供水要求的水质符合功能要求；③水域生态空间不被过度开发，至少不应造成不可逆转的后果；④水流的自然流态不被过多的扰动，水流功能能基本发挥作用。本书按照上述“量质域流”四个要素来系统分析三大系统及其演变状况，以“量质域流”四个要素为基础构建初步的水资源承载能力评价指标体系。利用遗传层次分析法计算四个要素下各评价指标的权重，充分考虑到指标体系的代表性、科学性和可操作性等原则构建最终的水资源承载能力评价指标体系。其中水量要素包括用水总量指标和地下水开采量指标，水质要素包括水功能达标率指标和污染物排污量指标，水域要素包括岸线开发利用程度和水资源开发利用率，水流要素包括河流阻隔率和生态流量保障率。本书参考已有标准，结合评价对象的实际情况将水资源承载状况评价确定了不超载、临界超载、超载和严重超载 4 个评价等级标准，单个评价指标的评价等级阈值结合相关文献和专家意见综合确定。

本书针对“量质域流”四个要素构建的指标体系采用 3 种评价方法评价区域水资源承载能力，一是基于实物量指标的评价，针对“量质”各要素囊括的单个指标评价，得到实物量指标评价结果属于不超载、临界超载、超载和严重超载 4 个等级中的哪个评价等级；

二是基于经济社会指标的评价，目的是通过计算区域水资源承载能力确定区域水资源可以承载多少人口和GDP；三是囊括实物量指标和经济社会指标的综合评价，难点是如何综合多个要素的综合评价结果，本书给出短板法和风险矩阵法的方法，目的是计算得到评价区域水资源承载能力综合评价结果属于不超载、临界超载、超载和严重超载中的哪个等级。

2.2.4 水资源承载能力评价结果

根据本书给出的水资源承载能力的评价方法，可以得到以下评价结果：全国县域、地级市、三级区和重点区域的用水总量指标和地下水开采量指标单个实物量指标的评价等级，利用短板法得到水量要素的评价等级；全国县域、地级市和三级区水功能达标率指标和污染物排污量指标单个实物量指标的评价等级，利用短板法得到水质要素的评价等级；分别采用短板法和风险矩阵法得到全国县域、地级市、三级区和重点地区“量质”双要素水资源承载能力综合评价结果；试点区岸线开发利用程度和水资源开发利用率单个实物量指标的评价等级，利用短板法得到水域要素的评价等级；试点区河流阻隔率和生态流量保障率单个实物量指标的评价等级，利用短板法得到水流要素的评价等级；分别采用短板法和风险矩阵法得到试点区域“量质域流”四个要素水资源承载能力综合评价结果。利用经济社会指标通过相关模型计算得到评价区域的水资源可以承载的人口和GDP。

2.3 主要内容

本章共分为9章，各章重要内容如下：

第1章　绪论。阐述承载能力的起源与演变，水资源承载能力概念的发展和演化，综述水资源承载能力相关概念和水资源承载能力的评价方法。

第2章　水资源承载能力评价总体框架。阐述水资源承载能力概念、水资源承载能力内在机理、水资源承载能力评价方法和得到的水资源承载能力评价结果，并将水资源承载能力赋予了新的内涵和定义。

第3章　水资源承载能力评价的理论分析。研究水资源、经济社会和生态环境三大系统的互馈关系，阐述水资源承载能力的内涵特征，以水流的自身演化功能、经济社会的服务功能和生态环境的服务功能三大功能为基础阐述水资源、经济社会和生态环境三大系统的相互关系，构造一个平衡空间阐述水资源承载能力的内在机理。

第4章　水资源承载能力评价指标体系构建。在分析水资源承载能力内在机理的基础上构建基于“量质域流”四个要素的水资源承载能力初步评价体系，根据遗传层次分析法计算各评价指标权重并充分考虑到指标体系的代表性、科学性和可操作性原则构建最终的水资源承载能力评价指标体系。

第5章　“量质域流”单要素评价指标与计算。分别针对“量质域流”四个要素，提出了各要素的评价指标，并给出了承载能力与承载负荷的计算方法。

第6章　区域水资源承载能力评价方法。将水资源承载能力评价方法归结为三类，第一类是以水资源承载能力物理机制为基础评价区域水资源承载能力，评价指标为单个实物量指标；第二类的评价结果是阐述区域水资源可以承载具体的人口和 GDP，评价指标为经济社会指标；第三类综合实物量指标和经济社会指标综合评价区域的水资源承载能力等级。第一类采用的方法从水资源承载能力的内在机理出发确定指标，确定评价指标的评价等级阈值以得到评价结果；第二类采用系统动力学等方法把水资源实物量指标转化到经济社会；第三类是综合前两类评价方法揭示共有的特征。单个要素评价采用短板法，多要素综合评价采用短板法和风险矩阵方法对比分析，并给出试点计算结果。

第 7 章　水资源承载状况评价。根据上述构建的水资源承载能力评价指标体系和评价方法，参考相关文献和专家意见给出不超载、临界超载、超载和严重超载的 4 个水资源承载能力评价等级，并确定单个评价等级的阈值。阐述全国县域、地级市和三级区的数量、计算单元、社会经济、自然地理和水资源禀赋等情况，评价全国县域、地级市和三级区水量要素和水质要素囊括的单个实物量指标的评价等级，水量要素和水质要素单要素的评价等级，“量质”双要素的水资源承载能力评价等级，重点评价京津冀地区和长三角地区的水资源承载状况。

第 8 章　水资源承载能力时空演变特征分析。在对水资源超载区和临界超载区的空间分布特征进行识别的基础上，对“量质域流”四个要素，分别进行了影响因素分析和关键影响因子识别。

第 9 章　水资源超载原因与调控对策。根据县域、地级市、三级区和重点区域的水资源承载能力评价结果，揭示我国水资源承载能力的分布规律，分析承载能力评价结果空间分布差异性特征。根据水资源的承载能力评价结果的分布规律，分析超载、严重超载地区水资源承载能力超载、严重超载的原因，进行水资源承载能力超载、严重超载区域影响因素分析和关键影响因子识别，在上述关键影响因子识别的基础上提出对应的水资源调控措施与对策。

第3章　水资源承载能力评价的理论分析

3.1　水资源-经济社会-生态环境系统的互馈分析

3.1.1　水资源系统与经济社会系统的互馈关系

在水资源系统与经济社会系统相互关系的研究中，不少学者从定性分析的角度出发，对此进行了大量翔实的研究。例如从农业、工业和生活这三方面来说，农业生产活动通过改变地貌或地势影响水文循环，或通过农业机械化生产改变局地灌溉、排水条件，农业生产对化肥的使用亦能导致农业面源污染等；工业化和城市化的快速增长导致水资源量的需求增长加快，水资源的开发利用强度也增加，工业废污水排放是河湖污染的主要来源之一；随着经济社会的快速发展，人们的生活质量也得到大幅提升，生活用水量也随之提高，不仅如此，由于生活污水排放具有排放量大、排放点集中的特点，极易形成点源污染。上述分析均以经济社会活动影响水资源的数量或质量为主要特点，如何定量分析两者之间的相互作用，若仅从某一类生活或生产活动中去寻找与之关联的水资源循环规律并不合适：首先，以某一方面生产活动与水资源进行相互影响分析，只能反映该行业的特点，而并不代表经济社会与水资源之间的一般规律；其次，从各类经济社会活动对水资源系统影响的复杂性来说，对影响因素进行综合考虑是必要的。因此，进行水资源与经济社会系统之间相互关系的定量化分析，需要借助一种综合经济社会系统各方面影响、且更具代表性的分析手段。土地利用指数是反映人类经济社会活动的一种常用分析方法，它具有综合程度高、代表性强的特点，用它来表征经济社会活动较为合适。

自1970年以来，一些国际组织先后开展了土地利用/覆被变化的水文水资源效应与驱动过程和机理研究，国际地圈生物圈计划（International Geosphere Biosphere Programme，IGBP）的部分项目就是把土地利用/覆被变化（Land Use and Land Cover Change，LUCC）对水文水资源系统的作用作为全球变化的重要研究内容之一。由此可见，在水资源系统分析中，研究土地利用变化是解析人类活动的一种重要手段。

3.1.1.1　经济社会系统分析

土地利用是人类活动作用自然环境的主要途径之一，是一个把土地的自然生态环境系统变成人工生态环境系统的过程，能作为人类开发生态环境系统强度的一种表征。常用的土地利用数据包括MODIS数据、Landsat数据等。采用国家土地利用变化数据库分层分类系统，对原数据所采用的IGBP中17类土地利用类型进行重新分类，合并为林地、灌丛、草地、水域、耕地、建设用地与未利用地7个主要类型（也可按五类标准分类），再结合野外调查配合统计数据验证分类的准确性。

（1）土地利用转移分析。在进行时间序列的土地利用/覆被分析时，通常需要统计每一种土地利用/覆被面积转变成其他类型面积占总面积的比例，其矩阵结果就是土地转移矩阵，它可以全面而又具体地刻画区域土地利用变化的结构特征与各用地类型变化的方向。本书采用土地利用转移矩阵分析不同 LUCC 类型随时间的转移与变化量，转移矩阵的一般数学形式为

$$\boldsymbol{S}=\begin{bmatrix} S_{11} & S_{12} & S_{13} & \cdots & S_{1n} \\ S_{21} & S_{22} & S_{23} & \cdots & S_{2n} \\ S_{31} & S_{32} & S_{33} & \cdots & S_{3n} \\ \cdots & \cdots & \cdots & \cdots & \cdots \\ S_{n1} & S_{n2} & S_{n3} & \cdots & S_{nn} \end{bmatrix} \tag{3.1}$$

式中：S 代表面积；n 表示土地利用的类型数；i、j 分别为研究期初与期末的土地利用类型；S_{ij} 表示研究区期初到期末时段内，第 i 类土地转化为第 j 类的面积。

由转移矩阵的含义可知，第 i 行之和为基准期土地利用第 i 类的面积，第 j 列为研究期土地利用第 j 类的面积，S_{ii} 表示在 $T_1 \sim T_2$ 期间 i 种土地利用类型保持不变的面积，具体应用中一般以表格形式来表示。

（2）热点地区变化与动态度分析。在土地利用分析中，另一常用指数为土地利用动态度（又称“土地利用变化率”），它能定量描述土地利用变化的速度，包括单一和综合两种形式的土地利用动态度，分别研究时段内某种土地利用类型和区域土地利用总面积的变化速度。上述两种动态度的计算公式分别为

$$LC=\left[\frac{\sum_{i=1}^{n}\Delta LU_{i-j}}{2\sum_{i=1}^{n}\Delta LU_{i}}\right]\times\frac{1}{T}\times 100\% \tag{3.2}$$

$$LC_T=\left[\frac{\sum_{i=1}^{n}\Delta LU_{i-j}}{2\sum_{i=1}^{n}\Delta LU_{i}}\right]\times 100\% \tag{3.3}$$

式中：LU_i 为研究期初第 i 类（$i=1$，2，…，n）土地利用类型面积；ΔLU_{i-j} 为研究时段内第 i 类土地利用类型转为非 i 类（j 类，$j=1$，2，…，n）土地利用类型的面积；T 为研究时段，当以年作为研究时段时，模型计算结果即为该区域时段内年土地利用综合变化率。

动态度指数的意义在于可以刻画区域土地利用变化程度，也适用于局部与全区的对比以及区域之间土地利用变化的对比，着眼于变化过程而非变化结果，便于寻找热点区域。以动态度指数为基础进行区域土地利用变化制图分析可描述热点区域的土地利用变化特点。

（3）土地利用程度分析。土地利用程度指数有助于更好地理解土地利用变化的趋势及驱动力。该指数通过反映多种土地利用类型质量结构的总体变化，来揭示区域土地利用程度的深度和广度，强调自然和人为因素对土地系统的影响程度，其意义在于，它能够反映区域土地利用的集约程度，如果土地利用向更加集约的方向发展，则称之为土地利用的集约化，适用于土地利用程度的综合评价。土地利用程度综合指数的计算公式如下：

$$L_j=\sum_{i=1}^{n}A_iC_i\times 100\%, L_j\in[100,400] \tag{3.4}$$

式中：L_j 为土地利用程度综合指数；A_i 为第 i 级土地利用程度分级指数；C_i 为第 i 级土地

利用面积占研究区总面积的百分比；n 为土地利用程度分级总数。

本书采用的土地利用类型分级见表3.1。

表3.1 土地利用类型分级

分级类型	土地利用类型	分级指数
未利用土地级	未利用地	1
林、草、水用地级	林、草、其他农用地	2
农业用地级	耕地、园地	3
城镇居民用地级	居民及工矿交通用地	4

3.1.1.2 水资源系统分析

进行水资源系统分析的相关变量包括水文变量和水资源系统指标，可以分别通过收集水文站、气象站的观测资料，或根据水资源公报与水资源调查评价报告等资料获取。

（1）降水量与蒸发量。在水文循环中，降水量是所有水资源的直接来源，正是由于各地降水量的天然差异才导致不同地区间干湿状况的不同。水面蒸发量反映区域的蒸发能力，陆地蒸发又称流域蒸发，它是特定区域天然情况下的实际蒸发量。陆地蒸发量等于地表水体蒸发、土壤蒸发以及植物蒸散发量的总和。陆地蒸发量的大小一般受陆地蒸发能力与供水条件（降水量）的制约。

（2）径流量。通过降水的产汇流过程（考虑蒸发和下渗损失）形成的径流量是衔接水文循环和水资源循环的关键环节。在水文分析中，通常以径流系数反映产汇流能力，即一定汇水面积内总径流量（mm）与降雨量（mm）的比值，表征降雨量转变成径流量的比例大小，它综合反映了流域内自然地理要素对径流的影响。

（3）水资源量。另一项指数常被用来衡量降雨量转化为水资源量的能力，称为产水系数。降雨通过地表产汇流过程形成地面径流，水资源循环产生于径流环节，它描述经济社会取用水，包括蓄水、引水、提水和调水以及污水排放后处理及再利用的全过程。

（4）用水结构和变化趋势。一个地区的用水结构包括各用水部门的用水比重等信息，其变化趋势反映了该区域经济、产业结构相应的变化情况，可以反映该区域水资源循环的变化特征，如用水结构变化中的产业转移等问题。

3.1.1.3 经济社会活动与水资源系统的响应关系

不同的土地利用/覆被类型具有不同的水文循环特征，剧烈的土地利用/覆被变化会直接或间接的影响水文和水资源条件。从影响因素来说，水库群的拦蓄作用、引调水活动、地下水抽取会引起地面径流减少，而水土保持对水沙流失的减少以及城市化对径流的影响，都已引起社会的广泛关注。人们研究水文要素发生变化的驱动力，从土地利用/覆被变化、下垫面和气候变化方面开展了不少研究，并指出了现有研究在人类活动中对水文效应、水文要素变异性识别、下垫面变化对水文要素变异的驱动机理等方面存在的不足。通过土地利用变化和水资源系统分析，采用典型相关分析法（CCA），探索以土地利用变化动态度、土地利用综合指数为代表的资源型指标对水文水资源过程的影响。典型相关分析法由Hotelling最先于1963年提出，该法通过生成新的多个变量组合，保证组内相关性最高，而组间相关性最小。依据这种思想，可将两组变量间线性相关提取完毕，形成多组可以代表原始变量最多信息的组合。本书以河南省巩义市为例，结合 2001—2010 年的相关数据，利用典型相关分析方法，对土地利用指标（图 3.1）与水文水资源系统指标（图 3.2）之间的响应关系进行了分析，具体计算结果见表 3.2～表 3.4。

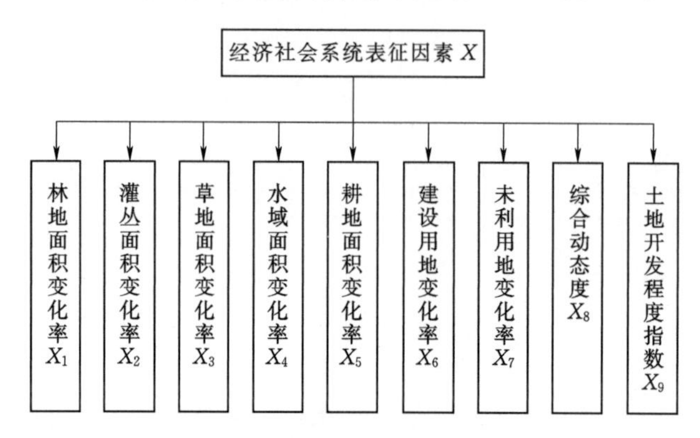

图 3.1　经济社会系统表征因素

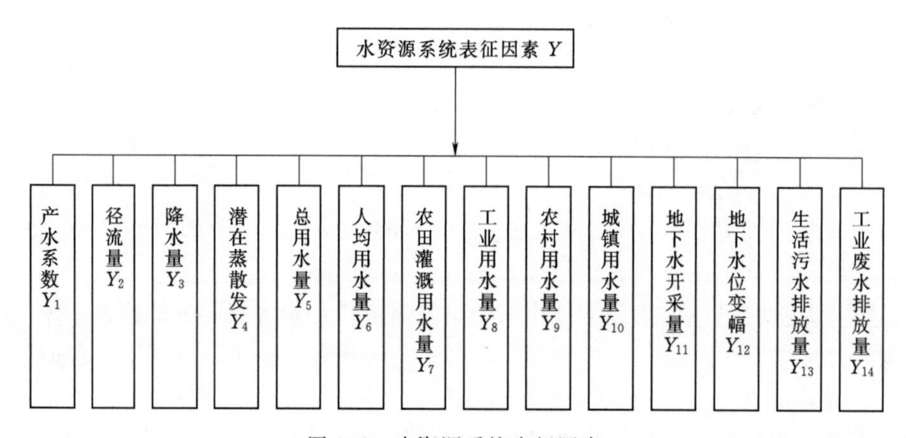

图 3.2　水资源系统表征因素

表 3.2　　部分水文变量与土地利用指数相关性检验结果

土地利用指数		产水系数	径流量	降水量	潜在蒸散发
单一土地利用动态度	林地	0.14	−0.01	−0.08	−0.55
	灌丛	0.12	0.05	−0.06	0.53
	草地	0.26	−0.16	−0.34	0.25
	水域	0.09	−0.32	−0.33	−0.23
	耕地	0.07	0.05	0	0.78*
	未利用地	0.08	0	0.11	0.18
综合土地利用动态度		0.31	0.10	−0.14	−0.75*
土地利用程度指数		−0.03	0.22	0.28	0.75*

注　* 表示在 0.05 水平（双侧）上显著相关，下同。

表 3.3　　用水相关指标与土地利用指数相关性检验结果

土地利用指数		总用水量	人均用水量	农田灌溉用水量	工业用水量	农村用水量	城镇用水量
单一土地利用动态度	林地	0.37	−0.38	0.17	−0.49	0.12	0.02
	灌丛	−0.57	−0.55	−0.80*	0.11	−0.36	0.37
	草地	−0.02	0.74*	−0.21	0.89*	0.28	−0.41
	水域	0.29	0.77*	0.05	0.72*	0.72*	−0.77*
	耕地	0.68*	−0.25	0.72*	−0.83*	0	0.08
	未利用地	−0.13	0.59	0.11	0.51	0.78*	−0.74*
综合土地利用动态度		0.68*	−0.11	0.79*	−0.75*	0.03	0.04
土地利用程度指数		−0.67*	0.11	−0.71*	0.69*	0.08	−0.13

表 3.4　　地下水和污水排放指标与土地利用指数相关性检验结果

土地利用指数		地下水开采量	地下水位变幅	生活污水排放量	工业污水排放量
单一土地利用动态度	林地	0.41	−0.32	−0.31	0.04
	灌丛	0.06	0.13	0.61*	0.63*
	草地	−0.04	0.43*	0.26	0.15
	水域	0.35	0.09	−0.15	0.39
	耕地	−0.06	−0.30	0.65*	−0.66*
	未利用地	0.61*	−0.07	−0.28	0.42
综合土地利用动态度		0.06	−0.39	0.66*	−0.66*
土地利用程度指数		0.10	0.43	0.54	0.61*

表 3.2～表 3.4 反映了水文变量、水资源变量和污水排放、地下水变化等相关指标与土地利用/覆被变化中表征资源变化土地利用指数之间的相关分析结果。其中相关系数超过 0.6 的指标包括耕地面积变化率与总用水量、综合动态度与总用水量等 29 组变量，其中最高的是工业用水量与草地变化率（0.89）及工业用水量与耕地变化率（−0.83），工业强度越大，工业用水量越大，可见该地区工业水平与土地利用结构有很大的关系。根据上述结果，建立了水资源对经济社会系统的响应方程，具体结果见表 3.5。

表 3.5　　水资源系统对经济社会系统的响应方程

响应方程
总用水量（万 m^3）：$Y_5=19070.349+186.696X_2+3432.621X_5-56079.489X_8$ 其中 Y_5 表示总用水量，常数项为随机误差，系数项为相应指标的影响系数，X_2 为灌丛 K 指数，X_5 为耕地 K 指数，X_8 为综合动态度 Sig=0.023<0.05，模型显著
潜在蒸散发（mm）：$Y_4=936.406-7.983X_1-307.668X_5+106.377X_8+0.516X_9$ 其中 Y_4 表示潜在蒸散发，X_9 为土地利用程度综合指数，X_1 为林地 K 指数 Sig=0.014<0.05，模型显著

续表

生活污水排放量（万 t）：$Y_{13}=3432.5-4258.6X_5-31505X_8$ 其中 Y_{13} 表示生活污水排放量，其他参数含义同前 Sig＝0.03＜0.05，模型显著
人均用水量（m^3/人）：$Y_6=117+4.1X_2+21.5X_3-20.7X_4+10.7X_7$ 其中 Y_6 表示人均用水量，X_3 为草地 K 指数，X_4 为水域 K 指数，X_7 为未利用地 K 指数，其他参数含义同前 Sig＝0.033＜0.05，模型显著
农田灌溉用水量（万 m^3）：$Y_7=191815+1135X_2+4375X_5+29440X_8-651.6X_9$ 其中 Y_7 表示农田灌溉用水量，其他参数含义同前 Sig＝0.012＜0.05，模型显著
工业用水量（万 m^3）：$Y_8=8577+476X_3-32860X_5+8211X_8$ 其中 Y_8 表示工业用水量，其他参数含义同前 Sig＝0.007＜0.05，模型显著
工业废水排放量（万 t）：$Y_{14}=-12664-120864X_5+252882X_8$ 其中 Y_{14} 表示工业废水排放量，其他参数含义同前 Sig＝0.019＜0.05，模型显著

通过上述研究发现，耕地和土地开发程度越高，其潜在蒸散发越大；农业生产强度越大，总用水量越大；水域面积与未利用土地面积的变化会影响城镇用水量，且此消彼长；生活和工业污水排放受耕地与综合动态度影响，且该影响对生活污水和工业废水刚好相反，表明生活用水和工业用水也存在竞争关系；未利用土地面积的变化对地下水开采量有一定指示作用。上述响应方程的建立反映了人类活动对水资源系统影响显著，也验证了响应关系函数的应用价值，为承载能力模型的构建奠定了基础。

3.1.2　水资源系统与生态环境系统的互馈关系

3.1.2.1　生态环境系统分析

生态环境系统和区域经济的耦合关系是经济社会系统与生态环境系统之间、系统内各要素之间交互胁迫、交互依存关系的客观表征，它刻画了某一时段区域系统的演进态势或趋向。一定状态下，生态环境系统的供容能力、抵御外部干扰的能力是有限的，这就决定了经济发展速度过快会损害生态环境系统正常的支撑功能，生态环境系统则通过自然灾害、环境污染、资源短缺和政府干预等一系列反馈形式制约经济发展并减缓其发展速度。对生态环境系统指标选取如下：

（1）景观破碎度。景观格局指数是指景观格局与景观指数。景观格局通常是指景观的空间结构特征，具体是指由自然或人为形成的，一系列大小、形状各异，排列不同的景观镶嵌体在景观空间的排列，它即是景观异质性的具体表现，同时又是包括干扰在内的各种生态过程在不同尺度上作用的结果。空间斑块性是景观格局最普遍的形式，它表现在不同的尺度上。景观格局及其变化是自然和人为的多种因素相互作用所产生的一定区域生态环境体系的综合反映，景观斑块的类型、形状、大小、数量和空间组合既是各种干扰因素相

互作用的结果，又影响着该区域的生态过程和边缘效应。破碎度表征景观被分割的破碎程度，反映景观空间结构的复杂性，在一定程度上反映了人类对景观的干扰程度。它是由于自然或人为干扰所导致的景观由单一、均质和连续的整体趋向于复杂、异质和不连续的斑块镶嵌体的过程，景观破碎化是生物多样性丧失的重要原因之一，它与自然资源保护密切相关。公式如下：

$$C_i = N_i / A_i \tag{3.5}$$

式中：C_i为景观i的破碎度；N_i为景观i的斑块数；A_i为景观i的总面积。

（2）叶面积指数。叶面积指数，亦称叶面积系数，是指植物叶片总面积与土地面积的比值。它与植被的密度、结构（单层或复层）、树木的生物学特性（分枝角、叶着生角、耐荫性等）和环境条件（光照、水分、土壤营养状况）有关，是表示植被利用光能状况和冠层结构的一个综合指标。叶面积指数是反映作物群体大小的较好的动态指标。叶面积指数可以反映在一定的范围内，作物的产量随叶面积指数的增大而提高。当叶面积指数增加到一定的限度后，田间郁闭，光照不足，光合效率减弱，产量反而下降。在生态学中，叶面积指数是生态环境系统的一个重要结构参数，用来反映植物叶面数量、冠层结构变化、植物群落生命活力及其环境效应，为植物冠层表面物质和能量交换的描述提供结构化的定量信息，并在生态环境系统碳积累、植被生产力和土壤、植物、大气间相互作用的能量平衡，植被遥感等方面起重要作用。

（3）水源涵养能力。水源涵养是指养护水资源的举措，一般可以通过恢复植被、建设水源涵养区达到控制土壤沙化、降低水土流失的目的。水源涵养、改善水文状况、调节区域水分循环，防止河流、湖泊、水库淤塞，以及保护饮用水水源为主要目的的森林、林木和灌木林主要分布在河川上游的水源地区，对于调节径流，防止水、旱灾害，合理开发、利用水资源具有重要意义。水源涵养能力与植被类型、盖度、枯落物组成、土层厚度及土壤物理性质等因素密切相关。

（4）湿地比重。湿地是珍贵的自然资源，也是重要的生态环境系统，具有不可替代的综合功能。加入《关于特别是作为水禽栖息地的国际重要湿地公约》20 多年来，我国政府高度重视并切实加强湿地保护与恢复工作，积极履行公约规定的各项义务，全国湿地保护体系基本形成，大部分重要湿地得到抢救性保护，局部地区湿地生态状况得到明显改善，为全球湿地保护和合理利用事业作出了重要贡献。湿地是位于陆生生态系统和水生生态系统之间的过渡性地带，在土壤浸泡在水中的特定环境下，生长着许多湿地的特征植物。湿地广泛分布于世界各地，拥有众多野生动植物资源，是重要的生态系统。

（5）湿润度。湿润指数（wetness index）为衡量湿润程度的表示法。湿润指数与干燥指数相反，基本形式为地面收入水分（降水）与其支出水分（蒸发、径流）之比，比值愈大，气候愈湿润。湿润指数是表示气候湿润程度的指标，又称湿润度、湿润系数。用地面水分的收入量与支出量的比值表示。比值越大，表示气候越湿润；比值越小，则气候越干燥。大陆性气候地区湿润指数小，海洋性气候地区湿润指数大。湿润指数能够较客观地反映某一地区的水热平衡状况。湿润指数广泛应用于气候干湿状况评价、生态环境变化等研究中，研究地表湿润状况变化特征及成因，对科学预测城市未来地表湿润特征也具有重要的意义。

(6) 生态环境用水量。生态用水可定义为维护或改善组成现有生态环境系统的植物群落、动物以及非生物部分的平衡所需要的水量，该定义从生态用水的组成及功能进行分析揭示了生态用水与生态服务功能之间的联系。广义上讲，生态用水是指维持生态环境系统完整性所消耗的水分，它包括一部分水资源量和一部分常常不被水资源量计算包括的部分水分，如无效蒸发量、植物截留量；狭义上讲，生态用水是指维持生态环境系统完整性所需要的水资源总量。

(7) 径流。径流是指降雨及冰雪融水或者在浇地的时候在重力作用下沿地表或地下流动的水流。径流有不同的类型，按水流来源可分降雨径流和融水径流以及浇水径流；按流动方式可分地表径流和地下径流，地表径流又分坡面流和河槽流。此外，还有水流中含有固体物质（泥沙）形成的固体径流，水流中含有化学溶解物质构成的离子径流等。流域产流是径流形成的第一环节。同传统的概念相比，产流不仅是一个产水的静态概念，还是一个具有时空变化的动态概念，包括产流面积在不同时刻的空间发展及产流强度随降雨过程的时程变化；同时，产流又不仅是一个水量的概念，还是一个包括产水、产沙和溶质输移的多相流的形成过程。此外，产流主要发生在流域坡面上，对不同大小的流域而言，坡面面积所占的比重不同，坡面上各种影响产流的因素，包括植被、土壤、坡度、土地利用状况及坡面面积和位置等在不同大小的流域中表现不同。径流是流域中气候和下垫面各种自然地理因素综合作用的产物。径流是地球表面水循环过程中的重要环节，它的化学特性、物理特性对地理环境和生态环境系统有重要的作用。

(8) 水功能区达标率。水功能区是指为满足水资源合理开发利用和有效保护的需求，根据水资源的自然条件、功能要求、开发利用现状，按照流域综合规划和社会经济发展要求，在相应水域按其主导功能划定并执行相应质量标准的特定区域。随着最严格水资源管理制度逐步建立和实施，对水功能区的监督和管理也将越来越全面、越来越深入。水功能区达标率作为一项新的指标，已被列入实施最严格水资源管理制度的一项目标指数，一些省（自治区、直辖市）政府也把水功能区达标率作为考核目标之一。

3.1.2.2　水资源与生态环境的互馈关系

选取景观破碎度、叶面积指数、生物丰度、水源涵养能力、湿地比重、湿润度、生态环境用水量、耕地退化率及水功能区达标率表征生态环境系统因子，选取水资源总量、水资源开发利用率、产水系数、居民生活用水量、湿地比重、径流量、降水量、潜在蒸散发及水功能区达标率表征水资源系统因子，对这2组变量进行相关分析。生态环境系统指标与水资源系统指标相关性检验结果见表3.6。

表3.6　生态环境系统指标与水资源系统指标相关性检验结果

生态环境系统指标	产水系数	径流量	水资源总量	水资源开发利用率	降水量	水功能区达标率
景观破碎度	0.121	−0.277	−0.280	0.200	−0.411	−0.103
叶面积指数	0.325	0.626	0.652*	−0.684*	−0.623	0.032
生物丰度	−0.203	−0.187	−0.227	0.300	−0.235	0.025
水源涵养能力	0.612	0.985**	0.972**	−0.910**	0.768**	−0.120

续表

生态环境系统指标	产水系数	径流量	水资源总量	水资源开发利用率	降水量	水功能区达标率
湿地比重	−0.218	0.154	0.123	−0.134	0.378	0.080
生态环境用水量	−0.031	0.104	0.052	−0.115	−0.028	−0.467
耕地退化率	0.542	0.388	0.426	−0.517	−0.122	−0.018

注　* 表示在 0.05 水平（双侧）上显著相关，* * 表示在 0.01 水平（双侧）上显著相关，下同。

由表 3.6 可以看出，呈显著相关关系的包括径流量和水源涵养能力、水资源总量和水源涵养能力等 6 个指标，尤其是生态环境系统指标中的水源涵养能力与水资源系统各指标的相关程度都很高，说明了该地区的水源涵养能力主要取决于每年水量的多少。根据上述结果，建立了水资源系统对生态环境系统的响应方程，具体结果见表 3.7。

表 3.7　　　　水资源系统对生态环境系统的响应方程

产水系数：$Y_1=-1.596+0.194Z_1+0.163Z_2+0.056Z_3-0.45Z_5+0.368Z_7$ 其中 Y_1 表示产水系数，常数项为随机误差，系数项为相应指标的影响系数，Z_1 为景观破碎度，Z_2 为叶面积指数，Z_3 为生物丰度，Z_5 为湿地比重，Z_7 为耕地退化率 Sig=0.272>0.05，模型不显著
径流量（mm）： $Y_2=283.853-28.393Z_1+5.882Z_2-14.491Z_3-36.876Z_5+0.001Z_6+13.821Z_7$ 其中 Y_2 表示径流量，Z_6 为生态环境用水量，其他参数含义同前 Sig=0.005<0.05，模型显著
降水量（mm）： $Y_3=5560.146-412.499Z_1-225.812Z_2-215.154Z_3+505.931Z_5+0.157Z_6-429.286Z_7$ 参数含义同前 Sig=0.365<0.05，模型不显著
水资源总量（亿 m^3）：$Y_{15}=5.205-0.283Z_1+0.078Z_2-0.239Z_3-0.896Z_5+0.679Z_7$ 其中 Y_{15} 表示水资源总量，其他参数含义同前 Sig=0.0002<0.05，模型显著
水资源开发利用率： $Y_{16}=3.106-0.234Z_1-0.593Z_2+0.037Z_3+0.136Z_5-0.001Z_6-1.208Z_7$ 其中 Y_{16} 表示水资源开发利用率，其他参数含义同前 Sig=0.018<0.05，模型显著
水功能区达标率：$Y_{17}=-330.955+4.484Z_1+6.872Z_2+18.309Z_3+5.564Z_5-0.45Z_6+1.885Z_7$ 其中 Y_{17} 表示水功能区达标率，其他参数含义同前 Sig=0.890>0.05，模型不显著

通过上述研究发现，径流量越多，水资源总量越多，湿地比重越大；水资源开发利用率越小，叶面积指数越大，两者呈负相关。上述响应方程的建立反映了生态环境系统对水资源系统影响显著，也验证了响应关系函数的应用价值，为承载能力模型的构建奠定了基础。

3.1.3　生态环境系统与经济社会系统的互馈关系

经济社会与生态环境之间存在密切的内在联系，两个系统之间不断进行着物质与能量的交换，即生态环境中的物质能量作为原材料投入到经济系统中，转化成各种具有使用价值的产品以及“三废”物质（废水、废气和废渣），有使用价值的产品使用后形成的废弃物以及“三废”物质最终都会流回自然环境，在自然环境中进行再一次转化，其中一部分被回收利用，成为自然资源，另一部分成为自然环境的污染物。一方面，人们从自然界获取生产资料进行经济活动，因经济生产活动而产生的直接或间接的废弃物一定程度上可以被环境容纳和净化，但若超过了生态环境系统的承载能力，就会造成环境污染，生态环境恶化，进一步会阻碍经济的健康发展；另一方面，当环境系统不能继续支撑经济发展时，就必须改善生态环境，加大物力和财力等的投入进行生产技术改造，减少“三废”物质的排放量以及提高治污能力，而这一切又依靠于经济实力的提高。

上述分析是对经济社会和生态环境之间交互耦合作用的讨论，如何进一步量化生态环境变化对经济社会活动的响应，需要继续深入研究。因此本书以部分生态指标变化分析为基础，探索生态环境系统响应经济社会活动的一般规律。

生物具有一定的自我调节能力和环境适应能力，考虑到生态子系统的稳定性和动态变化特性，可以把生态子系统理解为生物和环境长期作用过程中形成的相对稳定的动态平衡状态。在经济社会发展过程中，自然界为经济社会发展提供必要的物质资源和能量来源，但同时经济社会发展对自然生态环境系统造成直接或间接的影响，致使生态退化、环境恶化等一系列生态环境问题频发。反之，生态破坏和环境恶化导致的一系列人类生存和发展问题，迫使人类对经济社会发展做出调整，进而制约经济社会的发展进程。进行经济社会活动与生态环境系统之间的典型相关分析，其建立过程与经济社会活动与水资源系统之间的相关分析过程类似，图 3.3 和图 3.4 分别为生态环境系统表征因素和经济社会系统表征因素。

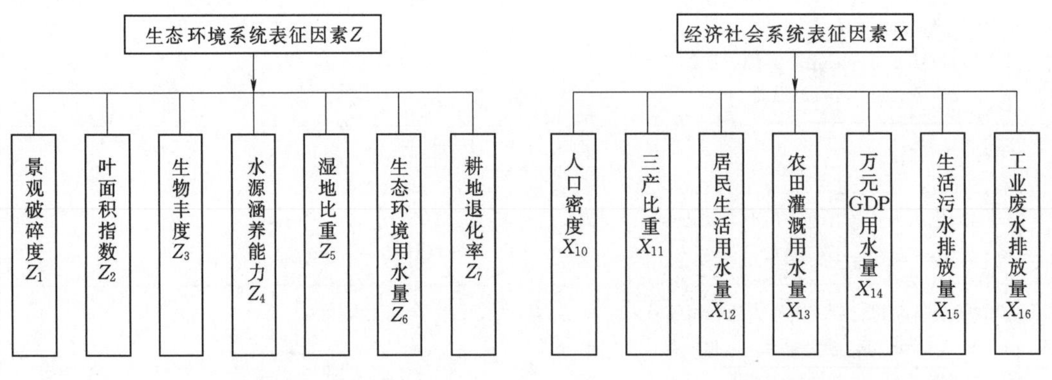

图 3.3　生态环境系统表征因素　　图 3.4　经济社会系统表征因素

水资源经济社会指标与生态环境指标之间的相关关系，可以定量地对现有生态环境状况与经济社会系统之间的相互关系研究进行有益补充，可以更好地揭示生态环境受人类活动影响的结构与特征变化。生态环境系统对水资源经济社会系统响应的相关分析步骤与经济社会-水资源系统相关分析的方法类似，不再赘述。生态环境系统指标与经济社会指标

相关分析结果见表3.8。

表3.8 生态环境系统指标与经济社会指标相关分析结果

生态环境系统指标	人口密度	第三产业比重	居民生活用水量	农田灌溉用水量	万元GDP用水量	生活污水排放量	工业废水排放量
景观破碎度	0.2289	0.6037	−0.5241	0.3667	0.7255*	−0.5491	−0.0511
叶面积指数	0.295	−0.3625	0.1574	0.367	0.0213	−0.0697	−0.5493
生物丰度	−0.5496	−0.3239	0.5984	−0.748*	−0.8079**	0.8026**	0.7693**
水源涵养能力	0.3221	−0.0954	0.2715	0.6349*	0.3112	−0.2711	−0.4345
湿地比重	0.1814	0.8183**	−0.4099	0.5078	0.6837*	−0.9181**	−0.4294
生态环境用水量	−0.3441	−0.2159	0.6345*	−0.5621	−0.5528	0.6409*	0.5035
耕地退化率	0.283	−0.0593	−0.1727	0.4487	0.3673	−0.2769	−0.3226

由表3.8可以看出，相关程度较大的有第三产业比重与湿地比重、万元GDP用水量与生物丰度等11组指标，其中生活污水排放量与湿地比重呈很大的负相关关系(−0.9181)，生活污水排放量越多，湿地比重越小，因此为保护湿地，保护生物，应该适当控制生活污水排放及工业废水排放。根据上述变量建立了生态环境系统对经济社会系统的响应方程，见表3.9。

表3.9 生态环境系统对经济社会系统的响应方程

景观破碎度： $Z_1=-15.727+0.039X_{10}-59.345X_{11}+0.001X_{12}-0.001X_{13}+0.03X_{14}-2.305X_{15}+0.325X_{16}$ 其中 Z_1 表示景观破碎度，常数项为随机误差，系数项为相应指标的影响系数，X_{10} 为人口密度，X_{11} 为第三产业比重，X_{12} 为居民生活用水量，X_{13} 为农田灌溉用水量，X_{14} 为万元GDP用水量，X_{15} 为生活污水排放量，X_{16} 为工业废水排放量 Sig=0.100>0.05，模型不显著
叶面积指数： $Z_2=63.817-0.132X_{10}+173.553X_{11}-0.003X_{12}+0.003X_{13}-0.03X_{14}+7.693X_{15}-0.908X_{16}$ 其中 Z_2 表示叶面积指数，其他参数含义同前 Sig=0.073>0.05，模型不显著
生物丰度： $Z_3=-9.710+0.048X_{10}-40.617X_{11}+0.001X_{12}-0.001X_{13}-0.05X_{14}-2.002X_{15}+0.316X_{16}$ 其中 Z_3 表示生物丰度，其他参数含义同前 Sig=0.397>0.05，模型不显著
湿地比重：$Z_5=1.740-0.003X_{10}+4.626X_{11}-0.002X_{14}-0.12X_{15}-0.016X_{16}$ 其中 Z_5 表示湿地比重，其他参数含义同前 Sig=0.004<0.05，模型显著

生态环境指标和经济社会用水指标的典型相关分析和响应方程结果表明，水资源开发利用率、万元GDP用水量、单位面积生活污水排放量对生态环境系统影响较大，如较强的农业活动易造成过于破碎化的生态环境系统，丧失多样性；而生活污水和工业废水排放也容易降低系统的连通性。响应方程的建立重在揭示两大系统之间的内在联系，为后续评价模型的构建提供理论支撑。

3.1.4　水资源承载能力评价概念模型

3.1.4.1　水资源承载能力原型分析

通过水资源系统的传递关系研究，明确了生态环境系统和水资源系统作为承载主体的特点，同时经济社会系统和生态环境系统又通过水资源系统进行压力与支撑能力的传递。如何明确压力与支撑能力的传递过程，需要进一步探索。

(1) 摩擦力分析原型。在物理学中，描述物体受力发生形变有两种可能情景：其一为弹性形变，其二为塑性形变。以横梁结构为例，被压弯发生弹性形变的横梁在撤出荷载后仍可恢复成原状；但如果荷载远超横梁承载极限，则横梁将保持弯曲状态而丧失恢复原状的能力，水资源承载能力讨论的是弹性变形的极值情景。法向反力与摩擦力的关系如图 3.5 所示。

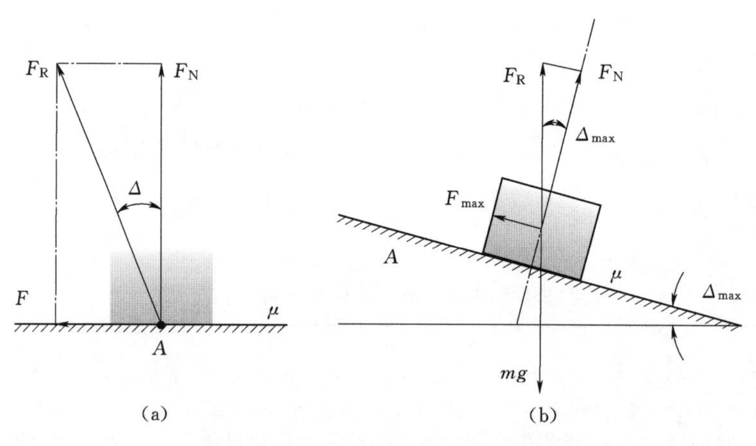

图 3.5　法向反力与摩擦力的关系图

在物理学的受力分析中，经常以物块在斜坡的受力状态，解释在外力和重力（mg，其中 m 为物块质量，g 为重力加速度）作用下，随不同斜坡角度与斜面光滑程度而变化的主动力与被动力的平衡关系，如图 3.5 (a) 所示。外力可以从物块的不同角度施加压力，重力则竖直向下，在一定的斜坡角度 Δ 与摩擦系数 μ 下，物块可以在斜坡实现受力平衡。当重物静止在粗糙水平面上时如图 3.5 (b) 所示，假设物块受到向右的外力作用，但该外力不至于引发物块滑动，则此时接触面对物体的约束反力包括两个分量，即法向反力 F_N 和静摩擦力 F，其合力 F_R 称为接触面的全约束反力，力的作用线与接触面的公法线成一偏角 Δ。当物块位于斜坡之上如图 3.5 (b) 所示，同样在物块上作用一个沿斜面向下的外力，当该外力使物体处于临界平衡状态时，静摩擦力达到最大值 F_{max}。上述全约束反力与法线夹角的最大值 Δ_{max} 称为摩擦角，也就是物块静止于斜坡上的最大夹角。在临界状态下，上述平面与斜面上物块的受力关系可以表示如下：

$$\tan\Delta_{max}=\frac{F_{max}}{F_N}=\frac{\mu F_N}{F_N}=\mu \quad 或 \quad \tan\Delta_{max}=\frac{\mu\, mg\cos\Delta_{max}}{mg\cos\Delta_{max}}=\mu \tag{3.6}$$

即摩擦角的正切值等于静摩擦因数。上述公式前半部分描述的是平面状态，后半部分为斜面受力情景。其中，摩擦力 F 为

$$F=\mu F_{N} \tag{3.7}$$

$$F_{N}=mg\cos\Delta \tag{3.8}$$

可见，摩擦角和摩擦因数一样都是表示材料性质的物理量。平衡受力的情形下，静摩擦力在零到最大值之间取值，而此时全约束反力和法线间的夹角 Δ 也在零到 Δ_{max} 之间。由于静摩擦力不能超过最大值（超过最大值将转变为动摩擦力，物块会滑动），因此全约束反力作用线必定在摩擦角范围内，所以作用于物体上的主动力合力作用线在摩擦角范围内时，无论该力多大，物块总能静止，称为自锁，此时主动力合力和全约束反力 F_R 必能满足二力平衡条件；相反，若作用于物块的主动力合力作用线在摩擦角范围外，则无论该力多小，物块一定滑动，因为接触面的全约束反力和主动力合力无法满足二力平衡。

作用于斜坡上的重力 mg 可以分解为沿斜面向下的滑动力与垂直斜面的压力。μ 在该系统中是一个随不同斜坡表面光滑程度而变化的摩擦系数，表示物块与斜面的一种耦合状态。由牛顿第三定律可知，上述重力的两个分力都存在与之反向的反作用力，压力的反作用力为法向反力 F_N，滑动力的反作用力是静摩擦力 F。如果物块在斜坡保持静止，则证明物块在斜坡受力平衡，上述两组力大小相等方向相反；当物块在斜坡下滑，则意味着沿斜面向下的滑动力大于沿斜面向上的动摩擦力。上述便是摩擦力的力学分析原型。

（2）原型的适用性分析。上述原型是物理学中用于受力分析的常用原型。由一个物块和斜坡构成，进行摩擦系统的平衡分析。由于摩擦力在该系统中也具有类似压力与支撑力传递的特点，因此猜想是否可以借用该原型解析承载机制。将生态环境系统假设成平面，生态环境系统发生退化后可以表示成带倾角的斜坡，这是不受外力的情景。当引入经济社会系统时（把它表示成一个物块），同样发生生态环境系统退化就可能包括由自然原因造成的退化和由人类活动导致的退化。由于水资源系统存在于生态环境系统，又可以直接参与经济社会活动，如果将经济社会系统和生态环境系统想象成两个互相接触的物体，那么水资源系统无疑是存在于二者接触面的一个系统。基于摩擦力和水资源支撑力的相似性，将斜面表示成水资源系统，那么方块和斜坡的接触面就会存在水资源支撑力，这既符合参与水资源循环的那部分水资源特点，又符合摩擦力的特性，可见该原型具有良好的表征性。摩擦力分析原型对承载主体、客体以及两者之间压力与支撑力的传递要素描述清晰，理论依据充分，具有明确的物理基础。如果能将上述分析方法应用到水资源承载能力研究中来，则可以将经济社会、水资源和生态环境系统之间的复杂作用关系阐述得更为清晰，使水资源承载机制从统计分析走向机理研究，可以实现水资源的自然属性和社会属性相结合。如果借鉴摩擦力分析原型，则需要分析复合系统中相关变量用物理原型中对应要素解析的可行性：

1）经济社会发展的压力如何表示。在 3.1.1～3.1.3 节系统间相互关系研究中已阐述了人类社会发展对生态系统及水资源造成的影响。经济社会压力越大，则意味着生态系统被开发的程度越深，对应的支撑能力越小；生态系统的自然退化越严重，生态支撑能力也越小。考察摩擦力分析原型的相似特性可知，斜坡越陡，则物块借助摩擦力在斜坡停留保持系统稳定时能承受的质量越小。除此之外，这种稳定性还受摩擦力大小的影响，较大的摩擦力可以提供相应较大的支撑力，支撑较大的经济社会规模。可见，物块可以表示经济社会压力。

2）水资源和生态支撑能力分别怎么表征。在 3.1.1 响应关系辨析的内涵拓展中，除水资源自身对经济社会发展的直接贡献外，还明确了生态环境系统可以涵养水资源，而水资源也通过生态环境系统的服务价值承载经济社会系统。可见，水资源支撑能力通过生态环境系统承载经济社会系统，且对二者相互作用的影响较大。假设生态环境系统与经济社会系统分离，对应的承载与负荷关系消失，则水资源支撑能力亦不再存在。基于以上认识，可以得出水资源支撑能力的 3 条基本性质：①产生于承载-负荷关系中，依附于生态环境系统，并涵养生态环境系统，支撑经济社会系统；②可以直接与负荷体构成新的一组承载一负荷关系；③水资源支撑能力越大，系统越稳定。

由摩擦力分析原型可知，斜面的摩擦力是物块与斜坡保持稳定的“润滑剂”，如果斜面变成光滑面，则斜坡无法承载任何质量的物块，斜面摩擦系数越大，则摩擦力越大，可以支撑物块的质量也越大，摩擦力大小决定了物块与斜坡间稳定程度的高低。因此，摩擦力比较准确地表征了水资源支撑能力的特点，而斜坡作为水资源和经济社会存在的基础与生态环境系统特征一致，斜面的支撑力即生态支撑能力。

3）经济社会与水资源、生态环境系统之间的承载与负荷关系如何表达。在摩擦力原型的受力关系分析中，物块对斜坡的压迫与经济社会对生态环境系统的压迫是有对应关系的，那么经济社会与水资源系统的关系如何在原型中得到体现？由于前文已明确水资源既可作为压力的传递要素，又能作为支撑能力的贡献主体，故分析发现，原型中接触面的摩擦力与下滑力符合上述特点：规定向上与“爬坡”方向为正，当摩擦力与斜坡支撑力同为正时，可以合成一个全约束反力（支撑力）；而摩擦力与支撑力为负时，则摩擦力变成阻碍系统的阻力（类比压力）。可见，摩擦力的特性符合水资源系统的作用特点（根据传递属性，水资源系统既可作为支撑力，又可传递压力），经济社会与水资源系统之间的承载负荷关系可以采用这组下滑力与摩擦力表示。其受力特性和函数关系可以从平衡方程中得到论证。至此，水资源承载能力分析中各系统及对应关系均在摩擦力分析原型中找到了相应的作用力与反作用力，且阐释了其合理性，证明该摩擦力原型对解析水资源承载机制具有一定的可行性。

(3) 承载原理分析。生态环境系统早期承载与负荷的平衡关系可表示为图 3.6。负荷体以人口数量 M 表示，区域面积为 A，人口分布密度以 $m(=M/A)$ 表示，设早期人口数量为 M_0，早期水资源供需矛盾尚不明显，人类取用水造成的水资源压力 F_1 很小，对应的水资源支撑能力 F'_1 也很小，因此人类活动对生态环境系统的压力 F_3 即为 M_0，对应的生态环境支撑能力 F'_3 可以采用水量平衡法计算，此时生态环境系统的水资源总量（W_e）为

$$W_e=\alpha PA_s=\alpha(E_0/r)A_s \tag{3.9}$$

$$r=E_0/P \tag{3.10}$$

式中：α 为径流系数；E_0 为潜在蒸散发量；P 为降水量；A_s 为森林面积；r 为干旱指数。

根据定额法，承载人口数可由总水量与用水定额简单估算：

$$F'_3=W_e/(W/M_0)=W_eM_0/W \tag{3.11}$$

式中：W 为可供水量。

图 3.6 中，由于低开发状态下，水资源总量（W_e）恒大于当时的可供水量（W），故 $F'_3 > F_3$，其水资源承载能力较大。

受物理原型启发，生态环境系统与经济社会系统之间的关系可采用受力分析的思想，对上述变量进行定性描述，以负荷体与承载体组合结构的受力分析图（见图 3.7）来进行。图 3.7 中带箭头的实线为压力，相应的虚线为支撑力。θ 是生态环境系统演变值，F_2 定义为经济社会压力，F_1 是 F_2 沿斜面的分力，定义为水资源压力。F_3 是 F_2 沿斜面法向的分力，定义成生态环境压力。F_2 的表征方式有很多，如 GDP 总量、城市化程度和人口数量等。由于人口压力是所有压力的根源，此处以人口规模 M 作为压力表征，并以 A 表示区域面积。与压力相对应的是水资源和生态环境系统的支撑能力 F'_2，包括生态环境系统对经济社会的支撑能力 F'_3 和水资源对经济社会的支撑能力 F'_1 两部分。由于水资源支撑力产生于生态环境系统与经济社会系统的接触面，根据理论力学中力线平移定理，F'_1 可移至方块重心。上述三组压力与支撑能力构成了影响该原型受力平衡的基本因素。

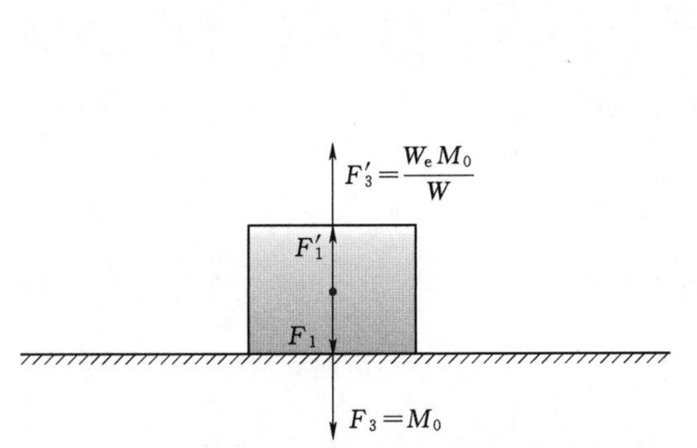

图 3.6　生态环境系统初始状态承载负荷体情景图

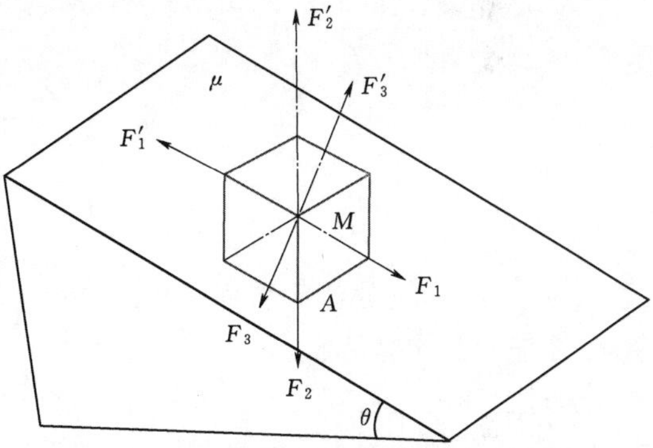

图 3.7　物理原型示意图

依据牛顿第三定律进行系统平衡分析，则水资源承载系统中有以下几组对应关系：

$$\begin{cases} F_3 = F'_3 \\ F_1 = F'_1 \\ F_2 = F'_2 \\ \overrightarrow{F'_2} = \overrightarrow{F'_1} + \overrightarrow{F'_3} \end{cases} \tag{3.12}$$

上式为维持水资源承载系统稳定的平衡方程，即生态环境系统压力与支撑能力、水资源系统压力与支撑能力、经济社会压力与水资源承载能力三组承载-负荷关系，以及根据力的平行四边形定则表示的矢量合成关系。实际中，生态环境系统与经济社会的平衡发展除受 F'_3 与 F_3 影响外，还受自然因素如降雨量和气温等影响，故需要对理论公式进行修正。同等条件下，降雨量越多则生态环境系统越繁荣；积温越充足，则植被生长越好，生态环境系统的水源涵养能力和系统稳定性也越高。μ 是表征经济社会与生态环境系统之间耦合程度的参数，定义为生态环境系统湿润度因子，该因子受水文循环的影响，可以影响生态环境系统和经济社会的发展。

因此，依据上述平衡方程，结合响应关系的分析结果，在给定时段 $t_1 \sim t_2$ 内，水资源对经济社会活动的支撑函数可以积分形式表示为

$$F'_1 = \int_{t_1}^{t_2} \mu F_2 \cos\theta(t) \mathrm{d}t \tag{3.13}$$

式中：$t_1 \sim t_2$ 为相应的评估时间段（下同）。

同理，生态环境系统对经济社会活动的支撑函数可以表示为

$$F'_3 = \int_{t_1}^{t_2} F_2 \cos\theta(t) \mathrm{d}t \tag{3.14}$$

随着科技进步带来的技术革新，经济社会发展造成的污染排放与能源消耗量会呈现降低趋势，水资源利用效率会逐渐提高，故定义科技进步因子 k 和环境因子 h，对上述压力-支撑能力函数进行修正。环境因子主要与资源能源开采强度因子 λ_1、污染排放强度因子 λ_2 和第三产业结构比重因子 λ_3 有关。由于科技进步对水资源承载能力的影响主要体现在对节水的贡献上，因此定义用水效率系数 β 与 k 相乘进行修正，修正后的科技因子表示为 k_s。

$$F'_{12} = \int_{t_1}^{t_2} \frac{k_s}{h} \mu F_2 \cos\theta(t) \mathrm{d}t \tag{3.15}$$

$$F'_{32} = \int_{t_1}^{t_2} \frac{k_s}{h} \mu F_2 \cos\theta(t) \mathrm{d}t \tag{3.16}$$

式中：F'_{12} 和 F'_{32} 分别表示考虑科技因素和环境因素影响后的水资源-经济社会支撑函数和生态-经济社会支撑函数。

通过上述研究可以发现，水资源系统与经济社会系统、生态环境系统与经济社会系统之间并非简单耦合关系，其承载-负荷关系涉及自然环境因素，如降雨量、温度、下垫面特性等多方面影响，又与经济社会发展中的科技投入、环境污染程度等密不可分。

由水资源的传递特性以及力的矢量合成法则可知，真实的水资源承载能力应为式（3.15）与式（3.16）两部分之和，取时段平均的概念，则水资源和生态环境系统综合支撑能力的公式可简化表示如下：

$$F'_2 = [aF'_3(x) + bF'_1(y)] \frac{k_s}{h} \tag{3.17}$$

式中：$F'_3(x)$ 和 $F'_1(y)$ 分别为生态和水资源支撑能力分函数；a 和 b 分别为生态支撑函数和水资源支撑函数的修正系数。

式（3.17）即水资源承载机制的重要表现形式，也是水资源承载能力评估模型的雏形。

（4）主要变量与参数分析。由于响应函数中各变量具有不同于物理原型的实际含义，因而需要进行以下基本假定：物理原型中，当摩擦系数与斜坡倾角符合 $\mu > \tan\alpha_{\max}$ 时，斜坡承压不受压力大小影响总能保持平衡，称为斜坡“自锁”。由于物理原型描述的是刚性物体，只受力的约束；而概念模型各变量多为弹性变量，除受力的约束外，还受实际情况的影响，在生态环境系统与经济社会系统维持动态平衡的过程中，复合系统能承载的人口

数量为一变量，存在承载极限，因而评价中并不存在“自锁”情形。根据水资源承载机制研究的分析结果，影响水资源承载系统的因素较多。考虑各参数间自相关性，排除部分对水资源承载系统影响具有重复性的因子，按系统属性对这些参数与变量进行归纳与总结。

表 3.10 为与水资源承载能力相关的重要变量与参数，19 个变量是影响水资源承载系统主要因素，涉及水文循环与水资源循环的各环节。例如，水资源可利用量指的是地表水资源可利用量与地下水可开采量，通常地表水资源可利用量由地表水资源总量扣除河道内生态环境用水量与难控制的洪水量所得；而水资源可利用量的排水环节是污染排放的主要来源，包括工业废水排放和生活污水排放两部分。对上述部分指标的解释如下：

表 3.10　与水资源承载能力相关的重要变量与参数

综合层	系统层	序号	英文名称	指标层	备注
水资源承载能力（A_1）	经济社会系统（B_1）	C_1	d	人均用水定额	m^3/人
		C_2	θ	生态演变值	—
		C_3	θ''	人类活动强度	—
		C_4	λ_1	资源开采强度因子	—
		C_5	λ_2	污染排放强度因子	—
		C_6	λ_3	第三产业比重	%
		C_7	h	环境因子	—
		C_8	k_s	科技因子	—
	水资源系统（B_2）	C_9	P	降雨量	mm
		C_{10}	α	径流系数	—
		C_{11}	R	天然径流	m^3
		C_{12}	R_a	实际径流	m^3
		C_{13}	Q_c	水资源可利用量	m^3
		C_{14}	E_0	潜在蒸发	mm
		C_{15}	E	实际蒸发	mm
	生态环境系统（B_3）	C_{16}	A_s	森林面积	km^2
		C_{17}	θ'	自然退化强度	—
		C_{18}	μ	湿润度指数	—
		C_{19}	Q_h	水源涵养量	m^3

1）C_1 人均用水定额。用水定额即单位时间内单位产品、单位面积或人均生活所需要的用水量。用水定额一般可分为工业用水定额、居民生活用水定额和农业灌溉用水定额三部分，是随着社会、科技进步和国民经济发展而逐渐变化的，如工业定额和农业用水定额因科技进步而逐渐降低，生活用水会逐渐增多。

2）C_2 生态演变值。由于区域地质、地貌、气候和水文等异常变化，导致生态环境系统的不稳定波动，引起生态退化。

3）C_3 人类活动强度。从经济社会系统的影响来看，随着人类活动的产生与增强，各种经济社会活动对生态环境系统造成的干扰与破坏也逐渐加深，经济社会系统与生态环境系统保持着一种主动作用与被动适应的动态平衡关系，生态环境系统在这一过程中也同样会发生退化。

4）C_4资源开采强度因子。由于人类生产与生活对自然资源的使用和消耗对生态环境系统和水资源系统造成的不利影响，采用资源开采强度因子（λ_1）进行估算。

5）C_5污染排放强度因子。除资源能源消耗的影响外，由于人类生产生活产生的污染物排放到生态环境系统中，对环境造成不利影响，可以采用污染排放因子（λ_2）进行衡量。

6）C_6第三产业比重因子。对某一地区而言，不同产业结构所造成的资源消耗和污染排放会完全不同。由于第一、第二产业为资源高耗、污染严重的产业，而第三产业对传统资源和能源依赖度较低，污染较轻，因此不同产业结构对应着不同的污染排放与资源消耗水平。

7）C_7环境因子。环境因子（h）对水资源承载能力的影响包括自然环境和产业结构两方面。自然环境方面是指由于人类生产与生活对自然资源的使用、消耗和污染排放所造成的不利影响。

8）C_8科技因子。从改善水资源承载能力的角度来分析 C_8 科技因子，随着社会的发展，各种科技进步带来的技术革新可有效降低能源消耗与污染排放，水资源利用效率也会逐渐提高。

9）C_{13}水资源可利用量。水资源可利用量是进行水资源承载能力评价的主体，其计算一般可参考地区水资源公报的统计数据计算得到。

10）C_{14}潜在蒸发。潜在蒸发（E_0）为本研究计算湿润度指数的关键变量，在缺实测蒸发数据的地区，可以根据潜在蒸发值估算实际蒸发，通常不同地区对应不同的折算系数，该系数一般为经验取值。一般来说，由于区域地质、地貌、气候和水文等异常变化，导致生态环境系统的不稳定波动，引起生态退化。

11）C_{17}自然退化强度。一般来说，由于区域地质、地貌、气候和水文等异常变化，导致生态环境系统的不稳定波动，引起生态退化。

12）C_{18}湿润度指数。在物理原型中，μ 表示摩擦系数，一般采用伽利略诱导公式计算，将摩擦系数的成因归于材料表面粗糙度 ε 和温度 q，以及象征材料质地的刚度系数 σ。

13）C_{19}水源涵养量。不少研究表明，生态环境系统的服务价值巨大，当前研究生态环境系统服务价值的相关成果中，又以水源涵养能力为其主要表现方式之一。

3.1.4.2　水资源承载能力评价概念模型

在明确了水资源承载能力的基本概念和其特征属性后，本节将依据水资源、生态环境系统与经济社会系统的响应关系研究成果，以及 3.1.4.1 对水资源承载机制的深入解析，基于生态和支撑能力的承载函数，进行水资源承载能力评价模型的构建。

（1）水资源支撑能力。根据经济社会-水资源支撑函数的一般形式，见式（3.15），需要建立水资源系统的支撑模型，评估其对工农业生产等各需水部门的供水能力总和。本书采用巩义市不同评估阶段的人均综合用水量，进行供水能力核算。以综合用水定额为基

础，构建人口支撑公式：

$$F_2(S)=\frac{Q_c}{d_1} \tag{3.18}$$

式中：$F_2(S)$ 为水资源系统的人口支撑函数；Q_c表示进行水质修正后的水资源可利用量；d_i为 i 阶段人均综合用水定额。

将式（3.18）代入式（3.15）后，得到以人口支撑函数表示，且考虑科技发展、环境污染、生态系统湿润度和系统演变程度影响的水资源支撑模块：

$$F'_{12}=\int_{t_1}^{t_2}\mu\cos\theta(t)\frac{k_s}{h}\frac{Q_c}{d_1}\mathrm{d}t \tag{3.19}$$

式中：F'_{12}为水资源支撑能力；其他变量含义可参考表 3.10 和式（3.18）。

（2）生态环境支撑能力。在水资源承载能力研究中，生态环境系统支撑经济社会发展的能力，可以采用核算生态环境系统服务价值的方法，通常以水源涵养量作为表征。依据经济社会-生态环境系统支撑函数的一般形式，见式（3.16）。本书采用水量平衡法计算生态环境系统的水源涵养量，并以承载人口数作为生态支撑能力的衡量标准，构建了生态环境系统的人口支撑函数：

$$F_2(C)=\frac{Q_h}{d_1} \tag{3.20}$$

式中：$F_2(C)$ 为生态环境系统的人口支撑函数；Q_h为水源涵养量。

将式（3.20）代入式（3.16）后，得到以人口支撑函数表示且考虑科技发展、环境污染和生态环境系统演变程度影响的生态支撑模块：

$$F'_{32}=\int_{t_1}^{t_2}\cos\theta(t)\frac{k_s}{h}\frac{Q_h}{d_1}\mathrm{d}t \tag{3.21}$$

式中：F'_{32}为生态支撑能力；其他变量含义同表 3.10 和式（3.20）。

（3）主客体响应模型。基于水资源的传递属性，通过水资源系统和生态环境系统支撑能力函数的构建，将水资源承载经济社会发展表示成两部分支撑模型，即常规意义上的供水能力和通过降雨、截留、下渗等过程进入生态环境系统，由生态环境系统服务价值承载经济社会发展的能力。考虑到后者并不直接通过水资源的社会属性体现其承载能力，为区别于通常意义上从供水能力的角度研究的水资源承载能力，本书将生态环境系统由水源涵养功能贡献的承载能力定义为水资源的间接承载能力，也称作生态支撑能力。可见，水资源承载能力包括水资源支撑能力和生态支撑能力两部分，侧重于描述水资源的社会属性和自然属性。由于在模型的构建中，深入进行了水资源承载机制的探讨，对应模块具有明确的主客体响应关系，因此将上述两个支撑函数综合得到的评估水资源承载能力的模型称为主客体响应模型，其一般表达式为

$$WRCC=\int_{t_1}^{t_2}\frac{k_s\cos\theta(t)}{h\bar{d}_1}(\mu Q_c+Q_h)\mathrm{d}t \tag{3.22}$$

式中：$WRCC$ 为水资源承载能力；k_s为科技因子；h 为环境因子；μ 为湿润度指数；θ 为生态环境系统演变值；d_i为 i 阶段人均综合用水定额；Q_c'表示进行水质修正后的水资源可利用量；Q_h为水源涵养量。

以上方程涵盖了影响水资源承载能力的自然要素、生态要素和经济社会要素，建立了从土壤、地形结构、地面覆被情况、降水量、温度、污水排放、资源开采与能源消耗等多个方面进行描述的水资源承载能力评价模型。需要注意的是，公式中 θ 为角度取值，而计算中为弧度值，需进行角度转换，弧度与角度的转换公式为

$$\theta=180l/\pi \tag{3.23}$$

式中：l 为弧度。

上述以经济社会与水资源、生态环境系统之间的响应关系研究为基础，参考物理学中摩擦力分析原型，并将相应平衡分析方法和模型结构应用于水资源承载机制解析中。从承载能力的压力源、影响要素、承载条件和自然因素等多个方面考虑，对水资源承载能力评价模型构建进行了有益的探索，建立了具有一定物理机制的评估模型。

3.1.4.3　概念模型参数敏感性分析

一般来说，由于模型构建过程中基于特定的数据源，例如模型中各参数设定均依据一定的地理特征和水文、气象条件，这些因素不可避免地对模型计算结果产生了不确定性影响。同时，由于模型中部分计算公式的概化，也能给模型带来不确定性风险。分析不同数据源中不同参数对结果的影响称为水资源模型中的参数不确定性分析。除此之外，在水资源模拟中，还需要考虑不同参数取值变化对评价结果影响程度的大小，即参数的敏感性分析。由于水资源评价具有空间差异，因此模型的评估结果必然随研究区区域类型和气候带特点等的不同呈现不同，涉及影响因素较为复杂，故不确定性问题在本研究中不做深入探讨，而仅对模型各参数进行敏感性分析。

针对水资源承载能力评价模型中多参数非线性组合的特点，本书选取了模型中几个主要变量包括人均用水量（d）、外调水量（Q_w）、生态系统演变值（θ）和生态系统湿润度（μ），利用 Excel 的自定义函数功能进行参数敏感性分析，分析其对水资源承载能力影响程度的大小。在分析某一参数对结果影响的敏感程度时，通常以假定其他变量或参数为定值进行计算，并依次进行其余参数的敏感性检验，具体操作流程为：①设置各参数取值的浮动区间；②除选定的敏感性参数外，遴选一套可代表多年平均水平的参数值，作为模型其他变量或参数的固定取值；③利用自定义函数功能，在 Excel 中编辑分析函数；④以敏感性参数浮动区间为基础，设置变化的固定步长值，计算模型的目标值（对应的水资源承载能力值）；⑤将上述结果绘制成敏感性分析图；⑥分析敏感程度，对各参数进行敏感性排序。表 3.11 为敏感性分析所采用的模型参数。

表 3.11　　敏感性分析所采用的模型参数

变量名称	量纲	取值	变量名称	量纲	取值
科技因子 k_s	无	1.0362	环境因子 h	无	0.9884
科技进步因子 K	无	1.0362	污染排放强度因子 λ_2	无	0.9961

续表

变量名称	量纲	取值	变量名称	量纲	取值
资源开采强度因子 λ_1	无	0.9923	年均蒸发量 E	mm	500.4
第三产业比重因子 λ_3	无	0.9500	森林总面积 A_s	km^2	191.3
自然退化强度 θ'	无	0.0442	水源涵养总量 Q_h	万 m^3	1580
年均降雨量 P	mm	583.0	水资源可利用量 Q_c	万 m^3	8720

为了直观反映各参数取值变化对结果影响，绘制了敏感性分析雷达图（见图 3.8～图 3.11），表 3.12～表 3.15 为敏感性分析的相应参数及结果。

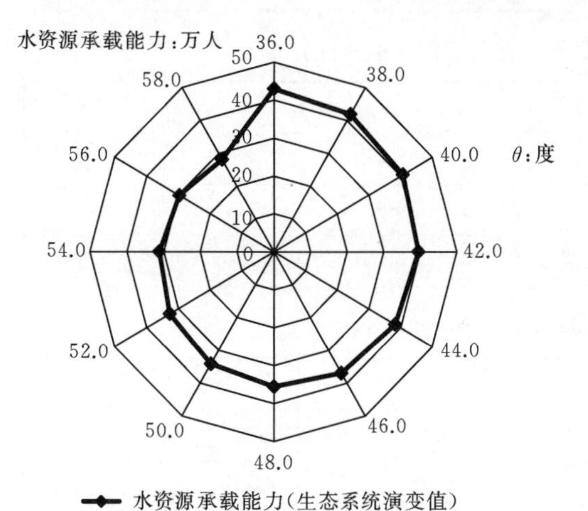

图 3.8 生态系统演变值 θ 对水资源承载能力 *WRCC* 的参数敏感性分析雷达图

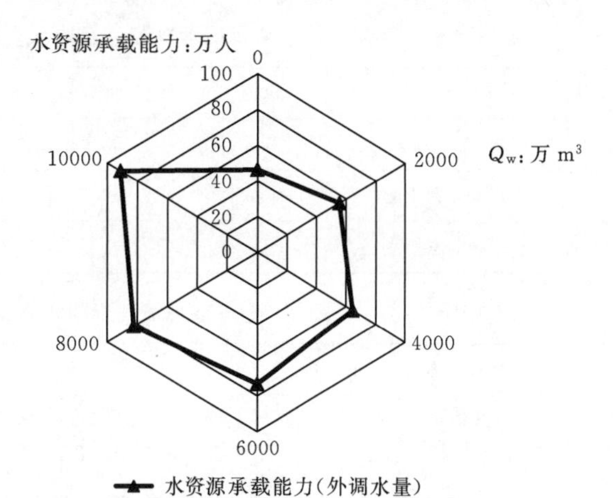

图 3.9 外调水量 Q_w 对水资源承载能力 *WRCC* 的参数敏感性分析雷达图

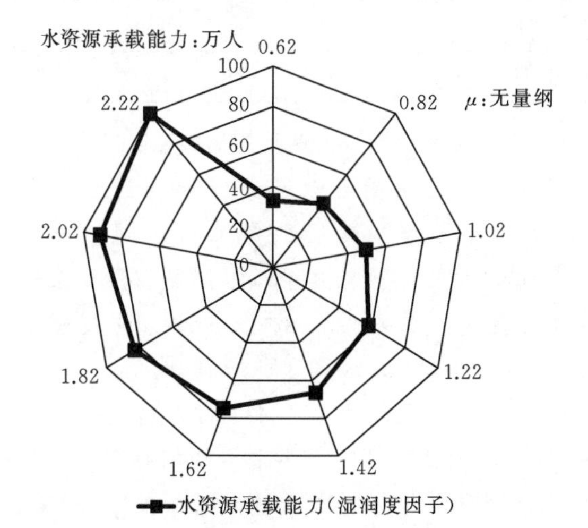

图 3.10 生态系统湿润度 μ 对水资源承载能力 *WRCC* 的参数敏感性分析雷达图

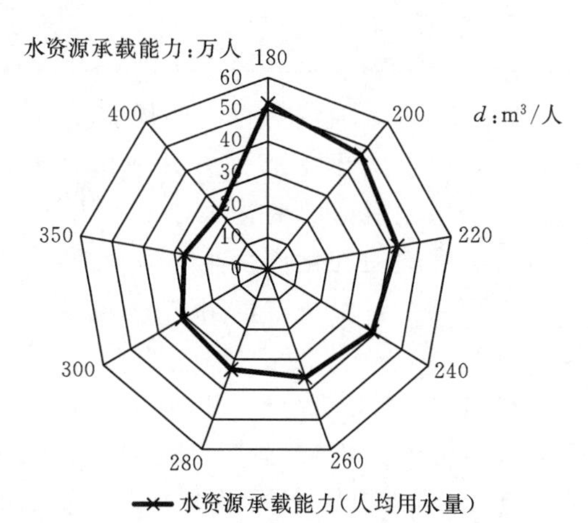

图 3.11 人均用水量 d 对水资源承载能力 *WRCC* 的参数敏感性分析雷达图

表 3.12　生态演变值对水资源承载能力的敏感性分析

指标名称	序号/单位	1	2	3	4	5	6
水资源承载能力	万人	53.4	52.7	51.9	51	50.2	49.3
生态演变值	度	36.8	37.8	39	40.1	41.3	42.4
	Rad	0.64	0.66	0.68	0.7	0.72	0.74
指标名称	序号/单位	7	8	9	10	11	12
水资源承载能力	万人	48.4	47.4	46.5	45.5	44.5	43.5
生态演变值	度	43.5	44.7	45.8	47	48.1	49.3
	Rad	0.76	0.78	0.8	0.82	0.84	0.86

表 3.13　可利用水资源总量对水资源承载能力的敏感性分析

指标名称	单位	1	2	3	4	5	6
承载能力	万人	53.4	64.1	74.8	85.4	96.1	106.8
水资源可利用量	万 m^3	8720	8720	8720	8720	8720	8720
调水量	万 m^3	0	2000	4000	6000	8000	10000

表 3.14　生态系统湿润度对水资源承载能力的敏感性分析

指标名称	单位	1	2	3	4	5	6	7	8	9
承载能力	万人	30.5	38.1	45.7	53.4	61	68.6	76.3	83.9	91.5
生态系统湿润度	无	0.62	0.82	1.02	1.22	1.42	1.62	1.82	2.02	2.22

表 3.15　人均用水量对水资源承载能力的敏感性分析

指标名称	单位	1	2	3	4	5	6	7	8	9
承载能力	万人	59.3	53.4	48.5	44.5	41.1	38.1	35.6	30.5	26.7
人均用水量	m^3/人	180	200	220	240	260	280	300	350	400

雷达图的 Y 轴自中心向四周辐射，表示每一个 X 轴上的值；X 轴起始于 90°方向，以折叠形式环绕 360°与 Y 轴相交于各节点处。雷达图可以形象反映各自变量取值对应的应变量值的变化大小和变化趋势，第一个节点与最后一个节点之间的连线可以表示参数的变化梯度，且 X 轴的最小值到最大值的连线往外辐射则表示该参数为正效应参数，若往内辐射则表示该参数为负效应参数，变化的平均梯度越大表示参数越敏感。

根据雷达图分析结果可以看出：上述 4 个参数中，调水量与湿润度因子是正效应参数，人均用水量和生态演变程度值为负效应参数。从敏感程度的分析来看，估算出 4 个参数（Q_w、μ、d、θ）的平均梯度值（grand：单元格累积变化率）分别为 0.56、0.41、0.19 和 0.07，可见其敏感程度排名为：$Q_w > \mu > d > \theta$，表明调水量越大（在有调水补充的地区），水资源承载能力改善效率最高，生态系统湿润度对水资源承载能力的影响程度次之，人均用水量和生态演变值分别排第三和第四，其中人均用水量和生态演变值为负效

应参数，湿润度指数与外调水量对承载能力的敏感性较为接近。

3.2 水资源承载能力内涵特征

3.2.1 水资源承载能力的概念界定

承载能力是资源环境科学研究的一个重要范畴，是衡量资源环境质量状况和环境容量受人类生产生活活动干扰能力的一个重要指标。

水资源承载能力的研究，从基础概念出发，涉及承载体、承载对象的界定，承载条件设定及量纲表达。核心问题在于界定水资源承载体和承载对象的作用界面和作用关系，界面的流通要素和流通量，即通过什么使得承载体和承载对象发生相互作用，其可承受的流通阈值。水资源承载能力是一个涵盖资源和环境要素的综合承载能力的概念，可以明确的是，水资源承载能力研究的范畴是伴随水的循环运动过程的水资源系统、经济社会系统、生态环境系统的相关关系及相互作用。水资源承载能力是指可预见的时期内在满足合理的水域生态环境保护和河流生态环境用水前提下，在特定的经济条件与技术水平下，区域水资源的最大可开发利用规模或对经济社会发展的最大支撑能力。

从承载能力的概念和定义出发，涉及的就是三大系统，水资源系统、经济社会系统、生态环境系统构成了一个完整的论域。但三大系统的边界是模糊的，相互之间的关系是多方面的、非常复杂的。水资源系统的概念范畴是由水循环连接起来的各种水体及赋存空间的总称。经济社会系统的概念范畴是人类活动有关的所有经济与社会活动的总称。生态环境系统的概念范畴，有广义、狭义的生态环境系统，广义的生态环境系统等于全球系统，狭义的生态环境系统是本书研究的概念范畴，包含两部分：①与人类经济社会活动有关的生态、环境组成的系统；②与动植物有关的生态环境系统，这些都是我们的研究对象。因此，生态环境系统不是独立的系统，生态环境系统从概念范畴上说包含了一部分经济社会系统，也包含了一部分水资源系统。

承载能力是把水资源、经济社会、生态环境三大系统联系在一起，使水资源系统、经济社会系统、生态环境系统间发生关联。当然，生态环境系统、水资源系统、经济社会系统是有交互的，生态环境系统包括了水资源，生态环境系统不存在为独立于经济社会系统、水资源系统的一个系统，出于研究考虑，在承载能力研究中，把生态环境系统独立抽离出来。

3.2.2 水资源承载能力的特征分析

按照上述概念范畴，三大系统各有其特征。水资源系统的主要特征可由水量、水质来表征；经济社会系统的主要特征可由经济社会活动构成、活动强度来表征；生态环境系统的主要特征可由生态量、生态过程、生态空间来表征。

水量、水质是水资源系统的固有特征，是水资源系统与经济社会系统、水资源系统与生态环境系统相互之间关系的重要特征，是水资源系统的核心要素。水域、水流描述的是经济社会系统和生态环境系统相互之间作用的特征之一，其中起作用（驱动）的是经济社会系统。水域、水流是水资源系统可以循环运转的前提。

3.3　水资源承载机制分析

3.3.1　水资源承载的内涵与实质

水资源承载能力与水流功能、水资源经济社会生态环境协同发展等概念有所关联，但又有所差别。水流功能包括了水资源系统的全方位功能，涵盖了承载能力。水资源经济社会生态环境协同发展与承载能力研究有交集，水资源承载能力研究重点关注临界超载和超载，不对不超载区域进行作为。对水资源因工程性缺水而导致对经济社会支撑不足的情况，不在承载能力的关注范围内。

依托水资源系统、经济社会系统、生态环境系统的研究范畴和上述分析的系统有关特征，进一步解析水资源承载能力研究中涉及的有关概念以及概念相互之间的关系。水资源承载能力内涵的解析，通过几十年的研究，已经有了多种方向，通过构建多种机理解析与分析框架，包括从物理模型出发来研究，如摩擦力模型，从相互作用的力或水资源承载过程出发来研究承载主体、承载客体、承载状态，如调控力、支撑力、压力模型，以及按照水流的内涵与功能出发，从水流的自然演化功能、社会服务功能、生态服务功能三大功能解析功能间的相互作用关系等，进行水资源承载内涵与实质的探索。

从承载主体、承载客体、承载状态来剖析水资源承载能力，承载主体、承载客体、承载状态，既有描述三大系统某一个系统的特点，也有描述系统之间相互关系的特点。承载主体指的是水资源系统本身，承载客体指的是经济社会系统和生态环境系统，承载状态指的是某一个时期水资源系统承载经济社会系统和生态环境系统两个系统的状态。以此来推演，用承载的主客体和状况来描述三大系统之间的关系是一种描述的思路和方法，由于生态环境系统概念范畴边界的不确定性，生态环境系统的概念边界是模糊的，因此通过承载主体、承载客体来描述承载能力有其固有的模糊性。

从调控力、支撑力、压力来剖析水资源承载能力。调控力是调整三大系统活动的指标；支撑力是水资源系统支撑经济社会系统和生态环境系统的能力，是水资源系统单向与两个系统作用的指标；压力是经济社会系统和生态环境系统对水资源的需求作用，是两个系统单向作用于水资源系统的指标。调控力、支撑力、压力的概念和内涵均有较强的模糊性，相互间作用关系复杂。

从水流的自然演化功能、经济社会服务功能、生态服务功能三大功能剖析水资源承载能力。水流的概念，是指由水循环连接起来的各种水体的总称，但《宪法》中水流的概念是作为一种自然资源的概念提出来的，所以水流是一种资源。《宪法》第九条规定“矿藏、水流、森林、山岭、草原、荒地、滩涂等自然资源，都属于国家所有，即全民所有；由法律规定属于集体所有的森林和山岭、草原、荒地、滩涂除外”。水流的三大功能即水的自然演化功能、经济社会服务功能、生态环境服务功能，描述的是水资源系统自身的健康以及对另两大系统的支撑和保障的状况，水资源系统、经济社会系统、生态环境系统关联的纽带，是水流和以水流为载体的物质循环、能量流动和信息传递，即水流功能。水流的承载能力是从水流功能中衍生出来的。因此，从水流的三大功能出发来剖析水资源承载能

力，作为描述水资源承载能力中各种承载状况的一种手段，可以界定水资源承载能力的本质是：在水资源自身系统不遭受破坏的前提下，可以支撑最大的经济社会系统和生态环境系统，相应地，水资源系统超载可以从两个方面理解，一是水资源系统自身出现问题，如过度开发引起的河湖水量不足、地下水超采等，甚至引起大气水、地表水、土壤水和地下水转化的混乱；二是由于水资源系统过度地支撑了经济社会系统，而忽略了对生态环境系统的支撑，引发生态环境系统的危机，直到生态环境系统崩溃，即所谓的超载。为此，从水流的三大功能出发，来描绘承载能力相关概念、机理、相互作用及其各种状态，是较为可行的。

从水流功能的角度解析承载能力的内涵，重在以水流功能状况来诊断水资源系统自身演化的过程和状况，评价涉水生态环境系统包括生态量、生态过程、生态空间的良性状况，并从水资源系统、经济社会系统、生态环境系统三大系统自身及其相互之间关系的角度来解答。承载能力的核心是水流的自然演化功能、社会服务功能、生态服务功能三大功能，水资源的自身演化功能不能被不可逆转破坏，生态环境系统不能被过度伤害和破坏，这其中起作用的则是经济社会系统。而水流的三大功能就是描绘这三大系统之间相互作用的功能定位，即意味着，一是水资源系统可以支撑经济社会系统，但是不能因为支撑了经济社会系统而把自身水资源系统遭到破坏，也不能因为支撑了经济社会系统而削落了对生态环境系统的支撑；二是水资源系统支撑经济社会系统和生态环境系统理论上存在上限，即使这个上限是一个范围，而不是某一个数值，对经济社会支撑多了肯定会削落对生态环境系统的支撑，因此水资源系统对经济社会系统和生态环境系统的支撑存在一个总量的概念，此消彼长；三是这个支撑的上限以及对另两大系统的支撑是可以通过一定的调控手段进行调整的，同时必须明确的是，通过调控手段进行调整也是有度的，并且调整的措施也有严格的要求和秩序。

综上所述，虽然三大系统之间的关系很复杂，其主要的内在本质是水流的三大功能来描绘三大系统之间的承载机理。同时，水资源的自然演化功能想要健康，对另两个系统的支撑必然存在限制，对经济社会系统支撑多了，相应对生态环境系统的支撑必然变少。因此，可以认为水流的三大功能互相之间不是独立的，是相互制约的。在水资源系统和生态环境系统遭到破坏时，常常是因为经济社会过度引起的，如何做到经济社会合理需求能够满足，同时水资源系统自身是基本健康的，生态环境系统也是基本健康的，这是三大系统协同发展的核心要义。由此推理，存在这样一个阈值空间区域，在这个区域内，水资源自身演化健康得到保障，另两大系统也是健康的，这个一系列的描绘水资源系统本身的阈值和两两系统之间相互关系的阈值组成的阈值空间，形成均衡空间。

3.3.2 水资源承载的均衡空间

以水流功能解析水资源、经济社会、生态环境三大系统及其相互作用关系得出的水资源承载能力，其核心内容是找出维系各个系统自身结构能够稳定、系统之间能够协同发展的一个空间区域，该区域是水资源、经济社会、生态环境三大系统耦合演变后相互作用关系能够平衡的最佳区域，该区域内水资源系统本身可持续利用、经济社会可持续发展、生态环境是良性的，至少没有遭到不可逆转的破坏，将其定义为水资源承载能力的“均衡空间”。

水资源承载能力的“均衡空间”，以水资源、经济社会、生态环境三大系统及其相互作用关系机理为引导，以水资源、经济社会、生态环境协同发展为核心，通过构建对应的指标体系，形成一系列指标族的阈值集，通过指标阈值集合的多维耦合，形成多维空间中的平衡区域，即多维空间中各相关关系、各指标能够协同的临界区间。

由承载能力构建形成的“均衡空间”，具有一系列的相关特征，包括水资源开发应控制在可控范围内，可保障水资源的可持续利用；不同供水要求的水质符合功能要求；水域生态空间不被过度开发，至少不应造成不可逆转的后果；水流的自然流态不被过多的扰动，水流功能能基本发挥作用等。“均衡空间”本质上是水资源、经济社会、生态环境三大系统相互之间耦合、协调矛盾的结果。

水资源系统、经济社会系统、生态环境系统是相互联系的，经济社会系统和生态环境系统是由水资源系统支撑的，均衡空间的边界可以由水资源的临界承载能力确定，从水流的三大功能出发，可以构建假想的“均衡空间”概念模型。“均衡空间”是由水流的自然演化功能、经济社会服务功能、生态服务功能形成的三维空间中的假想区域，核心是由三大系统协同发展形成的三大功能的一种平衡状况，“均衡空间”是水资源承载能力的极限阈值区域，在“均衡空间”内，水资源自身演化得到保障，经济社会系统和生态环境系统也是健康的；在“均衡空间”之上，则为超载区域；“均衡空间”之下，则为有承载潜力的区域，如图 3.12 所示。

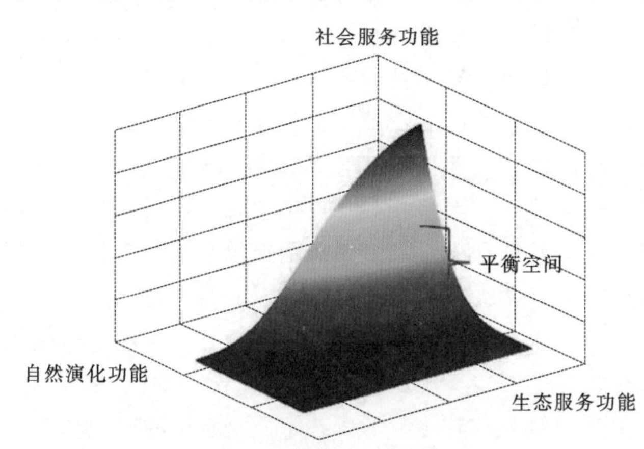

图 3.12　均衡空间概念模型图

3.3.3　水资源承载的主要指标

由水流的自然演化功能、社会服务功能、生态服务功能构建形成的承载能力“均衡空间”，依赖于水资源系统本身的结构和生态特征，最根本的是受水流自然属性特征要素的影响，这些要素包括水流构成、水流动力、水流空间等因素。水流构成包括水量、水质、水能、水文过程；水流动力包括水流系统的形成动力、维系动力、物质输移动力等；水流空间包括水流的涵养空间、岸线空间和水域空间等。水量、水质、水文过程、水域空间是最受关注的直观影响因子，也是人类对水资源系统干扰最为显著的指标体现。水量、水质、水文过程、水域空间决定了水资源系统的完整性和受干扰后的恢复能力，决定了水资源系统的健康程度，也决定了水资源系统的生态服务功能和社会服务功能。

基于水资源系统结构和特征以及水流服务功能形成逻辑，水资源承载能力的评价指标体系应由水量、水质、水文过程、水域空间等四大类相关指标构成，即形成“量质域流”四大要素指标体系。

3.4 小　　结

本章首先通过分析水资源系统、经济社会系统和生态环境系统三大系统两两之间的互馈关系，作为水资源承载能力的背景分析，通过水资源承载能力的原型分析，提出水资源承载能力评价的概念模型，并对概念模型的有关参数进行敏感性分析。

其次，通过分析国内外关于水资源承载能力的概念及三大系统的相互关系，提出关于水资源承载能力的概念，并进行特征分析，提出水资源承载的内涵与实质。在此基础上，提出了水资源承载的均衡空间的概念，进一步引出“量质域流”四大类指标。

第4章　水资源承载能力评价指标体系构建

4.1　基于水流系统结构的水流系统功能分析

水圈是海洋、江河、湖泊、沼泽、土壤水、地下水和冰川等地球表层液态和固态水体的总称。水圈中的水体在太阳辐射和重力的作用下处于不间断地循环运动之中，这种永不停息的大规模水循环，与大气层、岩石圈、生物圈、人类圈相互作用塑造了地球表面的沧桑巨变和万物的生机盎然。水不仅是生命的载体，也是能量流动、物质循环和信息传递的介质。水流系统是指存赋于地表与地下的、参与水循环过程的淡水水体，也可狭义地认为是江河湖库。《宪法》中规定“矿藏、水流、森林、山岭、草原、荒地、滩涂等自然资源，属于国家所有”。中共中央国务院2015年印发的《生态文明体制改革总体方案》要求“对水流、森林、山岭、草原、荒地、滩涂等所有自然生态空间统一进行确权登记”，以及之后水利部与当时的国土资源部联合开展水流产权确权试点工作，将“水流”的概念应用于水利行业管理实践中。水流系统是一个相对开放的非线性复杂系统，大气环境和地形地貌条件（或大气层和岩石圈）构成了水流系统相对开放的边界条件，三者相互影响、互为因果。其中的复杂过程和相互关系不仅涉及物理、化学、生物系统以及交叉系统，还包括与人类活动息息相关的经济社会系统。作为研究复杂系统的综合性的科学方法，系统论为深入认识水流系统提供了理论指导。

系统论以系统为对象，分析系统的结构和功能，研究系统与环境的相互关系和动态规律，并优化系统以达到最优的目标。所有水流系统都具有开放性、关联性、不确定性、动态平衡性等基本特征。系统论认为系统结构是系统要素之间相对稳定的联系方式、组织秩序及其时空关系的内在表现形式的综合；功能是系统与外部环境相互联系和相互作用中表现出来的性质、功效和能力，主要是把系统输入转换为输出的能力；结构是功能的基础，系统功能依赖于并反作用于系统结构。由于水流系统的开放性、突变和涨落等不确定性，水流系统总是处于动态演变、趋于平衡和相对稳定状态的过程中，所形成的水流系统的结构具有明显的时空尺度特征和层次效应，包括大尺度的水流循环、水流更新，体现为地球表层物质循环流动的重要链条和陆海域泥沙和元素循环的载体，系统通过不断的侵蚀、搬运与堆积，形成流域内的千沟万壑与冲积平原，塑造了流域内独特的地形地貌和水文情势；也包括小尺度的以流速、水深、水流阻力等水动力学要素为表征的局部物理栖息环境，例如阶梯-深潭系统、河湾水流等，这些小尺度水流形态的集合形成了流域各种水文情势。

水流系统的功能首先是系统持续的自然演化功能，包括参与全球水循环、深切河谷、搬运泥沙、塑造大尺度流域过程等；其次是在自然演化背景下水流系统维持地球生态环境

系统平衡的生态服务功能，涉及孕育生命、塑造栖息场所、物质能量等传送的廊道功能、水质净化功能等；作为地球生态环境系统的重要组成以及影响和改造自然最剧烈的力量组成，人类的经济社会活动也是水流系统重要的服务对象，即社会服务功能。社会服务功能将人作为服务对象，根据需求的不同，社会服务功能可分为防洪、发电、水源供给、水产品生产、内陆运输、景观文化教育等功能。水流功能对结构也有反作用，例如当人类活动过度取用水时，也即过度发挥社会服务功能，导致河流断流、湖泊萎缩等，将改变水流结构和水流其他功能的发挥。上述三类水流系统功能是相辅相成的，反映了水资源、生态环境、经济社会 3 个子系统的相互作用：自然演化功能是水流的基本功能，它支撑和决定了生态服务功能和社会服务功能；生态服务功能是自然演化功能所形成的生态效应，而社会服务功能则是人类对水流自然演化功能的需求。

如何做到维持水流结构的相对稳定和保证水流功能的科学、合理、均衡的发挥，承载能力是一个较好的衡量和保证水流功能发挥的工具。承载能力原是结构力学中的物理量，后经过对其概念内涵的延伸，衍生出水、土、资源、环境、生态承载能力，用于表达各类资源在面临外部环境变化情况下的最大承受能力和发展极限。承载能力与可持续发展紧密相关，是承载主体与客体之间达到协同、均衡发展的互馈机制的体现。目前，承载能力的现有研究大致分为两类：一类是以所承载物种的数量（即承载客体，例如生物量）为度量，例如生态承载能力是在特定环境下以供养一定数量的生物而不致引起其所依赖的环境的退化和不稳定的表征，是目前成果较为丰富的研究视角。该研究视角的特点和难点都在于非线性和不确定性，以人口承载能力为例，所承载的人口数量与特定时空下区域的科技水平、资源利用效率、生活水平等诸多因素紧密相关。另一类是直接以基于各类资源环境（承载主体）的承载支撑力为度量，是描述支撑其他系统的行为和正常运转情况下自身系统保持结构完整和功能稳定的表征，相关研究成果较少。可见上述承载能力研究或偏重于承载客体，或偏重于承载主体，而全面的承载能力研究应关注承载主体与客体之间的相互关系、相互作用。

从水流系统功能出发，水流系统承载能力或称水资源承载能力是指在保障水流系统结构完整和自然演化功能的前提下，水流系统生态服务功能和社会服务功能协同兼顾的最大发展极限。可见，水资源承载能力是研究水资源系统-经济社会-生态环境 3 个子系统相互作用的一项综合指标，反映了三类水流系统功能的一种综合度量。根据水流系统结构功能相关、功能依赖于结构的理论，良好功能的发挥需要合理的系统结构来支撑。水的数量、质量和机械能是组成水流系统结构的主要因素。此外，作为水流最直接的载体和边界条件，地貌环境与水流系统紧密联系，承载了独特的流域过程和多样的栖息环境，在这一过程中水流系统的连通性和栖息环境是保障水流系统功能发挥的两个不能忽略的要素。其中的连通性包含了水流在时间和空间上的连通，是水循环和流域过程的物理保障；栖息环境则是水流系统对生态环境系统和经济社会系统的支撑与响应。综上所述，水流系统（水资源）承载能力（以下简称水资源承载能力）可通过“水量、水质、栖息环境和连通性”四维要素进行表征。水流系统的结构、功能与水资源承载能力间的相互关系如图 4.1 所示。

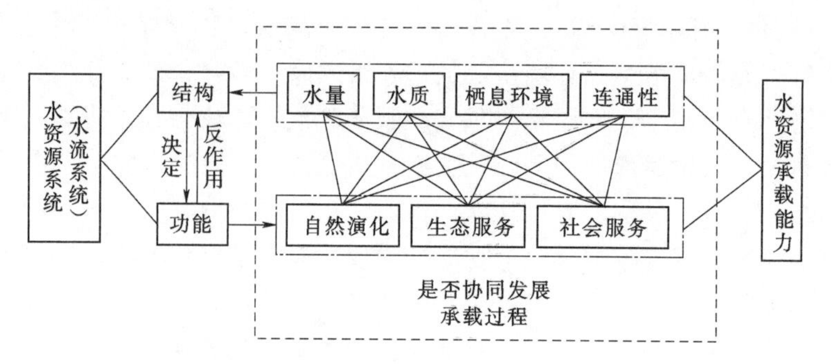

图 4.1　水流系统结构、功能及其与水资源承载能力间的关系

4.2　基于水流系统功能的水资源承载过程分析

根据水流系统三大功能，其所支撑的客体包括水循环和流域过程在内的大尺度自然演化过程、生态环境系统和经济社会系统等。其中，生态环境系统指与水相关的生态环境系统状态与发展演变过程，而经济社会系统侧重于水资源系统相关的社会经济行为。水流系统最朴素的功能即为自然演化功能，其尺度大、范围广，与其相伴相生的是为众多生物（包括人类活动）提供重要的栖息环境和场所，为生态环境系统和社会经济活动提供背景值和边界条件。承载客体之间也存在竞争关系，例如普遍存在于生态环境系统与经济社会系统之间的在一定时空尺度上的用水、纳污和生态空间等方面的矛盾。人类通过地表、地下水开发直接取用水量、排放污染物、开发利用水能资源以及水生态空间以满足经济社会发展的各类需求，然而过度的开发利用以及剧烈的人类活动对自然系统产生的间接效应也阻碍了自然演化功能和生态服务功能的发挥。为充分协调承载客体间的矛盾，并使水资源系统功能达到最优，水资源承载能力作为关键表征，应充分发挥其调节反馈作用。例如，最早由 Tony Friend 和 David Rapport 提出的 PSR（Pressure-State-Response）模型（周炳中等，2002；麦少芝等，2005；邱微等，2008；周林飞等，2008；陈奕等，2010；彭建等，2012；王奎峰等，2014），用于分析环境压力、状态和响应之间的关系，构建了一个具有生态意义的区域生态持续性评价概念框架，从而解释人类活动与自然环境之间"发生了什么，为什么发生，将如何应对"的问题，在一定程度上体现了调节机制，目前被广泛应用于描述人类与自然环境之间的关系以及生态系统的健康评价。除 PSR 模型外，为突出水资源承载过程的调控机制，并着重解决目前水资源承载能力面临的确定和不确定性问题，也可采用承载支撑力-压力-调控力子系统描述承载主客体及其相互关系，从而构建水资源承载模式框架。其中将水资源系统满足经济社会、生态环境系统的需求的作用称为水资源承载支撑力，将经济社会、生态环境系统对水资源系统的需求的作用称为水资源承载压力，将可以调节水资源承载支撑力或压力的各要素称为水资源承载调控力。其中的支撑力子系统为保证水流系统三大功能的发挥，特别是生态服务功能和社会服务功能的发挥所提供的物质基础和保障，压力子系统来自承载客体的发展需求以及客体间存在的矛盾，调控力子系统则侧重科技水平、管理水平以及生活水平差异影响下的主客体间的耦合关系。

所谓承载过程，即在水流功能发挥过程中，实现承载主体与客体间的均衡协调、达到

系统功能最优发挥的调节演变过程。承载过程的关键是寻求在水资源承载主客体系统内部结构稳定、主客体系统间相互耦合协同发展的空间区域，此处可称为“平衡区域”。“平衡区域”的划定及其时空动态演变规律既是水资源承载能力评价的关键步骤，也是可持续发展的最重要的环节之一：在“平衡区域”内，水流三大功能协同发挥、客体间实现协同发展的状态称为“水资源可载”；在“平衡区域”边缘，水流功能不能持续稳定发挥、某些客体系统内部临近失稳状态、客体之间矛盾初步显露，此时称为“水资源临界超载”；在“平衡区域”以外，某些功能未能发挥、客体间矛盾突出、某些客体系统内部结构不稳并产生难以逆转的不良后果，称为“水资源超载或严重超载”。

在水资源承载压力-支撑力-调控力框架体系基础上，从“水量-水质-栖息环境-连通性”4个维度的承载过程出发进行分析。

4.2.1　水量

区域水资源可利用总量在相对稳定的前提条件下变动较小，当维持人类生产生活、保障社会经济发展和维系生态环境可持续发展所用的水量超出区域水循环可更新的水资源量时，会引起人类社会、经济发展和生态环境与水资源之间的矛盾频发，带来生态水量和地下水过度开发等问题，这类问题是阻碍人类生活、制约区域经济发展和破坏生态环境的重要因素。水资源承载能力“水量”维度的支撑力体现在与区域水资源可利用总量相关的要素，区域水资源可利用总量大小在一定程度上决定了区域水资源的承载状态，水资源可利用总量越大则区域水资源的承载状况相对越好。“水量”维度的压力体现在为维持人类生活、经济发展和生态环境所需要的水资源量，所需要的水资源量越大则表明区域水资源的承载状况相对越差。

4.2.2　水质

人类生产生活和经济发展都会产生一定数量的污染物，造成水资源质量下降。当污染物入河量超过水体的纳污能力，就会造成水体的功能丧失，此时水质没有保障的水资源则较难满足人类生活、经济发展、灌溉排水和维持生态环境等相关功能。水资源承载能力“水质”维度的支撑力体现在与水资源系统的纳污能力相关的要素，纳污能力的大小在很大程度上决定了区域水资源的承载状态，区域水资源系统的纳污能力越强，则区域水资源的承载状况相对越好。水资源承载能力“水质”维度的压力体现在区域中人类生活和经济发展等人类活动会产生一定的污染物负荷，对区域水资源系统造成一定程度的破坏，造成的水资源系统的破坏程度越大表明区域水资源的承载状况越差。

4.2.3　水生栖息环境

随着城市化进程的加快以及人类对自然改造程度的逐步加深，对水域空间的不断索取以及对物理栖息环境的大规模人工干扰，使得原有的水生生物栖息场所遭到不同程度的破坏，例如对河道强行裁弯取直、加筑不透水护坡、限制河流自然摆动、水域空间急剧缩减和河流岸线侵占等。按照破坏程度，可将栖息环境受损程度大致分成轻微破坏（可以修复）、中度破坏（较难修复）、重度破坏（很难修复）和毁坏（无法修复）4个破坏等级。水资源承载能力“水生栖息环境”维度的支撑力体现在区域生态环境维持区域动植物栖息所需要的相关功能，功能越完整则栖息环境越好，表明区域水资源承载状况相对较好。“水生栖息环境”维度的压力体现为人类生产生活用水、农业耕地用水和工业生产用水所造成的对栖息环境的扰动，以及对水生栖息场所的挤占和破坏，扰动破坏程度越大则区域水资源的承载状况越差。

4.2.4　连通性

水流系统的连通性不仅体现在大尺度水循环背景下的水流更新，也包括河段尺度内深潭-浅滩系统的水流结构特征。在较大的时空尺度上体现为河湖的水文情势，在较小的时空尺度上则通过与物理栖息环境相互作用进一步体现。随着人类活动的加剧，修建堤坝和过度取水等行为切断了水体间的水力联系，阻断河流的三向连通，使得原有的水文节律遭到破坏。水资源承载能力中“连通性”维度的支撑力体现在流域具有相对通畅的水流通道，充分发挥作为水流系统内部物质输移、能量传输和信息传递载体作用，同时也是一切生态过程的基础。水流通道被人为阻隔的程度越低则表明其水资源的承载状况越较好。“连通性”维度的压力体现在为满足供水、发电、航运、养殖等社会服务功能而导致的水流在空间和时间上受到阻隔和不连续。

基于对承载过程的定义和重新认识，可解析出水资源承载支撑力和压力，而支撑力和压力的关系又决定了水流系统（水资源系统）所处的承载状态。四维水资源承载支撑力越大、承载压力越小则表明区域水资源承载状况相对越好，反之，则表明区域水资源承载状况相对越差。而“水量-水质-栖息环境-连通性”4个维度的水资源承载调控力则体现在一定的经济条件、科技水平和生态保护意识下，会导致水资源承载能力往好的方向发展。例如，在水量方面，在相同灌溉要求下，灌溉设备的革新则会减少需水量；在水质方面，企业产生同样的效益，污水处理技术的提升导致排入水资源系统的污染物减少，进而提高水资源质量；在栖息环境方面，城市发展为河湖系统留足生态空间，将对河湖生态系统的扰动和破坏降至最低；在连通性方面，为产生相同的水力发电量，发电设备的升级改进会减少水电站建设数量、减少对河流的侵占和阻隔，或者采取其他措施增加水流连通性。

4.3　水资源承载能力评价指标体系构建

下面采用智能综合集成方法途径，根据建立指标体系的基本原则，以前述的水资源系统功能的“水量-水质-栖息环境-连通性”4个方面为研究基础，建立区域水资源承载能力综合评价的初步指标体系，结合专家咨询信息和遗传层次分析法（Accelerating Genetic Algorithm based Analytic Hierarchy Process，AGA－AHP）筛选指标、确定水资源承载能力各子系统及其指标的权重，最终利用筛选后的指标和其对应的权重建立评价指标体系。

区域水资源承载能力与区域可利用水资源量、社会发展水平和生态环境需水具有紧密关联性，水作为承载主体从数量、质量、空间、流场等方面给予承载客体对应的功能支持，水量和水质直接影响着区域水资源承载能力的大小，水域和水流则起着关键的约束作用。根据设置原则，充分考虑水资源的承载主体功能，基于水资源承载能力“水量-水质-栖息环境-连通性”四维表征，将评价体系分为水量、水质、水域（栖息环境）、水流（连通性）4个子系统。在文献统计和专家咨询基础上，根据各子系统的结构和功能分析，细

分为若干个二级评价指标，见表4.1。

表4.1 区域水资源承载能力评价的初步指标体系

子系统	标号	评价指标	子系统	标号	评价指标
水量	X_1	区域用水总量	水质	X_{25}	污染物入河排放量
	X_2	平原区地下水开采量		X_{26}	劣于Ⅳ类水的河长比例
	X_3	超采区地下水开采量		X_{27}	万元GDP废污水排放量
	X_4	区域可利用水量	水域	X_{28}	水域岸线开发利用程度
	X_5	区域地下水可开采量		X_{29}	区域水资源开发利用程度
	X_6	区域水资源总量		X_{30}	区域生态可利用水量
	X_7	年降水量		X_{31}	天然水域面积率
	X_8	径流深		X_{32}	河道基流量
	X_9	区域人均用水量		X_{33}	河网密度
	X_{10}	万元GDP用水量		X_{34}	年径流量
	X_{11}	万元工业增加值用水量		X_{35}	湿地减少率
	X_{12}	农田灌溉亩均用水量		X_{36}	地下水超采面积比例
	X_{13}	城镇人均综合用水定额		X_{37}	植被覆盖率
	X_{14}	农村人均综合用水定额		X_{38}	湖泊萎缩率
	X_{15}	灌溉用水定额	水流	X_{39}	河流径库比
水质	X_{16}	水功能区水质达标率		X_{40}	生态流量保障程度
	X_{17}	区域氨氮入河量		X_{41}	河道平均流速
	X_{18}	区域COD入河量		X_{42}	河道底质结构
	X_{19}	区域COD允许入河量		X_{43}	河网密度（水网密度）
	X_{20}	区域氨氮允许入河量		X_{44}	河流阻隔单元数
	X_{21}	区域水体纳污容量		X_{45}	河流断流概率
	X_{22}	河湖水质综合达标率		X_{46}	河道淤积率
	X_{23}	污水排放达标率		X_{47}	湖泊换水率
	X_{24}	生活污水达标率		X_{48}	径流系数变化率

在这4个子系统中，水量子系统主要是指区域水资源系统能够提供支撑功能的水资源水量要素，这部分水量既包括地表水也包括地下水的水量，同时也包括系统发展过程中消耗的经济社会和生态系统取用水量。因此，水量子系统的主要指标包括区域可利用水量、区域地下水可开采量、平原区和超采区地下水开采量以及其他类型的用水量等。水质子系统主要是人类社会对河流湖泊水体的入河湖排污量和基于一定生态环境标准下的河湖允许纳污容量，尤其是对于为了满足对水资源节约保护的需要而设立的各类水功能区，其水质要求必须符合相关水环境质量标准的要求。因此，水质子系统的指标包括水功能区水质达标率、主要污染物入河量等。水域和水流子系统反映的是人类活动对湖泊/湿地水域空间的占用和河流水文过程的扰动情况，目前的研究尚处于初始探索和指标对比选取阶段，水域和水流要素的指标相对于水量和水流要素较难获取，地区性的差异性较大，在研究过程中应注重指标的合理选取，以突出不同区域的

承载特征。从目前的研究成果来看，水域和水流子系统的主要指标包括水域岸线开发利用程度、水库蓄水量与年径流量之比、生态流量保障程度等。

4.4　指标筛选原则和方法

4.4.1　筛选原则

（1）系统性原则。由于区域水资源承载能力系统是一个复杂系统，故对其进行评价分析的指标要素应从水资源-经济社会-生态系统的结构和功能角度出发，构建以单项指标为基础的、能全面和科学地反映区域水资源承载状况及其产生长期影响的综合指标体系。

（2）综合性原则。评价指标的组成应能反映作为承载支撑力的水量水质和可供水量状况及其承载调控力，反映作为承载压力的经济发展水平、社会规模、生态环境保护的承载状况及其承载调控力，反映承、载双方的供需平衡情况和发展潜力，具有一定的可信度和有效性。

（3）动态性原则。随着经济社会的快速发展，受区域水资源条件和用水单位的用水需求的不同，评价指标体系应尽可能反映研究区域水资源承载状况的随时间变化的动态迁移过程，对水资源可持续利用过程进行监测、评估和预警。

（4）实用性原则。在指标的设计过程中，既要考虑孕育水资源承载能力问题的社会和自然环境演变，同时也要考虑指标的可操作性、相对稳定性和可比性，使得该指标体系在相对较广泛的时空范围内能够适用。

4.4.2　筛选方法

根据表 4.2 设计专家咨询表格，邀请专家同行按照重要程度填写各组成要素（包括各子系统和子系统内的指标）的重要性排序值。例如，在表 4.2 的某位专家填写的水量子系统咨询表格中："1"对应为表格中最重要的要素，"2"为对应为次重要要素，排序值越小越重要；排序值相同时，代表两个要素一样重要。

从表 4.2 中可以看出，该专家认为水量子系统中，最重要的指标为区域可利用水量，次重要指标为区域地下水可开采量和超采区的地下水开采量。

表 4.2　　水量子系统各指标的重要性排序值咨询表格

标号	评价指标	重要性排序值	标号	评价指标	重要性排序值
X_1	区域用水总量	4	X_9	区域人均用水量	7
X_2	平原区地下水开采量	5	X_{10}	万元 GDP 用水量	8
X_3	超采区地下水开采量	3	X_{11}	万元工业增加值用水量	9
X_4	区域可利用水量	1	X_{12}	农田灌溉亩均用水量	10
X_5	区域地下水可开采量	2	X_{13}	城镇人均综合用水定额	11
X_6	区域水资源总量	6	X_{14}	农村人均综合用水定额	12
X_7	年降水量	6	X_{15}	灌溉用水定额	13
X_8	径流深	6			

设专家 r 对水资源承载能力子系统 i 指标 k 的重要性排序值表示为 $\{x(i, k, r) | i=1, 2, 3, 4; k=1, 2, \cdots, n_i; r=1, 2, \cdots, n_r\}$。其中，$i$ 表示指标体系中的第 i 个子系统，k 表示子系统中的第 k 个评价指标，n_i 为 i 的评价指标数量，n_r 为专家人数。则 i 中指标 k 的重要性排序值对应的均值和标准差可由下式计算：

$$\overline{x}(i,k)=\sum_{r=1}^{n_r}x(i,k,r)/n_r \tag{4.1}$$

$$s(i,k)=\left\{\sum_{r=1}^{n_r}[x(i,k,r)-\overline{x}(i,k)]^2/(n_r-1)\right\}^{0.5} \tag{4.2}$$

显然，重要性排序值越小则该指标的重要性越高，根据文献建立水资源承载能力评价子系统 i 的互反判断矩阵为

$$P_i=(p_{i,k,l}), p_{i,k,l}=\overline{x}(i,l)/\overline{x}(i,k) \tag{4.3}$$

式中：$p_{i,k,l}$ 为系统 i 中指标 k 优于指标 l 的程度，$l=1, 2, \cdots, n_i$。

当 $p_{i,k,l}=1$ 时表示 k 和 l 同等重要；当 $p_{i,k,l}>1$ 时表示 k 比 l 重要，且 $p_{j,k,l}$ 越大表示 k 比 l 越重要；反之亦然。

设 P_i 的修正判断矩阵为 $Q_i=(q_{i,k,l})$，Q_i 的各指标的权重仍记为 $\{w_{i,k} \mid i=1, 2, 3, 4; k=1, 2, \cdots, n_i\}$，则称使式（4，4）达到最小值的 Q_i 为 P_i 的最优一致性判断矩阵：

$$\min CIC(n_i)=\sum_{k=1}^{n_i}\sum_{l=1}^{n_i}|q_{i,k,l}-p_{i,k,l}|/n_i^2+\sum_{k=1}^{n_i}\sum_{l=1}^{n_i}|q_{i,k,l}w_{i,l}-w_{i,k}|/n_i^2 \tag{4.4}$$

$$\text{s.t.}\begin{cases}q_{i,k,k}=1\\1/q_{i,l,k}=q_{i,k,l}\in[p_{i,k,l}(1-d),p_{i,k,l}(1+d)]\cap[1/9,9]\\(k=1,2,\cdots,n_i-1;l=k+1,\cdots,n_i)\\w_{i,k}>0(k=1,2,\cdots,n_i)\\\sum_{k=1}^{n_i}w_{i,k}=1\end{cases}$$

式中：$CIC(n_i)$ 称为一致性指标系数（Consistency Index Coefficient）；d 为可从 [0，0.5] 内选取值的非负参数；其余符号同前。

利用全局优化的加速遗传算法求解式（4.4）所示的问题较为简便、有效。计算方法为：当一致性指标系数小于某一设定的临界值时，可认为 P_i 满足一致性要求，排序权值 $w_{i,k}$ 是符合要求的；否则可以改变非负参数 d 或修改原判断矩阵 P_i。

4.5　本书采用的评价指标体系

设计类似表 4.2 的 5 张咨询表格，分别代表水资源承载能力的 4 个子系统及其指标集邀请水资源承载能力研究方面的 26 位专家同行进行咨询，返回 20 份有效咨询表格，即式（4.1）中 n_r 为专家的数目为 20。根据式（4.1）～式（4.4）可得到表 4.3～表 4.7 的重要性排序值的均值、标准差及权重。在用 AGA - AHP 计算这 5 张咨询表格所对应判断矩阵的指标权重中，$CIC(n_i)$ 分别为 0.0002、0.0700、0.0758、0.0668 和 0.04810，均小于 0.1，故这些矩阵均具有满意的一致性，据此计算的各指标权重是可以接受的。

表 4.3　　水资源承载能力评价指标体系各子系统的筛选计算值

子　系　统	水量	水质	水域	水流
重要性排序值的均值	1.00	1.75	3.00	3.40
重要性排序值的标准差	0.00	0.44	0.56	0.68
权重	0.455	0.260	0.151	0.134

表 4.3 表明 4 个子系统中较为重要的子系统为水量和水质子系统，按照从重要到不重要的顺序分别为水量、水质、水域和水流子系统，说明专家认为水量和水质要素十分重要。从区域经济社会和生态环境的良好发展角度来看，不仅重点需要一定数量的水资源量支撑，同时也需要水资源具有满足各种用水需求的水质。并且，从对指标的可收集情况来看，水量和水质指标也是相对较为容易收集的指标类型。相较而言，水域和水流指标约束力较弱，但是对区域水环境和水生态的健康状况来说，水资源的空间分布和流动特性就显得更为重要。目前针对水域和水流方面的研究尚处于资料积累和方法探索阶段，对子系统指标的认识程度有待进一步探索。

表 4.4　　水量子系统各指标的筛选计算值

指标	X_1	X_2	X_3	X_4	X_5	X_6	X_7	X_8	X_9	X_{10}	X_{11}	X_{12}	X_{13}	X_{14}	X_{15}
重要性排序值的均值	1.65	2.95	2.60	1.50	2.25	4.40	5.05	5.60	6.15	6.50	7.10	6.90	7.80	8.20	7.95
重要性排序值的标准差	1.18	1.43	1.05	1.00	1.02	1.64	2.06	2.50	2.52	2.56	3.01	3.06	3.33	3.66	3.80
权重	0.124	0.070	0.074	0.189	0.131	0.046	0.044	0.056	0.054	0.036	0.042	0.040	0.034	0.033	0.029

表 4.4 表明，经过专家筛选得到的相对更为重要的指标为区域可利用水量、区域地下水可开采量、区域用水总量、超采区地下水开采量、平原区地下水开采量。其中前 2 个指标起水量支撑作用，后 3 个为水量压力指标。区域可利用水量代表了地域范围内可以利用的水量，相较于水资源总量对评价结果更有实践意义；同时对于一些地表水较为匮乏的地区，地下水的可开采量就成了主要承载能力。针对这 2 个支撑力选取区域用水总量和平原区及超采区的地下水开采量作为用水压力指标是合理可行的。

表 4.5　　水质子系统各指标的筛选计算值

指　　标	X_{16}	X_{17}	X_{18}	X_{19}	X_{20}	X_{21}	X_{22}	X_{23}	X_{24}	X_{25}	X_{26}	X_{27}
重要性排序值的均值	1.10	2.10	2.15	2.60	2.65	4.30	4.65	5.15	5.65	5.35	6.45	6.75
重要性排序值的标准差	0.45	0.64	0.67	0.99	1.23	2.20	2.11	1.84	2.21	2.78	2.91	2.90
权重	0.254	0.151	0.088	0.099	0.097	0.080	0.038	0.042	0.040	0.043	0.040	0.028

表 4.5 表明水功能区水质达标率，区域 COD 入河量和允许入河量，区域氨氮入河量和允许入河量，区域水体纳污容量在指标筛选过程中专家认为显示相对更为重要。地区内的水功能区作为水资源保护的核心研究成果，对水资源的合理开发具有指导意义，因此作为其重要供给功能之一的水质要素必须与地区水体的纳污能力相匹配。利用区域 COD 和氨氮入河量对比区域 COD 和氨氮允许入河量可以得到区域 COD 和氨氮的超排程度，符合目前 COD 和氨氮是影响河流湖泊的主要污染物的现状，可直观地对区域水质情况进行评价分析。

表 4.6　　水域子系统各指标的筛选计算值

指标	X_{28}	X_{29}	X_{30}	X_{31}	X_{32}	X_{33}	X_{34}	X_{35}	X_{36}	X_{37}	X_{38}
重要性排序值的均值	1.50	1.55	2.75	3.65	4.40	5.00	5.95	5.40	5.55	6.15	6.10
重要性排序值的标准差	0.61	0.94	0.91	1.73	1.98	1.97	3.17	1.82	2.16	2.23	2.65
权重	0.200	0.216	0.114	0.055	0.066	0.056	0.038	0.056	0.077	0.063	0.059

表 4.6 表明区域水资源和水域岸线的开发利用程度、区域生态可利用水量在对水域生态进行评价中是相对更重要的指标类型。水域岸线开发利用程度主要反映了河湖岸线的开发保护情况，是对水生态的空间管理控制力度进行评价的重要指标之一。区域水资源开发利用程度通过描述区域水资源被人类社会开发利用状况反映人类对区域水生态的影响情况，从用水角度上看，人类对水资源的利用在某种程度上侵占了部分水生态需水量，对水生态会产生一定的负面作用，因此区域水资源开发利用程度也可以作为对水域子系统进行评价的参照指标。区域生态可利用水量指标相对较难获取，实际操作中可由区域水资源开发利用程度反映。

表 4.7　　水流子系统各指标的筛选计算值

指标	X_{39}	X_{40}	X_{41}	X_{42}	X_{43}	X_{44}	X_{45}	X_{46}	X_{47}	X_{48}
重要性排序值的均值	1.30	1.35	3.80	5.00	4.10	3.85	4.50	5.15	4.35	5.75
重要性排序值的标准差	0.47	0.49	2.07	2.41	2.13	1.81	2.31	2.58	2.03	2.34
权重	0.220	0.218	0.085	0.058	0.066	0.075	0.068	0.071	0.085	0.055

表 4.7 表明河流径库比、生态流量保障程度和河道平均流速相对更为重要。河流径库比是从水库对河流流动的阻隔角度对河流的流动性进行评价分析，单纯从水库的阻隔性来看，不合理的水库配置会对河流的流动产生不利影响，尤其是一些对水流有特殊性要求的生态环境和生物群落来说。生态流量是指为提高或维持河流现状生态环境质量所需的最小河流流量，设立意义在于节制人类社会对水资源的过度开发和不合理利用，流量指标也从流速和水量两个方面对水流情况进行了评价分析，体现了河流水环境的重要性。综合来看，与水域子系统类似，针对这两个指标，各位专家的意见相对较集中，反映了目前对区域水资源的水流要素的认同感较一致。

综上所述，最终确定的区域水资源承载能力评价的指标体系见表 4.8。

表 4.8　　区域水资源承载能力评价的指标体系

目标层	子系统	标号	评价指标
水资源承载力评价	水量	X_1	区域用水总量
		X_5	区域地下水可开采量
	水质	X_{16}	水功能区水质达标率
		X_{17}	区域氨氮入河量
	水域	X_{28}	水域岸线开发利用程度
		X_{29}	区域水资源开发利用程度
	水流	X_{39}	河流径库比
		X_{40}	生态流量保障程度

4.6 小　结

(1) 本章对水流系统进行了系统分析，剖析了水流系统的结构和功能。从水流系统功能角度阐明了水流系统承载能力（水资源承载能力）内涵，提出了水流系统结构、功能与承载能力间的相关作用关系，分析承载主客体相互作用的承载过程，形成了基于承载过程的水资源承载支撑力-压力-调控力作用模式，为水量-水质-水域（栖息环境）-水流（连通性）4 个维度水资源承载能力评价指标体系构建奠定了理论基础。

(2) 水资源承载能力与区域水资源量、社会发展水平以及生态环境需水具有紧密的联动关系。根据水资源承载能力评价指标体系的设置原则，首先从数量、质量、空间、流场等水资源系统功能方面的支撑作用出发，建立了由水量、水质、水域、水流 4 个子系统及其二级评价指标组成的水资源承载能力评价的初步指标体系。再进行相关专家咨询，收集得到咨询信息后，采用层次分析法与加速遗传算法相结合的遗传层次分析法对该初步指标体系进行权重计算和科学筛选，从而建立了由筛选的指标及其权重构成的区域水资源承载能力评价指标体系。

(3) 区域水资源承载能力的 4 个子系统按照重要程度排列顺序为水量、水质、水域、水流子系统，水量和水质要素起着更为关键的作用。在水量子系统中，经专家筛选得到的相对更为重要的指标为区域可利用水量、区域地下水可开采量、区域用水总量、超采区地下水开采量、平原区地下水开采量；在水质子系统中，水功能区水质达标率、区域 COD 入河量、区域 COD 允许入河量、区域氨氮允许入河量、区域氨氮入河量和区域水体纳污容量在专家筛选过程中显示相对更为重要；在水域子系统中，区域水资源和水域岸线的开发利用程度、区域生态可利用水量相对更重要；在水流子系统中，河流径库比、生态流量保障程度和河道平均流速相对更为重要。同时专家学者对水量、水质、水域、水流子系统中的主要指标选取意见相对集中、对指标的认同感较一致，而对一些次要指标的意见相对较分散。

(4) 以专家咨询信息作为计算依据，克服水资源承载能力评价指标选取过程缺乏定量计算依据的不足，建立了符合综合评价要求的指标体系。值得注意的是，从专家咨询结果来看，水域和水流子系统的指标选取尚存在一定的争议性，水域相当于对水量做进一步的约束考虑，水流相当于对水质做进一步的约束考虑，因此随着对水环境、水生态、水灾害科学研究的技术水平不断提高，可以在具体重点区域的应用中进一步根据河流湖泊的实际情况和评价分析的实用性和可操作性要求进行相应修正。

第5章 “量质域流”单要素评价指标与计算

5.1 “量”要素评价指标与计算

5.1.1 水量要素评价指标

水量要素表征指标采用用水总量、地下水开采量指标。这两个指标对应的承载能力基线分别是在水资源可利用量和地下水可开采量基础上制定的县域用水总量控制红线指标和地下水可开采量控制指标。水资源承载能力水量要素评价中采用的指标体系见表5.1。

表5.1 水资源承载能力水量要素评价指标体系

表述指标	具体表述指标内容	
	水资源承载能力	水资源承载负荷
用水总量	用水总量控制指标 W_0	实际用水总量 W
地下水开采量	地下水开发利用控制指标 G_0	地下水实际开发利用量 G

5.1.2 水量要素承载能力与负荷计算

（1）水量要素承载能力计算。

1）用水总量控制指标。用水总量控制指标所对应的用水总量是指供应给用户的包括输水损失在内的水量，按照农业、工业、生活和生态用水量四大类统计。农业用水包括农田灌溉和林牧渔业用水；工业用水按新鲜用水量计，不包括企业内部的重复利用水量；生活用水分为城镇生活用水和农村生活用水，其中城镇生活用水由居民家庭生活用水和城镇公共用水组成。根据各级政府实行最严格水资源管理制度实施方案或考核办法，获取评价年份县域单元水资源开发利用控制红线指标；对尚未分解到县级行政区的，结合各县级行政区可供水量和经济社会发展规划等进行分解。在此基础上，进行以下处理：对于指标中包含规划但未生效工程供水量且没有替代水源的，扣减该工程的配置供水量；对调水工程通水初期或分期逐步生效的供水工程，可根据规划的分期供水指标进行扣减；对于指标确定时考虑区域经济社会发展现实需求，允许部分地表水挤占或地下水超采的，应扣减地表水挤占量和地下水超采量；对于指标超出流域水量分配指标的也应扣减。

2）地下水开采量指标。根据地下水利用与保护规划等相关规划成果，获取省级、地级行政区地下水开采控制量和平原区地下水开采控制量，并分解到县域单元。对实行最严格水资源管理制度实施方案或考核办法中，明确了地下水开采量控制指标的，根据现状年平原区与山丘区开采控制量比例进行分解。对于平原区，若现状年地下水开采量大于可开采量，原则上采用地下水可开采量作为地下水开采量指标；若地下水尚有一定开采潜力，原则上采用地下水开采控制量与地下水可开采量二者的较小值作为地下水开采量指标，已明确地下水开采控制指标的，也纳入比较。对于地下水位不宜过高的地区，采用可开采量作为地下水开采量指标。对于山丘区，考虑到山丘区地下水资源与地表水资源基本是重复的，地下水开采量可视为地表水开发量，不单独对地下水开采量进行评价。

（2）水量要素负荷计算。

1）用水总量。考虑到用水总量指标对应水平年与现状年来水频率可能不同，且 2000 年以后新增火（核）电冷却水量按耗水量统计，因此首先需将现状年水资源公报口径用水量转换为用水总量控制指标口径的用水量。需转换的用水项主要包括农业灌溉用水量、火核电直流冷却水用水量以及特殊情况用水量。农业灌溉用水量转换仅对当年来水较枯或较丰（降水频率不在 37.5%～62.5%范围内）的地区进行。根据水资源公报、雨量站等降水量资料，计算现状年县级行政区降水量，并分析其降水丰枯程度（包括距平、降水频率）。根据降水丰枯程度，将现状年农业灌溉用水量转换到多年平均用水量。对于近几年降水能够代表平水年或多年平均状况的区域，可采用近几年农业灌溉用水量（或亩均用水量）的平均值作为多年平均用水量；对于近几年降水不能够代表丰枯变化的区域，可参考水中长期供求规划基准年不同频率农业配置水量与多年平均配置水量的比例系数，依据当年的丰枯频率内插获得的转换系数进行转换。此外，如果近期农业灌溉水量保持稳定不变或持续下降，以及灌溉用水量与降水丰枯无明显关系的区域，可不进行转换。火（核）电直流冷却水用水量，应根据直流冷却火（核）电厂的投产年份进行逐一统计与转换。2000 年之后投产（或扩建）且利用江河水作为直流冷却水的火（核）电厂机组取水量，按其耗水量统计用水量。

2）地下水开采量。在用水总量控制指标口径用水量基础上，按照现状年地表水与地下水供水比例，核算地下水开采量。在此基础上，按照全国水资源调查评价划定的平原区与山丘区分界线，分析获取地级行政区套水资源三级区单元以及县域单元现状年用水总量控制指标口径下的平原区、山丘区地下水开采量。根据最新的地下水超采区评价成果及近年来地下水开发利用以及区域地下水水位变化情况，对平原区地下水超采区进行复核，包括浅层地下水超采区和深层承压水开采区分布范围和面积。根据平原区超采区现状年地下水开采量和地下水可开采量，核定平原区地下水超采量，并分析超采区现状年浅层地下水超采系数。对于山丘区现状年地下水开采主要用于高耗水工业或农业灌溉的区域，若有充分理由认为该区域已发生明显的河湖生态环境用水挤占，如河川径流大幅衰减、地下水位大量回落、泉域萎缩或消亡等，或在已实施禁限采的超采区内开采地下水的，可考虑在承载状况评价中单独评价为超载或严重超载。

5.2 “质”要素评价指标与计算

5.2.1 水质要素评价指标

水质要素表征指标采用水功能区水质达标率和水功能区污染物入河量。这两个指标对应的承载能力基线分别是在水环境容量核算基础上制定的水功能区水质达标目标要求和水功能区污染物入河限排量。水资源承载能力水质要素评价中采用的指标体系见表 5.2。

表 5.2　　水资源承载能力水质要素评价指标体系

<table>
<tr><td colspan="2" rowspan="2">表述指标</td><td colspan="2">具体表述指标内容</td></tr>
<tr><td>水资源承载能力</td><td>水资源承载负荷</td></tr>
<tr><td colspan="2">水功能区水质达标率</td><td>水功能区水质
达标率控制指标 Q_0</td><td>水功能区
水质达标率 Q</td></tr>
<tr><td rowspan="2">污染物入河量</td><td>COD</td><td rowspan="2">污染物限排量 P_0</td><td rowspan="2">污染物入河量 P</td></tr>
<tr><td>氨氮</td></tr>
</table>

5.2.2　水质要素承载能力与负荷计算

（1）水质要素承载能力计算。

1）水功能区水质达标率控制指标。根据各级政府实行最严格水资源管理制度实施方案或考核办法及水功能区批复文件等，获取县域单元范围内水功能区水质达标目标和要求；对于没有确定县域单元范围内水功能区水质达标目标和要求的地区，可将地级行政区范围内的水功能区水质达标目标和要求分解到县域，结合地市评价结果，对资料缺乏地区可只将超载区范围内的水功能区分解到县域。

2）水功能区污染物入河限排量。依据各级政府实行最严格水资源管理制度实施方案或考核办法、《全国水资源保护规划》《全国重要江河湖泊水功能区纳污能力核定及限制排污总量控制方案》中的水功能区污染物限排量成果，确定 2020 年各地级行政区水功能区污染物限排量。有条件的地区，可依据《全国水资源保护规划技术大纲》和《全国重要江河湖泊水功能区纳污能力核定和分阶段限排总量控制技术大纲》提出的限排量分解方法，将水功能区套地级行政区的限排量分解到水功能区套县域单元。

（2）水质要素承载负荷计算。

1）水功能区水质达标率。按照地级行政区水功能区水质达标率为地区范围内达标水功能区个数与其水功能区总数的比值，分别计算地级行政区水功能区水质达标率。

2）主要污染物入河量。收集分析地级行政区内点源污染物入河量，相关数据可通过水资源公报、统计年鉴、水资源保护规划等资料获取，资料缺乏地区可采用近 3 年内统计成果代替，对无近 3 年内统计结果的地区，可开展补充调查。对于面源污染调查较为完善的地区，也可酌情考虑面源污染物入河量。对于无主要污染物入河量调查和相关统计数据的，可采用以下三种方法进行估算：一是开展水功能区入河排污口补充监测与入河量估算；二是用流域入河排污口普查工作年的数据换算；三是根据各行政区废污水排放量，采用入河系数法估算污染物入河量，入河系数可参考水资源综合规划、水资源保护规划等相关成果确定。

5.3　“域”要素评价指标与计算

5.3.1　水域空间被侵占程度

水域要素是人类活动对水域岸线空间利用情况的最直接表征，包括水域空间被侵占程度、岸线开发利用率两项指标。水域空间被侵占的程度表征由于经济社会取用水使得在河道内流动的用于维持河流水生态空间和生态系统状况的水量的相对减少值，以水资源开发利用程度进行间接表征。水资源开发利用程度越低，水域空间被侵占的程度越低，用于河道内生态系统的水量就越多，水生态空间相对越充足越丰富，生态系统状态相对就越好；反之用于河道外的水量越多，河流生态流量被挤占的越多，水体流动性和自净能力降低、水域空间萎缩，对水生态空间的保障越不利。国际上通常认为，一条河流的开发利用程度超过其水资源总量的 40%就划定为该条河流水资源开发利用程度高，然而不同流域的自然地理条件不同，水资源本底也存在很大差异，因此开发利用程度的高低还需根据流域情况进行综合判别。水域空间被侵占的程度的获得以区域的用水量与当地自产水资源量和可用过境水量之和的比值进行计算。

$$\text{水域空间被侵占程度}=\text{本地用水量(含调出水量)}/\text{本地水资源量(当地自产水资源量}+\text{可以用的过境水量)} \tag{5.1}$$

阈值是承载状况所处的阈值空间，即上述“均衡空间”在指标层面的体现，是判别水资源对于经济社会发展和生态环境承载与否的标准。阈值空间以经济社会系统的发展规律和水生态系统中的物理化学和生物过程为物理基础，两大系统相互作用互为因果，具有非线性、模糊性等特征。承载阈值的划定十分复杂，主要体现在以下几方面。第一，既要考虑水生态系统和水资源系统的可持续发展，又要兼顾人的需求和经济社会的发展需要；第二，既要考虑水资源系统的本底条件，也要结合当前的发展现状；第三，阈值既是一项科学指标，也是一项管理指标，因此阈值的划定既要考虑科学性又要兼顾管理需求，具有可操作性；第四，阈值并非固定值，需要根据人民生活水平的提高、科技水平的发展、生态环境的改善以及管理水平的提升等进行调整和修正，从而科学、客观、合理地评判水资源对经济社会和生态环境的承载状况，实现可持续发展。

水域空间被侵占程度的阈值与水资源本底条件、经济社会发展水平和人口规模、过境或可调度水量等因素密切相关。可表达为以下函数形式。

$$\text{阈值}_{\text{水域空间被侵占程度}}=f(\text{水资源本底条件,过境或可调度水量,经济社会发展水平和人口规模}\cdots\cdots) \tag{5.2}$$

由于不同水资源分区的本底特征差异明显，初步确定北方地区的承载阈值为 40%～50%，南方地区承载阈值为 15%～20%，再基于可调水量和经济社会发展需求综合调整后确定水域空间被侵占程度的阈值。

5.3.2　岸线开发利用率

岸线是指河流（湖泊）水陆边界线一定范围的带状区域。岸线的合理利用对经济社会发展具有重要的支撑作用，同时也与河流生态等关系密切。一般情况下，河道岸线和水域随河流的丰枯季节而变化。我国南方河流径流量年际变化相对较小，河道滩涂在枯水期出露，丰水期被淹没，而北方河流由于年际间丰枯变化较大，河道部分滩涂平枯水年常出露，但遇较大洪水时，仍是行洪的重要通道。河流岸线具有开发利用价值，为经济社会发展提供服务的资源属性，例如防洪、供水、航运、旅游和景观开发方面；同时作为水陆交接的过度区域，具有一定宽度的优质河流岸边带具有调节水流、稳定河势、保护水质、营造多样栖息环境等功能。通常将港口码头、取排水设施、桥梁管线、耕地和其他景观设

施、城镇、工厂等作为岸线的开发利用。岸线利用程度是人类活动对水域岸线空间利用情况最直接的表征，通过收集整理已完成确权划界河湖的相关资料和对尚未开展水域岸线划定的河流进行实际开发利用情况调查，采用岸线开发利用长度与岸线可开发利用总长的比值进行表征。

$$岸线开发利用率=岸线开发利用长度/岸线可开发利用总长 \tag{5.3}$$

岸线的开发利用与保护应服从防洪安全，维护河势稳定，充分考虑航运、水资源利用与保护的要求，保护水生态环境、珍稀濒危物种以及自然人文景观，做到合理利用与有效保护相结合。因此，岸线开发利用率阈值的划定要综合考虑水资源特点、河流演变状态、经济发展状况、人口密度、土地资源利用、生态保护需求等密切相关，如下函数进行表征。

$$阈值_{岸线开发利用率}=f(水资源特点,经济发展状况,人口密度,土地资源利用,生态保护需求\cdots\cdots) \tag{5.4}$$

根据我国岸线开发利用的总体情况可知，岸线开发利用程度与区域经济发展水平密切相关，东部经济发达地区区位优势明显，地处流域中下游地区，岸线优良，开发利用条件较好，特别是城市周边地区河段岸线开发利用十分活跃，岸线利用密度最大，岸线开发利用程度较高。尤以长江中下游、淮河中下游、珠江三角洲地区、环太湖地区等经济发达、人口稠密、土地资源紧缺的东部地区最为突出，可视上述情况适当降低阈值标准。此外，流域上游的生态功能和保护要求较下游更为重要，因此上游的岸线开发利用的阈值较下游有所提高。以长江为例，上游的岸线开发利用阈值较下游阈值高。

5.4 “流”要素评价指标与计算

5.4.1 水流阻隔率

河湖连通性和生态流量是当前和今后相当长一段时间内河湖水域系统健康所面临的两大主要问题。水流系统的连通性是个十分广义的概念，不仅包括大尺度水循环背景下的水流更新，也包括河段尺度内深潭-浅滩系统的水流结构特征。水流在较大的时空尺度上体现为河湖的水文情势，是水生态系统的重要影响因素；在较小的时空尺度上，通过与物理栖息环境相互作用，以流态、流速、水深等水动力学因素塑造微栖息环境。连通性与水生态系统密切相关，它不仅是水资源系统内部物质输移、能量传输、信息传递的载体，更是水生态系统发展演变的动力学基础。在气候条件、自然地理条件下，每条河流都有自己独特的水文节律，包括水量的大小、涨落时间、历时、频率和极值等。然而闸坝的修建削弱或阻断了河流的三向连通，使得原有的水文节律遭到破坏，增加水生态系统的脆弱性，自我修复能力大大降低。以河流上的库径比表征河流被阻断的程度，又称水流阻隔率，见式（5.5）。

$$水流阻隔率=河段水库总调节库容/河段年径流量 \tag{5.5}$$

河流上闸坝的修建通常用作发电和取用水，因此，阈值的确定与水资源禀赋条件、河流等级、当地水资源开发利用程度等因素有关，见式（5.6）。

$$阈值_{水流阻隔率}=F(水资源禀赋条件,河流等级,径流调控能力,开发利用程度\cdots\cdots) \tag{5.6}$$

通过调研和总结全国及国际河流阻隔的情况，初步划定北方河流的水流阻隔率为40%～60%即为临界超载，大于60%为超载，南方河流的水流阻隔率为15%～30%为临界超载，大于30%为超载。针对具体评价，还需根据河流等级、区域发展情况等对初定的阈值进行调整。此外，上游的水流阻隔率越高对水流连通性越不利，因此在评价中对流域中上游的水流阻隔阈值进行相应调整。

5.4.2　生态流量保障程度

在化石能源过度开发、气候变化加剧的如今，水电能源作为一种清洁可再生能源，具有十分重要的地位和发展空间。然而，当前水电能源的开发必然阻断河流，破坏河流本身的连通性。如何在河流受到一定程度阻隔的情况下保障河湖系统的连通性和生态系统健康稳定，生态流量过程就显得尤为重要。生态流量又称为基本生态流量，由生态基流和敏感生态流量叠加所得。生态基流定义为生态流量过程中枯水期最小值，而敏感生态水量指对于有敏感保护对象的河湖在敏感期需要保留的流量（水量、水位、水深）及其过程，是为了维系河流生态系统中的某些组分或功能在特定时段对于流量的需求，如河流造床、鱼类产卵期等所需的特定流量过程。

生态流量的确定需首先了解河湖水文特征、水资源禀赋和历史演变规律总结现状生态问题，结合水资源开发利用情况和工程调控能力等，分析河湖生态保护需求，在平衡水域条件和保护需求的情况下，统筹考虑科学性、可行性和协调性综合确定河湖生态流量。在确定河流断面生态流量的基础上，以历年或某一年的历史数据分析生态流量的保障程度，如下式所示。

$$\text{生态基流保障程度}=\text{满足生态基流的时段}/\text{总时段} \tag{5.7}$$

制定生态流量的目的是明确河湖生态保护的要求，特别是控制枯期的流量和控制水资源开发利用强度，从而维系河流、湖泊、沼泽等水生态系统的完整性、系统性、稳定性，保障人类生存与发展的合理需求，需要保留在河流、湖泊、沼泽内的流量（水量、水位、水深）及其过程。此外还与河流水资源禀赋、河流大小和工程对径流调控的能力等因素有关。对常年有水的河湖，主要用于确定其保护目标和控制指标，而对于季节性河流或开发利用过度已造成断流的河流，主要是根据水源条件确定其生态修复的目标。按照水流功能和河流湖泊的生态功能，生态流量包括维持河湖形态与廊道、生物栖息地、自净、输沙、河口防潮压咸等所需的流量及其过程。生态流量保证率原则上不低于75%～90%，水资源丰沛和有条件的河流，保证率可适当高一些。

$$\begin{aligned}\text{阈值}_{\text{生态流量保障程度}}=F(&\text{水资源禀赋,河流大小/丰枯条件,径流调控能力,}\\&\text{开发利用程度,保护修复目标……})\end{aligned} \tag{5.8}$$

5.5　小　　结

本章分别针对“量质域流”四个要素，提出了各要素的评价指标，并给出了承载能力与承载负荷的计算方法。

第6章　区域水资源承载能力评价方法

6.1　单要素水资源承载能力评价方法

短板理论可描述为盛水的木桶由多块木板箍成，盛水量由这些木板共同决定，若其中一块木板很短，则此木桶的盛水量就被短板所限制，木桶中能储水的最高高度只能达到短板的高度，这块短板就成了这个木桶盛水量的“限制因素”（或称“短板效应”）。短板法来源于短板理论，将短板法应用于水资源承载能力评价的过程是将影响区域水资源承载状况的各要素中各评价指标单独评价得到各评价指标的评价结果，将要素囊括所有评价指标的最差结果作为该要素的评价结果，将各要素最差的评价结果作为区域水资源承载能力的评价结果。本节先分别对水资源承载能力评价中的水量要素和水质要素进行单项评价，然后在此基础上采用“短板法”对多要素进行综合评价，进而得到水资源承载能力综合评价结果，并在河北省水资源承载能力评价中开展实证研究。

6.1.1　水量要素评价

水量要素评价，根据现状年用水总量、地下水开采量等，进行水量要素评价，划分超载、临界超载、不超载的区域范围，具体判别标准见表6.1。

表6.1　水量要素承载状况分析评价标准

评价指标	承载能力基线	承载状况评价			
		严重超载	超载	临界超载	不超载
用水总量 W	用水总量指标 W_0	$W \geqslant 1.2W_0$	$W_0 \leqslant W < 1.2W_0$	$0.9W_0 \leqslant W < W_0$	$W < 0.9W_0$
平原区地下水开采量 G	平原区地下水开采量指标 G_0	$G \geqslant 1.2G_0$或超采区浅层地下水超采系数≥0.3或存在深层承压水开采量或存在山丘区地下水过度开采	$G_0 \leqslant G < 1.2G_0$或超采区浅层地下水超采系数介于（0，0.3]或存在山丘区地下水过度开采	$0.9G_0 \leqslant G < G_0$	$G < 0.9G_0$

水量要素承载状况判别标准如下：

对于用水总量，$W \geqslant 1.2W_0$为严重超载，$W_0 \leqslant W < 1.2W_0$为超载，$0.9W_0 \leqslant W < W_0$为临界超载，$W < 0.9W_0$为不超载。

对地下水开发利用，$G \geqslant 1.2G_0$或超采区浅层地下水超采系数≥0.3或存在深层承压水开采量或存在山丘区地下水过度开采为严重超载，$G_0 \leqslant G < 1.2G_0$或超采区浅层地下水超采系数介于（0，0.3]或存在山丘区地下水过度开采为超载，$0.9G_0 \leqslant G < G_0$为临界超载，$G < 0.9G_0$为不超载。

严重超载：任一评价指标为严重超载（任一指标是指最不利的评价指标：即一个指标为超载、另一个指标为严重超载则应判定为“严重超载”；若一个指标为超载、另一个指标为临界超载，则应判定为“超载”，下同）。

根据表6.1中的水量要素评价标准，分别进行用水总量和地下水开发利用两方面评价。当这两个指标中的“短板”指标为超载、临界超载或不超载时，水量评价结果则应分别为超载、临界超载或不超载。

6.1.2 水质要素评价

水质要素评价，根据评价单元水功能区水质达标率、污染物入河量等，进行水质要素评价，水质评价判别标准见表6.2。

表6.2 水质要素承载状况分析评价标准

评价指标	承载能力基线	承载状况评价			
		严重超载	超载	临界超载	不超载
水功能区水质达标率 Q	水功能区水质达标要求 Q_0	$Q \leqslant 0.4Q_0$	$0.4Q_0 < Q \leqslant 0.6Q_0$	$0.6Q_0 < Q \leqslant 0.8Q_0$	$Q > 0.8Q_0$
污染物入河量 P	污染物限排量 P_0	$P \geqslant 3P_0$	$1.2P_0 \leqslant P < 3P_0$	$1.1P_0 \leqslant P < 1.2P_0$	$P < 1.1P_0$

根据现状年水功能区水质达标率、污染物入河量等，进行水质要素评价，判别标准如下：将水功能区水质达标率Q与水功能区水质达标率控制指标Q_0，污染物入河量P与污染物限排量P_0进行比较，选择COD、氨氮入河污染物中P/P_0的较大值。

$Q \leqslant 0.4Q_0$或$P \geqslant 3P_0$为严重超载；$0.4Q_0 < Q \leqslant 0.6Q_0$或$1.2P_0 \leqslant P < 3P_0$为超载；$0.6Q_0 < Q \leqslant 0.8Q_0$或$1.1P_0 \leqslant P < 1.2P_0$为临界超载；$Q > 0.8Q_0$且$P < 1.1P_0$为不超载。

将水功能区水质达标率Q与水功能区水质达标率控制指标Q_0，污染物入河量P与污染物限排量P_0进行比较，选择COD、氨氮入河污染物中P/P_0的较大值，按照表6.2中污染物入河量评价标准进行评价。在水功能区水质达标率、污染物入河量中，选择最“短板”指标，其所处区间代表了水质评价结果。最后，结合各评价单元水质现状、废污水排放量、污水处理率等因素对评价结果进行合理性分析，适当调整评价结果。

6.1.3 案例分析

河北省地处华北平原，东临渤海、内环京津，西为太行山。截至2014年年底，全省辖11个地级市，39个市辖区、20个县级市、106个县、6个自治县，总面积18.88万km^2，2014年常住人口7383.8万人，年生产总值29421亿元，第一、第二、第三产业增加值占生产总值的比重分别为11.7%、51.1%和37.2%。河北省属温带大陆性季风气候，大部分地区四季分明，年均降水量500mm左右，降水量分布特点为东南多、西北少，省内河流主要分为海河和东北部的滦河两大水系。全省多年平均水资源总量约200亿m^3，人均水资源量约300m^3，约占全国的1/7。随着河北省经济社会快速发展以及京津冀协同发展战略的推进，日益严峻的水资源短缺形势已成为制约发展的重要因素，长期依靠超采地下水保障城乡生活及工农业生产用水需求的局面亟须改善。考虑到将建立国家水资源承载能力评价动态机制，仅选取数据较新和完备的2014年对河北省县域水资源承载能力进行评价，其他年份评价仍适用。

用水总量评价结果，采用上节中提到的用水总量承载状况评价方法，对河北省2014年县域用水总量承载状况进行评价。2014年全省用水总量承载状况表现为北部的张家口市、

承德市、唐山市、秦皇岛市和西南部山区多为不超载或临界超载，其余区县多为超载，评价结果如图 6.1 所示。从全省尺度来看，河北省整体处于超载状态。从地市尺度来看，秦皇岛市邯郸市评价口径用水总量界于核定后的用水总量指标的 90%～100%，处于临界超载状态；张家口市、承德市评价口径用水总量小于核定后用水总量指标的 90%，处于不超载。

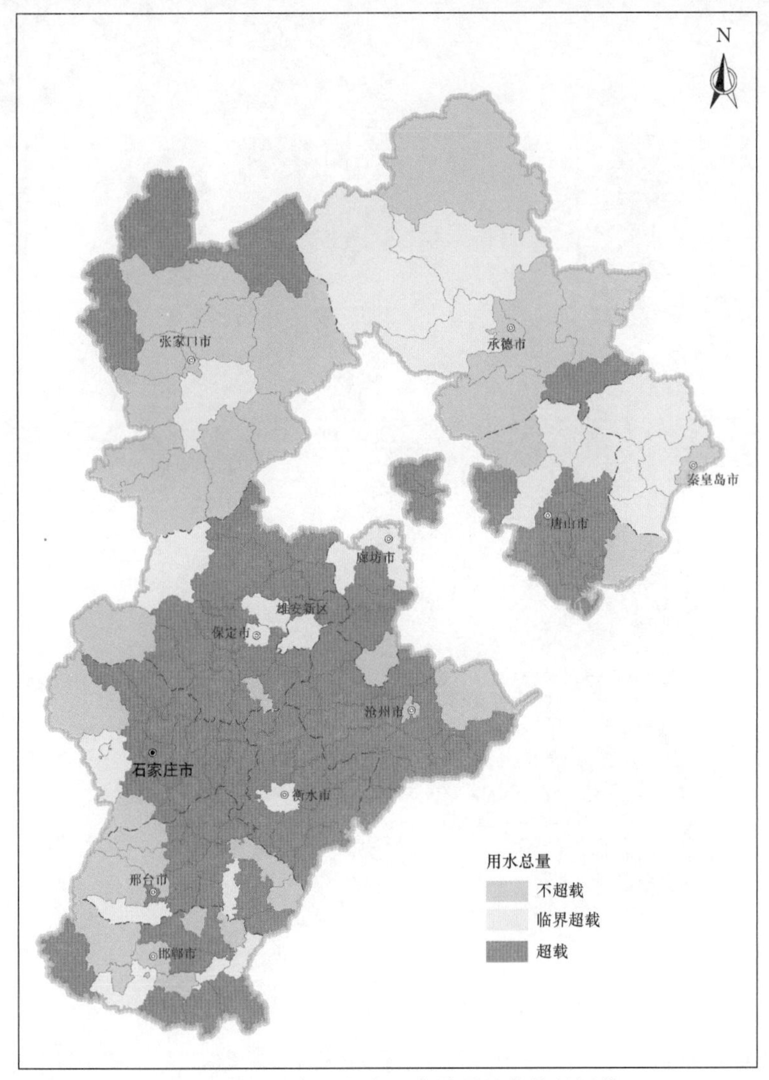

图 6.1　2014 年河北省用水总量承载状况评价

地下水开发利用评价结果，地下水承载状况的判定需要先进行地下水超采量的核定，再进行地下水开采量控制指标与评价口径开采量指标的对比，以此综合判别河北省地下水承载状况。值得注意的是，对于处于山区的市（区、县），由于开采地下水相当于袭夺地表水，可直接判定为地下水不超采，不再进行地下水开采量控制指标与评价口径的对比。2014 年河北省县域用水总量承载状况评价结果如图 6.2 所示。在参与评价的河北省的 11 个地级市行政单元中，仅秦皇岛市、承德市处于不超载状况，其他均超载。其中，全省各地级市评价口径地下水开采量均大于地下水开采控制指标，但对位于山区的地市，需要重点考察其地下水超采量，以此综合判断地下水超载状况。鉴于秦皇岛市、承德市位于山区，且未发生地下水超采量，故判定其地下水开采状况为不超载。

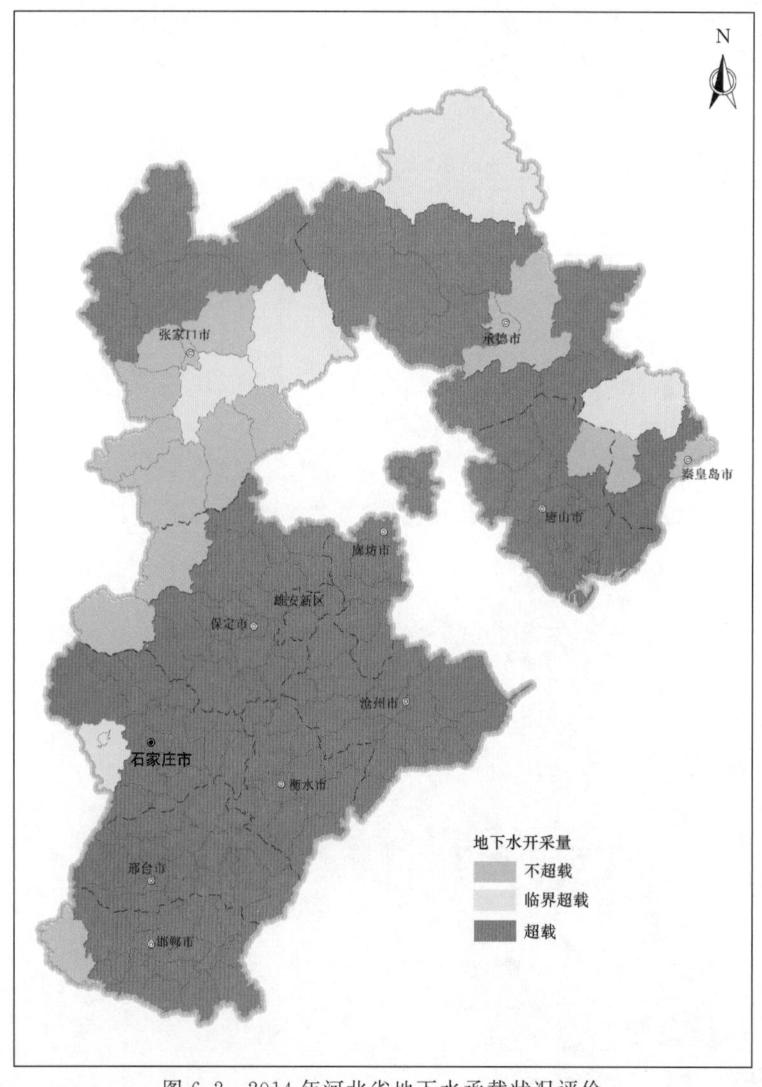

图 6.2　2014 年河北省地下水承载状况评价

根据用水总量承载状况和地下水开采状况评价结果，综合评价河北省各区县的水量要素承载状况，2014 年河北省水量要素承载状况评价结果如图 6.3 所示。评价结果表明，由于存在用水总量超载或地下水超载，或者两者均超载的情况，导致水量要素承载状况属于超载状态。在参与评价的河北省 11 个地级市行政单元中，仅秦皇岛市处于临界超载、承德市处于不超载状况。从超载分布看，河北省北部大部分地区处于不超载或临界超载状态，而南部大部分处于超载状态。在参与评价的所有县级行政区中，仅有 11%处于不超载状态，7%处于临界超载状态，82%处于超载状态。

水质要素评价，水质要素承载状况主要从水功能区达标率和污染物入河排放量两个方面进行评价，2014 年河北省水质要素承载状况评价结果如图 6.4 所示。在地级行政区层

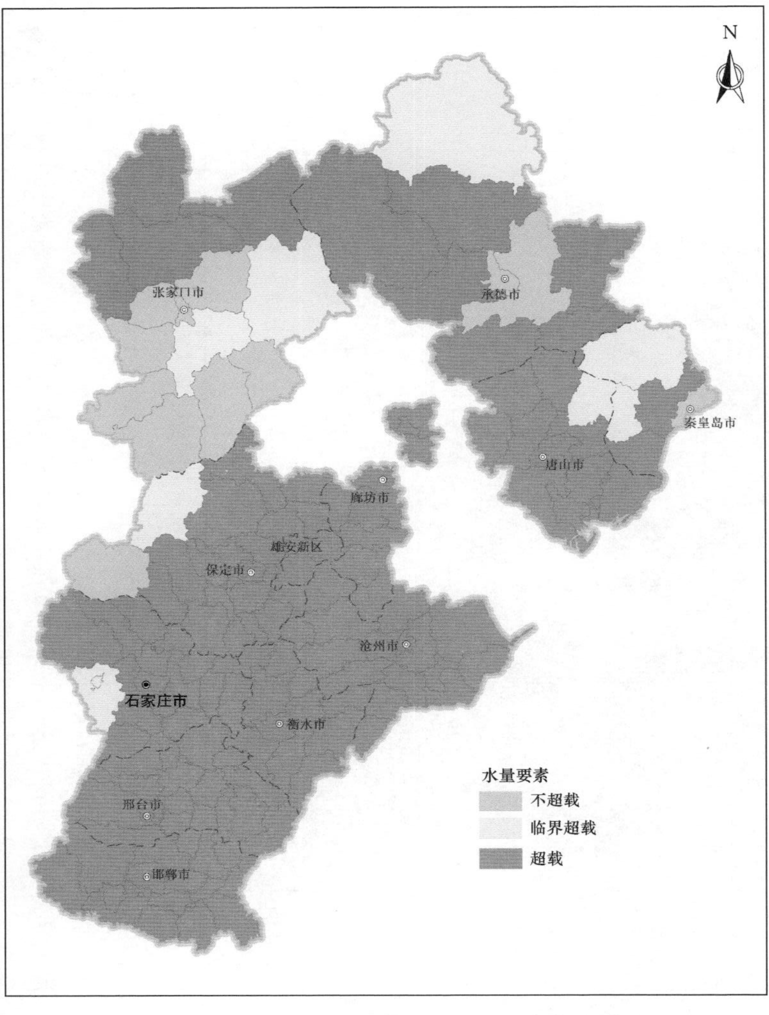

图 6.3 2014 年河北省水量要素承载状况评价结果

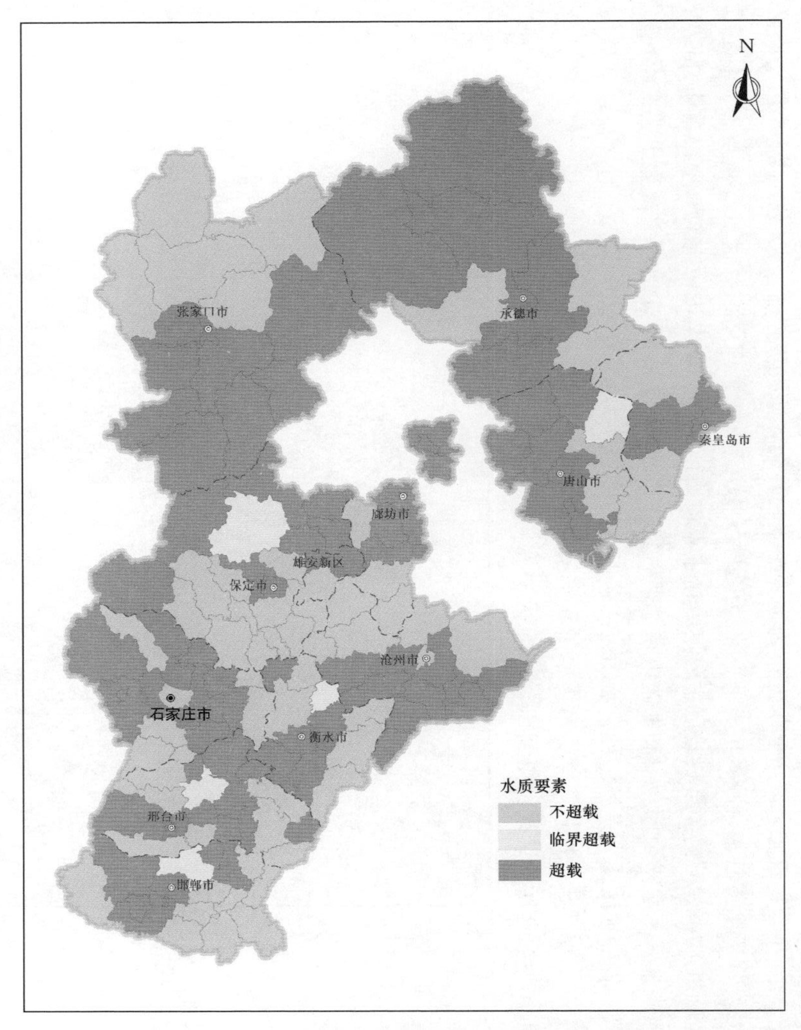

图 6.4 2014 年河北省水质要素承载状况评价结果

面，2014 年全省仅张家口市和保定市为临界超载，其余各地级行政区均为超载。从县域层面来看，2014 年全省县级行政区中有 59%处于超载状态，4%处于临界超载状态，37%处于不超载状态。水质不超载的县级行政区主要集中在张家口市西北部、保定市中南部、承德市东部、唐山市南部、衡水市及邢台市和邯郸市东部、石家庄市西部等地。上述地区主要为山区等水环境污染较轻的地区或者是经济社会活动较活跃但水污染治理力度较大的地区。

综合承载状况评价，综合考虑水量和水质要素，采用“短板法”选取“短板”要素的评价结果作为综合评价结果，得到 2014 年河北省水资源综合承载状况评价结果，如图 6.5 所示。

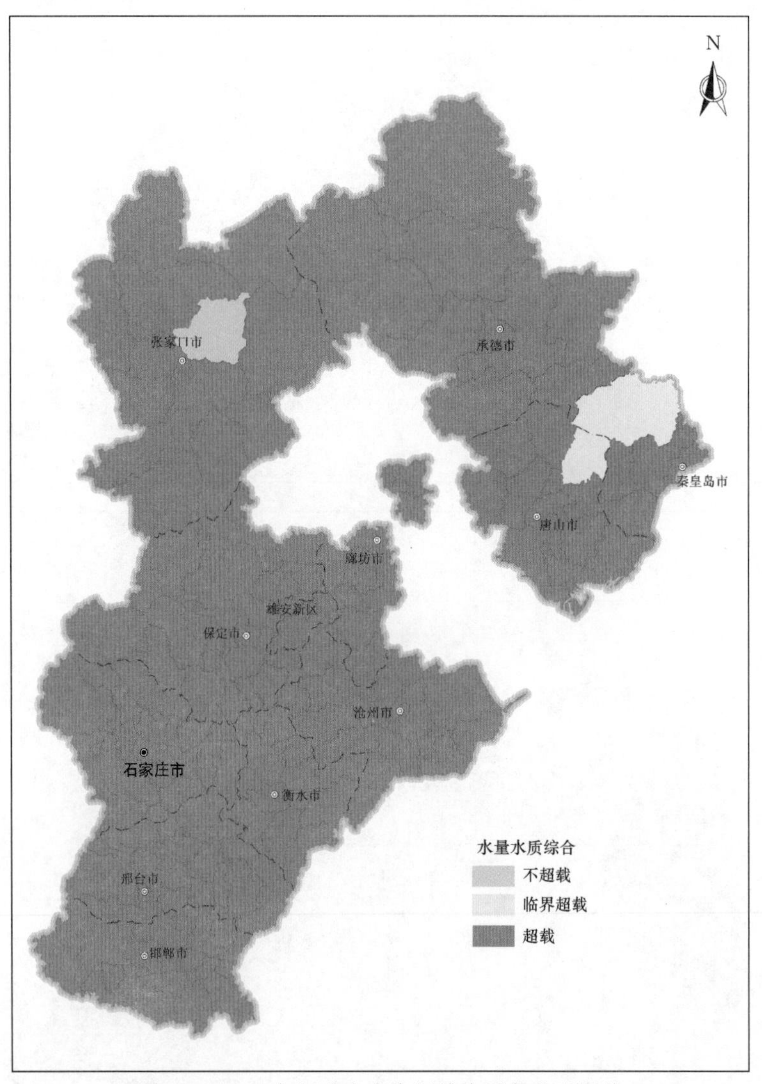

图 6.5　2014 年河北省水资源综合承载状况评价

从图 6.5 得出，2014 年全省水资源承载能力综合承载状况表现为整体处于超载状态。从地级行政区层面来看，石家庄市、保定市、廊坊市、沧州市、衡水市、邢台市和邯郸市所辖范围全部处于超载状态；张家口市除崇礼县不超载外，其他全部处于超载状态；承德市除平泉县不超载、滦平县临界超载外，其他区县均处于超载；秦皇岛市除青龙县和昌黎

县处于临界超载外，其他区县均处于超载；唐山市除迁安市处于临界超载外，其他区县均处于超载。分析2014年河北省水资源承载能力超载原因不难发现，地下水超采、水质不达标是造成超载的主要原因。

河北省现状人均水资源量和亩均耕地水资源量均远低于全国平均水平。水资源自然条件较差，而经济社会用水量大，经济社会对水资源的压力较大，造成河北省多数区（县）处于超载状态。结合上述结果分析，可以看出河北省水资源超载状况呈现以下几个特点：①用水总量要素大部分地区处于超载或临界超载状态，地下水要素大部分地区处于超载状态，水质要素多数处于超载或临界超载，水生态要素表现为平原区基本处于超载状态，山区处于不超载或临界超载状态；②水质要素承载能力评价结果不仅取决于经济社会活动强度、水功能区分布，而且取决于污水处理能力和治污力度；③水生态要素受地下水超载影响明显，平原区基本处于超载状态；④总体来看，山区单元评价结果优于平原单元，以地表水用水为主的单元优于依赖地下水的单元。

具体而言，石家庄、邯郸、邢台、保定、沧州和衡水6市大部分位于平原地区，地下水普遍超采；张家口市坝上地区的张北、康保、沽源、尚义4县位于内蒙古高原内陆河东部流域，地表水利用条件较差，地下水普遍超采；其余地区地下水开发利用较好，不存在地下水超采。水质要素承载状况表现为不规则的带状或点状的分布特点，张家口市西北部、保定市中南部、承德市东部、唐山市南部，衡水市及邢台市和邯郸市东部、石家庄市西部等地水质承载状况良好，与水功能区分布、各地区排污强度与治污能力等密切相关。

6.1.4　基于联系数集对势的水资源承载能力评价方法

区域水资源承载能力是水资源系统与生态环境系统、经济社会系统相互作用的综合反映，是水资源安全的重要度量。水资源超载会严重制约区域经济社会的可持续发展、直接影响到粮食安全，近30年来水资源承载能力研究始终被学术界广泛关注，一直是水资源可持续利用研究中的重点和难点问题。根据2020年中国统计年鉴，2019年中国年人均水资源量仅为2077m^3/人，远低于世界平均水平（7350m^3/人），在世界有水统计的192个国家中，中国的人均水资源量排在第121位，水资源承载压力形势异常严峻。区域水资源承载能力评价和诊断，就是在对区域水资源承载时空、承载标准、承载原则、承载条件和承载状态等承载要素综合分析基础上，从水资源承载的支撑力、压力和调控力三方面建立区域水资源承载能力评价指标体系、评价标准和评价模型，采用评价模型对不同时期区域水资源对持续支撑经济社会可持续发展规模、维系良好的生态环境条件并使水资源-经济社会-生态环境复合系统处于协调发展的总体状况进行综合评判，识别导致区域水资源超载的主要指标，它是区域水资源承载能力监测预警机制建设的重要内容，它是着重诊断识别水资源承载能力脆弱性指标的一类特殊综合评价问题，可为监控和优化最严格水资源管理提供重要依据。评价和诊断区域水资源承载能力状况，可预先判断研究区域水资源能否支撑人口、经济与环境协调发展，对水资源超载状态及时提出调控建议，在保障水资源-经济社会-生态环境复合系统协调发展、促进人水和谐发展方面具有重要意义。

受水资源、生态环境、社会经济等众多因素的综合影响，区域水资源承载能力系统是一典型的复杂系统。目前区域水资源承载能力评价和诊断研究十分薄弱，尚缺乏有效的评价与诊断理论框架和定量研究方法，其中的主要问题有：一是如何建立适用性强的区域水资源承载能力定量评价模型。目前已有的评价方法主要有综合指标法、模糊综合评价法、主成分分析法、投影寻踪法、驱动力-压力-状态-影响-响应-管理概念模型、物元可拓模型等，这些方法对水资源-经济社会-生态环境复合系统的复杂特征考虑不足，在处理评价指标与评价标准之间的不确定性方面存在局限性。二是如何诊断识别区域水资源承载能力脆弱性指标和承载状态的发展趋势。目前这方面的研究报道较少。为此，本专题在对区域水资源-经济社会-生态环境复杂系统进行深入的理论分析、专家咨询和实际调研基础上，采用集对分析方法（Set Pair Analysis，SPA）建立评价样本联系数与评价指标值联系数相结合的区域水资源承载能力定量评价模型，对传统集对势方法进行改进、并与偏联系数方法共同用于诊断识别区域水资源承载能力脆弱性指标和承载状态的发展趋势，进而构建基于联系数的区域水资源承载能力评价与诊断分析方法（Connection Number based Assessment and Diagnosis analysis method for water resources carrying capacity，CNAD），并开展了相应的实证研究。

6.1.4.1　基于联系数的区域水资源承载能力评价方法的建立

基于联系数的区域水资源承载能力评价与诊断分析方法的建立过程包括以下 8 个步骤。

步骤 1：根据区域水资源承载能力评价的概念和目标分析，依据构建评价指标体系的系统性、可比性、动态性、导向性和实用性原则，按照与区域水资源承载能力物理成因相关的影响因素，将区域水资源承载能力评价系统分为水资源承载支撑力、水资源承载压力和水资源承载调控力 3 个子系统。在理论分析、实践调研、专家咨询和文献统计的基础上，根据区域水资源承载能力评价 3 个子系统的综合分析，可将区域水资源承载能力评价指标体系分解为若干评价指标，各指标一般设计为具有相对性的比值，以适用于不同研究区域。据此构建的区域水资源承载能力评价指标体系可描述为 $\{x_j \mid j=1, 2, \cdots, n_j\}$，其中 x_j 为承载能力评价指标体系中第 j 个评价指标，n_j 为指标数目。

步骤 2：基于水资源承载能力各评价指标的实际含义、统计特征、这些指标对区域水资源-经济社会-生态环境复杂系统的综合作用分析，建立区域水资源承载能力评价等级标准 $\{s_{kj} \mid k=1, 2, \cdots, n_k; j=1, 2, \cdots, n_j\}$，相应的评价指标样本数据集记为 $\{x_{ij} \mid i=1, 2, \cdots, n_i; j=1, 2, \cdots, n_j\}$。其中 n_k、n_i 分别为评价标准的等级数目和评价样本（不同区域、不同时期水资源承载能力评价系统的总体状态）数目。为了简便且不失一般性，这里取 3 个评价标准等级，Ⅰ级、Ⅱ级、Ⅲ级分别代表“水资源承载能力较强”（表示区域水资源仍有较大承载能力，其水资源供给情况较为良好）、“水资源承载能力一般”（表示区域水资源开发利用已有相当规模，但仍有一定开发利用潜力，水资源供给需求在一定程度上能满足该区域内社会经济发展）和“水资源承载能力较弱”（表示区域水资源承载能力已接近饱和值，进一步开发利用的潜力较小，长期下去将发生水资源短缺，制约区域社会经济的协调发展，应及时采取相应调控对策）。

步骤 3：运用基于加速遗传算法的模糊层次分析法（Accelerating Genetic Algorithm based Fuzzy Analytic Hierarchy Process，AGA－FAHP）确定区域水资源承载能力评价指标的权重 $\{w_j \mid j=1, 2, \cdots, n_j\}$，其中 w_j 为第 j 个指标的权重。请有关专家比较评价指标体系中两两指标间的评价重要性，建立模糊互补判断矩阵 $\boldsymbol{P}=(p_{kl})$，要求满足：

$0 \leqslant p_{kl} \leqslant 1$，$p_{kl}+p_{lk}=1$（$k$，$l=1$，2，…，$n_j$）。其中 p_{kl} 表示指标 k 优于指标 l 的程度，具体规定为：当 $p_{kl}>0.5$ 时表示专家认为指标 k 比指标 l 重要，p_{kl} 越大表示指标 k 比指标 l 越重要；反之亦然。如果 $\boldsymbol{P}$ 不具有满意的一致性，则需要修正；设 $\boldsymbol{P}$ 的修正判断矩阵为 $\boldsymbol{Q}=(q_{kl})$，$\boldsymbol{Q}$ 的各指标权重仍记为 $\{w_j \mid j=1, 2, \cdots, n_j\}$，则称使式（6.1）最小的 $\boldsymbol{Q}$ 为 $\boldsymbol{P}$ 的最优模糊一致性判断矩阵：

$$\min CIC(n_j)=\sum_{k=1}^{n_j}\sum_{l=1}^{n_j}\mid q_{kl}-p_{kl}\mid /n_j^2+\sum_{k=1}^{n_j}\sum_{l=1}^{n_j}\mid 0.5(n_j-1)(w_k-w_l)+0.5-q_{kl}\mid /n_j^2 \tag{6.1}$$

$$\text{s.t.}\begin{cases}1-q_{lk}=q_{kl}\in[p_{kl}-d,p_{kl}+d]\cap[0,1](k=1,2,\cdots,n_j-1;l=k+1,\cdots,n_j),\\ q_{kk}=0.5(k=1,2,\cdots,n_j)\\ w_k>0(k=1,2,\cdots,n_j),\sum_{k=1}^{n_j}w_k=1\end{cases}$$

式中：$CIC(n_j)$ 称为一致性指标系数（Consistency Index Coefficient，CIC）；d 为非负参数，根据经验可从［0，0.5］内选取；其余符号同前。用加速遗传算法可简便地求解式（6.1）的问题。

步骤4：用SPA计算区域水资源承载能力评价样本联系数分量 v_{1ik}，其中 $i=1$，2，…，n_i（n_i 为评价样本数目）；$k=1$，2，3分别代表三元联系数的3个联系数分量：

$$u_{1i}=v_{1i1}+v_{1i2}I+v_{1i3}J \tag{6.2}$$

式中：u_{1i} 为样本 i 的三元联系数；I 为差异度系数；J 为对立度系数。

u_{1i} 的3个联系数分量可用下式计算：

$$v_{1i1}=\sum_{j=1}^{n_a}w_j,v_{1i2}=\sum_{j=n_a+1}^{n_a+n_b}w_j,v_{1i3}=\sum_{j=n_a+n_b+1}^{n_a+n_b+n_c}w_j \tag{6.3}$$

式中：n_a、n_b、n_c 分别为样本 i 的 n_j 个指标中分别落在Ⅰ级、Ⅱ级和Ⅲ级评价等级中的指标数目，它们满足：

$$n_a+n_b+n_c=n_j \tag{6.4}$$

步骤5：用SPA计算样本 i 指标 j 的样本值 x_{ij} 与水资源承载能力评价标准等级 s_{kj} 之间的评价指标值联系数 u_{2ijk}。其中 $i=1$，2，…，n_i；$j=1$，2，…，n_j；$k=1$，2，3。SPA 的基本思想是：在给定问题背景情况下对所论的两个集合 $\{x_{ij}\}$ 和 $\{s_{kj}\}$ 的接近属性进行同、异、反三方面关系的定量比较分析，用式（6.5）～式（6.7）计算三元联系数：

$$u_{2ij1}=\begin{cases}1,\text{正向指标 }x_{ij}\leqslant s_{1j},\text{或反向指标 }x_{ij}\geqslant s_{1j}\\ 1-2(x_{ij}-s_{1j})/(s_{2j}-s_{1j}),\text{正向指标 }s_{1j}<x_{ij}\leqslant s_{2j},\text{或反向指标 }s_{1j}>x_{ij}\geqslant s_{2j}\\ -1,\text{正向指标 }x_{ij}>s_{2j},\text{或反向指标 }x_{ij}<s_{2j}\end{cases} \tag{6.5}$$

$$u_{2ij2}=\begin{cases}1-2(s_{1j}-x_{ij})/(s_{1j}-s_{0j}),\text{正向指标 }x_{ij}\leqslant s_{1j},\text{或反向指标 }x_{ij}\geqslant s_{1j}\\ 1,\text{正向指标 }s_{1j}<x_{ij}\leqslant s_{2j},\text{或反向指标 }s_{1j}>x_{ij}\geqslant s_{2j}\\ 1-2(x_{ij}-s_{2j})/(s_{3j}-s_{2j}),\text{正向指标 }s_{2j}<x_{ij}\leqslant s_{3j},\text{或反向指标 }s_{2j}>x_{ij}\geqslant s_{3j}\\ -1,\text{正向指标 }x_{ijk}>s_{3jk},\text{或反向指标 }x_{ijk}<s_{3jk}\end{cases} \tag{6.6}$$

$$u_{2ij3}=\begin{cases}-1,\text{正向指标 } x_{ij}\leqslant s_{1j},\text{或反向指标 } x_{ij}\geqslant s_{1j}\\ 1-2(s_{2j}-x_{ij})/(s_{2j}-s_{1j}),\text{正向指标 } s_{1j}<x_{ij}\leqslant s_{2j},\text{或反向指标 } s_{1j}>x_{ij}\geqslant s_{2j}\\ 1,\text{正向指标 } s_{2j}<x_{ij}\leqslant s_{3j},\text{或反向指标 } s_{2j}>x_{ij}\geqslant s_{3j}\end{cases} \tag{6.7}$$

式中：正向（反向）指标是指评价指标 x_{ij} 随评价标准等级 k 的增大而增大（减小）；$s_{1j}\sim s_{3j}$ 分别为Ⅰ～Ⅲ级评价标准等级的临界值，s_{0jk} 为各指标 1 级评价标准等级的另一临界值；$i=1,2,\cdots,n_i$；$j=1,2,\cdots,n_j$。

式（6.5）～式（6.7）这种"紧凑梯形式"的联系数函数结构充分利用了作为点值信息的样本值 x_{ij} 与作为区间值信息的评价标准等级 k 之间的同一、差异、对立三方面的关系信息。若样本值 x_{ij} 与标准等级 k 之间的同一性越小，则 u_{2ijk} 越接近于-1，样本值 x_{ij} 越倾向于不隶属于评价标准等级 k；若样本值 x_{ij} 与标准等级 k 之间的同一性越大，则 u_{2ijk} 越接近于 1，样本值 x_{ijk} 越倾向于隶属于评价标准等级 k。可见，联系数 u_{2ijk} 可视为可变模糊集"水资源承载能力评价标准等级 k"的一种相对差异度函数，因此样本值 x_{ij} 隶属于模糊集"水资源承载能力评价标准等级 k"的相对隶属度 v_{2ijk}^{*} 可表示为

$$v_{2ijk}^{*}=0.5+0.5u_{2ijk}\quad(i=1,2,\cdots,n_i;j=1,2,\cdots,n_j;k=1,2,\cdots,n_k) \tag{6.8}$$

用式（6.8）构造可变模糊集的相对隶属度函数，计算过程直观简便，通用性强，可适应各种不同的评价等级标准情况。归一化处理式（6.8），可得水资源承载能力评价指标值联系数分量 v_{2ijk}：

$$v_{2ijk}=v_{2ijk}^{*}/\sum_{g=1}^{3}v_{2ijk}^{*} \tag{6.9}$$

由水资源承载能力评价指标值联系数分量 v_{2ijk} 可得评价指标值联系数 u_{2ij}：

$$u_{2ij}=v_{2ij1}+v_{2ij2}I+v_{2ij3}J \tag{6.10}$$

式中：I 为差异度系数；J 为对立度系数。

由样本值 x_{ij} 与评价标准等级限值 s_{kj} 的大小关系构造单指标属性测度，并把该测度作为评价指标值联系数分量 v_{2ijk} 的计算方法存在不足，会与实际情况产生明显偏差的评价结果。

由式（6.10）可得样本 i 的水资源承载能力评价指标值联系数 u_{2i}：

$$u_{2i}=v_{2i1}+v_{2i2}I+v_{2i3}J=\sum_{j=1}^{n_j}w_jv_{2ij1}+\sum_{j=1}^{n_j}w_jv_{2ij2}I+\sum_{j=1}^{n_j}w_jv_{2ij3}J\quad(i=1,2,\cdots,n_i) \tag{6.11}$$

式中：I 为差异度系数，J 为对立度系数。

步骤 6：由式（6.2）和式（6.11）可得区域水资源承载能力评价样本 i 的平均联系数 u_i。显然，式（6.2）和式（6.11）的联系数都可视为是由同一项、差异项、对立项 3 个分量组成的一种分布，平均联系数 u_i 在同一项、差异项、对立项方面的分布 $\{v_{ik}\mid k=1\sim3\}$ 应与上述评价样本联系数 $\{v_{1ik}\mid k=1\sim3\}$ 和评价指标值联系数 $\{v_{2ik}\mid k=1\sim3\}$ 的分布尽可能接近，根据最小相对熵原理，取几何平均数

$$v_{ik}=(v_{1ik}v_{2ik})^{0.5}/\sum_{k=1}^{3}(v_{1ik}v_{2ik})^{0.5},u_i=v_{i1}+v_{i2}I+v_{i3}J\quad(i=1,2,\cdots,n_i) \tag{6.12}$$

作为评价样本 i 的平均联系数，这样的分布形式所需的信息量最少，而取其他形式、例如目前常采用式（6.13）的组合分布，都有形或无形地增加了其他实际上并没有获得的信息。

$$v_{ik}=(v_{1ik}v_{2ik})/\sum_{k=1}^{3}(v_{1ik}v_{2ik}) \tag{6.13}$$

步骤 7：为克服用最大隶属度原则进行模糊模式识别可能造成的失真，提高水资源承载能力判别精度，这里用级别特征值法和式（6.2）、式（6.11）和式（6.12），计算评价样本联系数 $h_1(i)$、评价指标值联系数 $h_2(i)$ 和平均联系数对应的样本 i 的水资源承载能力评价等级值 $h(i)$，作为区域水资源承载能力的评价结果：

$$h_1(i)=\sum_{k=1}^{3}v_{1ik}k \tag{6.14}$$

$$h_2(i)=\sum_{k=1}^{3}v_{2ik}k \tag{6.15}$$

$$h(i)=\sum_{k=1}^{3}v_{ik}k \tag{6.16}$$

为与级别特征值法的评价结果作深入比较分析，增强水资源承载能力判别结果的合理性，可同时采用属性识别方法推断评价样本联系数 $g_1(i)$、评价指标值联系数 $g_2(i)$ 和平均联系数分别对应的样本 i 的水资源承载能力评价等级值 $g(i)$：

$$g_1(i)=\min_{k^*}\{k^* \mid \sum_{k=1}^{k^*}v_{1ik}>\lambda\} \tag{6.17}$$

$$g_2(i)=\min_{k^*}\{k^* \mid \sum_{k=1}^{k^*}v_{2ik}>\lambda\} \tag{6.18}$$

$$g(i)=\min_{k^*}\{k^* \mid \sum_{k=1}^{k^*}v_{ik}>\alpha\} \tag{6.19}$$

式中：α 为置信度、通常可在［0.50，0.70］内取值，α 越大说明评价结果越倾向于稳妥。

步骤 8：用集对势和偏联系数方法诊断识别区域水资源承载能力脆弱性指标和承载状态的发展趋势。不失一般性，设评价样本联系数、评价指标值联系数或平均联系数的一般形式为

$$u=a+bI+cJ \tag{6.20}$$

式中：a、b 和 c 分别为集对的同一度、差异度和对立度，a、b、$c\in[0,1]$，且 $a+b+c=1$；I 为差异度系数，取值区间为［−1，1］，有时仅起差异标记作用；J 为对立度系数，一般取值规定为−1，有时仅起对立标记作用。

在联系数 u 的集对势 $s_f(u)$ 的现有构造法中：除法集对势 $s_{f1}(u)=a/c$ 在 c 值取很小值时所得到的集对势 $s_{f1}(u)$ 值会趋于不稳定，例如：两联系数 $0.9000+0.0990I+0.0010J$ 和 $0.9000+0.0999I+0.0001J$ 的差别很小，而它们的除法集对势 $s_{f1}(u)$ 值分别为 900 和 9000，明显相差很大，所以在实际应用中需要谨慎分析除法集对势这类情况；指数集对势 $s_{f2}(u)=e^{a-c}$ 改变了原有联系数式（6.20）中同一度和对立度的数量级变化关系。按照集对分析理论，联系数的集对势函数 $s_f(u)$ 是式（6.20）联系数的伴随函数，其实质上所描述的是联系数所表达的研究对象在当前宏观期望层次上所处的相对确定性状

态和发展趋势，据此这里提出减法集对势 $s_f(u)$：

$$s_f(u)=a-c+ba-bc=(a-c)(1+b) \tag{6.21}$$

式（6.21）中把不确定性项的差异度 b 值按差异度系数的比率取值法进行分配。若差异度项按最乐观或最悲观情形分配到同一度项或对立度项，就可得到相应的最大减法集对势（乐观减法集对势）$s_{fa}(u)=(a+b)-c$ 或最小减法集对势（悲观减法集对势）$s_{fc}(u)=a-(c+b)$。显然减法集对势 $s_f(u)\in[-1,1]$，$s_{fc}(u)\leqslant s_f(u)\leqslant s_{fa}(u)$。减法集对势序（集对势之间的大小关系的次序）可直接根据值 $s_f(u)$ 的大小予以比较，这样大大简化了集对势序的确定工作。根据"均分原则"可把减法集对势 $s_f(u)$ 划分为 5 个势级：反势 $s_f(u)\in[-1.0,\ -0.6)$，偏反势 $s_f(u)\in[-0.6,\ -0.2)$，均势 $s_f(u)\in[-0.2,0.2]$，偏同势 $s_f(u)\in(0.2,\ 0.6]$，同势 $s_f(u)\in(0.6,\ 1.0]$。处于反势或偏反势的指标是引起区域水资源承载能力较弱的主要因素，因此可被诊断识别为区域水资源承载能力的脆弱性指标，是水资源承载能力调控的主要对象。

联系数的（全）偏联系数 $p_f(u)$ 实质上描述的是联系数所表达的研究对象在当前微观层次上所具有的相对确定性发展趋势，故可定义为

$$\text{偏正联系数}\ \partial u^{+}=a/(a+b)+b/(b+c)I_1 \tag{6.22}$$

$$\text{偏负联系数}\ \partial u^{-}=b/(a+b)I_2+c/(b+c) \tag{6.23}$$

$$p_f(u)=\partial u^{+}-\partial u^{-}=[a/(a+b)+b/(b+c)I_1]-[b/(a+b)I_2+c/(b+c)] \tag{6.24}$$

式中：I_1、I_2 分别为偏正联系数和偏负联系数差异度系数，取值区间为 [0，1]，一般可用比率取值法确定。

式（6.22）表示了联系数的一种正向（同向）发展趋势；式（6.23）表示了联系数的一种负向（反向）发展趋势；式（6.24）反映了联系数的一种综合发展趋势（称为全偏联系数），当偏联系数分别为大于零、等于零和小于零时，联系数所表达的研究对象在当前微观层次上所具有的发展趋势分别诊断为正向发展趋势、临界趋势和负向发展趋势；偏正联系数、偏负联系数和（全）偏联系数也是式（6.20）联系数的伴随函数。处于负向发展趋势的指标也是引起区域水资源承载能力较弱的主要因素，因此被诊断识别为区域水资源承载能力的脆弱性指标，是水资源承载能力调控的主要对象。

6.1.4.2　在安徽省淮北市水资源承载能力评价中的实证分析

根据安徽省淮北市水资源承载支撑力、承载压力和承载调控力三方面综合分析、参考已有成果，建立的评价指标体系包括如下指标：人口密度 x_1，为单位国土面积上的人口数量，人/km^2；生活用水定额 x_2，为每人每日的生活用水量，L/(人・日)；人均 GDP x_3，为 GDP 产值与人口数量的比值，元/人；万元 GDP 取水量 x_4，为每生产 1 万元 GDP 产值需取自任何水源被第一次利用的水量，m^3/万元；耕地灌溉率 x_5，为耕地灌溉面积与耕地总面积之比，%；生态用水率 x_6，为生态用水总量与总需水量之比，%；水资源开发利用率 x_7，为流域或区域用水量占水资源可利用量的比率，%；水资源可利用率 x_8，为水资源可利用量与水资源总量之比，%；人均水资源量 x_9，为水资源总量与人口总数之比，m^3/人。本书选取淮北市 2004 年、2010 年、2020 年（规划水平年）作为评价年份，表 6.3 给出了各评价年份的指标值以及相应的水资源承载能力评价标准。

表 6.3　　　　淮北市水资源承载能力各年评价指标值以及相应的等级标准

评价指标	承载能力评价指标值			承载能力等级标准值		
	2004 年	2010 年	2020 年	1 级（较强）	2 级（一般）	3 级（较弱）
人口密度 x_1/（人/km²）	764	836	970	<200	200～350	>350
生活用水定额 x_2/[L/(人·日)]	99	121	167	<70	70～130	>130
人均 GDP x_3/（元/人）	8183	17341	42915	>12000	12000～8000	<8000
万元 GDP 取水量 x_4/(m³/万元)	234	130	80	<50	50～200	>200
耕地灌溉率 x_5/%	59	67	77	<20	20～60	>60
生态用水率 x_6/%	1	1	1	>5	5～1	<1
水资源开发利用率 x_7/%	99	99	98	<30	30～70	>70
水资源可利用率 x_8/%	48.9	58	61	>75	75～50	<50
人均水资源量 x_9/（m³/人）	398	362	314	>3000	3000～1700	<1700

笔者邀请专家对表 6.3 中评价指标体系两两指标间的评价重要性进行判断，得到了模糊互补判断矩阵为

$$\begin{bmatrix} 0.5 & 1 & 1 & 0 & 1 & 1 & 0 & 0 & 0 \\ 0 & 0.5 & 0 & 0 & 0.5 & 1 & 0 & 0 & 0 \\ 0 & 1 & 0.5 & 0 & 1 & 1 & 0 & 0 & 0 \\ 1 & 1 & 1 & 0.5 & 1 & 1 & 0 & 0 & 0 \\ 0 & 0.5 & 0 & 0 & 0.5 & 1 & 0 & 0 & 0 \\ 0 & 0 & 0 & 0 & 0 & 0.5 & 0 & 0 & 0 \\ 1 & 1 & 1 & 1 & 1 & 1 & 0.5 & 1 & 0.5 \\ 1 & 1 & 1 & 1 & 1 & 1 & 0 & 0.5 & 0 \\ 1 & 1 & 1 & 1 & 1 & 1 & 0.5 & 1 & 0.5 \end{bmatrix}$$

用 AGA－FAHP 解得指标 $x_1 \sim x_9$ 的权重 w_j 分别为 0.117、0.052、0.077、0.140、0.052、0.028、0.189、0.156 和 0.189，该判断矩阵的一致性指标系数为 0.20，可认为该判断矩阵具有满意的一致性，这些计算的指标权重是可以接受的。该权重计算结果说明：权重最大的是指标 x_9“人均水资源量”和指标 x_7“水资源开发利用率”，其次是指标 x_8“水资源可利用率”、指标 x_4“万元 GDP 取水量”、指标 x_1“人口密度”，指标 x_3“人均 GDP”、指标 x_2“生活用水定额”和指标 x_5“耕地灌溉率”、指标 x_6“生态用水率”的权重较小。

把表 6.3 中的数据和解得的这些指标权重代入式（6.3）、式（6.2），得淮北市水资源承载能力评价样本联系数。把表 6.3 数据代入式（6.5）～式（6.7），再由式（6.8）～式（6.10）得评价指标值联系数，由式（6.11）得各样本的评价指标值联系数，由式（6.12）得平均联系数，由式（6.14）～式（6.16）得到这些联系数相应的评价等级值，其计算结果见表 6.4。表 6.4 表明，这 3 年淮北市水资源承载能力均靠近 2.5 级（2 级与 3 级的边界），随着人均 GDP、水资源可利用率提高，以及万元 GDP 取水量降低，淮北市水资源承载能力状况从 2004 年到 2010 年、2020 年只是略有提高，置信度取 0.5、根据式（6.17）～式（6.19），用属性识别方法判别各年联系数样本的水资源承载能力都为 3 级，水资源承载状态仍然十分严峻。这一结果符合淮北市的实际情况，也与景林艳（2007）用集对分析综合评价模型和改进的属性综合评价模型所得的评价结果相一致。

表 6.4　淮北市水资源承载能力各评价样本联系数及评价等级、集对势和偏联系数值

年份	评价样本联系数	评价等级	减法集对势	偏联系数	评价指标值联系数	评价等级	减法集对势	偏联系数	平均联系数	评价等级	减法集对势	偏联系数
2004	$0.00+0.21I+0.79J$	2.79	−0.96	−1.44	$0.02+0.32I+0.66J$	2.65	−0.86	−1.26	$0.000+0.263I+0.737J$	2.74	−0.93	−1.42
2010	$0.08+0.38I+0.56J$	2.47	−0.65	−0.86	$0.10+0.32I+0.58J$	2.48	−0.63	−0.71	$0.089+0.345I+0.566J$	2.48	−0.64	−0.80
2020	$0.08+0.32I+0.60J$	2.52	−0.69	−0.85	$0.16+0.27I+0.57J$	2.42	−0.53	−0.44	$0.110+0.301I+0.589J$	2.48	−0.62	−0.66

将上述得到的 2004 年、2010 年和 2020 年的评价样本联系数、评价指标值联系数、平均联系数值代入式（6.20）～式（6.24），可得到相应的减法集对势、偏联系数值，见表 6.4。表 6.4 表明，只有 2020 年的评价指标值联系数处于偏反势（−0.53 也靠近反势的临界值−0.6 了），其余联系数都处于反势，这与这些联系数的综合发展趋势均为负向发展趋势相一致，说明淮北市水资源承载形势非常严峻。

同理可得这 3 年评价指标值联系数及其减法集对势、偏联系数值，见表 6.5、图 6.6 和图 6.7。

表 6.5　淮北市水资源承载能力各年评价指标值联系数及其减法集对势、偏联系数值

评价指标	2004 年			2010 年			2020 年		
	评价指标值联系数	减法集对势	偏联系数	评价指标值联系数	减法集对势	偏联系数	评价指标值联系数	减法集对势	偏联系数
人口密度 x_1	$0.00+0.34I+0.66J$	−0.89	−1.40	$0.00+0.30I+0.70J$	−0.91	−1.41	$0.00+0.21I+0.79J$	−0.95	−1.44
生活用水定额 x_2	$0.26+0.50I+0.24J$	0.02	−0.31	$0.08+0.50I+0.42J$	−0.53	−0.93	$0.00+0.44I+0.56J$	−0.81	−1.36
人均 GDP x_3	$0.02+0.50I+0.48J$	−0.68	−1.20	$0.54+0.46I+0.00J$	0.79	0.43	$0.84+0.16I+0.00J$	0.98	1.14
万元 GDP 取水量 x_4	$0.00+0.45I+0.55J$	−0.79	−1.35	$0.23+0.50I+0.27J$	−0.05	−0.38	$0.40+0.50I+0.10J$	0.45	0.05
耕地灌溉率 x_5	$0.01+0.50I+0.49J$	−0.71	−1.26	$0.00+0.45I+0.55J$	−0.80	−1.35	$0.00+0.37I+0.63J$	−0.87	−1.39
生态用水率 x_6	$0.00+0.50+0.50J$	−0.75	−1.33	$0.00+0.50I+0.50J$	−0.75	−1.33	$0.00+0.50I+0.50J$	−0.75	−1.33
水资源开发利用率 x_7	$0.00+0.03I+0.97J$	−1.00	−1.49	$0.00+0.03I+0.97J$	−1.00	−1.49	$0.00+0.06I+0.94J$	−1.00	−1.48
水资源可利用率 x_8	$0.00+0.49I+0.51J$	−0.76	−1.34	$0.16+0.50I+0.34J$	−0.27	−0.61	$0.22+0.50I+0.28J$	−0.09	−0.42
人均水资源量 x_9	$0.00+0.16I+0.84J$	−0.98	−1.46	$0.00+0.14I+0.86J$	−0.98	−1.46	$0.00+0.12I+0.88J$	−0.99	−1.47

由表 6.5、图 6.6 和图 6.7 分析可知，淮北市 2004 年、2010 年和 2020 年水资源承载状况体现为：①指标 x_2“生活用水定额”由均势迅速退为反势，指标 x_5“耕地灌溉率”

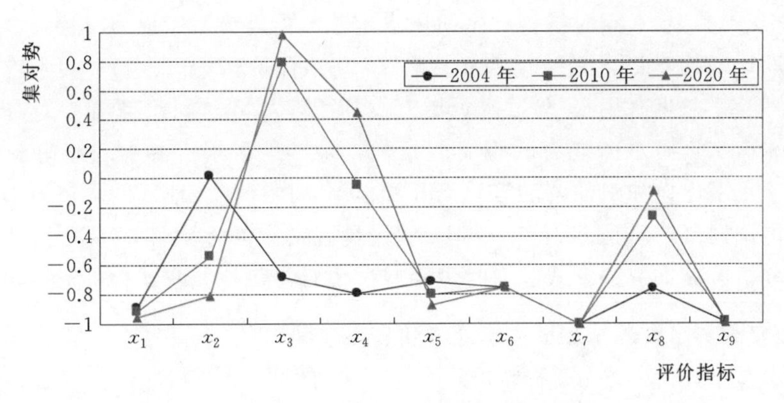

图 6.6 水资源承载能力各年评价指标值联系数的减法集对势

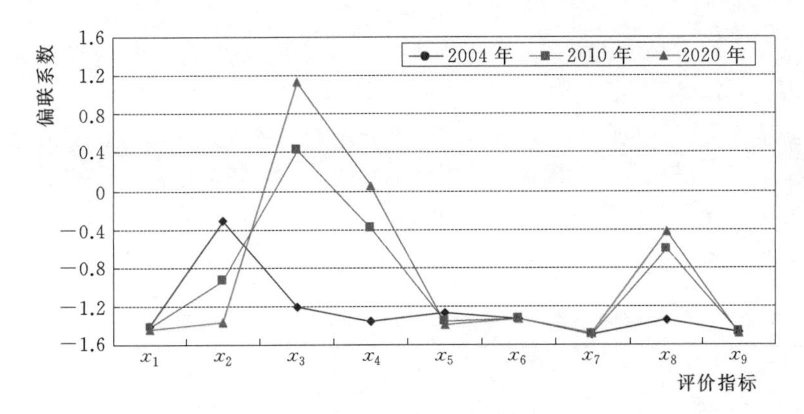

图 6.7 水资源承载能力各年评价指标值联系数的偏联系数

和指标 x_1“人口密度”的集对势也呈减小趋势；②指标 x_3“人均 GDP”由反势迅速改进为同势，指标 x_4“万元 GDP 取水量”由反势改进为偏同势、接近于同势，指标 x_8“水资源可利用率”由反势改进到均势；③指标 x_6“生态用水率”、指标 x_7“水资源开发利用率”和指标 x_9“人均水资源量”的集对势没有明显变化；④到 2020 年指标 x_1、x_2、x_5、x_6、x_7、x_9 均处于反势，这些指标是淮北市水资源承载能力的脆弱性指标，是本地区水资源承载能力调控的主要对象，应推进节水型建设和引江济淮等节流开源措施，以保障该地区的水资源与社会经济、生态环境的协调发展；⑤淮北市在 2004 年、2010 年和 2020 年时的偏联系数与减法集对势具有很高的一致性（2004 年、2010 年和 2020 年偏联系数与减法集对势之间的相关系数均为 1.00），可认为宏观上的减法集对势变化是微观上的偏联系数变化的结果，减法集对势简便、直观，在区域水资源承载能力诊断分析时建议用减法集对势代替偏联系数进行诊断分析。

CNAD 在淮北地区水资源承载能力评价与诊断分析中的应用结果表明：该地区 2004 年、2010 年和 2020 年水资源承载能力均靠近 2.5 级（承载能力一般等级与较弱等级的边界），这 3 年评价样本联系数、评价指标值联系数、平均联系数值中只有 2020 年的评价指标值联系数处于偏反势（靠近反势的临界值），其余联系数都处于反势，说明该地区这水资源承载能力的综合发展趋势为负向发展趋势，水资源承载状态十分严峻；该地区在

2004 年、2010 年和 2020 年时指标“生活用水定额”由均势迅速退为反势，“耕地灌溉率”和“人口密度”的集对势也呈减小趋势，到 2020 年评价指标“人口密度”“生活用水定额”“耕地灌溉率”“生态用水率”“水资源开发利用率”“人均水资源量”均处于反势，这些指标是淮北市水资源承载能力的脆弱性指标，是本地区水资源承载能力调控的主要对象，应推进节水型建设和引江济淮等节流开源措施，以保障该地区的水资源与社会经济和生态环境的协调发展；减法集对势与偏联系数具有很高的一致性，减法集对势简便、直观，在诊断分析区域水资源承载能力时可用减法集对势代替偏联系数进行诊断分析。

6.1.4.3　在安徽省水资源承载能力动态评价中的实证分析

下面应用 CNAD 模型对安徽省 2005—2015 年水资源承载状况进行动态诊断评价。根据该地区水资源承载支撑力、承载压力和承载调控力三方面综合分析、参考已有文献成果、咨询专家意见的基础上，建立的评价指标体系包括如下 15 个指标，其中人均水资源量、产水模数、人均供水量、植被覆盖率 4 个指标属于水资源承载支撑力子系统；人均日生活用水量、万元 GDP 用水量、万元工业增加值需水量、人口密度、城市化率、农田灌溉定额 6 个指标属于水资源承载压力子系统；水资源开发利用率、人均 GDP、入河污水排放达标率、水功能区水质达标率、生态用水率 5 个指标属于水资源承载调控力子系统。对于确定的安徽省水资源承载能力指标体系，邀请 10 位专家打分取平均值后构建判断矩阵，采用 AGA-FAHP 方法修正各判断矩阵的一致性并计算权重，评价标准及权重见表 6.6。

表 6.6　　　　安徽省水资源承载能力评价指标、等级标准及权重

目标层	子系统	权重	指标层	评价标准			权重
				不超载（Ⅰ级）	临界超载（Ⅱ级）	超载（Ⅲ级）	
水资源承载力	承载支撑力子系统	0.4	人均水资源量，m^3	≥1670	1670～1000	＜1000	0.1332
			产水模数，$10^4 m^3/km^2$	≥80	80～50	＜50	0.1332
			人均供水量，m^3/(人·a)	≥450	450～350	＜350	0.1056
			植被覆盖率，%	≥40	40～25	＜25	0.028
	承载压力子系统	0.4	人均日生活用水量，L/(人·d)	≤70	70～180	＞180	0.0396
			万元 GDP 用水量，m^3/万元	≤100	100～400	＞400	0.0792
			万元工业增加值需水量，m^3/万元	≤50	50～200	＞200	0.0596
			人口密度，人/km^2	≤200	200～500	＞500	0.0792
			城市化率，%	≤50	50～80	＞80	0.0632
			农田灌溉定额，m^3/亩	≤250	250～400	＞400	0.0792
	承载调控力子系统	0.2	水资源开发利用率，%	≤40	40～70	＞70	0.0582
			人均 GDP，元/人	≥24840	24840～6624	＜6624	0.0484
			入河污水排放达标率，%	≥90	90～70	＜70	0.0288
			水功能区水质达标率，%	≥95	95～70	＜70	0.0454
			生态用水率，%	≥5	1～5	＜1	0.0192

注　不同年份比较时，采用 2000 年不变价计算国内生产总值。

表 6.6 中这些权重计算结果说明：水资源承载支撑力子系统和承载压力子系统的权重均为 0.4，调控力子系统所占权重为 0.2，说明专家认为在水资源承载能力评价系统中水资源承载系统自身的承载支撑力和所承受的外部压力具有相同的重要性，它们比调控力子系统重要。在水资源承载支撑力子系统中权重最大的是“人均水资源量”指标和“产水模数”指标，说明专家认为水资源量在水资源承载支撑力子系统中最为重要，从物理成因角度分析，一个区域水资源量的多少决定了该区域所能承载的人口和经济规模，故而最为重要。在水资源承载压力子系统中，“万元 GDP 用水量”指标、“人口密度”指标、“农田灌溉定额”指标最为重要，表明专家认为经济、人口和农业是水资源承载能力系统所承受的主要外部压力。水资源承载调控力子系统中“生态用水率”指标权重最小，专家认为安徽省全省境内降水丰富，多年平均生态需水（供水）量较小，生态用水率对水资源承载能力的影响最小。针对安徽省实际情况，经各专家研究分析，各评价指标及权重计算结果合理可靠，可应用于安徽省水资源承载能力诊断评价中。

从《安徽省水资源公报》和《安徽省统计年鉴》中收集整理 2005—2015 年各评价指标的数据及相关资料，用构建的评价模型对安徽省水资源承载能力进行动态评价，并用减法集对势和集对指数势分析水资源承载状态，结果见表 6.7。

表 6.7　安徽省水资源承载能力各年平均联系数及评价等级、减法集对势和集对指数势值

年份	平均联系数	评价等级	减法集对势	态势分析	集对指数势	态势分析
2005	$0.1328+0.5360I+0.3312J$	2.20	−0.31	偏反势	0.82	强反势
2006	$0.1281+0.4131I+0.4588J$	2.33	−0.47	偏反势	0.72	强反势
2007	$0.1643+0.5421I+0.2936J$	2.13	−0.20	偏反势	0.88	强反势
2008	$0.1763+0.6517I+0.1720J$	1.99	0.01	均势	1.00	微同势
2009	$0.1563+0.6480I+0.1957J$	2.04	−0.07	均势	0.96	微反势
2010	$0.1995+0.6872I+0.1133J$	1.91	0.15	均势	1.09	微同势
2011	$0.1149+0.6444I+0.2407J$	2.13	−0.21	偏反势	0.88	微反势
2012	$0.1291+0.7653I+0.1056J$	1.98	0.04	均势	1.02	微同势
2013	$0.1148+0.587I+0.2978J$	2.18	−0.29	偏反势	0.83	强反势
2014	$0.1490+0.8510I+0J$	1.85	0.28	偏同势	1.16	微同势
2015	$0.1656+0.8344I+0J$	1.83	0.31	偏同势	1.18	微同势

由表 6.7 评价结果可知：安徽省全省在 2006 年水资源承载能力评价等级最高、承载状况最差，2015 年水资源承载能力评价等级最低、承载状况最好；安徽省 2005—2015 年水资源承载状况基本呈逐年缓慢改善的趋势，但全省水资源承载能力在 2006 年、2011 年和 2013 年的波动较大；全省在 2005—2007 年、2011 年、2013 年水资源承载能力平均联系数处于偏反势，2008—2010 年、2012 年处于均势，2014 年、2015 年处于偏同势，水资源承载状况呈改善趋势，这与联系数的综合评价结果一致。本书采用的减法集对势与集对指数势相比，减法集对势将态势划分为 5 级，考虑了反势、均势、同势相邻两个态势之间边界的过渡性，评价结果与集对指数势相比偏安全、可靠。最终结果表明，安徽省 2005—2015 年的水资源承载能力综合评价等级值均处于Ⅱ级临界超载附近，虽存在波动

性的缓慢改善趋势、但承载状况不容乐观。

用评价指标值联系数的减法集对势对第 i 个评价样本的第 j 个指标进行诊断分析，可得到安徽省 2005—2015 年各评价指标联系数的减法集对势（见表 6.8），利用减法集对势可诊断识别出该省各年水资源承载能力的脆弱性指标，即导致区域水资源承载能力不安全的主要指标。表 6.8 中处于偏反势和反势的指标，是引起区域水资源承载能力较弱的主要因素，可被诊断识别为区域水资源承载能力的脆弱性指标，是水资源承载能力调控的主要对象。

表 6.8　　　　安徽省水资源承载能力各年评价指标联系数的减法集对势

评价指标	2005 年	2006 年	2007 年	2008 年	2009 年	2010 年	2011 年	2012 年	2013 年	2014 年	2015 年
人均水资源量	−0.45	−0.77	−0.38	−0.44	−0.31	0.54	−0.73	−0.37	−0.76	−0.12	0.36
产水模数	−0.67	−0.82	−0.70	−0.74	−0.62	0.12	−0.81	−0.72	−0.82	−0.46	0.03
人均供水量	−0.83	−0.79	−0.76	−0.07	0.45	0.43	0.43	0.27	0.41	−0.12	0.23
植被覆盖率	−0.64	−0.64	−0.64	−0.64	−0.64	−0.50	−0.50	−0.50	−0.50	−0.39	−0.39
人均日生活用水量	0.49	0.54	0.46	0.39	0.32	0.24	0.21	0.21	0.20	0.20	0.19
万元 GDP 用水量	−0.68	−0.72	−0.28	−0.19	−0.20	0.06	0.28	0.41	0.47	0.60	0.59
万元工业增加值需水量	−0.98	−0.97	−0.87	−0.81	−0.79	−0.41	0.02	0.04	0.15	0.28	0.28
人口密度	−0.58	−0.60	−0.65	−0.67	−0.69	−0.70	−0.72	−0.73	−0.73	−0.74	−0.74
城市化率	0.88	0.87	0.85	0.84	0.82	0.81	0.80	0.78	0.77	0.76	0.73
农田灌溉定额	0.05	−0.13	0.38	−0.24	−0.41	−0.34	−0.17	−0.38	0.11	0.66	0.43
水资源开发利用率	0.85	0.88	0.82	0.77	0.75	0.83	0.30	0.69	0.22	−0.75	0.82
人均 GDP	−0.66	−0.57	−0.47	−0.37	−0.25	−0.05	0.10	0.11	0.13	0.18	0.24
入河污水排放达标率	−0.75	−0.94	−0.91	−0.67	−0.80	−0.79	−0.83	−0.76	−0.61	−0.52	−0.40
水功能区水质达标率	−0.78	−0.81	−0.87	−0.62	−0.43	−0.24	−0.49	−0.67	−0.72	−0.53	−0.22
生态用水率	−0.84	−0.86	−0.83	−0.86	−0.84	−0.81	−0.62	−0.63	−0.61	−0.48	−0.49

由于篇幅原因，现选部分具有代表性指标，采用减法集对势方法、单指标评价方法、偏联系数方法进行动态对比分析。图 6.8 说明：“人均水资源量”指标在 2006 年、2011 年、2013 年处于反势，指标等级处于 2.5～3.0，说明“人均水资源量”是引起安徽省这 3 年水资源承载能力较弱、导致水资源承载状况向差的方向波动的最主要因素，人均水资源量的波动性与不确定性也是导致全省水资源承载状况在时间尺度上呈现一定波动性与不确定性的最主要因素。图 6.9 说明：“万元 GDP 用水量”指标在 2008 年之前为反势，在 2011 年变为偏同势，评价结果随时间变化基本呈逐年稳步提高的趋势。图 6.10 说明：“万元工业增加值需水量”指标在 2010 年之前为反势，是引起安徽省 2005—2009 年水资源承载能力较弱的主要因素之一，而 2011 年提高为均势，在 2014 年提高为偏同势，说明随着时间的推移，“万元工业增加值需水量”指标由水资源承载能力的脆弱性指标逐渐发展为较安全的指标。图 6.11 说明：“人均 GDP”指标作为水资源承载调控力指标，其评价结果呈逐年提高的趋势，在时间尺度上，人均 GDP 向着有利于提高安徽省水资源承载状况的趋势发展。图 6.8～图 6.11 中减法集对势对指标诊断结果与传统的单指标评价结

果和偏联系数的诊断结果完全一致，且减法集对势与偏联系数之间的相关系数为1.0。减法集对势具有计算简洁、直观、结果可靠的特点，在区域水资源承载能力诊断分析时可用减法集对势代替单指标评价和偏联系数进行诊断分析。

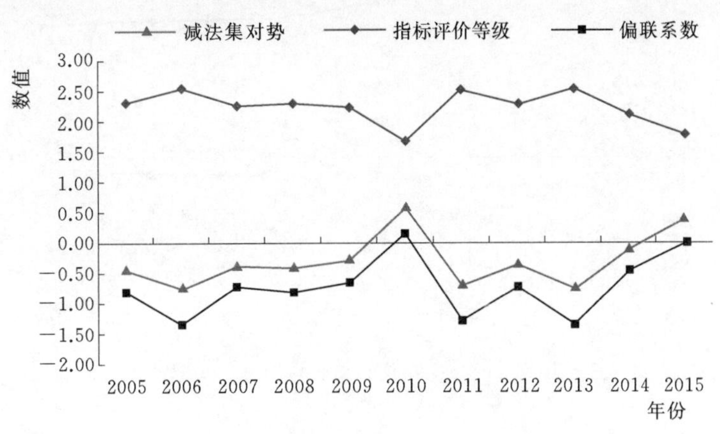

图 6.8 人均水资源量动态诊断分析结果

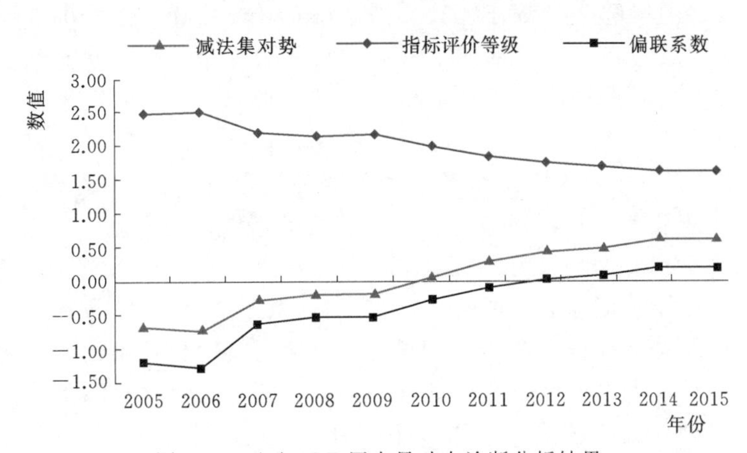

图 6.9 万元GDP用水量动态诊断分析结果

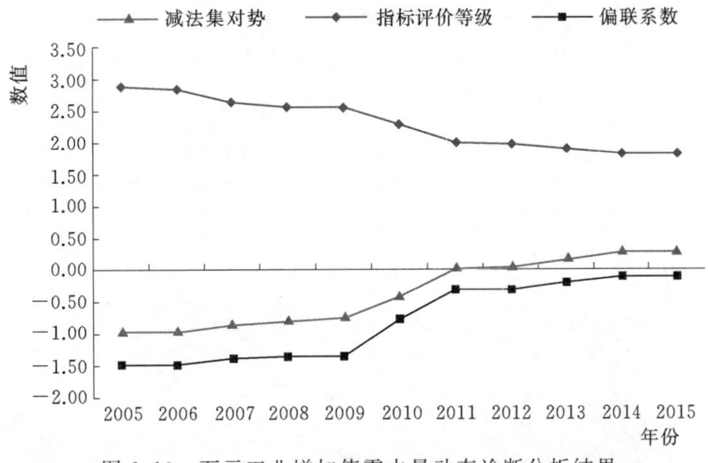

图 6.10 万元工业增加值需水量动态诊断分析结果

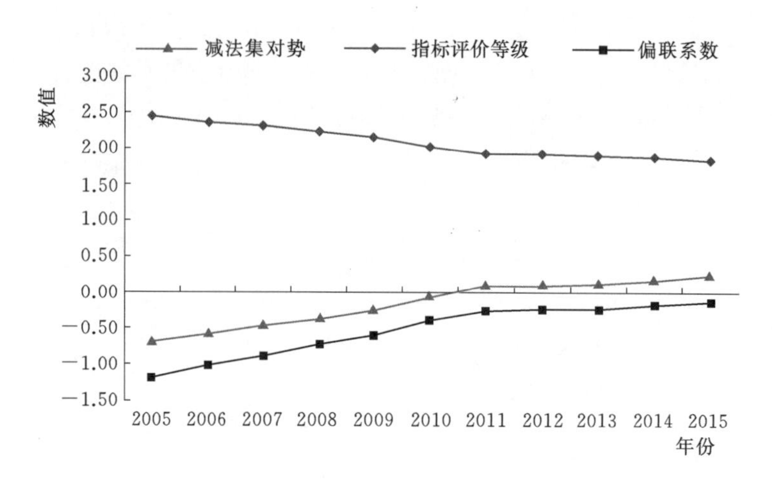

图 6.11　人均 GDP 动态诊断分析结果

根据表 6.8 综合评价结果，识别出水资源承载能力处于临界超载（Ⅱ级）状态以下且为反势和偏反势的年份（2005 年、2006 年、2007 年、2011 年、2013 年），由表 6.8 中各指标联系数的减法集对势识别使水资源承载能力处于不安全状态的主要指标，对这些指标提出相应的调控措施（通过不断调控试算得到：只需将联系数处于反势的指标调控为偏反势，即可使当年的水资源承载能力评价结果改善到 2.0 级以下）后，重复步骤 1 到步骤 4，再次对水资源承载能力的总体安全状况进行综合评价，结果见表 6.9。由表 6.8、表 6.9 可知，2005 年处于反势且诊断结果明显差于常年的指标有“产水模数”“万元 GDP 用水量”“万元工业增加值需水量”“人均 GDP”，若将这些指标调控为偏反势，2005 年水资源综合评价结果由 2.20 级改善为 1.92 级，且由偏反势变为均势，水资源承载状况有很大改善。同样地，若将引起 2006 年、2007 年、2011 年、2013 年水资源承载能力不安全的指标进行调控后，则这几年水资源承载能力的综合评价结果均由 2.0 级以上改善为 2.0 级以下，且 2006 年、2007 年由偏反势变为均势，2011 年、2013 年由偏反势变为同势，水资源承载能力得到较大幅度的提高。说明本专题采用减法集对势方法识别出来的不安全指标是引起区域水资源承载能力较弱的主要因素，这些指标可被诊断识别为区域水资源承载能力的脆弱性指标，也是水资源承载能力调控的主要对象。

表 6.9　安徽省水资源承载能力不安全年份调控后评价结果

年份	调控前平均联系数	评价等级	减法集对势	态势分析	调控后平均联系数	评价等级	减法集对势	态势分析
2005	$0.1328+0.5360I+0.3312J$	2.20	−0.31	偏反势	$0.1485+0.7805I+0.0711J$	1.92	0.14	均势
2006	$0.1281+0.4131I+0.4588J$	2.33	−0.47	偏反势	$0.1575+0.7738I+0.0687J$	1.91	0.16	均势
2007	$0.1643+0.5421I+0.2936J$	2.13	−0.20	偏反势	$0.1658+0.7688I+0.0654J$	1.90	0.18	均势
2011	$0.1149+0.6444I+0.2407J$	2.13	−0.21	偏反势	$0.1450+0.8550I+0J$	1.86	0.27	偏同势
2013	$0.1148+0.587I0.2978J$	2.18	−0.29	偏反势	$0.1408+0.8592I+0J$	1.86	0.26	偏同势

CNAD模型在安徽省动态诊断评价结果表明：①安徽省在2006年水资源承载能力评价等级最高、承载状况最差，2015年水资源承载能力评价等级最低、承载状况最好；除2006年、2011年和2013年波动较大外，安徽省水资源承载状况基本呈逐年提高的趋势，但综合评价等级较高、承载状况较差，安徽省2005—2015年的水资源承载能力综合评价等级值均处于Ⅱ级临界超载附近、承载状况不理想，但存在缓慢改善的趋势；②利用减法集对势的诊断分析结果说明，各评价指标中“人均水资源量”与安徽省水资源承载能力的相关性最大，人均水资源量的波动性与不确定性是导致全省水资源承载状况在时间尺度上呈现一定波动性与不确定性的最主要因素；③调控后再评价结果表明，利用减法集对势诊断识别出的脆弱性指标是导致水资源承载能力处于不安全状态的主要因素，也是水资源承载能力调控的主要对象。经实例验证表明，基于联系数的诊断评价方法在水资源承载能力诊断评价领域分析结果合理可靠、具有较强的适用性，可为区域水资源承载能力诊断评价提供一定的方法参考，为水资源调控提供技术支持。

6.1.4.4 在安徽省水资源承载能力空间差异评价中的实证分析

参考《安徽省城镇体系规划2011—2030》以及淮河、长江流经的区域，将安徽省16个地级市划分为三大研究区域：淮河流域的沿淮淮北（皖北）地区（淮南、蚌埠、阜阳、亳州、宿州、淮北6地市），位于江淮之间的皖中地区（合肥、六安、滁州、安庆4地市），长江以南的江南（皖南）地区（黄山、芜湖、马鞍山、铜陵、宣城、池州6地市）。应用上节的评价模型对2015年安徽省水资源承载现状进行综合评价及空间差异诊断分析。对于确定的安徽省水资源承载能力指标体系，经10位专家打分取平均值后构建判断矩阵，采用基于加速遗传算法的模糊层次分析法（AGA-FAHP）修正各判断矩阵的一致性并计算权重，评价等级标准及权重见表6.10。针对安徽省实际情况，经各专家研究分析，建立的诊断评价指标体系及权重计算结果合理可靠，可应用于安徽省水资源承载能力诊断评价中。

表6.10　　安徽省水资源承载能力评价指标、等级标准及权重

目标层	子系统	权重	指标层	评价等级标准			权重
				不超载/Ⅰ级	临界超载/Ⅱ级	超载/Ⅲ级	
水资源承载力	承载支撑力子系统	0.4	人均水资源量，m^3	≥1670	1670～1000	<1000	0.1332
			产水模数，$10^4m^3/km^2$	≥80	80～50	<50	0.1332
			人均供水量，m^3/(人·a)	≥450	450～350	<350	0.1056
			植被覆盖率，%	≥40	40～25	<25	0.028
	承载压力子系统	0.4	人均日生活用水量，L/(人·d)	≤70	70～180	>180	0.0396
			万元GDP用水量，m^3/万元	≤100	100～400	>400	0.0792
			万元工业增加值需水量，m^3/万元	≤50	50～200	>200	0.0596
			人口密度，人/km^2	≤200	200～500	>500	0.0792
			城市化率，%	≤50	50～80	>80	0.0632
			农田灌溉定额，m^3/亩	≤250	250～400	>400	0.0792
	承载调控力子系统	0.2	水资源开发利用率，%	≤40	40～70	>70	0.0925
			人均GDP，元/人	≥24840	24840～6624	<6624	0.0769
			生态用水率，%	≥5	1～5	<1	0.0305

从《安徽省水资源公报》《安徽省统计年鉴》和《安徽省水资源综合规划文本》中收集整理2015年安徽省16个地级市各评价指标的数据及相关资料，用构建的评价模型对安徽省水资源承载能力进行综合评价，并用减法集对势分析水资源承载状态，同时采用属性识别方法推断平均联系数对应的样本的水资源承载能力评价等级值，结果见表6.11。

表6.11　安徽省各地市水资源承载能力评价等级及减法集对势值

地市	联系数	级别特征值法评价等级	减法集对势	属性识别法评价等级
合肥	$0.1512+0.5137I+0.3351J$	2.18	−0.28（偏反势）	Ⅱ
淮北	$0.1210+0.2141I+0.6649J$	2.54	−0.66（反势）	Ⅲ
亳州	$0.0832+0.3742I+0.5425J$	2.46	−0.63（反势）	Ⅲ
宿州	$0.1451+0.3263I+0.5286J$	2.38	−0.51（偏反势）	Ⅲ
蚌埠	$0.0303+0.5642I+0.4054J$	2.38	−0.58（偏反势）	Ⅱ
阜阳	$0.0690+0.3493I+0.5817J$	2.51	−0.69（反势）	Ⅲ
淮南	$0.0318+0.3866I+0.5816J$	2.55	−0.76（反势）	Ⅲ
滁州	$0.2067+0.6983I+0.0950J$	1.89	0.19（均势）	Ⅱ
六安	$0.3545+0.6331I+0.0124J$	1.66	0.56（偏同势）	Ⅱ
马鞍山	$0.1050+0.4751I+0.4199J$	2.31	−0.46（偏反势）	Ⅱ
芜湖	$0.1136+0.8181I+0.0683J$	1.95	0.08（均势）	Ⅱ
宣城	$0.5234+0.4766I+0J$	1.48	0.77（同势）	Ⅰ
铜陵	$0.3435+0.5545I+0.1020J$	1.76	0.38（偏同势）	Ⅱ
池州	$0.6507+0.3398I+0.0095J$	1.36	0.86（同势）	Ⅰ
安庆	$0.3983+0.5771I+0.0245J$	1.63	0.59（偏同势）	Ⅱ
黄山	$0.7558+0.2155I+0.0286J$	1.27	0.88（同势）	Ⅰ

由表6.11可知：①级别特征值法计算结果为淮南市水资源承载状况最差，淮北市次之，黄山市水资源承载状况最好；②减法集对势计算结果表明，淮北、亳州、阜阳、淮南为反势，水资源承载状况最差；宣城、池州、黄山为同势，水资源承载状况最好；③属性识别法计算结果表明，淮北、亳州、宿州、阜阳和淮南为3级超载状态，水资源承载状况最差；宣城、池州、黄山为Ⅰ级不超载状态，水资源承载状况最好；④3种方法均表明，安徽省江南地区水资源承载能力最好、水资源具有较高的开发利用潜力，皖中次之，淮北地区的水资源承载能力最差、存在安全程度不高的风险、水资源承载状况不容乐观，全省水资源承载状况呈“南优北差”的特点，且空间差异明显。

为着重诊断分析导致安徽省水资源承载能力空间差异的主要因素，用减法集对势和属性识别法从子系统层面对安徽省各市进行诊断评价分析，见表6.12、图6.12～图6.15。

表 6.12　　安徽省水资源承载能力各子系统联系数

地市	水资源承载支撑力子系统			水资源承载压力子系统			水资源承载调控力子系统		
	联系数	集对势	属性识别	联系数	集对势	属性识别	联系数	集对势	属性识别
合肥	0+0.2531I+0.7469J	−0.94	Ⅲ	0.3453+0.5415I+0.1131J	0.36	Ⅱ	0.2985+0.7015I+0J	0.51	Ⅱ
淮北	0+0I+1J	−1.00	Ⅲ	0.6474+0.2594I+0.0932J	0.70	Ⅰ	0+0.6026I+0.3974J	−0.64	Ⅱ
亳州	0+0I+1J	−1.00	Ⅲ	0.4158+0.5007I+0.0835J	0.50	Ⅱ	0+0.8984I+0.1016J	−0.19	Ⅱ
宿州	0+0.0337I+0.9663J	−1.00	Ⅲ	0.6558+0.2698I+0.0743J	0.74	*I*	0+0.9046I+0.0954J	−0.18	Ⅱ
蚌埠	0+0.2284I+0.7716J	−0.95	Ⅲ	0.1334+0.7871I+0.0794J	0.10	Ⅱ	0+0.6309I+0.3691J	−0.60	Ⅱ
阜阳	0+0I+1J	−1.00	Ⅲ	0.4029+0.4705I+0.1266J	0.41	Ⅱ	0+0.8770I+0.1230J	−0.23	Ⅱ
淮南	0+0.2079I+0.7921J	−0.96	Ⅲ	0.1680+0.4883I+0.3438J	−0.26	Ⅱ	0+0.5375I+0.4625J	−0.71	Ⅱ
滁州	0.1772+0.4644I+0.3585J	−0.27	Ⅱ	0.3172+0.6828I+0J	0.53	Ⅱ	0+0.9358I+0.0642J	−0.12	Ⅱ
六安	0.6431+0.3569I+0J	0.87	Ⅰ	0.0924+0.9076I+0J	0.18	Ⅱ	0.4289+0.4765I+0.0945J	0.49	Ⅱ
马鞍山	0.2200+0.3759I+0.4041J	−0.25	Ⅱ	0+0.6318I+0.3682J	−0.60	Ⅱ	0.2798+0.2094I+0.5108J	−0.28	Ⅲ
芜湖	0.1879+0.7723I+0.0398J	0.26	Ⅱ	0+0.8728I+0.1272J	−0.24	Ⅱ	0.2492+0.7508I+0J	0.44	Ⅱ
宣城	1+0I+0J	1.00	Ⅰ	0+1I+0J	0.00	Ⅱ	0.3146+0.6854I+0J	0.53	Ⅱ
铜陵	0.6668+0.3332I+0J	0.89	Ⅰ	0.1444+0.7543I+0.1012J	0.08	Ⅱ	0+0.5900I+0.4100J	−0.65	Ⅱ
池州	1+0I+0J	1.00	Ⅰ	0.1200+0.8339I+0.0461J	0.14	Ⅱ	0.3146+0.6854I+0J	0.53	Ⅱ
安庆	0.6764+0.3236I+0J	0.89	Ⅰ	0.0998+0.7799I+0.1203J	−0.04	Ⅱ	0.3146+0.6854I+0J	0.53	Ⅱ
黄山	0.9104+0.0719I+0.0177J	0.96	Ⅰ	0.4902+0.4627I+0.0471J	0.65	Ⅱ	0.3146+0.6854I+0J	0.53	Ⅱ

由表 6.12 可知：①合肥、淮北、亳州、宿州、蚌埠、阜阳、淮南等 7 个地市水资源承载支撑力子系统均处于Ⅲ级超载状态，水资源承载支撑力较弱。六安、宣城、铜陵、池州、安庆、黄山等 6 个地市水资源承载支撑力子系统均处于Ⅰ级不超载状态，水资源承载支撑力较强。其他 3 个地市水资源承载支撑力子系统处于Ⅱ级临界超载状态；②除淮北和宿州 2 个地级市水资源承载压力子系统处于Ⅰ级不超载状态外，其他各市水资源承载压力

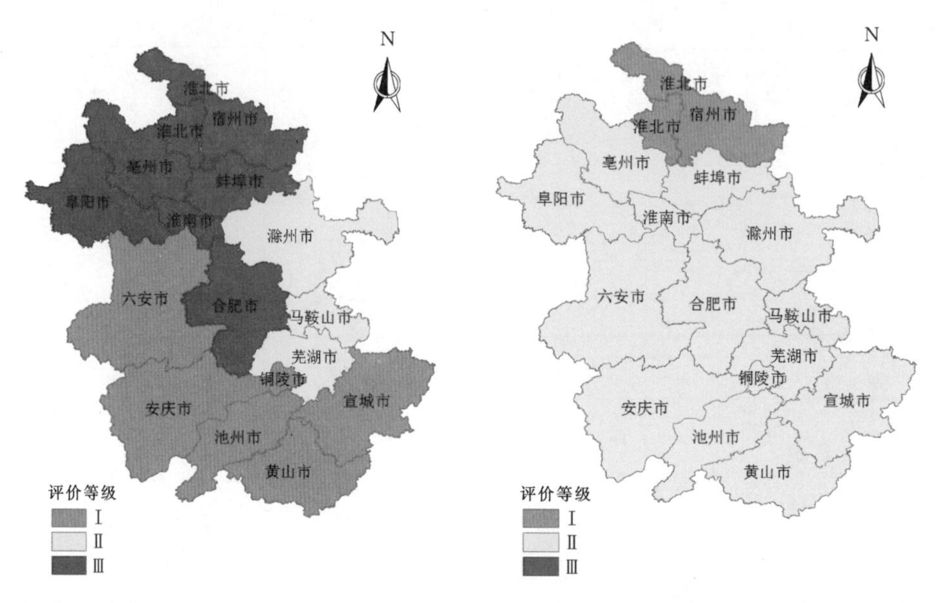

图 6.12 水资源承载支撑力子系统评价结果　　图 6.13 水资源承载压力子系统评价结果

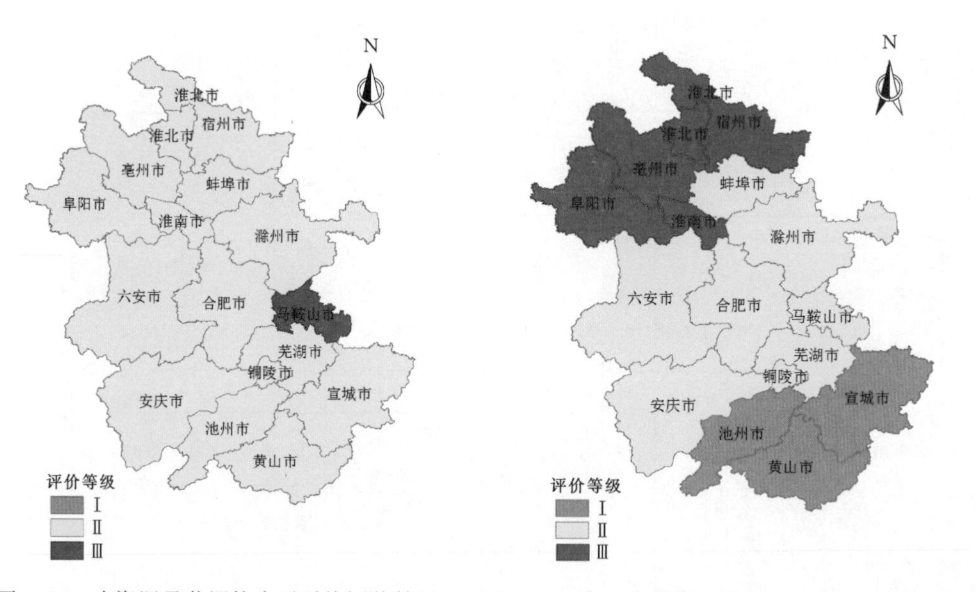

图 6.14 水资源承载调控力子系统评价结果　　图 6.15 全省水资源承载能力空间差异评价结果

子系统均处于Ⅱ级临界超载状态，表明安徽省各地市水资源所承受的压力均未超载，社会经济发展以及人口增长所带来的压力均在水资源可承受范围之内；③除马鞍山市水资源承载能力调控力子系统处于Ⅲ级超载状态外，其他各地市水资源承载调控力均为Ⅱ级临界超载。表 6.13 中各地市水资源承载能力 3 个子系统联系数的减法集对势与表 6.12 中 2015 年各地市减法集对势的相关系数分别为 0.95、－0.20、0.70 三个子系统中水资源承载支撑力子系统联系数的减法集对势与平均联系数的减法集对势相关性最高，表明水资源承载支撑力子系统是影响安徽省各地市水资源承载状态最主要的子系统因素，水资源承载支撑

力的大小将会在很大程度上决定各地市水资源承载状态的优劣。

表 6.13　　安徽省各地市水资源承载能力各评价指标减法集对势值

地市	人均水资源量	产水模数	人均供水量	植被覆盖率	人均日生活用水量	万元GDP用水量	万元工业增加值需水量	人口密度	城市化率	农田灌溉定额	水资源开发利用率	人均GDP	生态用水率
合肥	−0.85	−0.78	0.36	−0.89	0.04	0.88	0.89	−0.82	−0.27	0.49	−0.38	0.85	−0.39
淮北	−0.95	−0.91	−0.86	−0.81	0.33	0.86	0.84	−0.9	0.21	0.93	−0.76	0.2	−0.72
亳州	−0.91	−0.88	−0.9	−0.83	0.48	0.7	0.46	−0.88	0.82	0.92	0.41	−0.49	−0.84
宿州	−0.92	−0.9	−0.91	−0.65	0.27	0.8	0.54	−0.83	0.81	0.94	0.52	−0.34	−0.89
蚌埠	−0.85	−0.83	−0.11	−0.83	0.16	0.66	0.79	−0.81	0.64	0.48	−0.75	0.34	−0.31
阜阳	−0.92	−0.86	−0.9	−0.82	0.37	0.57	0.66	−1	0.81	0.83	−0.09	−0.61	−0.78
淮南	−0.91	−0.81	0.07	−0.93	0.46	0.39	−0.79	−1	0.22	0.86	−0.85	−0.17	−0.64
滁州	0.08	−0.8	0.76	−0.86	0.2	0.39	0.74	0.07	0.75	0.77	0.69	0.1	−0.84
六安	0.76	0.1	0.77	0.77	0.03	−0.27	0.38	0.18	0.79	−0.63	0.85	−0.38	−0.76
马鞍山	−0.75	−0.4	0.99	−0.85	−0.08	0	−1	−0.79	−0.01	−0.52	−0.85	0.8	−0.45
芜湖	−0.44	0.21	0.82	−0.83	−0.08	0.67	0.23	−0.82	0.15	−0.5	−0.67	0.83	−0.49
宣城	0.86	0.88	0.77	0.85	0.08	0.47	0.69	0.62	0.72	−0.4	0.95	0.31	−0.33
铜陵	−0.19	0.77	1	−0.7	0.75	0.46	−0.62	−0.81	−0.73	0.89	−0.82	0.79	0.4
池州	0.94	0.98	0.78	0.86	0.16	0.28	−0.76	0.76	0.52	0.14	0.96	0.33	0.33
安庆	0.77	0.74	0.77	0.75	−0.1	0.26	−0.06	0.05	0.77	−0.76	0.87	0.03	−0.28
黄山	0.99	0.99	−0.76	0.98	0.07	0.77	0.75	0.82	0.76	−0.58	0.99	0.36	−0.35

由图 6.12 可知，安徽省淮北地区水资源承载支撑力最差，全部处于超载状态。皖中地区水资源承载支撑力明显好于淮北地区，其中六安市水资源承载支撑力为Ⅰ级不超载状态，但合肥市水资源承载支撑力为Ⅲ级超载，主要是因为合肥市人口密集、常住人口多，虽然水资源总量较丰富但人均水资源量较同纬度其他地市偏少。江南地区水资源承载支撑力最好，除马鞍山、芜湖 2 市为Ⅱ级临界之外，其他各市均为Ⅰ级不超载。

由图 6.13 可知，全省各地市水资源承载压力均未出现超载现象，淮北市和宿州市处于Ⅰ级不超载状态，其他各地市均处于Ⅱ级临界超载状态。结合表 6.13 分析，马鞍山市水资源承载压力子系统联系数的减法集对势最差，为反势，说明马鞍山市水资源承载压力最大。淮南市为偏反势，水资源所承载的压力仅次于马鞍山市。总体来看，淮北地区水资源承载压力小于皖中和江南地区。

由图 6.14 可知，除马鞍山市水资源承载调控力为Ⅲ级超载外，其他各地市均为Ⅱ级临界超载。结合表 6.13 分析，淮北、淮南、蚌埠、铜陵等 4 地市虽然水资源承载调控力为Ⅱ级临界超载，但处于偏反势，水资源承载调控力较差。

由图 6.15 可知，2015 年安徽省水资源承载状态在空间上呈江南地区最好、皖中次之、淮北地区最差的分布特点，水资源承载状况呈纬向分布明显。这主要是由于江南地区水资源承载支撑力子最好、淮北地区最差，水资源承载支撑力纬向分布差异明显，水资源承载支撑力的空间差异是导致安徽省水资源承载能力存在空间差异的最主要因素。

为进一步诊断分析导致安徽省各地市水资源承载能力3个子系统空间差异的主要因素，利用减法集对势对3个子系统不同评价指标做进一步的诊断分析，分区域（淮北、皖中、江南）对各地市水资源承载能力各指标进行诊断分析，见表6.13、图6.16～图6.19。

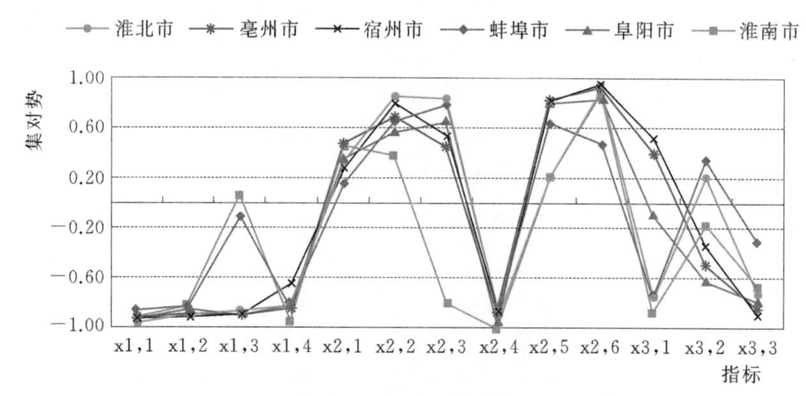

图6.16　淮北地区各市水资源承载能力指标差异分析

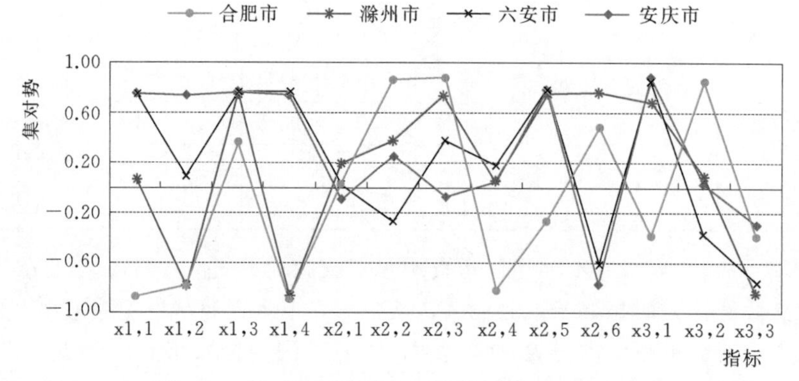

图6.17　皖中各市水资源承载能力指标差异分析

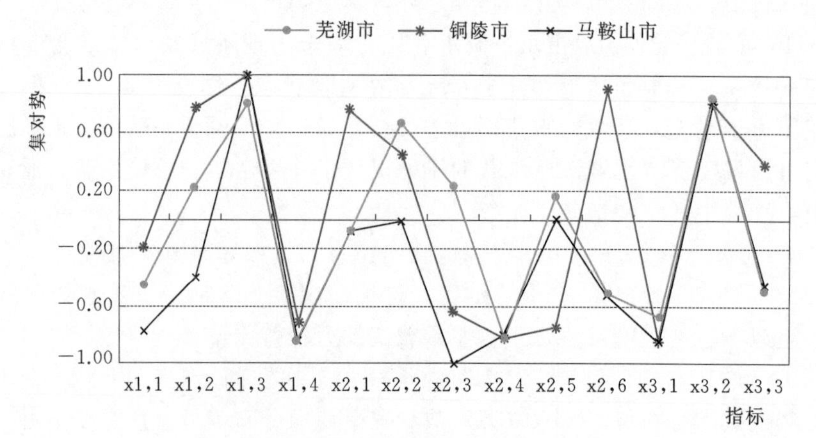

图6.18　江南地区部分城市水资源承载能力指标差异分析

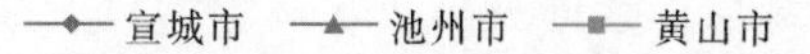

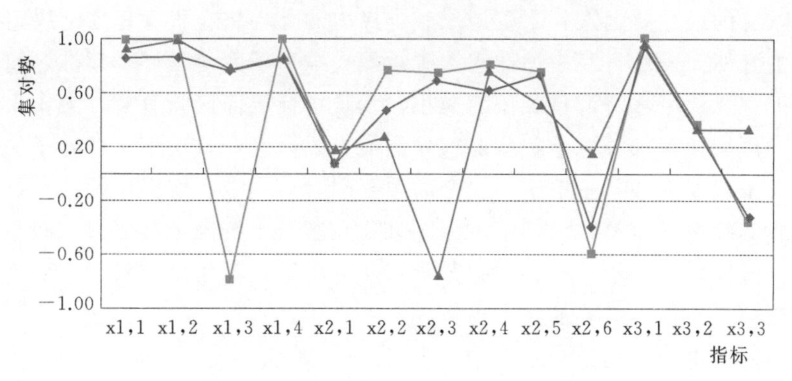

图 6.19 江南地区部分城市水资源承载能力指标差异分析

由图 6.16 可知，对于淮北地区 6 个地市，指标“人均水资源量”“产水模数”“植被覆盖率”均处于反势，均可被识别为导致淮北地区各市水资源承载支撑力不安全的主要指标；淮北地区各地市“人口密度”均处于反势，可被诊断识别为淮北地区各地市水资源承载压力不安全的主要指标；“万元工业增加值需水量”亦为淮南市水资源承载支撑力不安全的主要指标之一；除蚌埠市以外，“生态用水率”是导致淮北地区其他 5 个地级市水资源承载调控力不安全的主要指标。淮北地区各地市水资源承载压力子系统指标“万元 GDP 用水量”“万元工业增加值需水量”“城市化率”和“农田灌溉定额”均处于偏同势或同势，是淮北地区水资源承载压力小于其他地区的主要原因。

由图 6.17 可知，“人均水资源量”是导致合肥市水资源承载支撑力差于皖中地区其他地市的主要因素，“人均水资源量”亦是安庆市和六安市水资源承载支撑力好于合肥市和滁州市的主要因素。

由图 6.18 和图 6.19 可知，对于江南地区，位于沿江的老工业城市（芜湖、马鞍山、铜陵 3 市）“人均水资源量”是导致其水资源承载支撑力差于其他江南地区各地市的主要因素；“人均水资源量”亦是导致宣城市、池州市、黄山市水资源承载支撑力好于其他各地市的主要因素；“水资源开发利用率”是导致马鞍山市水资源承载调控力子系统不安全的主要因素。表 6.13、图 6.16～图 6.19 中减法集对势处于反势的评价指标可被识别为导致水资源承载能力系统和各子系统不安全的主要因素。

由表 6.13、图 6.16～图 6.19 综合分析可知，位于长江流域和新安江流域的各地市“人均水资源量”诊断分析结果明显优于淮北地区各地市，表明在空间分布上，安徽省人均水资源量呈现差异悬殊的特点，且人均水资源量是导致安徽省三大区域各地市水资源承载状况差异的主要因素。引江济淮等跨流域调水工程可有效改善安徽省水资源量的南多北少和人均水资源量的差异悬殊，亦可有效改善沿淮淮北地区的水资源承载状况。这里采用 CNAD 模型分析了安徽省水资源承载能力的空间差异，诊断识别出了导致各地市水资源承载能力差异的主要因素，包括各子系统因素和指标因素。结果表明：①本书方法、减法集对势、属性识别法评价结果均表明，安徽省三大区域中江南地区水资源承载能力最好，江淮之间次之，皖北地区的水资源承载能力最差、存在安全程度不高的风险，水资源承载状况不容乐观；②从子系统层面诊断分析，水资源承载支撑力子系统是影响安徽省各地市水资源承载状态的最主要因素，水资源承载支撑力的大小将在很大程度上决定各地市水资源承载状态的好坏。安徽省江南地区水资源承载支撑力子系统最好，江淮之间次之，皖北地区最差，但皖北地区水资源承载压力最小；③从指标层面诊断分析，人均水资源量是导致安徽省三大区域各市水资源承载状况差异的最主要因素，减法集对势处于偏反势的指标是引起水资源承载能力和各子系统不安全的主要因素。本专题所采用的诊断评价方法分析结果与安徽省实际情况相符，验证了本专题方法在区域水资源承载能力空间差异诊断分析上的适用性。区域水资源承载能力空间差异诊断分析结果可为区域水资源配置、开发、利用、保护和管理工作提供重要的技术支持。

综上所述，可得如下结论：

（1）为在随机、模糊、未确知等复杂条件下建立适用性强的区域水资源承载能力定量评价与诊断分析方法，提出用集对分析中的联系数有效处理评价指标与评价标准间的不确定性，用最小相对熵原理综合评价样本联系数和评价指标值联系数，构造了减法集对势这一新的集对势函数、并用于测度联系数所表达的区域水资源承载能力系统在当前宏观期望层次上所处的确定性状态和发展趋势、诊断识别出区域水资源承载能力的脆弱性指标，建立了基于联系数的区域水资源承载能力评价与诊断分析方法（CNAD）。

（2）CNAD 的应用结果表明，减法集对势与偏联系数具有很高的一致性，减法集对势简便、直观，在诊断分析区域水资源承载能力时可用减法集对势代替偏联系数进行诊断分析；CNAD 充分挖掘了区域水资源承载能力评价指标样本值与评价标准等级之间各单指标联系数的评价信息，评价和诊断分析结果合理，CNAD 方法直观简便，在不同区域水资源承载能力动态评价和诊断分析问题中具有推广应用价值。

6.2　多要素水资源承载能力综合评价方法

6.2.1　承载能力综合评价模型

6.2.1.1　指标归一化

由于指标体系中定量指标的性质、单位、数量级及指标正负取向均存在明显的差异，无法进行直接比较。为克服评价指标量纲和数量级不同对评价结果的影响，在多指标决策研究中一般都要对评价指标作归一化处理，缩小指标间数量级差，这一过程其实就是将指标实测值转化为指标评价值的标准化过程。

有些指标对水环境承载能力的贡献是正向的，值越大越好，称为正指标；反之，对水环境有损耗的指标是负向的，值越小越好，称为负指标。采用极值归一化方法对原始指标数据进行处理，即采用指标的标准值与实际值进行比较，满足目标或标准时赋分值 1。计算公式如下：

正指标：

$$x_{ij}=\frac{x_{ij}^{0}-\min(x_{ij}^{0})}{\max(x_{ij}^{0})-\min(x_{ij}^{0})} \tag{6.25}$$

负指标：

$$x_{ij}=\frac{\max(x_{ij}^0)-x_{ij}^0}{\max(x_{ij}^0)-\min(x_{ij}^0)} \tag{6.26}$$

式中：x_{ij}^0为第 i 个样本第 j 个指标实际值（$i=1,2,\cdots,n$；n 为样本数；$j=1,2,\cdots,m$；m 为评价指标数）；$\max_{ij}^0$、$\min_{ij}^0$分别为第 i 个样本指标最大值和最小值；x_{ij}为第 i 个样本第 j 个指标的归一化值。对指标进行无量纲化的归一化处理，单项评价指标的理想值 x_{ij}^0为 1。

6.2.1.2 层次分析法确定指标权重

层次分析法（Analytic Hierarchy Process，AHP）是美国运筹学家匹茨堡大学教授萨蒂（T. L. Saaty）于 20 世纪 70 年代初，应用网络系统理论和多目标综合评价方法，提出的一种层次权重决策分析方法。层次分析法将一个复杂的多目标决策问题作为一个系统，将目标分解为多个目标或准则，进而分解为多指标（或准则）的若干层次，通过定性指标模糊量化方法算出层次单排序（即权数）和总排序，以作为目标（多指标）、多方案优化决策的系统方法。这种方法的特点是在对复杂的决策问题的本质、影响因素及其内在关系等进行深入分析的基础上，利用较少的定量信息使决策的思维过程数学化，从而为多目标、多准则或无结构特性的复杂决策问题提供简便的决策方法。

层次分析法具体步骤如下：

（1）构造判断矩阵。依据上、下层元素间的隶属关系建立判断矩阵，通过矩阵中的元素进行两两比较，运用表 30 标度评分方法比较元素间的重要性，将定性判断转化为定量表示。对于 n 个元素 B_1、B_2、…、B_n 来说，通过两两比较，得到成对判断矩阵 $B=(b_{ij})n\times n$，b_{ij}为第 i 个元素与第 j 个元素相比较时所得的标度值，具体见表 6.14。

表 6.14　　标度评分表

标度	含　义
1	表示两个元素相比，具有同样重要性
3	表示两个元素相比，一个元素比另一个元素稍微重要
5	表示两个元素相比，一个元素比另一个元素明显重要
7	表示两个元素相比，一个元素比另一个元素强烈重要
9	表示两个元素相比，一个元素比另一个元素极端重要
2，4，6，8	上述相邻判断的中值

其中，判断矩阵 B 具有如下性质：$b_{ij}>0$，$b_{ij}=1/b_{ji}$，$b_{ii}=1$。

（2）权重计算。采用特征根法计算各判断矩阵的权向量，对于一致性判断矩阵，每一列归一化后即为上、下层元素间的相对重要性 ij 权重，特征根计算方法如下：

$$\lambda_{\max}=\frac{1}{n}\sum_{i=1}^{n}\frac{(BW)_i}{w_i} \tag{6.27}$$

其中：

$$w_i=\frac{1}{n}\sum_{j=1}^{n}\overline{b}_{ij} \tag{6.28}$$

$$\bar{b}_{ij}=\frac{b_{ij}}{\sum_{k=1}^{n}b_{kj}} \tag{6.29}$$

式中：$W=(w_1, w_2, \cdots, w_n)^T$为对应最大特征值$\lambda_{max}$的特征（权重）向量，$w_i$表示元素$B_i$的权重；$n$为元素个数；$b_{ij}$为第$i$个元素与第$j$个元素相比较时所得的标度值；$i$，$j$，$k=1$，2，…，$n$。

（3）一致性检验。一致性检验是利用一致性指标和一致性比率<0.1及随机一致性指标的数值表，对判断矩阵B进行检验的过程。

一致性指标：

$$CI=\frac{\lambda_{max}-n}{n-1} \tag{6.30}$$

一致性比率：

$$CR=\frac{CI}{RI} \tag{6.31}$$

式中：n为判断矩阵的阶数；CI为判断矩阵一致性指标；CR为一致性比率；RI为平均随机一致性指标，可通过查表获得，见表6.15。

表 6.15　1～15 阶判断矩阵平均随机一致性指标

阶数	1	2	3	4	5	6	7	8
RI	0	0	0.52	0.89	1.12	1.26	1.36	1.41
阶数	9	10	11	12	13	14	15	
RI	1.46	1.49	1.52	1.54	1.56	1.58	1.59	

若$C/R<0.1$，认为判断矩阵的一致性是可以接受的；否则，则认为判断矩阵不符合一致性要求，需要对判断矩阵进行重新修正，直到满足一致性。

6.2.1.3　水环境承载能力综合评价模型

了解区域水环境承载状况有助于人们有针对性地对系统进行调整和优化。在上述指标权重确定的基础上，水环境承载能力整体及子系统的综合评价可采用加权求和法，由下式计算得到：

$$w=\sum_{i=1}^{n}w_i x_i \quad (i=1,2,\cdots,n) \tag{6.32}$$

式中：w为评分值；w_i为单项指标权重；x_i为单项指标归一化处理后的值；n为指标数。

为判定水环境承载能力状况，对指标进行无量纲化处理后的指标理想值为1，则理想承载能力评分值大小为：

$$w=\sum w_{i0}x_{i0}=1 \tag{6.33}$$

式中：w_{i0}为第i个理想指标的权重；x_{i0}为理想指标值。

因此，承载能力评分值越接近1说明越有利于水环境发展；越远离1越不利于水环境承载能力发展。

（1）子系统评分值计算。子系统评分值采用权重加权叠加方法计算。

1）社会经济子系统。由层次分析法计算得到社会经济子系统内的各评价指标权重，

见表 6.16。

表 6.16 社会经济指标权重

指 标	权重	指 标	权重
人口密度	w_1	第三产业占 GDP 比例	w_4
城镇化率	w_2	单位 GDP 能耗	w_5
人均 GDP	w_3		

社会经济子系统评分值＝w_1×人口密度＋w_2×城镇化率＋w_3×人均 GDP＋w_4×第三产业占 GDP 比例＋w_5×单位 GDP 能耗

2）水资源子系统。水资源子系统指标层内的各评价指标权重，见表 6.17。

表 6.17 水资源指标权重

指 标	权重	指 标	权重
人均水资源量	w_6	单位工业增加值用水量	w_9
水资源开发利用率	w_7	人均日生活用水量	w_{10}
单位 GDP 用水量	w_8		

水资源子系统评分值＝w_6×人均水资源量＋w_7×水资源开发利用率＋w_8×单位 GDP 用水量＋w_9×单位工业增加值用水量＋w_{10}×人均日生活用水量

3）水环境子系统。水环境子系统指标层内的各评价指标权重，见表 6.18。

表 6.18 水环境子系统评价指标权重

指 标	权重	指 标	权重
水功能区水质达标率	w_{11}	万元工业增加值废水排放量	w_{15}
城镇生活污水集中处理率	w_{12}	人均生活污水排放量	w_{16}
万元 GDP 化学需氧量排放量	w_{13}	建成区绿化覆盖率	w_{17}
万元 GDP 氨氮排放量	w_{14}		

水环境子系统评分值＝w_{11}×水功能区水质达标率＋w_{12}×城镇生活污水集中处理率＋w_{13}×万元 GDP 化学需氧量排放量＋w_{14}×万元 GDP 氨氮排放量＋w_{15}×万元工业增加值废水排放量＋w_{16}×人均生活污水排放量＋w_{17}×建成区绿化覆盖率

(2) 水环境承载能力评分值。水环境承载能力评分值采用加权求和方法计算。子系统权重见表 6.19。

表 6.19 子系统权重

准则层	社会经济	水资源	水环境
权重	b_1	b_2	b_3

$$\text{水环境承载能力评分值}=b_1\times\text{社会经济子系统评分值}+b_2\times\text{水资源子系统评分值}+b_3\times\text{水环境子系统评分值}$$

水环境承载能力指数越接近 1，说明水环境状况越好。

6.2.2　风险矩阵法

水资源承载能力评价是水资源承载能力基础研究的重要内容之一，其评价方法主要有经验估算法（高彦春第，1997）、综合评价法（张忠学，2015）、系统动力学（王西琴，2014）和多目标分析法（杜发兴，2009）等。水资源承载能力评价的研究主体是水资源系统，客体是经济社会系统和生态环境系统，评价要素主要包括水量、水质等，例如李云玲等（2017）采用短板法全面考虑水量、水质等要素评价结果，进而得到水资源承载能力综合评价结果。在研究短板法评价各要素的基础上，本书提出了用风险矩阵方法综合考虑水资源承载能力评价中各要素的评价结果，构建了区域水资源承载能力评价的风险矩阵方法（Risk Matrix Method for evaluating regional Water resources Carrying Capacity，RMM - WCC），并在安徽省淮河流域水资源承载能力评价中开展实证研究。

区域水资源承载能力评价的风险矩阵方法，其构建 RMM - WCC 的思路就是采用水量、水质要素水资源承载支撑力和压力评价的实物量指标进行单因素评价和双要素综合评价，评价方法为比较各要素水资源承载支撑力和压力评价的实物量指标值的大小直接判断水资源承载状况；然后，采用风险矩阵法综合水量、水质要素承载状态得到最终承载结果。风险矩阵法由美国空军电子系统中心提出于 20 世纪 90 年代中后期，已在美国军方武器系统研制项目风险管理中得到广泛应用，是目前项目管理过程中识别项目风险重要性的一种结构性方法，可对项目的潜在风险进行评估。该方法操作简便，且定性分析与定量分析相结合，可以充分考虑实际问题提供的信息，已被广泛应用于项目风险评估、安全风险等级评定研究。

水量要素区域水资源承载能力评价，据现状年用水总量、地下水开采量等指标进行水量要素评价，评价结果分为 4 个等级：严重超载、超载、临界超载、不超载。选取评价口径的现状用水总量 W 与用水总量控制指标 W_0、评价口径的现状供水总量 S 与可供水量 S_0、平原区地下水开采量 G 与平原区地下水开采控制量 G_0 这 3 对指标进行区域水资源承载能力评价，评价标准见表 6.1。根据表 6.1 得到水量要素各单指标的评价结果，水量要素评价结果按照短板法得出，即取各单指标评价结果中的最不利评价结果，也就是选取评价指标中最差的评价结果作为评价结果（如若一个指标为超载、另一个指标为严重超载，则评价结果判定为“严重超载”；若一个指标为超载、另一个指标为临界超载，则评价结果判定为“超载”，下同）。

水质要素区域水资源承载能力评价，根据水质要素评价标准，对研究区域进行水质要素评价，划定严重超载、超载、临界超载、不超载 4 个级别的标准，选取 2020 年主要入河污染物限制排污量（COD、氨氮）P_0 与主要污染物现状入河量（COD、氨氮）P、纳污能力（COD、氨氮）P_1 与主要污染物现状入河量（COD、氨氮）P 对指标进行区域水资源承载能力评价，评价标准见表 6.2。根据表 6.2 中的评价标准得到水质要素各单指标的评价结果，水质要素评价结果按照短板法得出，即取各单指标评价结果中最不利的水质

评价结果作为结果。

基于风险矩阵法的水量水质双要素综合评价，风险矩阵法是由风险的2个要素“风险发生的影响程度等级”“风险发生的概率等级”确定另一个要素“风险重要性等级”的方法，其实质是根据风险发生的概率与风险影响之间相互作用的各种情况，确定风险评价等级结果，在风险的定量分析中具有广泛的应用前景。根据水资源的水量承载状况评价等级与水质承载状况评价等级之间相互作用的具体情况，利用基于风险矩阵法的综合评价方法进行综合分析，判定双要素综合条件下的水资源承载状况等级（严重超载、超载、临界超载、不超载），见表6.20。

表6.20　基于风险矩阵法的双要素综合评价等级

水质承载状况评价等级	水量承载状况评价等级			
	不超载	临界超载	超载	严重超载
不超载	不超载	临界超载	超载	严重超载
临界超载	不超载	临界超载	超载	严重超载
超载	临界超载	超载	超载	严重超载
严重超载	超载	超载	严重超载	严重超载

表6.20说明，在水资源承载过程中，水量承载是主要方面，水质承载相当于是对水量承载所增加的一个约束。因此，在水资源承载能力评价中，水量承载的重要性高于水质承载，为对水资源承载负荷超过或接近承载能力的地区实行预警提醒和限制性措施，合成等级不能优于水量承载等级；在水量承载等级与水质承载等级相同时，取合成等级与水量和水质承载的相同等级；在水量承载等级为不超载时，若水量承载等级与水质承载等级相差一级，则取合成等级与水量承载等级相同，若水质承载等级高于水量承载两级时，取合成等级介于水量承载等级与水质承载等级；在水量承载等级为临界超载时，考虑到在水资源承载能力评价中水量承载的重要性高于水质承载，在水量承载为不超载或临界超载等级时，考虑到这时2个要素承载都不严峻，故取合成等级与水量承载等级相同；在水量承载为超载或严重超载等级时，考虑到这时的水质承载状况都已严峻，故取合成等级为水量承载等级的高一级（超载）；在水量承载等级为超载或严重超载时，合成等级不能优于水量承载等级，在水质承载为严重超载时，考虑到这时的水量、水质承载状况都已严峻，取合成等级为严重超载。

6.2.3 案例分析

淮河流域地处中国南北气候过渡带，淮河以北属暖温带半湿润季风气候区，淮河以南属北亚热带湿润季风气候区，气候温和，四季分明。流域内由亚热带向暖温带过渡，冷暖气团活动频繁，降水量空间分布变化大。淮河干流安徽段位于淮河中游，全长431km，占干流总长的43.1%。安徽省淮河流域包括淮北市、亳州市、宿州市、蚌埠市、阜阳市、淮南市、合肥淮河流域、滁州淮河流域和六安淮河流域，总面积7.1万km^2，人口4362万人，分别占全省的50.7%和65.5%。流域内可利用土地资源丰富，耕地面积约占全省的67.1%，河流、湖泊众多，农业发展潜力大，是我国重要的粮食生产基地。

图 6.20　安徽省淮河流域水量要素评价结果

根据水量要素评价方法，得到安徽省淮河流域的水量要素评价结果（图 6.20）。由图可知，大多数地区处于不超载状态，阜阳市、亳州市处于临界超载状态，淮北市、宿州市处于超载状态；淮南市处于不超载状态，淮北市或处于临界超载状态或处于超载状态，这与淮河流域降水量南多北少的自然特征相一致。淮北市和宿州市因平原区地下水超载导致两地市超载，阜阳市和亳州市用水量大，接近用水控制指标导致处于临界超载状态。其余地市水资源条件优越，承载压力小，水量要素承载良好。

根据前文的水质要素评价方法，得到安徽省淮河流域的水质要素评价结果如图 6.21 所示。由图 6.21 可知，合肥淮河流域、滁州淮河流域、亳州市、淮北市处于严重超载状态，阜阳市、宿州市、淮南市和六安淮河流域处于超载状态，蚌埠市处于临界超载状态。全区域水质要素承载状态不佳，除蚌埠市为临界超载状态以外其他地区为超载及以上，主要原因是污染物排放量均大于限制排放量或纳污能力。

根据风险矩阵法的水量、水质双要素综合评价方法，采用风险矩阵法的合成规则结合上述的水量、水质要素评价结果，得到安徽省淮河流域水资源承载能力综合评价结果如图 6.22 所示。

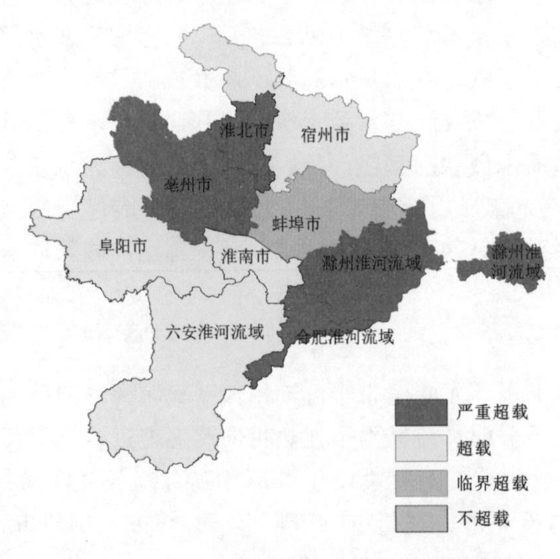

图 6.21　安徽省淮河流域水质要素评价结果

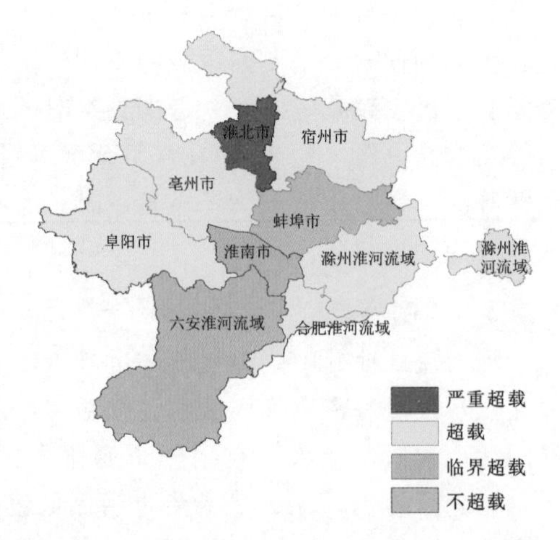

图 6.22　安徽省淮河流域基于风险矩阵法的双要素综合评价结果

由图6.22可知，淮北市为严重超载，合肥淮河流域、阜阳市、亳州市、宿州市、滁州淮河流域为超载，淮南市和六安淮河流域为临界超载状态，蚌埠市为不超载。安徽省淮河流域承载状况偏差，合肥淮河流域、滁州淮河流域的超载主要与水质要素的超载有关，建议控制污染物排放、提高治污能力；淮北市超载的主要原因是用水量接近或超过控制值、水质要素承载状态较差，建议采取节水、控污等相关措施。

为了对比，同样采用了短板法对双要素进行综合，其评价等级结果如图6.23所示。对于合肥淮河流域，该区域水量要素承载良好，而水质要素为严重超载，短板法的双要素评价结果为严重超载。而实际情况是合肥淮河流域的现状用水量不到用水控制值的90%，也不到可供水量的90%，平原区地下水开采量不到控制值的90%，距超载都有一定的弹性区间；在水量方面，水资源能完全满足经济社会发展。合肥淮河流域的污染物排放量超标，水质情况较差。合肥淮河流域的水资源承载能力状况在水量要素的有力保障下，不能因水质要素的严重超载而得到该区域水资源承载能力综合状况的严重超载这一论断，因此风险矩阵法下的超载结果显得更为合理、客观。

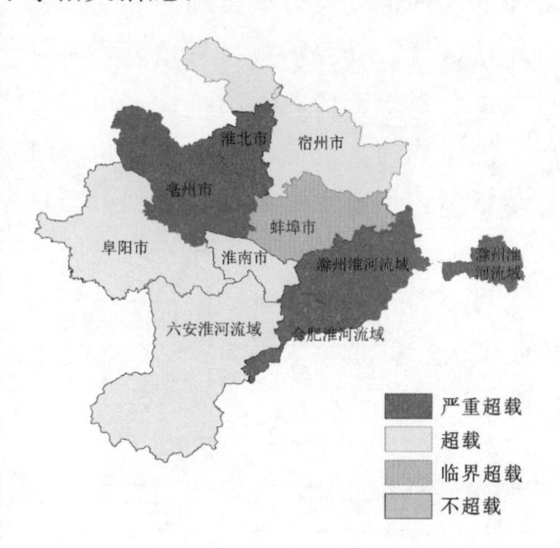

图6.23　安徽省淮河流域基于短板法的双要素综合评价结果

将风险矩阵法的双要素评价结果与短板法的双要素评价结果进行对比可以发现，风险矩阵方法的双要素综合评价结果比短板法的结果更为全面、合理；短板法的结果是直接取水量承载状况评价等级和水质承载状况评价等级中的最差等级，而没有利用水资源的水量承载状况评价等级与水质承载状况评价等级之间相互作用的信息，短板法是在合成规则下取极端情形（最差评价结果）的一种特殊风险矩阵方法。RMM-WCC考虑到水量要素在区域经济发展、生态环境保障等方面的作用要高于水质要素，采用风险矩阵方法综合水量和水质要素评价结果，可避免出现类似水量承载良好而水质超载就判定区域水资源承载力超载这样的情况，使得评价结果更全面、更容易符合实际情况。

6.3　基于承载过程的水资源承载能力评价方法

水资源承载能力是区域可持续发展和水安全的一个重要指标，研究水资源承载能力便于决策者了解水资源对人口和经济的承载规模、制定适宜的区域发展规划和战略目标。自20世纪80年代以来，水资源承载能力的量化研究日趋丰富，主要有经验估算法（张琳等，2007）、综合评价法（王顺久等，2003）、系统动力学法（何仁伟等，2011）和多目标分析法（朱一中等，2005）等方法。本节从区域水资源承载过程出发，应用基于水资源承载过程的研究方法对安徽省水资源承载能力进行动态评价研究，为保障安徽省水资源的可持续承载提供科学依据，也可为新常态下落实最严格水资源管理制度提供重要参考。

6.3.1　区域水资源承载过程分析

承载能力在物理学上指的是物体（承载主体）在不产生明显破坏时所能承受的最大（极限）负荷（承载客体），现已逐渐演变为对社会发展、资源利用等的限制程度进行描述的最常用概念之一。水资源承载能力是指区域水资源可持续利用临近破坏时所能持续支撑的区域最大人口规模和 GDP 规模，是水资源可持续承载的重要衡量指标。

从区域水资源承载过程角度，基于水资源承载能力作用机理、水资源-生态环境-经济社会复合系统密切关联的特性，可建立由水资源支撑力、水资源压力、水资源调控力 3 个子系统组成的水资源承载能力评价系统，从承载主体和客体两个方面选择水资源承载能力评价指标，形成水资源承载过程分析框架，如图 6.24 所示。

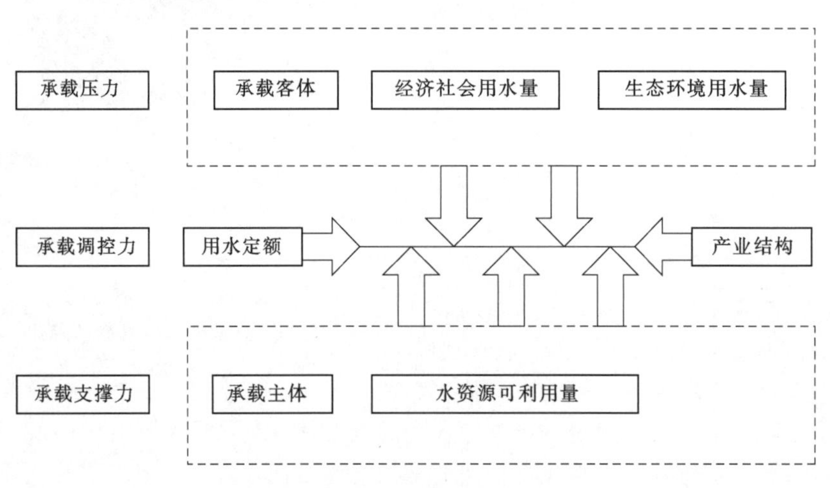

图 6.24　水资源承载过程分析框架

（1）水资源承载支撑力系统主要指标是水资源量可利用量。水资源可利用量是指在可预见范围内、保证河道内必要生态用水前提下达到最大控制能力所提供的水资源量，即水资源可利用的最大潜力。水资源可利用量不仅与天然水资源量有关，同时也随水利工程控制能力的变化而变化。

（2）水资源承载压力系统主要包含经济社会发展和生态环境维持的水需求，水资源承载压力分析应主要以生产性用水为主。从用水结构分析，生产性用水一般占总用水的绝大部分，是构成水资源消耗的主要部分。承载压力系统中经济社会发展水平由行业 GDP 表征，生态需水由河道外生态需水量表征。

（3）水资源承载调控力系统是影响水资源承载能力大小的关键子系统，主要包括产业结构、用水定额和水利用系数等。其中各行业的用水定额和水利用系数是由工程、技术和管理水平决定的用水效率指标，是表征水资源承载调控力的主要因素。

不同的水资源承载支撑力、水资源承载压力和水资源承载调控力都会影响区域水资源承载状态，特别是水资源承载调控力对水资源承载压力和承载支撑力的改变作用往往很大。从水资源承载压力与经济社会发展水平关系角度看，不同经济社会发展水平下的生产用水效率存在较大差异，而不同经济社会发展水平下的生活用水标准和生态用水标准的差距则相对不大。所以经济社会发展水平变化对生产用水单位产值用水量和综合用水量的影

响远大于生活和生态用水量，不同经济社会发展水平下的水资源承载能力计算应以水资源量可利用量对生产性用水的支撑程度（可用于生产的水资源量）分析为主，得到水资源可利用量对经济活动用水的承载能力。

6.3.2 基于承载过程的水资源承载能力评价的计算方法

基于承载过程的水资源承载能力评价的计算分为以下 4 个步骤。

步骤 1：水资源承载主体支撑力层面可用于生产的水资源可利用量计算。由于水资源可利用量中包括优先等级较高的生活用水和生态必需的用水，因此，水资源可利用量减去生活用水和生态必须用水后即得可用于生产的水资源可利用量（袁鹰，2006）：

$$W_v = W_n - W_l - W_o \tag{6.34}$$

式中：W_v为可用于生产的水资源可利用量；W_n为水资源可利用量；W_l为生活用水量；W_o为河道外生态环境需水量。

步骤 2：水资源承载客体压力层面的单位 GDP 综合用水量的确定。单位 GDP 综合用水量可以根据一定社会发展水平下的区域经济结构和用水效率推算出来，其中区域经济结构和各行业用水效率可根据现状经济情况、水资源条件和区域发展规划预测得到，最终可计算得单位 GDP 综合用水量（袁鹰，2006）：

$$C_u = \frac{\sum K_i \text{GDP} E_i}{\text{GDP}} \tag{6.35}$$

式中：C_u为一定社会发展水平下的单位 GDP 综合用水量；K_i为各行业（农业、工业和建筑业与第三产业）GDP 增加值占区域 GDP 比例；E_i为各行业用水定额。

步骤 3：区域水资源承载能力计算。综合考虑承载主体和承载客体，根据上述计算出的可用于生产的水资源可利用量和单位 GDP 综合用水量，即可推算出区域水资源可承载的经济规模（袁鹰，2006）：

$$E_t = W_v / C_u \tag{6.36}$$

式中：E_t为区域水资源可承载的经济规模；W_v为可用于生产的水资源可利用量；C_u为一定社会发展水平下的单位 GDP 综合用水量。

区域水资源可承载的人口可通过区域水资源可承载的经济总量 E_t除以给定承载水平下的人均 GDP 求得（袁鹰，2006）：

$$P = E_t / V_p \tag{6.37}$$

式中：P 为区域水资源可承载的人口规模；E_t为区域水资源可承载的经济规模；V_p为给定承载水平下的人均 GDP。

由于上述水资源承载能力评价过程中用到了预估生活用水量 W_l，在得到水资源承载能力后应加以检验：将 W_l与给定承载水平下对应的可承载生活用水量作比较，若 W_l与可承载人口生活用水量相差不大说明结果合理，否则需相应调整预估生活用水量；或者将计算得出的可承载人口量与预估人口总量比较，若两者接近表明计算满足要求，否则需相应调整预估生活用水量。

步骤 4：区域水资源承载状态判别。将上述计算得到的区域可承载的经济规模和可承载的人口规模，分别与区域研究时期实际的经济总量和人口总量进行比较，以承载度 I（实际总量值/可承载规模值）表示，当 $0<I\leqslant0.9$，$0.9<I\leqslant1.0$，$I>1.0$ 时，判别区域研究时期的水资源承载状态分别处于可载、临界超载和超载状态。

6.3.3　案例分析

安徽省地处中纬度，是南北气候过渡带，为暖温带与亚热带的过渡型气候区，全省季风盛行，气候温和湿润，由于特定的地理位置及受季风环流的影响，造成全省降水量夏多冬少，且时空分布不均匀，降水量年际年内变化大，旱涝等自然灾害经常发生。全省地势西南高、东北低，地形地貌南北迥异，复杂多样。全国七大江河中长江、淮河横贯全省，将全省划分为皖北地区、江淮地区和皖南地区三大区域。

根据水资源承载能力计算步骤，收集相关数据，计算在全面小康水平下的各地市水资源承载能力（表 6.21、表 6.22）。其中，全面小康（2020 年）水平下的单位 GDP 综合用水量和生活用水定额根据历年值拟合预测得到（表 6.23），若在 2020 年之前就达到全面小康水平的地市则按照达到全面小康的那一年数据计算得到，人均 GDP 按全面小康 24840 元/人（2000 年价格）计算，本报告涉及 GDP 的数据均为 2000 年价格。数据来源于《安徽省统计年鉴（2006—2016 年）》《安徽省水资源公报（2005—2015 年）》。

表 6.21　　安徽省各地市 2005—2010 年可承载人口　　单位：万人

地市	2005 年	2006 年	2007 年	2008 年	2009 年	2010 年	2011 年	2012 年	2013 年	2014 年	2015 年
合肥	322.66	256.66	255.28	190.15	193.31	316.14	287.75	297.54	250.38	401.36	365.78
淮北	502.70	239.59	585.75	267.90	202.22	170.40	139.08	160.21	139.98	146.55	120.90
亳州	1046.12	639.18	1059.98	671.23	401.57	421.60	330.92	346.54	292.67	377.37	286.21
宿州	1696.70	1050.30	2131.32	1032.59	616.57	774.43	731.49	624.32	560.37	567.65	476.55
蚌埠	831.49	652.55	908.13	445.45	392.59	339.45	399.22	262.15	221.96	317.25	289.08
阜阳	1536.93	886.83	1247.40	721.84	642.33	522.40	334.81	347.12	353.82	474.85	375.90
淮南	142.86	142.53	154.24	97.85	100.82	75.91	69.76	57.10	52.92	62.48	76.43
滁州	473.72	529.24	465.64	378.97	361.02	391.76	330.55	237.65	223.97	293.51	326.94
六安	1780.64	1196.80	1188.10	1131.46	1151.30	1487.90	1010.70	627.41	615.86	836.97	981.20
马鞍山	69.83	84.84	55.61	61.73	112.99	96.41	132.70	138.02	82.55	142.86	148.65
芜湖	188.55	137.30	148.97	176.25	269.02	248.55	222.90	239.90	168.72	218.66	239.69
宣城	985.18	916.19	1027.76	1144.77	1435.57	1345.02	922.57	969.24	662.44	931.36	1047.07
铜陵	33.13	20.61	24.61	28.32	43.12	37.15	24.31	23.99	17.88	19.74	25.02
池州	1325.66	542.43	576.25	614.27	697.90	1036.06	551.78	700.74	475.95	534.32	718.18
安庆	1325.66	542.43	576.25	614.27	697.90	1036.06	551.78	700.74	475.95	534.32	718.18
黄山	258.44	284.31	246.41	388.01	344.78	492.28	314.84	371.43	262.10	291.41	365.22
全省	12520.2	8121.78	10651.7	7965.05	7662.99	8791.51	6355.17	6104.11	4857.52	6150.66	6561.01

表 6.22　　安徽省各地市 2005—2010 年可承载经济　　单位：亿元

地市	2005 年	2006 年	2007 年	2008 年	2009 年	2010 年	2011 年	2012 年	2013 年	2014 年	2015 年
合肥	801.49	637.54	634.11	472.34	480.18	785.29	714.77	739.09	621.95	996.98	908.61
淮北	1248.72	595.15	1454.99	665.47	502.31	423.27	345.47	397.96	347.71	364.02	300.30
亳州	2598.56	1587.72	2633.00	1667.33	997.51	1047.26	822.01	860.81	727.00	937.40	710.96
宿州	4214.61	2608.95	5294.21	2564.94	1531.56	1923.69	1817.01	1550.81	1391.95	1410.05	1183.74
蚌埠	2065.41	1620.92	2255.79	1106.49	975.19	843.20	991.67	651.18	551.35	788.05	718.09
阜阳	3817.74	2202.88	3098.55	1793.04	1595.55	1297.63	831.67	862.26	878.90	1179.53	933.74
淮南	354.87	354.05	383.14	243.07	250.43	188.55	173.29	141.84	131.46	155.21	189.85
滁州	1176.73	1314.63	1156.66	941.35	896.76	973.13	821.09	590.32	556.35	729.07	812.13
六安	4423.11	2972.86	2951.23	2810.54	2859.82	3695.95	2510.57	1558.49	1529.80	2079.02	2437.30
马鞍山	173.45	210.75	138.15	153.35	280.66	239.49	329.62	342.84	205.06	354.86	369.23
芜湖	468.35	341.06	370.04	437.81	668.24	617.39	553.68	595.91	419.11	543.16	595.39
宣城	2447.19	2275.82	2552.97	2843.61	3565.95	3341.02	2291.67	2407.58	1645.50	2313.49	2600.91
铜陵	82.29	51.18	61.13	70.34	107.11	92.28	60.38	59.59	44.41	49.03	62.16
池州	3292.94	1347.38	1431.40	1525.84	1733.58	2573.57	1370.63	1740.65	1182.25	1327.26	1783.96
安庆	2207.78	1262.85	1677.64	1862.23	2570.06	3174.88	1459.37	1929.84	1669.70	1903.26	1843.87
黄山	641.97	706.22	612.08	963.82	856.44	1222.82	782.07	922.63	651.05	723.86	907.22
全省	30015.1	20089.9	26705.0	20121.5	19871.3	22439.4	15874.9	15351.8	12553.5	15854.2	16357.4

表 6.23　　全面小康水平下安徽省各地市万元 GDP 综合用水和生活用水定额

指标 \ 地市	合肥	淮北	亳州	宿州	蚌埠	阜阳	淮南	滁州
万元 GDP 综合用水量/(m³/万元)	140.68	127.26	202.00	122.32	182.54	208.55	326.33	367.46
生活用水定额/[L/(人·d)]	123.51	110.12	103.74	127.52	131.15	133.17	146.90	131.26
万元 GDP 综合用水量/(m³/万元)	348.87	534.02	224.69	335.11	365.34	396.87	414.96	234.77
生活用水定额/[L/(人·d)]	123.61	130.94	141.37	136.35	120.32	131.32	142.06	121.38

从全省来看（见图 6.25），安徽省 2005—2015 年水资源承载能力上下波动，其主要原因是水资源量的变化，水资源丰富的年份可承载的人口和经济均大于水资源较少的年份，枯水年份（如 2006 年、2009 年、2011 年、2012 年、2013 年）的承载能力明显较低，近年来（2013—2015 年）水资源承载能力呈上升趋势。

由图 6.26～图 6.27 可知：①2009 年以前皖北地区（淮北市、亳州市、宿州市、蚌埠市、阜阳市、淮南市）的水资源承载能力较江淮地区（合肥市、滁州市、六安市、安庆市）、皖南地区（芜湖市、宣城市、铜陵市、池州市、马鞍山市、黄山市）大，其主要原因是 2005—2008 年期间皖北地区的万元 GDP 综合用水量较皖南、江淮地区总体偏小，皖北地区经济社会发展总体不及江淮地区和皖南地区，导致可承载的人口和经济反而大于水量丰富的江淮和皖南地区，这一结果也说明了水资源承载能力与区域经济发展水平密切相关；②江淮地区和皖南地区水资源承载能力的总体发展趋势是在逐步提高，除个别年份（2006 年、2011 年和 2013 年）承载能力稍有下降外，其余各年份水资源承载能力呈上

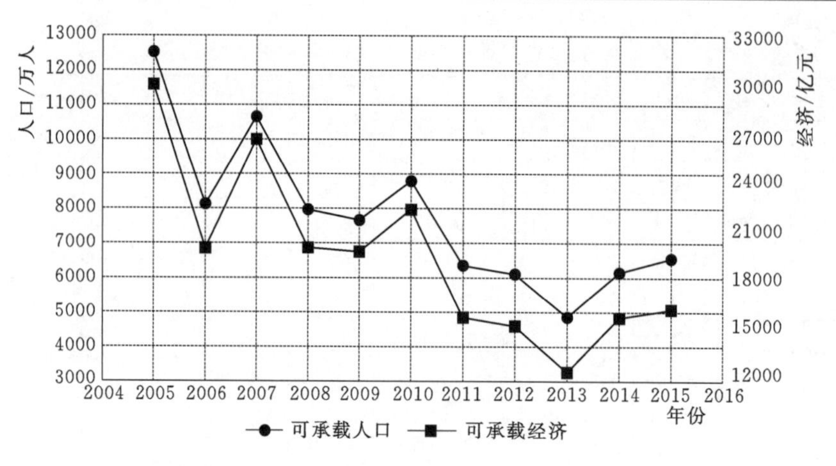

图 6.25　安徽省 2005—2015 年水资源承载能力

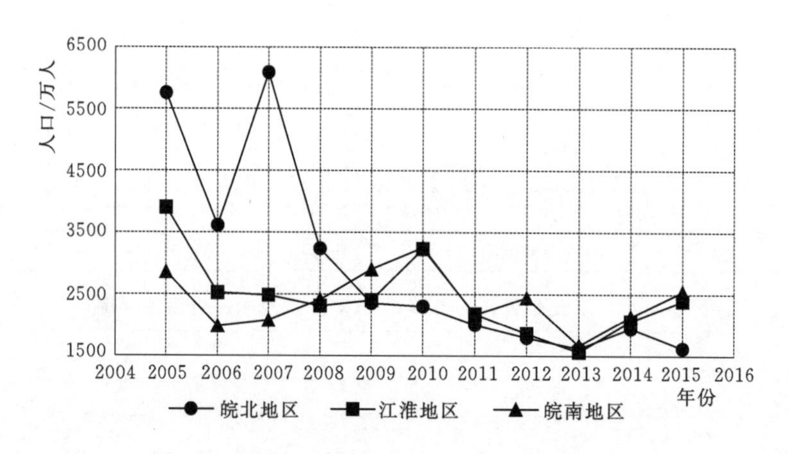

图 6.26　安徽省分区域水资源可承载人口

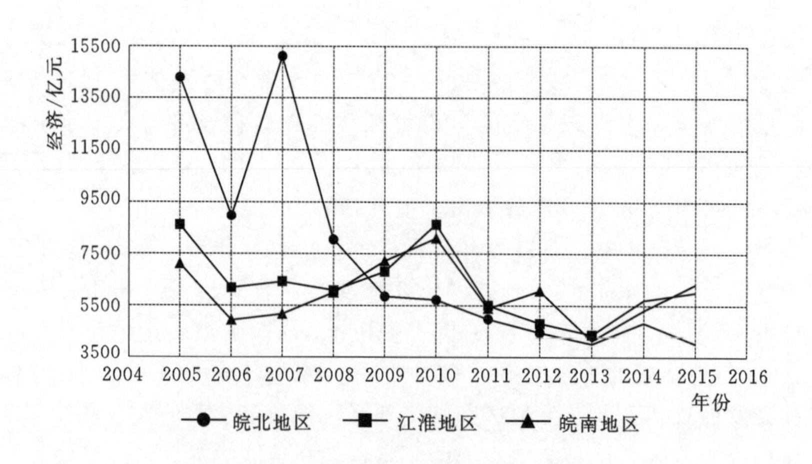

图 6.27　安徽省分区域水资源可承载经济

升趋势，这2个地区的水资源承载能力在2009年超过皖北地区，其主要原因是万元GDP综合用水量呈下降趋势，用水效率得到提高。

根据步骤4，将计算出的可承载人口规模、经济规模与实际人口总量、经济总量进行对比，以承载度Ⅰ呈现于表6.24和表6.25。

表6.24　　安徽省2005—2015年实际人口总量与可承载人口规模的比值

地市＼年份	2005	2006	2007	2008	2009	2010	2011	2012	2013	2014	2015
合肥	1.43	1.82	1.92	2.63	2.64	1.81	2.61	2.54	3.04	1.92	2.13
淮北	0.41	0.85	0.35	0.77	1.02	1.24	1.52	1.33	1.53	1.47	1.80
亳州	0.49	0.80	0.48	0.76	1.27	1.15	1.47	1.41	1.69	1.32	1.76
宿州	0.34	0.54	0.27	0.55	0.92	0.69	0.73	0.86	0.97	0.97	1.16
蚌埠	0.39	0.49	0.35	0.72	0.82	0.93	0.80	1.21	1.45	1.03	1.14
阜阳	0.55	0.95	0.67	1.16	1.30	1.46	2.28	2.20	2.18	1.65	2.10
淮南	1.60	1.60	1.48	2.34	2.28	3.08	3.34	4.10	4.46	3.80	4.49
滁州	0.87	0.77	0.88	1.09	1.14	1.01	1.19	1.66	1.77	1.36	1.23
六安	0.34	0.51	0.51	0.54	0.53	0.38	0.56	0.90	0.92	0.68	0.48
马鞍山	1.80	1.49	2.28	2.07	1.14	1.42	1.65	1.59	2.68	1.56	1.52
芜湖	1.18	1.62	1.52	1.29	0.85	0.91	1.60	1.49	2.13	1.65	1.52
宣城	0.26	0.28	0.25	0.23	0.18	0.19	0.28	0.26	0.39	0.28	0.25
铜陵	2.14	3.45	2.93	2.58	1.72	1.94	3.00	3.06	4.14	3.74	6.36
池州	0.11	0.26	0.25	0.23	0.20	0.14	0.26	0.20	0.30	0.27	0.20
安庆	0.64	1.11	0.83	0.75	0.54	0.42	0.90	0.68	0.79	0.70	0.62
黄山	0.54	0.49	0.57	0.36	0.41	0.28	0.43	0.36	0.52	0.47	0.38

表6.25　　安徽省2005—2015年实际经济总量与可承载经济规模的比值

地市＼年份	2005	2006	2007	2008	2009	2010	2011	2012	2013	2014	2015
合肥	0.85	1.28	1.52	2.34	2.95	2.14	2.92	3.03	3.76	2.42	2.71
淮北	0.13	0.29	0.13	0.35	0.50	0.68	0.92	0.84	1.01	0.97	1.10
亳州	0.08	0.14	0.09	0.16	0.29	0.31	0.44	0.45	0.54	0.44	0.58
宿州	0.06	0.10	0.06	0.13	0.24	0.21	0.25	0.32	0.36	0.38	0.45
蚌埠	0.12	0.17	0.13	0.29	0.37	0.47	0.45	0.73	0.91	0.68	0.76
阜阳	0.07	0.13	0.11	0.20	0.26	0.35	0.59	0.60	0.60	0.47	0.59
淮南	0.60	0.65	0.68	1.24	1.37	2.00	2.35	2.96	3.12	2.37	2.06
滁州	0.22	0.21	0.28	0.37	0.43	0.45	0.60	0.88	0.98	0.77	0.70
六安	0.06	0.09	0.11	0.13	0.13	0.11	0.19	0.32	0.33	0.25	0.18
马鞍山	1.72	1.54	2.79	2.75	1.60	2.11	2.00	1.94	3.15	1.75	1.61
芜湖	0.69	1.07	1.14	1.13	0.90	1.12	1.72	1.69	2.50	1.98	1.79

续表

地市＼年份	2005	2006	2007	2008	2009	2010	2011	2012	2013	2014	2015
宣城	0.08	0.10	0.10	0.10	0.08	0.10	0.17	0.17	0.26	0.18	0.16
铜陵	1.78	3.61	3.40	3.06	2.16	3.15	5.52	5.61	7.66	6.79	6.38
池州	0.03	0.07	0.08	0.08	0.10	0.07	0.16	0.13	0.20	0.18	0.13
安庆	0.16	0.30	0.26	0.25	0.21	0.19	0.48	0.39	0.42	0.38	0.33
黄山	0.20	0.20	0.25	0.17	0.21	0.16	0.28	0.25	0.36	0.33	0.25

由表 6.24 和表 6.25 可知：

（1）合肥市、马鞍山、淮南市、芜湖市、铜陵市各评价年份均处于超载，2014 年和 2015 年承载度逐渐减小，超载有所缓和。这 5 个地市承载特征具有一定的相似性，分析认为：其主要原因与水资源可利用量和产业结构有关，淮南市、铜陵市、马鞍山市、芜湖市、合肥市的工业占比很大，工业用水需求较大，且水资源可利用量不能满足当年的实际需水量。以合肥市为例，制作工业 GDP 占比、经济承载度、人口承载度的折线图（图 6.28），可以看出承载度随工业 GDP 占比增大而增大，个别年份（2010 年和 2012 年）除外，原因是：2009 年是枯水年，2010 年水资源量较 2009 年多 12.89 亿 m^3，水资源的涨幅对承载度的影响较大，因此 2010 年承载度降低。2012 年工业 GDP 占比涨幅不大，而水资源量的涨幅较大，导致人口承载度降低。为了进一步强化承载能力，可从承载调控力系统着手，建议合理调整产业结构，提高用水效率等措施以增大水资源承载能力。

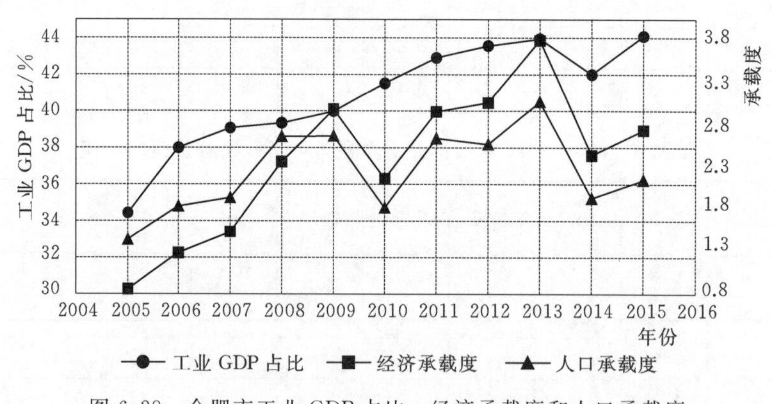

图 6.28　合肥市工业 GDP 占比、经济承载度和人口承载度

（2）其余地市各评价年份承载良好，近两年呈变好的趋势，主要与承载支撑力较大有关，水资源可利用量能满足生产、生活和生态用水的需求。以合肥市为例，制作水资源可利用量和承载度的折线图，从图 6.29 可以看出承载度与水资源可利用量呈负相关，水资源可利用量越大，水资源承载支撑力越大，承载度减小，承载状态越趋于良好状态或超载趋于减缓。从图 6.30 可以看出可承载经济和可承载人口与水资源可利用量呈正相关，水资源可利用量越大，可承载的人口和经济也相应越大。为了进一步强化承载能力，可从水

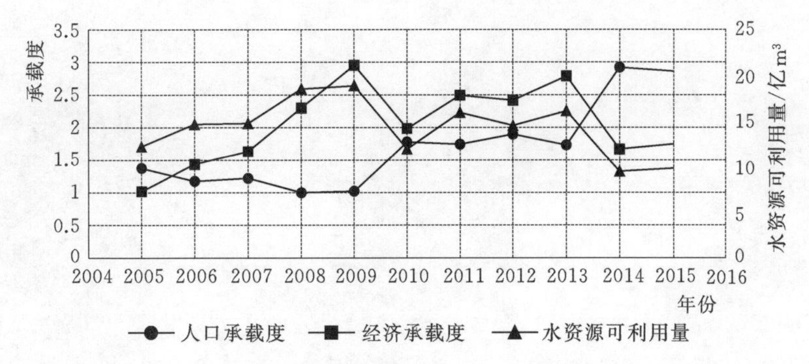

图 6.29　合肥市水资源可利用量、经济承载度和人口承载度

资源承载支撑力系统出发，建议在满足生态用水的前提下，采取蓄引提等工程措施加强对汛期洪水的利用，利用调水工程增加区域水资源可利用量，从而提高水资源承载支撑力。

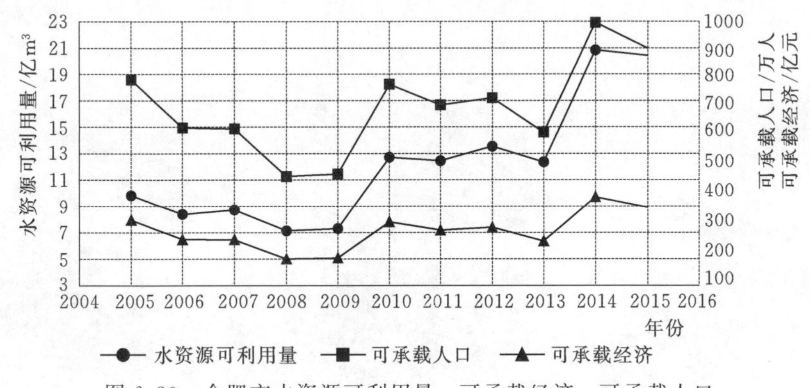

图 6.30　合肥市水资源可利用量、可承载经济、可承载人口

根据承载度作 2005—2015 年安徽省水资源承载状态分布图（图 6.31、图 6.32），据此可以看出，在给定全面小康水平下作评价，除水资源量丰富地区外其他地市人口趋于超载；工业城市承载压力大，经济超载比较严重。

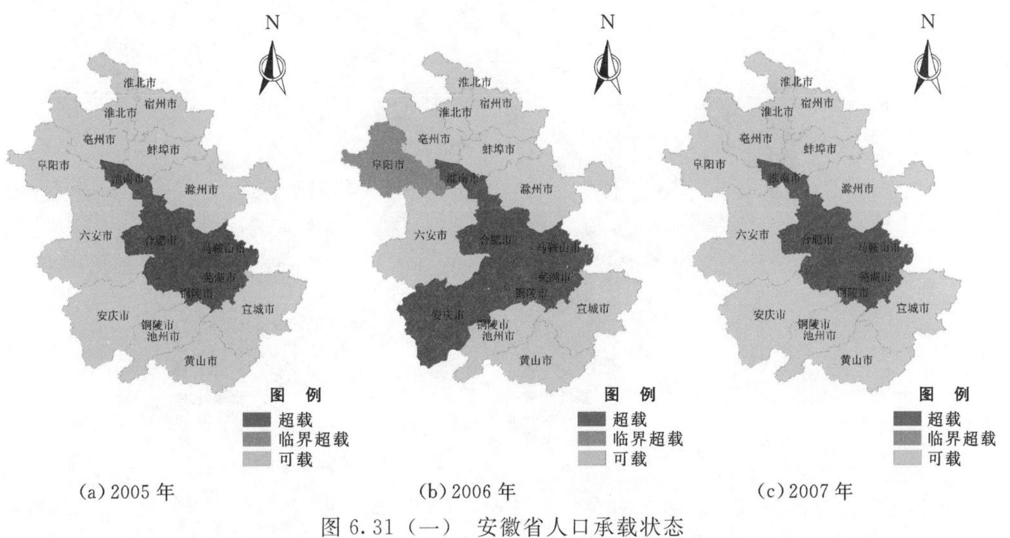

图 6.31（一）　安徽省人口承载状态

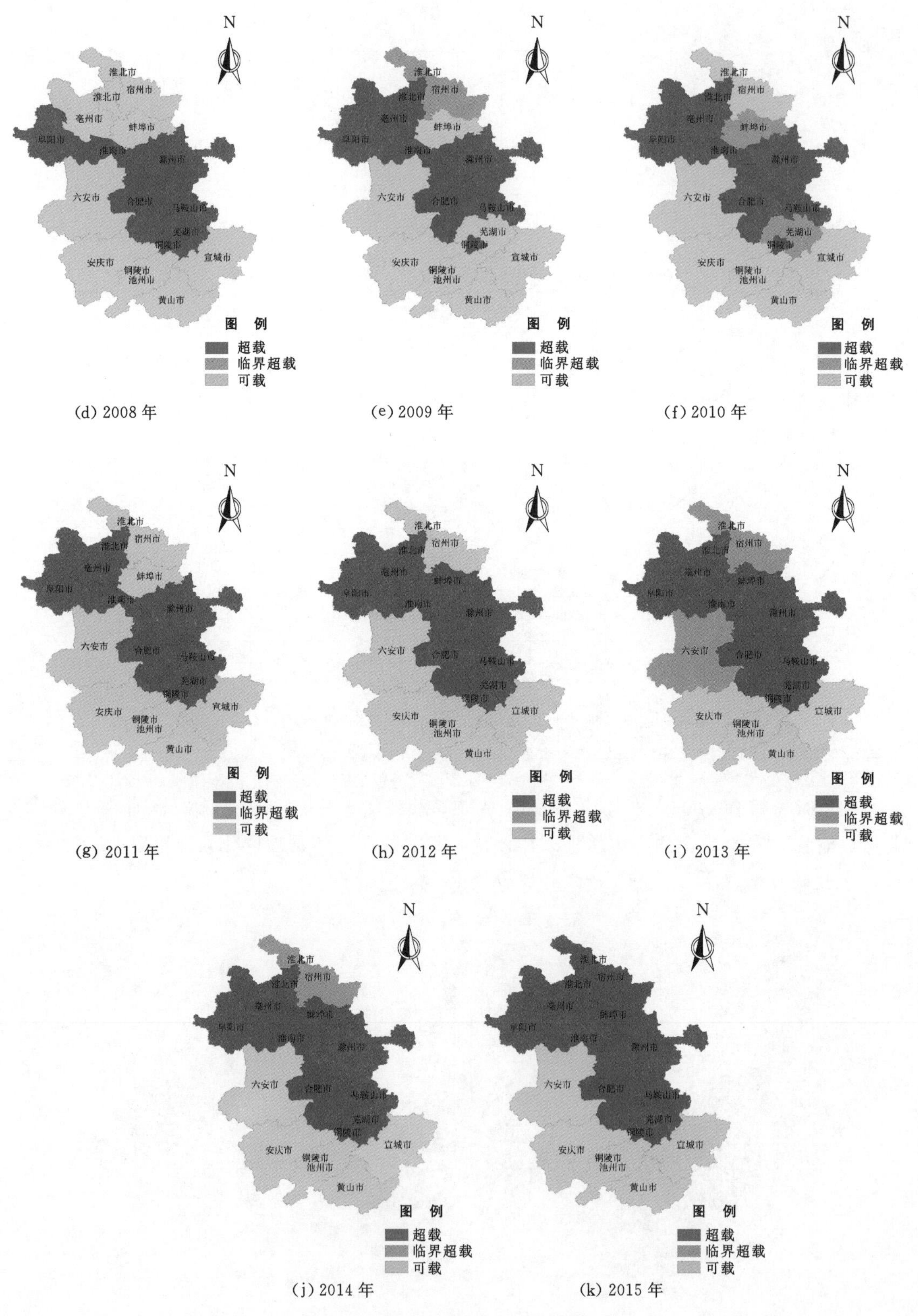

(d) 2008 年　(e) 2009 年　(f) 2010 年

(g) 2011 年　(h) 2012 年　(i) 2013 年

(j) 2014 年　(k) 2015 年

图 6.31（二）　安徽省人口承载状态

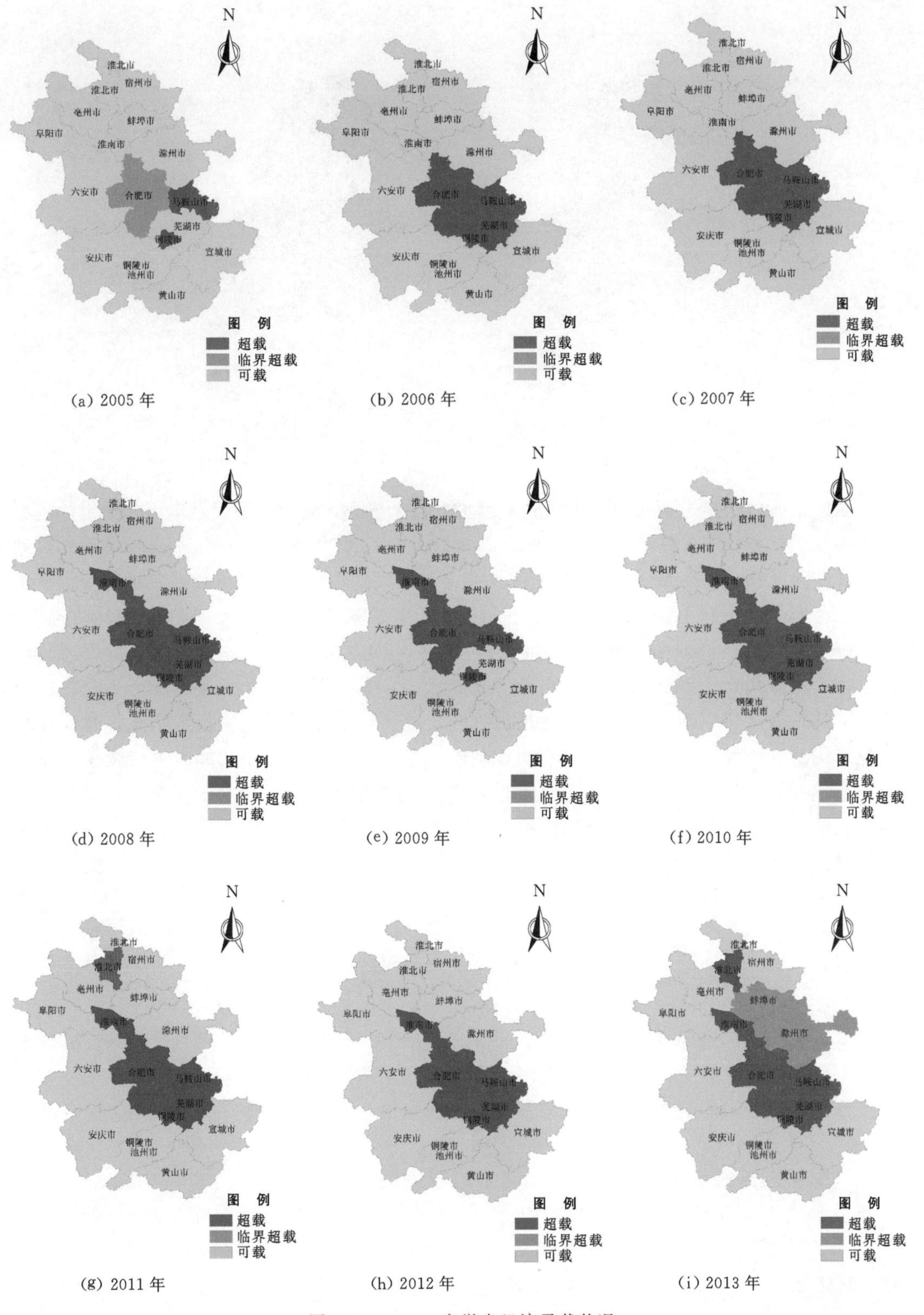

(a) 2005 年 (b) 2006 年 (c) 2007 年

(d) 2008 年 (e) 2009 年 (f) 2010 年

(g) 2011 年 (h) 2012 年 (i) 2013 年

图 6.32（一） 安徽省经济承载状况

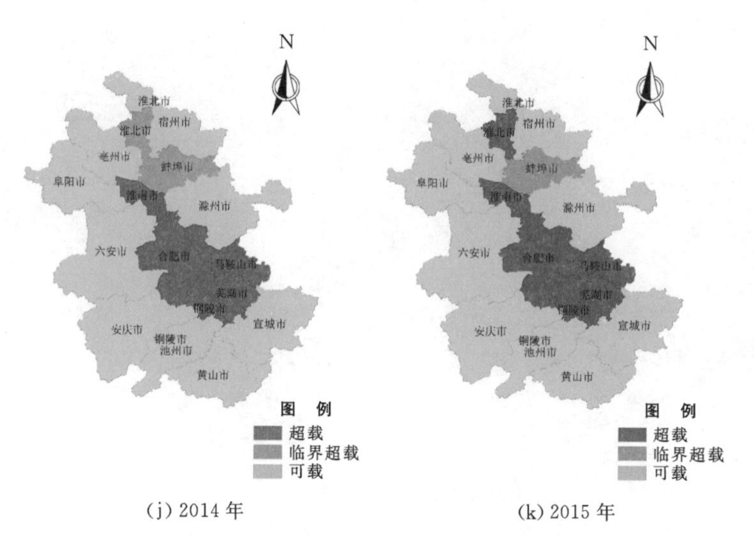

(j) 2014 年　　　　(k) 2015 年

图 6.32（二）　安徽省经济承载状况

（1）从承载人口方面来看：人口的承载状态趋于超载，其主要原因是本评价给定的统一的承载水平有关，该承载水平（全面小康）下的人均 GDP 较高，可能会导致可承载人口的减小，进而导致承载度大于 1；而在承载支撑力足够大的情况下，可承载人口足够大，承载度相应会偏小，处于可载或临界超载状态，例如六安、宣城、池州、安庆和黄山等地市。

（2）从承载经济方面来看，超载区域集中在 GDP 中工业占比较大的城市：合肥市、铜陵市、马鞍山市、芜湖市和淮南市处于超载状态，其主要原因是承载支撑力不足，压力过大。从承载度可以看出，承载状况虽出现一定的缓解，但还是处于超载状态，建议优化产业结构，大力发展节水措施，提高用水效率，才能实现水资源承载能力可持续承载。

（3）对同一年份经济承载状态和人口承载状态进行对比分析，发现存在人口超载而经济可载的现象，出现这一现象的原因主要是用水结构，涉及用于经济社会的生产用水和用于居民生活的生活用水比例问题，解决该现象需要从用水结构出发，合理分配水资源，实现人口和经济的协同可持续发展。

6.4　小　　结

本章在综述水资源承载能力评价研究现状基础上，对水资源承载能力内涵进行了分析讨论，从水资源承载负荷和承载能力两个方面出发，采用实物量指标对水资源承载能力各因素分别评价，采用短板法全面考虑各要素评价结果，进而得到水资源承载能力综合评价结果。

本章从水资源承载能力支撑力和压力系统选取相对应的指标，在研究短板法综合水量、水质要素评价区域水资源承载能力基础上，提出用风险矩阵法综合水量、水质要素的单要素评价结果，构建了基于风险矩阵法的区域水资源承载能力评价模型（RMM - WCC）。区域水资源承载能力研究涉及多个系统，是一个复杂的课题，在相关研究基础上引入风险矩阵方法做了新的初步探索。RMM - WCC 的评价方法简

单实用，可以充分利用实际区域不同要素下水资源承载状况评价等级之间相作用的具体信息，其在水土资源、生态环境和海洋资源等资源环境承载能力评价中具有推广应用前景。

本章从水资源承载能力主客体相互作用过程的角度，综合考虑水资源承载支撑力、水资源承载压力和水资源承载调控力3个子系统之间的作用，建立了水资源承载能力动态评价模型。该模型融合水资源自然禀赋、经济社会和水资源开发利用等多方面信息，能简明、有效地计算出区域水资源对人口规模和经济规模的支撑情况。水资源承载能力受水资源自然禀赋的影响很大，但也受到经济社会的制约。一般而言，水资源可利用量大的区域，其水资源承载能力也较大。当水资源可利用量变化不大时，水资源可承载的经济规模与单位GDP综合用水量联系紧密，水资源可承载的人口规模又受到承载水平人均GDP的影响。因此，只有合理地控制经济规模和调整用水效率，才能保障水资源可持续承载。

第7章 水资源承载状况评价

7.1 水资源承载状况评价成果分类

水资源承载状况评价成果多以图表的形式展示，空间分布图分为水量、水质、水域、水流、综合五大类。每一类下包括不同指标、评价结果分布图，不同类型的图根据研究范围可分为全国三级区、全国地级市、全国县域、试点地区等几大类。

7.1.1 水量要素相关图

水量要素相关图可以包括全国三级区用水总量评价结果分布图、全国三级区地下水开采量评价结果分布图、全国三级区水量要素评价结果分布图、全国地级市用水总量评价结果分布图、全国地级市地下水开采量评价结果分布图、全国地级市水量要素评价结果分布图、全国县域用水总量评价结果分布图、全国县域地下水开采量评价结果分布图、全国县域水量要素评价结果分布图、试点地区用水总量评价结果分布图、试点地区地下水开采量评价结果分布图、试点地区水量要素评价结果分布图等。

7.1.2 水质要素相关图

水质要素相关图可以包括全国三级区水功能区水质达标率评价结果分布图、全国三级区COD入河量评价结果分布图、全国三级区氨氮入河量评价结果分布图、全国三级区水质要素评价结果分布图、全国地级市水功能区水质达标率评价结果分布图、全国地级市COD入河量评价结果分布图、全国地级市氨氮入河量评价结果分布图、全国地级市水质要素评价结果分布图、全国县域水功能区水质达标率评价结果分布图、全国县域COD入河量评价结果分布图、全国县域氨氮入河量评价结果分布图、全国县域水质要素评价结果分布图、试点地区水功能区水质达标率评价结果分布图、试点地区COD入河量评价结果分布图、试点地区氨氮入河量评价结果分布图、试点地区水质要素评价结果分布图等。

7.1.3 水域要素相关图

水域要素相关图可以包括试点区域岸线开发利用率评价结果分布图、试点地区水资源开发利用程度评价结果分布图、试点区域水域要素评价结果分布图等。

7.1.4 水流要素相关图

水流要素相关图可以包括试点区域水流阻隔率评价结果分布图、试点区域生态基流保障程度评价结果分布图、试点区域水流要素评价结果分布图等。

7.1.5 综合评价相关图

综合评价相关图可以包括全国三级区水量水质双要素综合评价结果分布图、全国地级市水量水质双要素综合评价结果分布图、全国县域水量水质双要素综合评价结果分布图、

试点区域水域水流双要素综合评价结果分布图、试点区域水量水质水域水流四个要素综合评价结果分布图等。

7.2 全国量质双要素水资源承载状况评价

7.2.1 全国三级区水资源承载能力评价

此次三级区评价范围为全国 31 个省级行政区所包含的 209 个三级区，未含香港特别行政区、澳门特别行政区和台湾省。

全国 209 个三级区的用水总量指标的评价结果是 145 个不超载区（69.4%），36 个临界超载区（17.2%），28 个超载区（13.4%），0 个严重超载区（0%），其评价结果如图 7.1 所示；全国 209 个三级区地下水指标的评价结果是 140 个不超载区（67.0%），4 个临界超载区（1.9%），36 个超载区（17.2%），29 个严重超载区（13.9%），其评价结果如图 7.2 所示；全国 209 个三级区的水量要素的评价结果是 118 个不超载区（56.5%），17 个临界超载区（8.1%），45 个超载区（21.5%），29 个严重超载区（13.9%），其评价结果如图 7.3 所示。从全国范围来看，水量要素及其包括的评价指标的评价结果为超载区和严重超载区的区域主要集中在我国西北地区、华北地区。

全国 209 个三级区水功能区达标率指标的评价结果是 146 个不超载区（69.9%），39 个临界超载区（18.7%），17 个超载区（8.1%），7 个严重超载区（3.3%），其评价结果

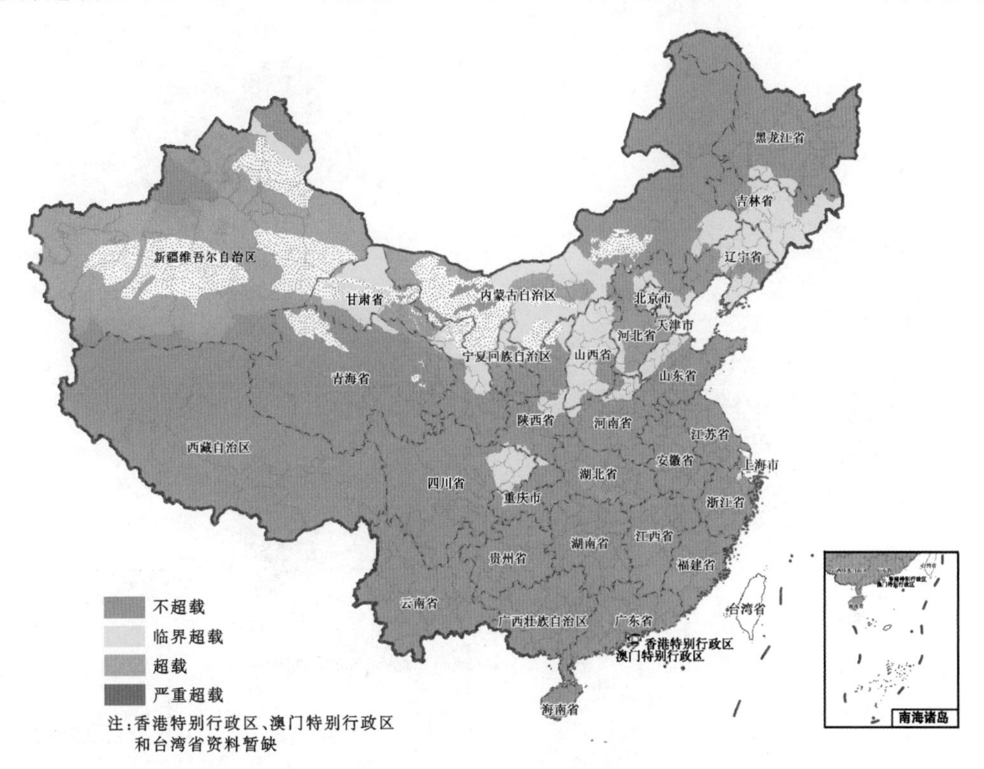

图 7.1 全国三级区用水总量指标评价

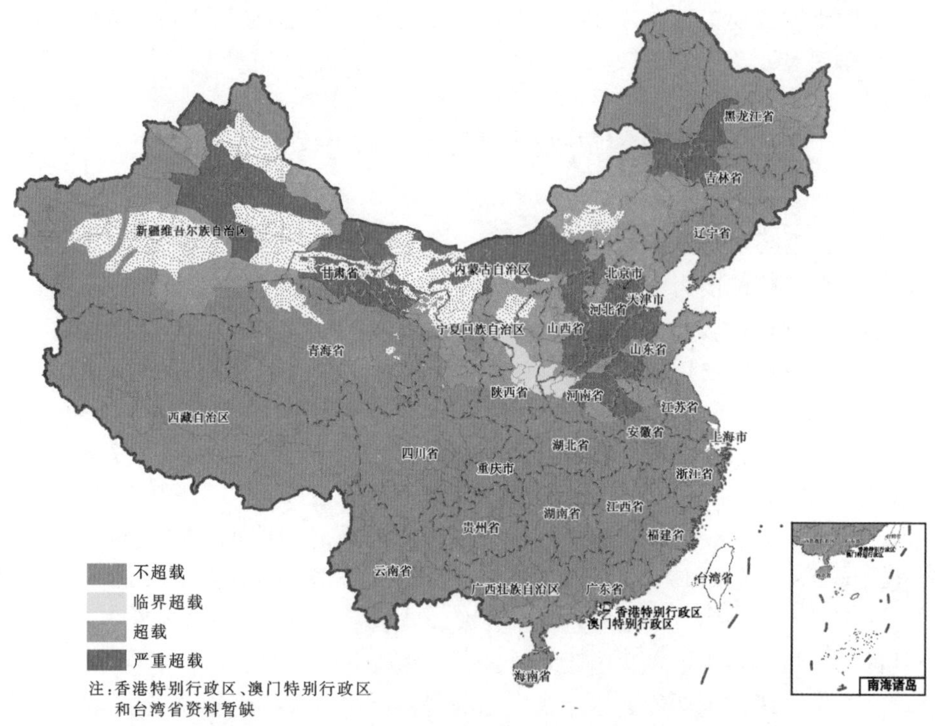

图7.2　全国三级区地下水指标评价

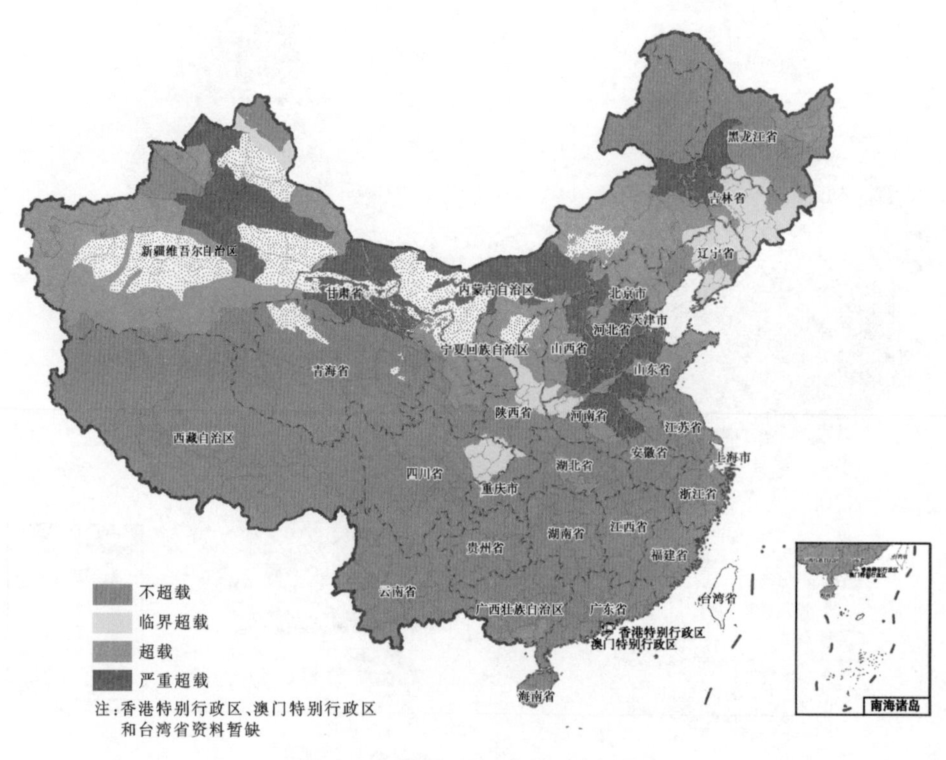

图7.3　全国三级区水量要素评价

如图 7.4 所示；全国 209 个三级区污染物限排指标的评价结果是 164 个不超载区（78.5%），4 个临界超载区（1.9%），27 个超载区（12.9%），14 个严重超载区（6.7%），其评价结果如图 7.5 所示；全国 209 个三级区水质要素的评价结果是 121 个不超载区（57.9%），34 个临界超载区（16.3%），34 个超载区（16.3%），20 个严重超载区（9.6%），其评价结果如图 7.6 所示。从全国范围来看，水质要素及其包括的评价指标的评价结果为超载区和严重超载区的区域主要集中在东北地区、华北地区和南方部分地区。

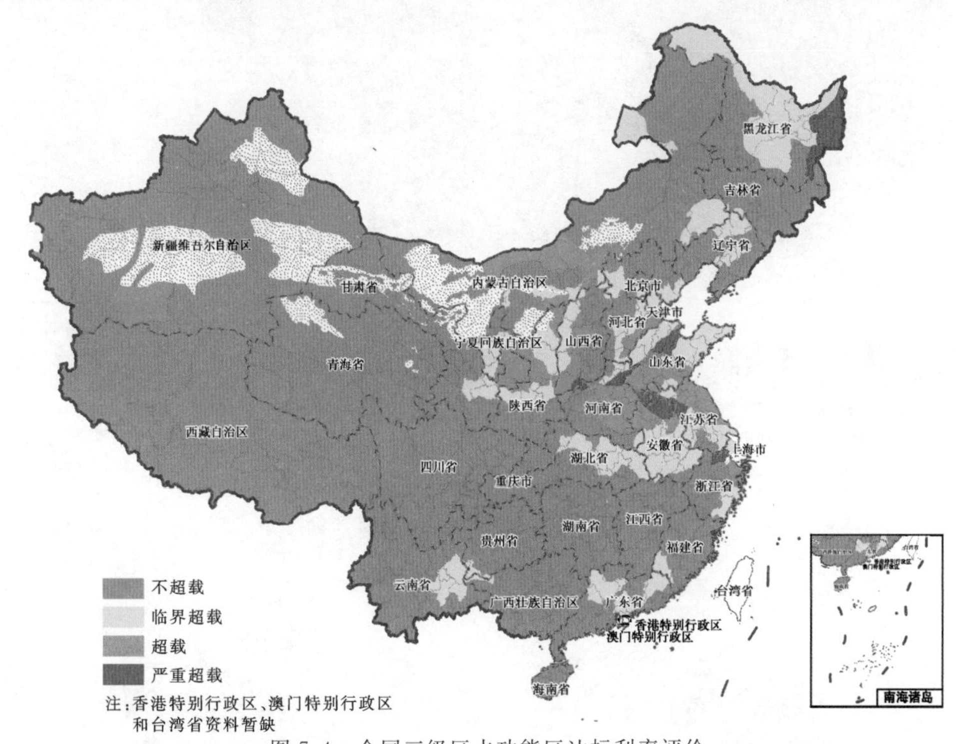

图 7.4 全国三级区水功能区达标利率评价

分别采用短板法和风险矩阵法对全国 209 个三级区进行量质双要素水资源承载能力评价，其结果如图 7.7 和图 7.8 所示。采用短板法的水资源承载能力评价结果是 85 个不超载区（40.7%），30 个临界超载区（14.4%），48 个超载区（23.0%），46 个严重超载区（22.0%）；采用风险矩阵法的水资源承载能力评价结果是 105 个不超载区（50.2%），18 个临界超载区（8.6%），48 个超载区（23.0%），38 个严重超载区（18.2%）。在 209 个评价单元中，使用上述两种方法有 36 个评价单元的评价结果不一致，36 个评价单元风险矩阵法比短板法评价成果优一档。两种评价方法所得到的评价成果基本是一致的，表明我国水资源承载状况具有相似的空间分布规律，水资源承载状况北方整体劣于南方。

7.2.2 全国县域水资源承载能力评价

本次县域评价范围为全国 31 个省级行政区所包含的 2404 个区县，未含香港特别行政区、澳门特别行政区和台湾省。全国 2404 个区县用水总量评价指标的评价结果是 1747 个不超载区（72.7%），488 个临界超载区（20.3%），93 个超载区（3.9%），76 个严重超载区（3.2%），其评价结果如图 7.9 所示。用水总量指标评价结果为超载区和严重超载区

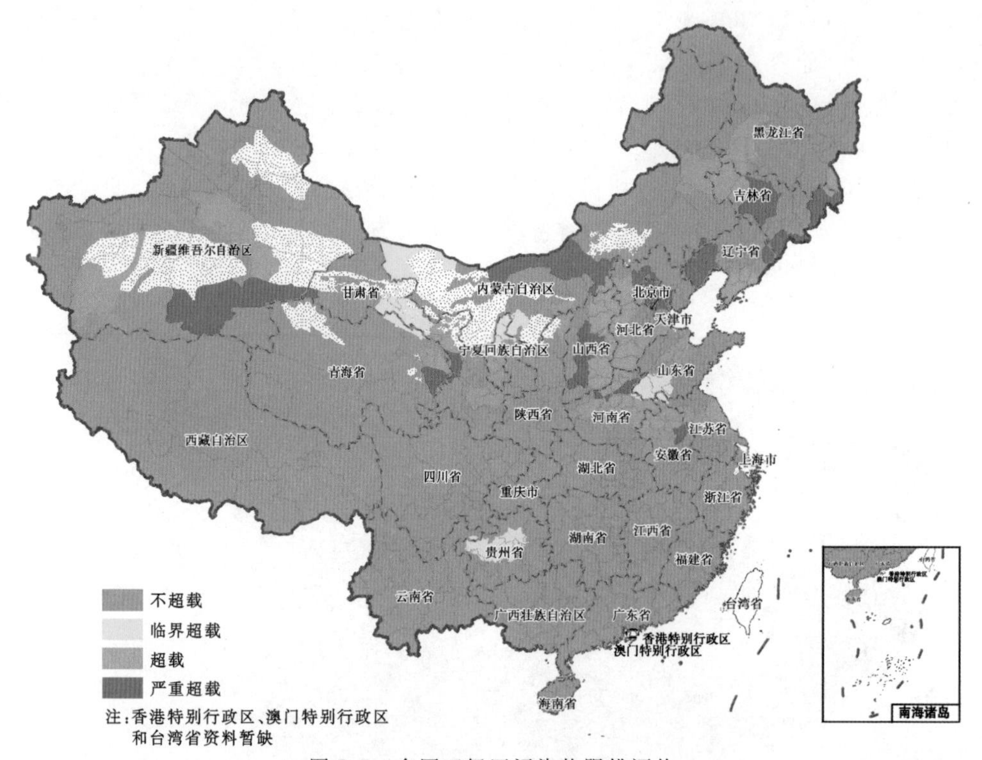

图 7.5　全国三级区污染物限排评价

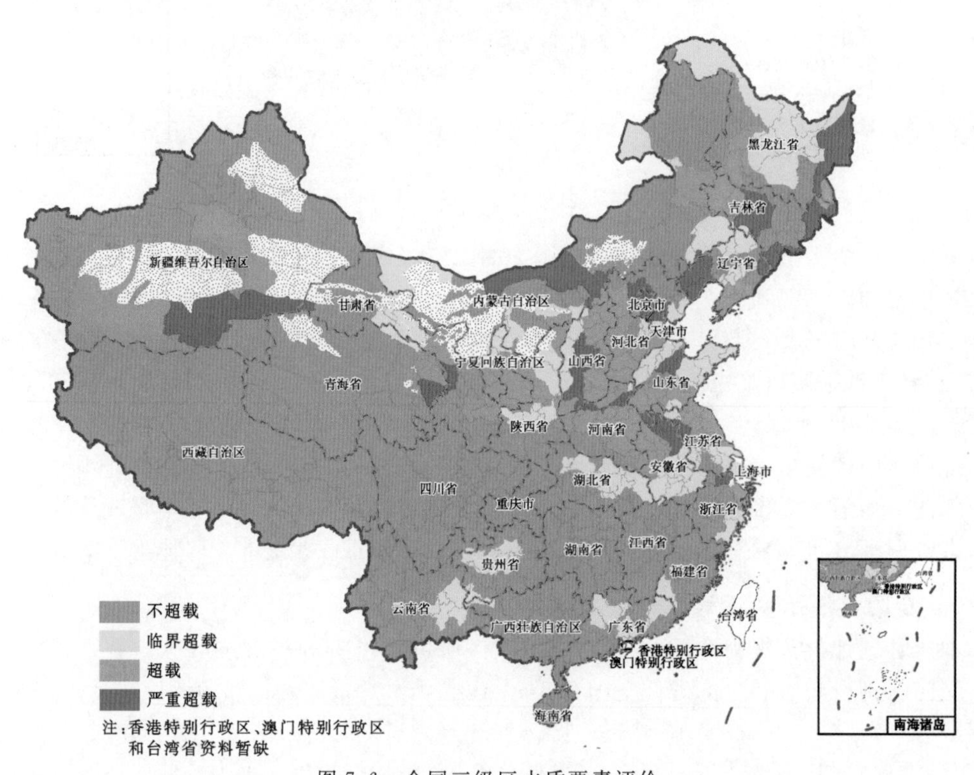

图 7.6　全国三级区水质要素评价

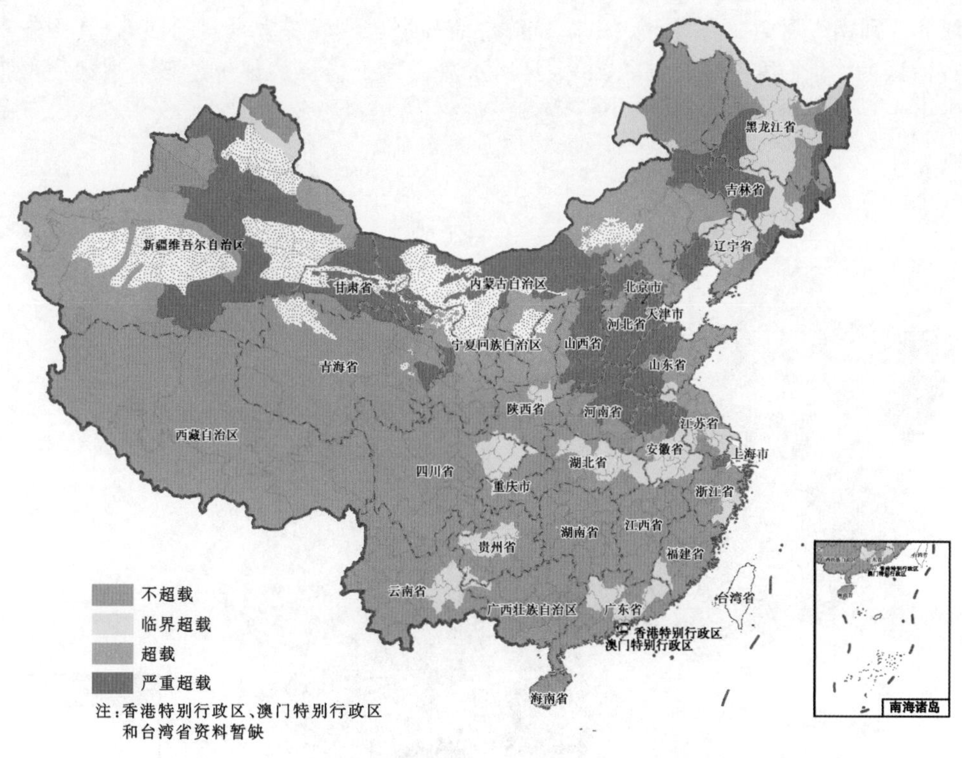

图 7.7 基于短板法的全国三级区量质双要素水资源承载能力评价

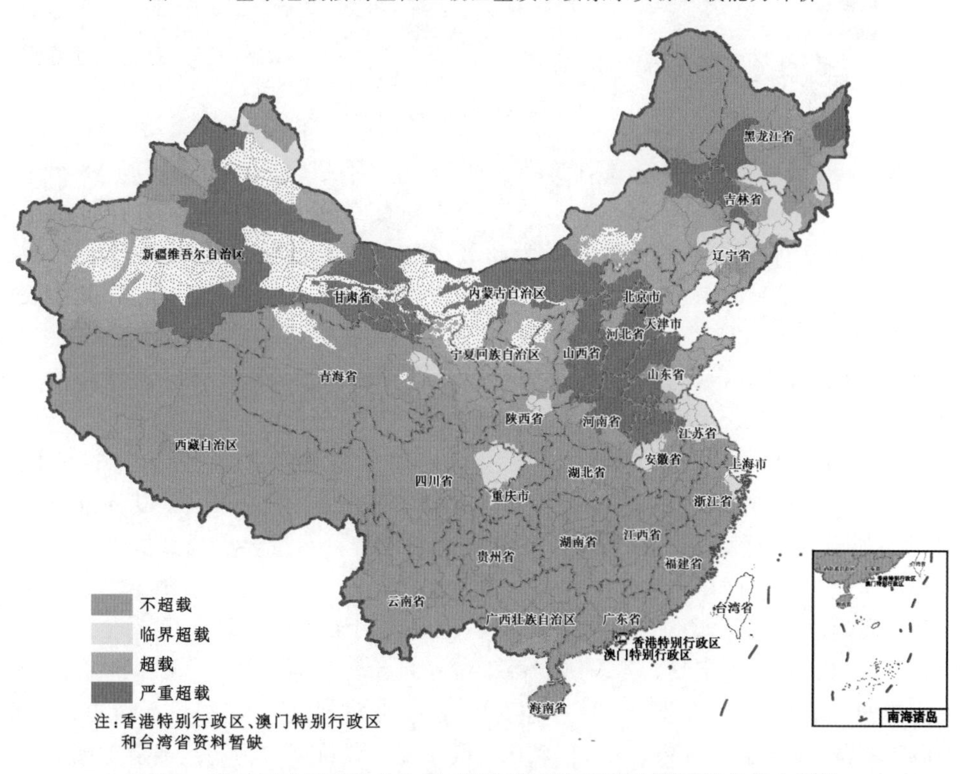

图 7.8 基于风险矩阵法的全国三级区量质双要素水资源承载能力评价

包括河北、河南、甘肃、黑龙江、山东和新疆维吾尔自治区等省（自治区），其中新疆维吾尔自治区的73个县和河北省的48个县用水总量评价指标的评价结果为超载或严重超载，为用水总量评价指标的评价结果较差典型省（自治区、直辖市）。

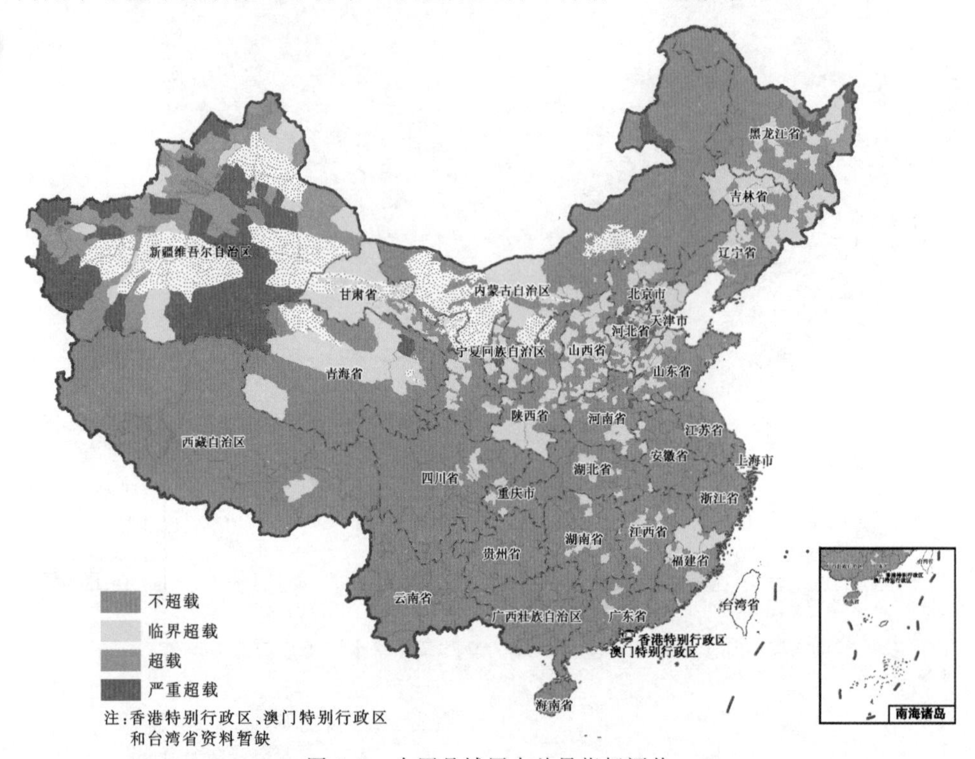

图7.9　全国县域用水总量指标评价

全国2404个区县地下水指标的评价结果是1871个不超载区（77.8%），58个临界超载区（2.4%），158个超载区（6.6%），317个严重超载区（13.2%），其评价结果如图7.10所示。地下水评价指标的评价结果为超载区和严重超载区包括北京、天津、河北、河南、甘肃、黑龙江、山东、山西、内蒙古和新疆等省（自治区、直辖市），其中天津市的10个区、河北省的117个县、河南省的86个县、新疆维吾尔自治区的39个县和甘肃省的33个县地下水评价指标的评价结果为超载或严重超载，为地下水评价指标的评价结果较差典型省（自治区、直辖市）。

全国2404个区县水量要素的评价结果是1527个不超载区（63.5%），334个临界超载区（13.9%），198个超载区（8.2%），345个严重超载区（14.4%），其评价结果如图7.11所示。按省区统计结果见图7.12，从全国范围来看，水量要素承载能力评价结果为超载区和严重超载区的区域主要集中在我国西北地区，华北地区。水量要素的评价结果为超载区和严重超载区的区域包括北京、河北、山西、内蒙古、吉林、黑龙江、山东、河南、湖北、四川、甘肃、宁夏、青海、新疆等省（自治区、直辖市），其中北京市的6个区、天津市的10个区、河北省的123个县、河南省的86个县、新疆维吾尔自治区的80个县、山东省的60个县和甘肃省的33个县水量要素的评价结果为超载或严重超载，为水量要素评价结果较差的典型省（自治区、直辖市）。

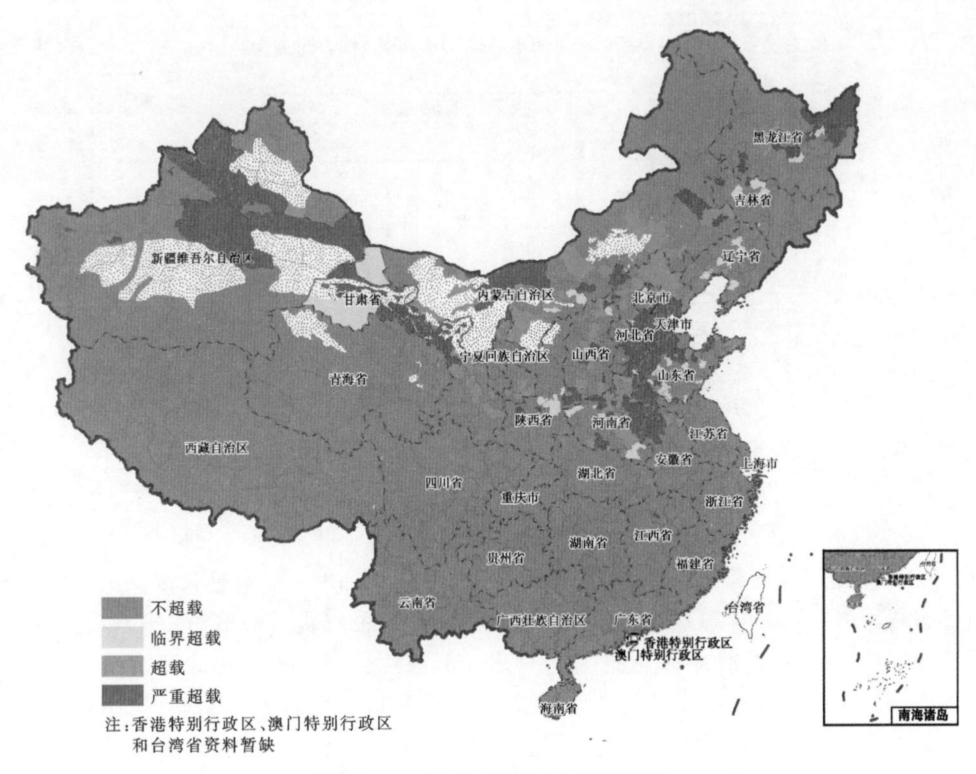

图 7.10 全国县域地下水指标评价

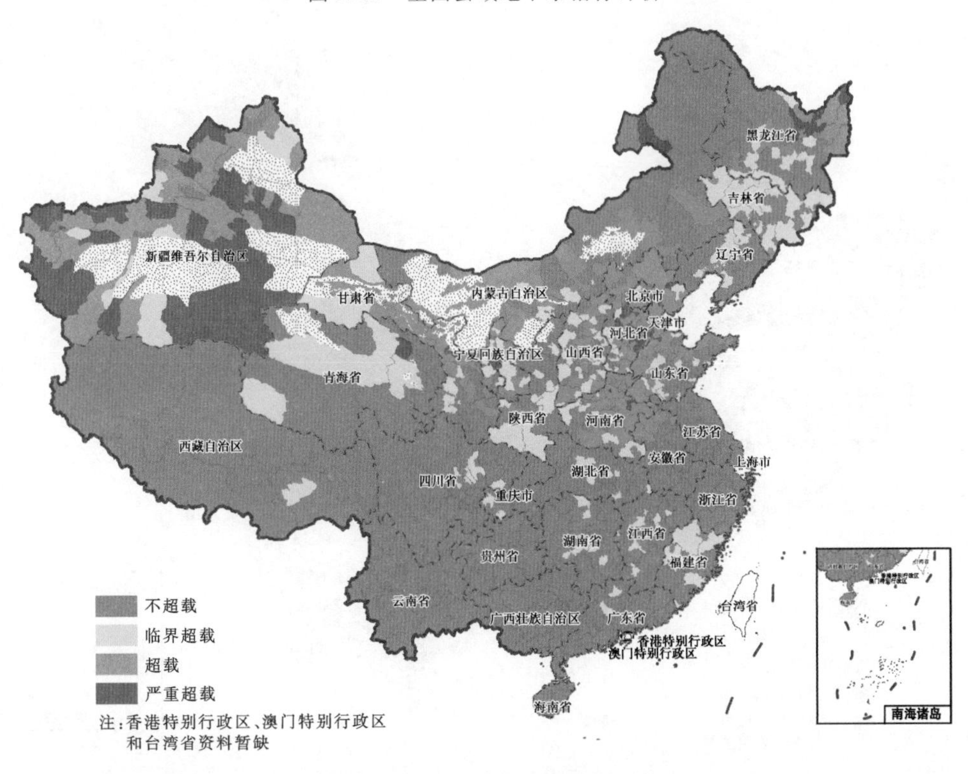

图 7.11 全国县域水量要素评价

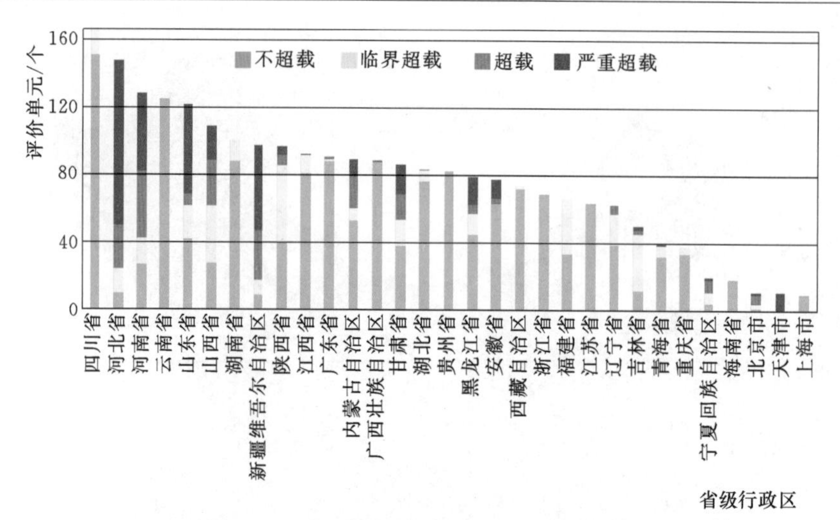

图 7.12 全国县域水量要素评价结果统计

全国 2404 个区县水功能区达标率评价指标的评价结果是 1910 个不超载区（79.5%），161 个临界超载区（6.7%），117 个超载区（4.9%），216 个严重超载区（9.0%），其结果如图 7.13 所示。按省区统计结果见图 7.14，水功能区达标率评价指标的评价结果为超载区和严重超载区包括黑龙江省、吉林省、北京市、天津市、河北省、河南省、山东省、山西省、内蒙古自治区和江苏省等省（自治区、直辖市），其中天津市的 10 个区、河北省的 43 个县、河南省的 50 个县、黑龙江的 39 个县、山西省的 28 个县和江苏省的 13 个县水

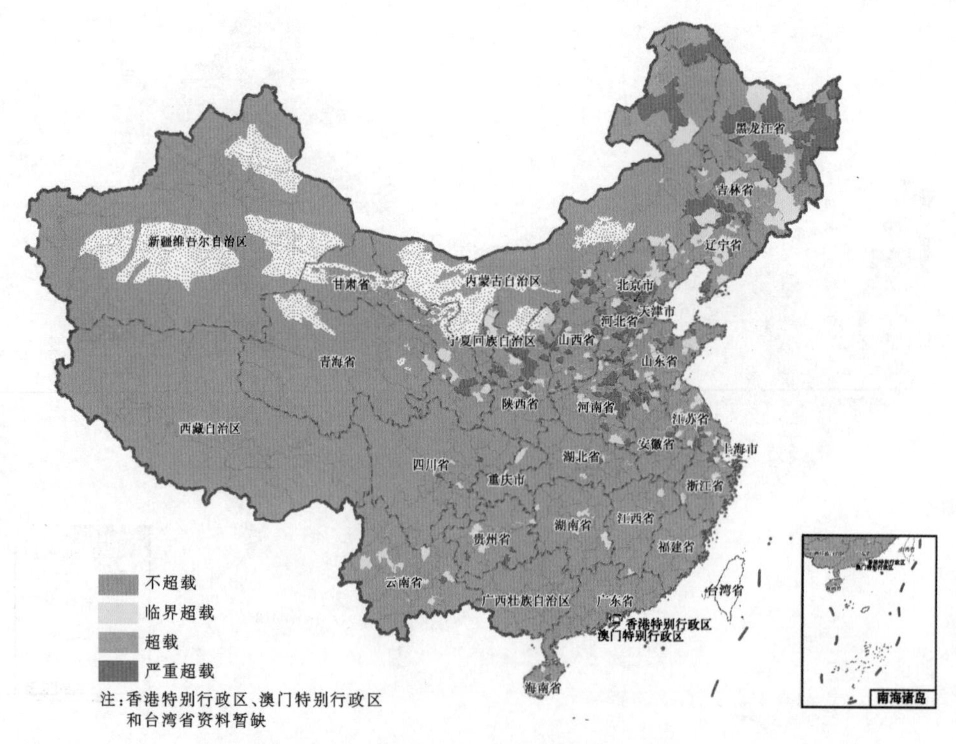

图 7.13 全国水功能区达标率指标评价结果

功能区达标率评价指标的评价结果为超载或严重超载，为水功能区达标率评价指标评价结果较差的典型省（自治区、直辖市）。

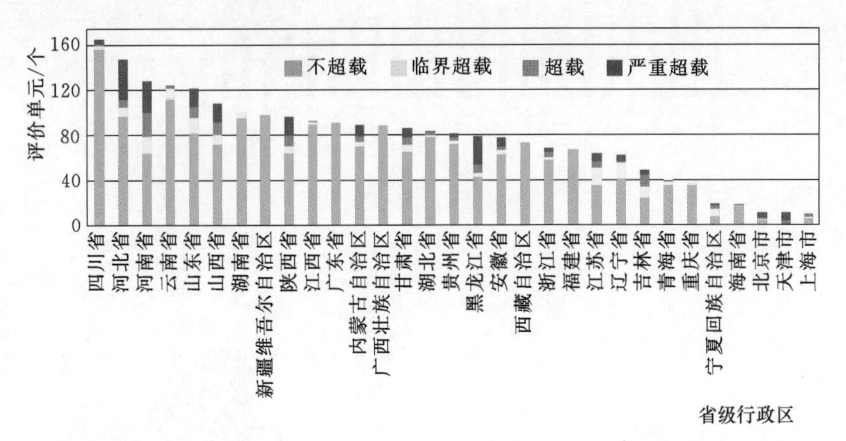

图 7.14 各省（自治区、直辖市）水功能区达标率指标评价结果统计

全国 2404 个区县的 COD 超排程度评价指标的评价结果是 2011 个不超载区（83.7%），23 个临界超载区（1.0%），205 个超载区（8.5%），165 个严重超载区（6.9%），其评价结果如图 7.15 所示，按省区统计结果如图 7.16 所示。全国 2404 个区县的氨氮超排程度评价指标的评价结果是 2012 个不超载区（83.7%），31 个临界超载区（1.3%），152 个超载区（6.3%），209 个严重超载区（8.7%），其评价结果如图 7.17 所示，按省区统计结果如图 7.18 所示。

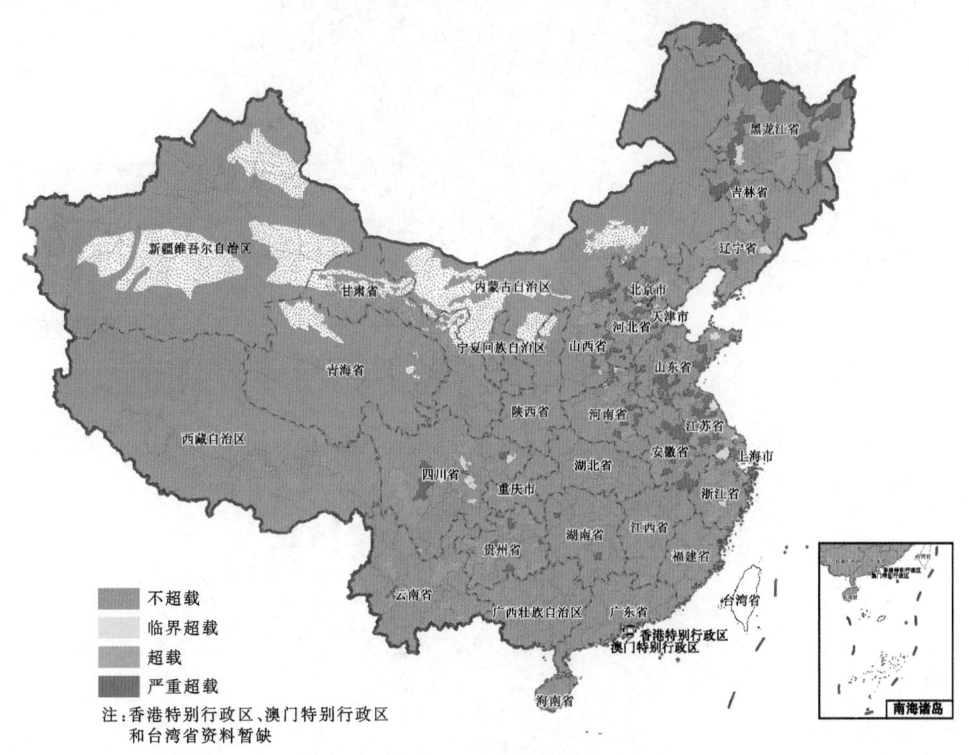

图 7.15 全国 COD 指标评价结果

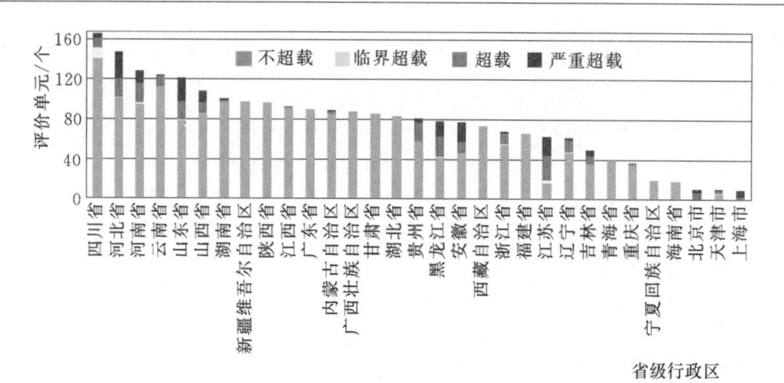

图7.16 各省COD指标评价结果统计

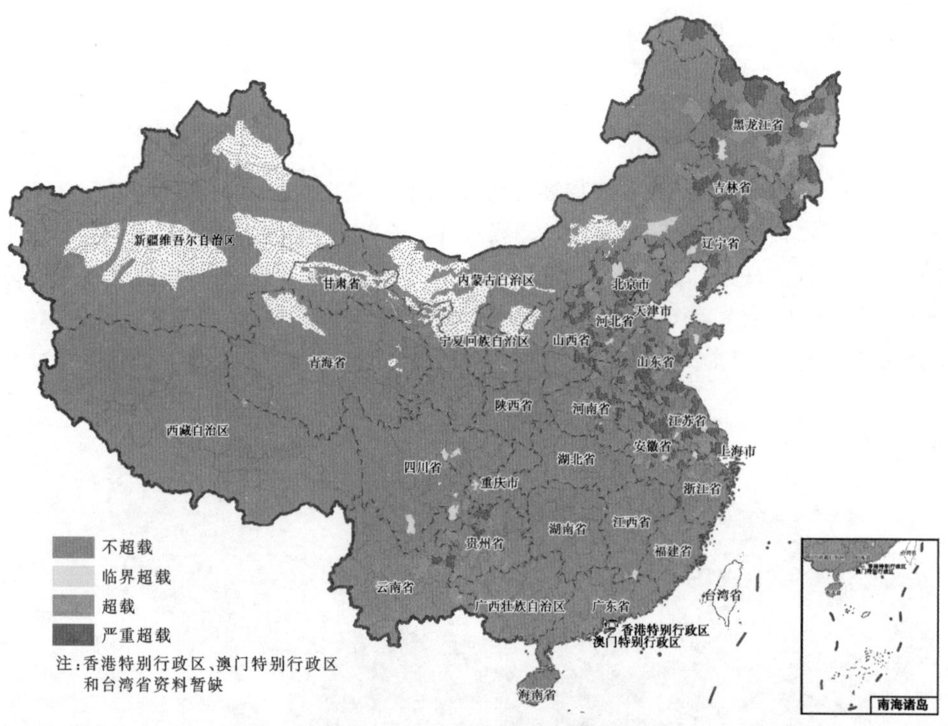

图7.17 全国氨氮指标评价结果

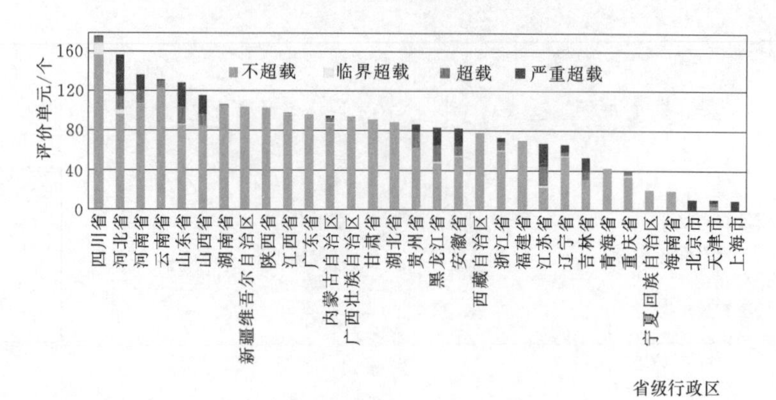

图7.18 各省氨氮指标评价结果统计

利用短板法得到全国2404个区县水质要素的评价结果，如图7.19所示。其中1610个不超载区（67.0%），142个临界超载区（5.9%），238个超载区（9.9%），414个严重超载区（17.2%）。从全国范围来看，水质要素及其包括的评价指标的评价结果为超载区和严重超载区的区域主要集中在东北地区、华北地区和部分南方地区。COD和氨氮限排程度评价指标的评价成果在地区分布上基本一致，超载区和严重超载区包括江苏省、山东省、黑龙江省、河北省、河南省、陕西省、贵州省、浙江省、北京市、上海市等省（自治区、直辖市），其中北京市的11个区、天津市的6个区、上海市的11个区、河北省的52个县、江苏省的52个县和安徽省的26个县COD和氨氮评价指标的评价结果为超载或严重超载，为COD和氨氮评价指标评价结果较差的典型省（自治区、直辖市）。

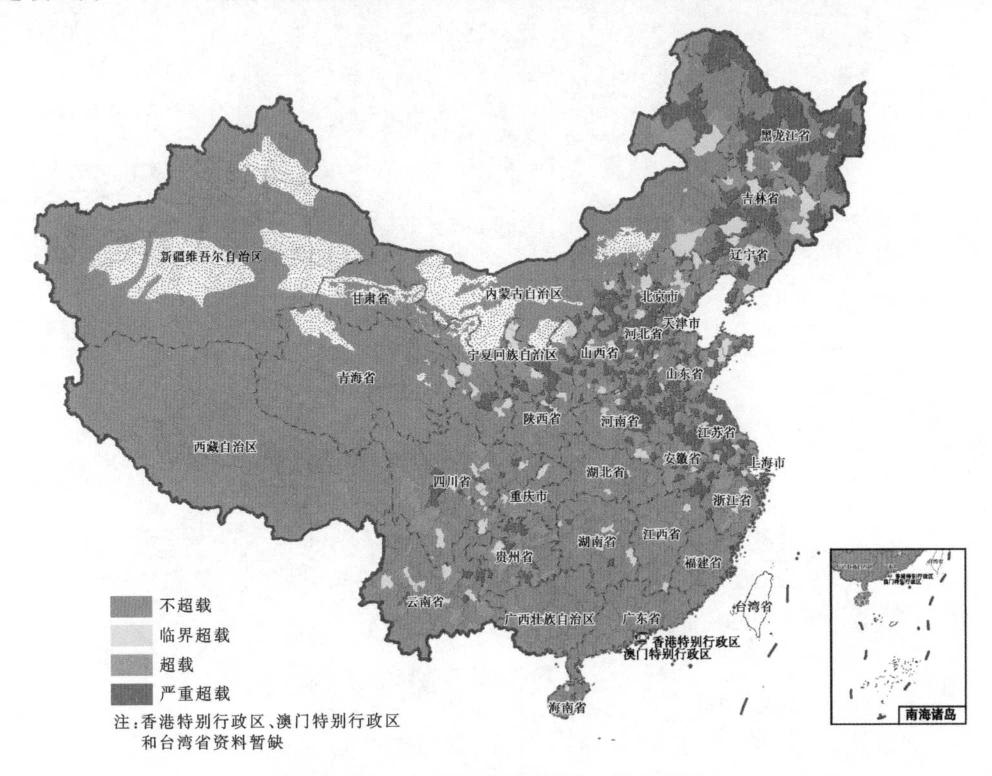

图7.19 全国水质要素评价（修正前）

以中国环境科学研究院的全国水质要素评价结果为基础对本报告所得评价结果进行修正，结果如图7.20所示，评价结果是1483个不超载区（61.7%），295个临界超载区（12.3%），297个超载区（12.4%），329个严重超载区（13.7%）。经环科院修正后的水质要素评价结果包括北京市、天津市、河北省、河南省、山西省、山东省、云南省、上海市、江苏省和安徽省等省（自治区、直辖市），其中北京市的11个区、天津市的11个区、河北省的81个县、河南省的68个县、山东省的59个县、山西省的46个县、江苏省的40个县、安徽省的25个县和上海市的8个区的水质要素评价结果为超载或严重超载，为水质要素评价结果较差的典型省（自治区、直辖市）。

采用短板法得到全国2404个区县的水资源承载能力评价结果如图7.21所示，其中

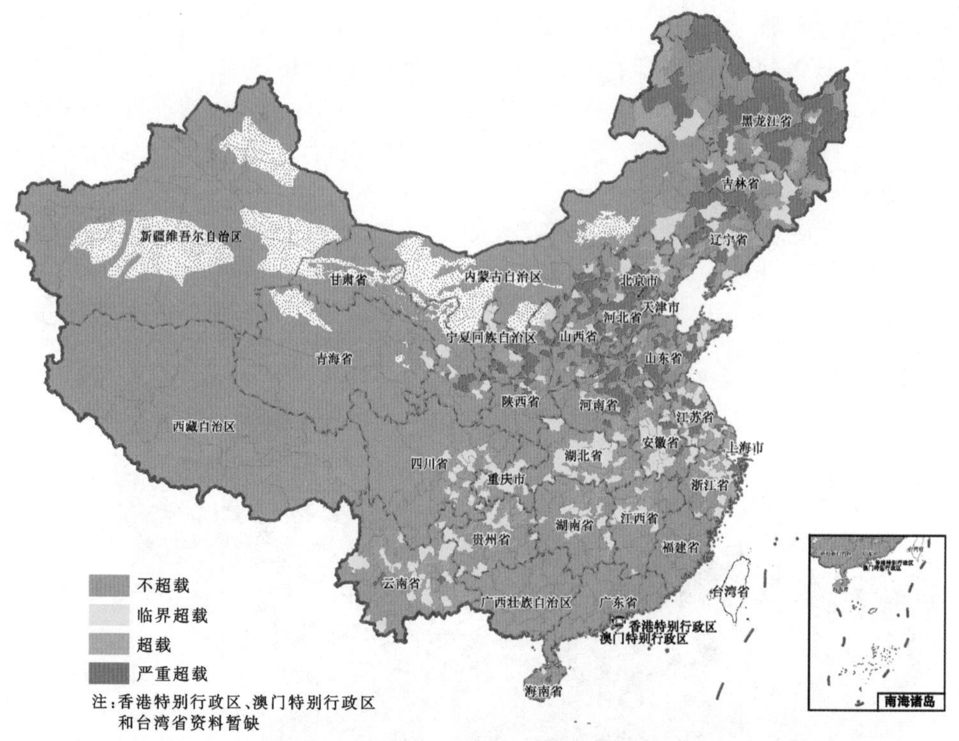

图7.20　全国水质要素评价（修正后）

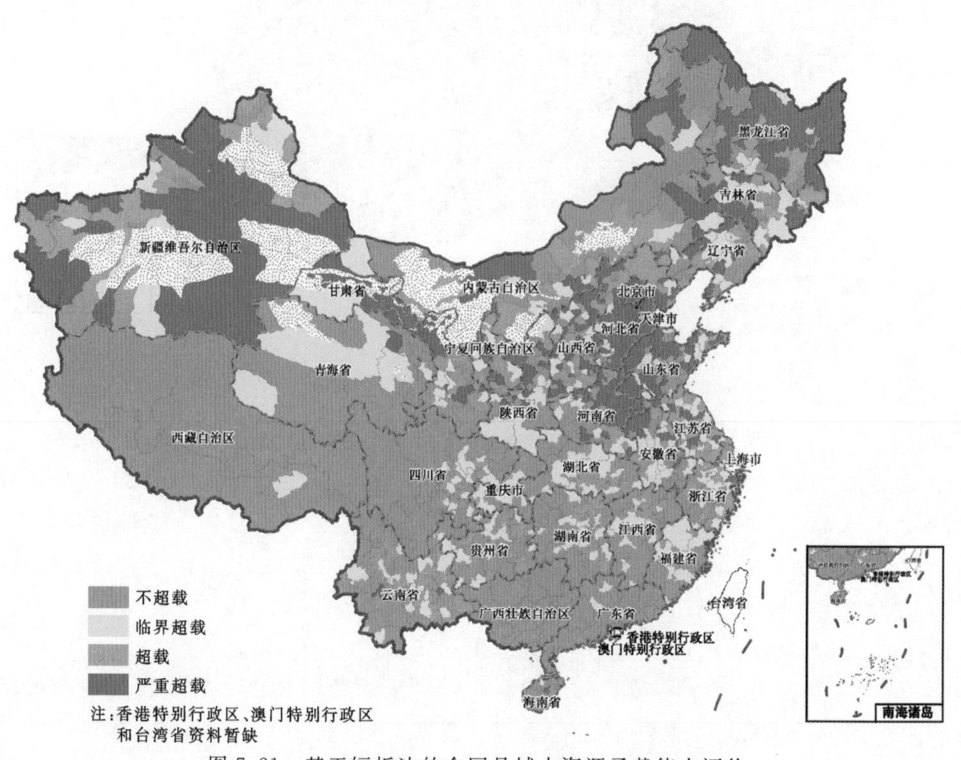

图7.21　基于短板法的全国县域水资源承载能力评价

993个不超载区（41.3%），468个临界超载区（19.5%），380个超载区（15.8%），563个严重超载区（23.4%）。采用风险矩阵法得到全国2404个区县的水资源承载能力评价结果如图7.22所示，其中1216个不超载区（50.6%），362个临界超载区（15.1%），435个超载区（18.1%），391个严重超载区（16.3%）。

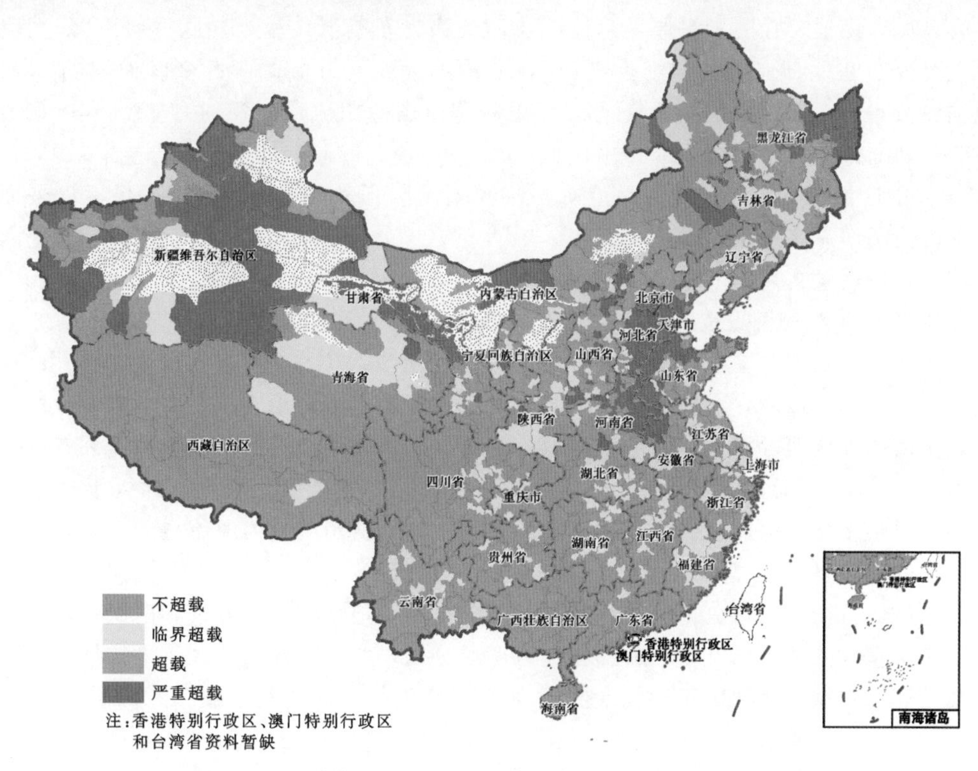

图7.22　基于风险矩阵法的全国县域水资源承载能力评价

分别采用短板法和风险矩阵法进行水量水质双要素合成评价全国县域水资源承载能力，在2404个评价区县中，两种方法的评价结果存在一些差异，表现在有585个评价单元的评价结果不一致，风险矩阵法比短板法评价成果优一档。两种评价方法评价成果整体上是一致的，水资源承载状况表现出相似的空间分布规律：我国水资源承载状况北方整体劣于南方，黄淮海地区、东北、河西走廊、新疆维吾尔自治区及南方零星地区存在水资源超载或严重超载情况。从超载要素来看，北方主要是水量水质型超载（其中西北主要是水量超载），南方主要是水质型超载。

7.3　重点地区水资源承载能力评价

7.3.1　京津冀地区水资源承载能力评价

7.3.1.1　京津冀地区概况

（1）自然地理。京津冀地区即指北京市、天津市和河北省的总称，地处北纬36°05′～

42°40′、东经113°27′～119°50′，东西宽约为650km，南北长约为750km，全区域总面积约为21.6万km^2，占全国总面积的2.3%。京津冀地处华北平原北部，兼跨蒙古高原东部，北靠燕山，西倚太行山，南面华北平原，东临渤海湾。

京津冀地处中纬度沿海与内陆交界地带，地形地貌复杂多样，从西北向东南地貌类型依次为高原、山地、丘陵和平原，总体地势西北高、东南低，呈半环状逐级下降。其中，高原主要分布在北部，俗称“坝上高原”，面积约为1.6万km^2，占全区面积的7.4%；山地主要分布于西部，由绵延于境的太行山和燕山山脉组成，面积约占35.0%；丘陵区主要位于西北部地区，太行山和燕山南侧，面积约占4.2%；盆地总面积约占9.0%；其余44.4%的区域为平原区。从地貌上看，该区域囊括有多种地貌特征，但仍然以平原地貌为主，沿渤海岸多滩涂、湿地。

坝上高原属蒙古高原的南缘，俗称坝上高原，地貌特征以丘陵为主，湖泊点缀其间。坝上高原是京津冀地区的重要林区，也是京津冀地区皮毛、肉食、禽蛋等畜产品的主产区。京津冀地区山地主要由燕山和太行山两大山脉组成，广义的京津冀地区山地由山地、丘陵、盆地三部分组成。燕山分布于河北北部，水资源丰富，素有“九山半水半分田”之称，是滦河、潮白河等多条河流的发源地和汇流处。京津冀地区的天然森林、天然草场大部分集中在此地，是京津冀地区木材、畜产品和果品的主产区。太行山绵延于京津冀西部，地形复杂多样，山体植被以喜暖灌木草丛为主。太行山区是海河流域的上游，也是京津冀平原的天然屏障。

（2）气候特征。京津冀地处中纬度欧亚大陆东岸，地域跨越中温带和南温带，属于温带湿润半干旱大陆性季风气候，大部分地区四季分明，寒暑悬殊。全区年平均气温由北向南逐渐升高，长城以北地区年均气温低于10℃，中南部地区年均气温为12℃，南北气温相差较大。年平均降水量为350～770mm，且降水量时空分布不均匀，总体趋势是东南部多于西北部。多年年均水资源总量为258亿m^3，人均水资源量239m^3，仅为全国人均水资源量平均值的1/9，是我国缺水最严重的地区。

（3）河流水系。京津冀地区属海河流域，涉及海河流域全部水系，河网发育。这些河流分属三大水系，由北向南依次为滦河水系、海河水系和徒骇马颊河水系。京津冀地区河流主要分属滦河水系和海河水系。滦河水系包括滦河和冀东沿海诸河，发源于河北省丰宁县。海河水系包括北三河（蓟运河、潮白河、北运河）、永定河、大清河、子牙河、黑龙港及远东地区（南排河、北排河）、漳卫河等河系。蓟运河、潮白河、大清河、子牙河发源于河北省；北运河上游的温榆河发源于北京市；永定河上游两支桑干河、洋河分别发源于山西省、内蒙古自治区；子牙河上游滹沱河、滏阳河分别发源于山西省、河北省；漳卫河发源于山西省；黑龙港及远东地区的南排河和北排河主要接纳上游来水。这些河流总的流向是自西北流向东南，最后汇入渤海。

（4）水利工程。京津冀地区水库众多，建有密云水库、官厅水库、潘家口水库等大型水库30座，总库容约253亿m^3，兴利库容约119亿m^3；建有中型水库69座，总库容约22亿m^3。

京津冀地区是南水北调工程的受水区。根据《南水北调工程总体规划》《海河流域综合规划》，到2020年，南水北调中线工程向北京市规划供水水量为10.5亿m^3，天津市为13.6亿m^3，河北省为37.4亿m^3，京津冀地区总量为61.5亿m^3；到2030年，南水北

调中线工程和东线工程向北京市规划供水水量为14.9亿m^3，天津市为18.6亿m^3，河北省为52.3亿m^3，京津冀地区总量为85.8亿m^3。2014年12月12日，南水北调中线工程正式通水，12月27日，引江水正式进入京津冀地区。南水北调供水区域已覆盖京津冀地区大部分市区。

按照《黄河流域水资源综合规划》，河北省、天津市均是引黄工程的受水区，在南水北调东、中线生效前，河北省、天津市黄河水配置水量为18.4亿m^3，南水北调东、中线生效后，河北省黄河水配置水量为6.2亿m^3，天津市未配置黄河水。但在必要时，根据河北省、天津市的缺水情况和黄河来水情况，可以向河北省、天津市应急供水。

为协调平衡区域间用水需求，京津冀地区实施跨省、跨地区调水。《国务院办公厅转发水利电力部关于引滦工程管理问题的报告的通知》（国办发〔1983〕44号）明确潘家口水库、大黑汀水库蓄水后，通过引滦枢纽工程向天津市和河北省（唐山市、滦下灌区）供水，1983—2013年，引滦工程向天津市共计供水166.82亿m^3，年均供水5.38亿m^3；向河北省供水175.02亿m^3，年均供水5.65亿m^3。1989年国务院以《国务院批转水利部〈关于漳河水量分配方案请示〉的通知》（国发〔1989〕42号）批准并转发了水利部组织编制的漳河水量分配方案，经统计，2000—2014年，河北省从漳河上游引水62.73亿m^3，年均引水4.18亿m^3。2001年国务院以《国务院关于21世纪初期（2001—2005年）首都水资源可持续利用规划的批复》（国函〔2001〕53号）批复了《21世纪初期（2001—2005年）首都水资源可持续利用规划》，2007年《国务院关于永定河干流水量分配方案的批复》（国函〔2007〕135号）批复了《永定河干流水量分配方案》，依据要求，河北省在永定河水系和潮白河水系实施调度向北京市境内的官厅水库和密云水库调水。2003—2014年，河北省共计向北京市输水2.61亿m^3，年均输水量2173万m^3。另外，为了满足协调平衡县域间用水需求，京津冀局部市（县）开发利用地表水、开采地下水供向其他市（县）。

（5）经济社会概况。京津冀地区是在全新的世界经济条件下，国家协调规划所形成的重要区域。京津冀整体定位是“以首都为核心的世界级城市群、区域整体协同发展改革引领区、全国创新驱动经济增长新引擎、生态修复环境改善示范区”。

三省市定位分别为，北京市为“全国政治中心、文化中心、国际交往中心、科技创新中心”；天津市为“全国先进制造研发基地、北方国际航运核心区、金融创新运营示范区、改革开放先行区”；河北省为“全国现代商贸物流重要基地、产业转型升级试验区、新型城镇化与城乡统筹示范区、京津冀生态环境支撑区”。北京市和天津市滨海经济区拥有先进制造业、现代服务业和科技创新与技术研发基地，是我国人口集聚最多、创新能力最强、综合实力最强的区域之一。区内河北省唐山市、邯郸市等地铁矿资源丰富，是重要的冶金工业基地。中部平原是我国的粮食主产区，土地、光热资源丰富，粮食产量高；同时也是传统工业基地，交通便利，城镇和人口集中。

京津冀地区包括北京、天津2个直辖市以及河北省的石家庄、唐山、保定、秦皇岛、廊坊、沧州、承德、张家口、邢台、邯郸和衡水11个地市。北京、天津两个直辖市全部属于海河流域，面积分别为1.68万km^2和1.19万km^2；河北省总面积18.80万km^2，其中，属于海河流域的面积为17.16万km^2，约占全省面积的92%。京津冀地区总面积约21.6万km^2。

2014 年京津冀区域总人口约 1.1 亿，占全国总人口的 8%。其中，城镇人口 5502 万人，城镇化率 49.8%；农村人口 5548 万人，占 50.2%。京津冀区域平均人口密度 510 人/km^2。人口主要集中在京津平原地区和水资源条件相对较好的山前平原。

京津冀区域属于环渤海经济区，具有地理位置十分优越、自然资源非常丰富、陆海空交通发达便捷、工业基础和科技实力雄厚、拥有实力较强的骨干城市群等 5 大优势，是我国经济较为发达、同时蕴藏着巨大发展潜力的地区。2014 年京津冀区域国内生产总值（GDP）达到了 6.85 万亿元，占全国的 10.8%，人均 GDP 达到了 6.2 万元，其中北京市人均 GDP 达到了 9.9 万元，天津市达到了 11.8 万元。

京津冀地区是我国重要的工业基地和高新技术产业基地，在国家经济发展中具有重要的战略地位，现状水平年工业增加值达到 2.37 万亿元。主要行业有冶金、电力、化工、机械、电子、煤炭等。以航空航天、装备制造、电子信息、生物技术、新能源、新材料为代表的高新技术产业发展迅速，已在区域经济中占有重要地位。

京津冀区域内土地、光热资源丰富，适于农作物生长，是我国粮食主产区之一，为保障我国的粮食安全发挥着重要作用。2014 年全流域耕地面积 1.08 亿亩，其中有效灌溉面积 0.76 亿亩。主要粮食作物有小麦、大麦、玉米、高粱、水稻、豆类等，经济作物以棉花、油料、麻类、烟叶为主。

7.3.1.2　京津冀地区水资源承载状况评价

（1）用水总量承载状况。采用 6.1.1 节的评价标准，将核定后的用水总量指标与评价口径用水总量进行对比，判别京津冀地区的水资源承载状况，见表 7.1。

表 7.1　　**京津冀地区用水总量承载状况评价过程表**　　单位：亿 m^3

行政区	用水总量指标	用水总量（评价口径）	用水总量系数
全区域	239.05	261.67	1.09
北京市	33.41	36.65	1.10
天津市	23.90	25.70	1.08
河北省	181.74	199.32	1.10

对以上用水总量承载状况评价过程表进行分析，当用水总量系数处于［1.2，+∞）时，则判定该地区用水严重超载；当用水总量系数处于［1，1.2）时，则判定该地区用水超载；当用水总量系数处于［0.9，1）时，则处于临界超载状态；其他情况，判定不超载。

2014 年京津冀地区用水总量承载状况评价结果为超载，如图 7.23 所示。

在参与评价的北京市、天津市及河北省的 11 个地级市行政单元中，仅河北省的张家口市评价结果为不超载；秦皇岛市、邯郸市、承德市评价结果为临界超载。北京市、天津市、河北省各区县用水总量承载状况评价结果见表 7.2。

从用水总量上分析：

1）北京市整体处于超载状态。其中，城六区、延庆区评价口径用水总量低于核定后的用水总量指标的 90%，处于不超载状态；顺义区评价口径用水总量界于核定后的用水总量指标的 90%～100%，处于临界超载状态；昌平区、平谷区和怀柔区评价口径用水总量大于等于核定后的用水总量指标，均处于超载状态，其他区均属于严重超载。

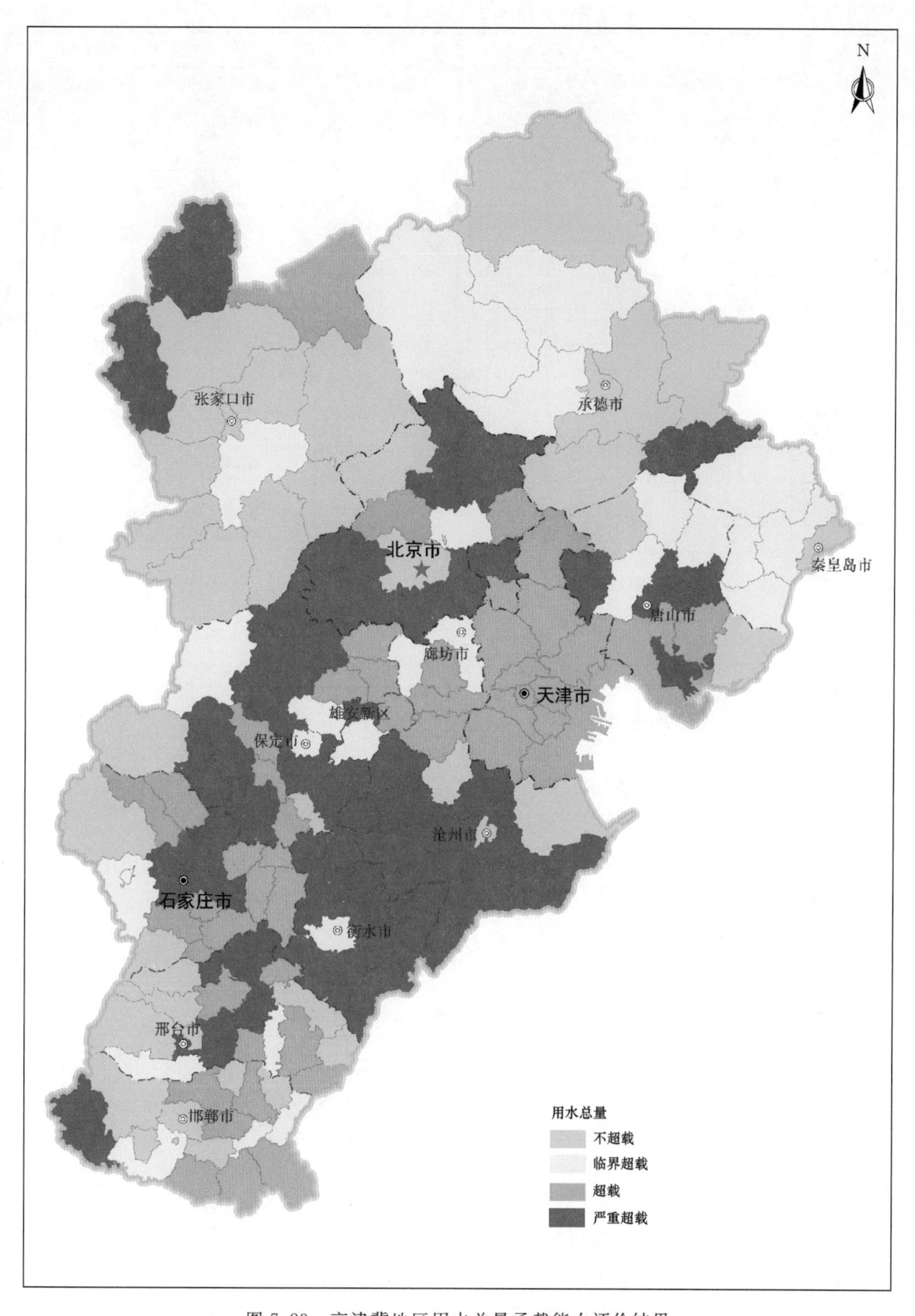

图 7.23 京津冀地区用水总量承载能力评价结果

表 7.2　　京津冀各区县用水总量承载状况评价结果表

行政区		承载状况	行政区		承载状况
北京市	城六区	不超载	天津市	武清区	超载
	门头沟区	严重超载		宝坻区	超载
	房山区	严重超载		宁河区	超载
	通州区	严重超载		静海区	超载
	顺义区	临界超载		蓟州区	超载
	昌平区	超载		**小计**	**超载**
	大兴区	严重超载	河北省	石家庄市	严重超载
	平谷区	超载		唐山市	超载
	怀柔区	超载		秦皇岛市	临界超载
	密云区	严重超载		邯郸市	临界超载
	延庆区	不超载		邢台市	超载
	小计	**超载**		保定市	超载
天津市	市内六区	超载		张家口市	不超载
	东丽区	超载		承德市	临界超载
	西青区	超载		沧州市	超载
	津南区	超载		廊坊市	超载
	北辰区	超载		衡水市	严重超载
	滨海新区	超载		**小计**	**超载**

2）天津市整体处于超载状态。

3）河北省整体处于超载状态。其中，秦皇岛市、邯郸市、承德市评价口径用水总量界于核定后的用水总量指标的 90%～100%，处于临界超载状态；张家口市评价口径用水总量小于核定后用水总量指标的 90%，处于不超载。

（2）地下水承载状况。地下水承载状况的判定需要先进行地下水超采量的核定，再进行地下水开采量控制指标与评价口径开采量指标的对比，以此综合判别京津冀地区的地下水承载状况，见表 7.3。值得注意的是，对于处于山区的市（区、县），由于开采地下水相当于袭夺地表水，可直接判定为地下不超采，不再进行地下水开采量控制指标与评价口径的对比。

表 7.3　　京津冀地区地下水承载状况评价过程表　　单位：亿 m^3

行政区	地下水开采控制量	地下水开采量（评价口径）	地下水开采系数	地下水超采量
京津冀	125.41	173.47	1.38	62.70
北京市	17.00	19.56	1.15	0.85
天津市	4.75	5.34	1.12	2.19
河北省	103.66	148.57	1.43	59.66

对以上地下水承载状况评价过程表进行分析，当地下水开采系数不小于 1.2 时，则判定该地区用水严重超载；当地下水开采系数不小于 1 时，则判定该地区用水超载；当地下水开采系数在 0.9～1 之间，则处于临界超载状态；其他情况，判定不超载。

2014 年京津冀地区地下水承载状况评价结果为超载，如图 7.24 所示。

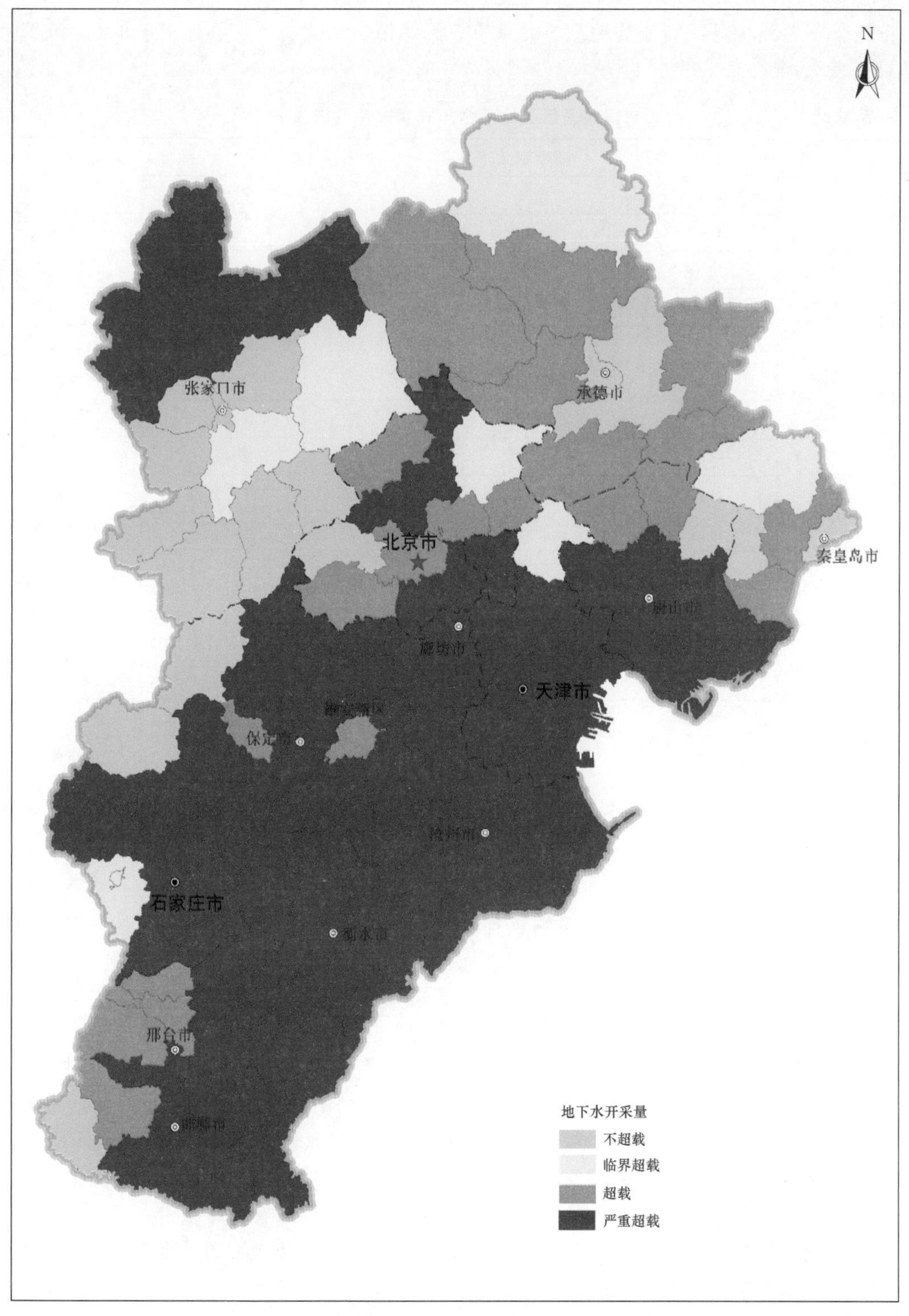

图 7.24 京津冀地区地下水开采承载能力评价结果

在参与评价的北京市、天津市及河北省的 11 个地级市行政单元中，仅秦皇岛市、承德市处于不超载状况，其他均超载。北京市、天津市、河北省各区县地下水承载状况评价结果见表 7.4。

表 7.4　　京津冀各区县地下水承载状况评价结果表

行政区		承载状况	行政区		承载状况
北京市	城六区	超载	天津市	武清区	严重超载
	门头沟区	不超载		宝坻区	严重超载
	房山区	超载		宁河区	严重超载
	通州区	严重超载		静海区	严重超载
	顺义区	超载		蓟州区	临界超载
	昌平区	严重超载		**小计**	**严重超载**
	大兴区	严重超载	河北省	石家庄市	严重超载
	平谷区	超载		唐山市	严重超载
	怀柔区	严重超载		秦皇岛市	不超载
	密云区	临界超载		邯郸市	严重超载
	延庆区	超载		邢台市	严重超载
	小计	**超载**		保定市	严重超载
天津市	市内六区	严重超载		张家口市	超载
	东丽区	严重超载		承德市	不超载
	西青区	严重超载		沧州市	严重超载
	津南区	严重超载		廊坊市	严重超载
	北辰区	严重超载		衡水市	严重超载
	滨海新区	严重超载		**小计**	**超载**

1）北京市各区县基本处于超载状态，仅门头沟地区评价口径地下水开采量低于地下水开采控制指标的 90%，处于不超载状态；密云区评价口径地下水开采量界于地下水开采控制指标的 90%～100%，处于临界超载状态。

2）天津市各区县基本处于超载状态，仅蓟州区评价口径地下水开采量介于地下水开采控制指标的 90%～100%，处于临界超载状态。

3）河北省各地级市评价口径地下水开采量均大于地下水开采控制指标，但对位于山区的地区，需要重点考察其地下水超采量，以此综合判断地下水超载状况。鉴于秦皇岛市、承德市位于山区，且未发生地下水超采量，故判定其地下水开采状况为不超载。

（3）水功能区水质达标率及污染物入河量承载状况。根据以上标准和方法对京津冀各个区县进行水资源承载能力水质要素评价。从省（直辖市）来看，北京市、天津市属严重超载区，河北省属超载区，其中河北省 3 个地级市属严重超载区、6 个地级市属超载区，2 个地级市属临界超载区。水质评价结果见表 7.5。

1）北京市属严重超载区。北京市现状水质达标率为 51.5%，2020 年水质达标率要求为 75.8%，水质达标状况处于临界超载状态；COD、氨氮现状入河量均超过 2020 年限排

量，超限比（排放量与2020年限排量的比值）分别为1.79、3.40，分别属于超载、严重超载状态。

分区县来看，密云区、顺义区、通州区、大兴区、房山区属严重超载区，其中房山区水质达标状况、COD排放量、氨氮排放量3项指标均属于严重超载状态；城六区、延庆区、怀柔区、昌平区、平谷区属超载区；仅门头沟区属临界超载区。

表7.5　京津冀各市（区）水质要素评价结果

行政区名称		达标率 Q/%	水质达标率要求 Q_0/%	Q/Q_0	评价等级	COD排放量/限排量	氨氮排放量/限排量	评价等级	综合评价
北京市	城六区	30.8	61.5	0.50	超载	1.73	1.46	超载	超载
	密云区	100.0	100.0	1.00	不超载	2.16	9.32	严重超载	严重超载
	延庆区	66.7	100.0	0.67	临界超载	1.00	2.36	超载	超载
	怀柔区	85.7	85.7	1.00	不超载	1.80	1.33	超载	超载
	顺义区	50.0	50.0	1.00	不超载	1.60	6.04	严重超载	严重超载
	昌平区	50.0	50.0	1.00	不超载	1.38	1.50	超载	超载
	通州区	0.0	33.3	0.00	严重超载	1.28	1.32	超载	严重超载
	平谷区	66.7	100.0	0.67	临界	2.32	1.10	超载	超载
	大兴区	20.0	80.0	0.25	严重超载	2.03	7.15	严重超载	严重超载
	门头沟区	100.0	100.0	1.00	不超载	1.00	1.13	临界超载	临界超载
	房山区	33.3	100.0	0.33	超载	3.17	26.81	严重超载	严重超载
	全市评价	**51.5**	**75.8**	**0.68**	**临界**	**1.79**	**3.40**	**严重超载**	**严重超载**
天津市	市内六区	21.4	92.9	0.23	严重超载	47.88	124.54	严重超载	严重超载
	宝坻区	0.0	88.9	0.00	严重超载	0	0	不超载	严重超载
	宁河区	0.0	70.0	0.00	严重超载	4.08	6.27	严重超载	严重超载
	滨海新区	11.1	50.0	0.22	严重超载	6.4	2.99	严重超载	严重超载
	蓟州区	14.3	83.3	0.17	严重超载	0	0	不超载	严重超载
	北辰区	0.0	42.9	0.00	严重超载	3.82	4.17	严重超载	严重超载
	武清区	12.5	75.0	0.17	严重超载	2.73	3.77	严重超载	严重超载
	静海区	20.0	70.0	0.29	严重超载	0	0	不超载	严重超载
	西青区	0.0	80.0	0.00	严重超载	2.27	1.44	超载	严重超载
	津南区	50.0	100.0	0.50	超载	1.36	1.1	超载	超载
	东丽区	33.3	33.3	1.00	不超载	1.48	3.2	严重超载	严重超载
	全市合计	**11.8**	**69.9**	**0.17**	**严重超载**	**2.54**	**1.79**	**超载**	**严重超载**
河北省	石家庄市	83.8	91.9	0.91	不超载	1.50	2.09	超载	超载
	唐山市	42.9	74.3	0.58	超载	0.96	0.91	不超载	超载
	秦皇岛市	50.0	72.7	0.69	临界超载	1.37	1.37	超载	超载

续表

行政区名称		达标率 Q/%	水质达标率要求 Q_0/%	Q/Q_0	评价等级	COD 排放量/限排量	氨氮排放量/限排量	评价等级	综合评价
河北省	邯郸市	56.3	62.5	0.90	不超载	1.01	2.48	超载	超载
	邢台市	42.2	56.3	0.75	临界超载	2.00	1.98	超载	超载
	保定市	69.9	91.8	0.76	临界超载	0.73	0.86	不超载	临界超载
	张家口市	90.6	84.4	1.07	不超载	1.12	1.16	临界超载	临界超载
	承德市	65.3	89.8	0.73	临界超载	0.62	8.24	严重超载	严重超载
	沧州市	32.6	45.7	0.71	临界超载	1.83	2.10	超载	超载
	廊坊市	29.2	66.7	0.44	超载	1.40	2.80	超载	超载
	衡水市	51.1	84.4	0.61	临界超载	3.01	2.24	严重超载	严重超载
	全市合计	**56.4**	**75.2**	**0.75**	**临界超载**	**1.31**	**2.09**	**超载**	**超载**

2）天津市属严重超载区。天津市现状水质达标率较低，仅 10.3%，2020 年水质达标率要求为 70.1%，水质达标状况较差，属严重超载状态；COD、氨氮现状入河量均超过 2020 年限排量，超限比分别为 2.54、1.80，均属于超载状态。

分区县来看，仅津南区属超载状态，其他区县均属于严重超载状态，主要是由于各区县水质状况均较差，水质达标率较低，均属于严重超载状态。天津市各区县中宁河区水质达标状况、COD 排放量、氨氮排放量均属于严重超载状态。

3）河北省属超载区。河北省现状水质达标率为 56.5%，2020 年水质达标率要求为 75.2%，水质达标状况处于临界超载状态；COD、氨氮现状入河量均超过 2020 年限排量，超限比分别为 1.32、2.09，均属于超载状态。

分地级市来看，保定市、张家口市属于临界超载区，保定市 COD、氨氮排放量均不超过限排量，而水质达标状况处于临界超载状态，张家口市水质达标状况达标，而 COD、氨氮排放量属于临界超载状态；石家庄市、唐山市、秦皇岛市、邯郸市、邢台市、沧州市、廊坊市属超载区，唐山市仅水质达标状况处超载状况，COD、氨氮排放量均属于达标状况，邯郸市水质状况、COD 排放量达标，仅氨氮排放量超载状态，石家庄市水质状况达标，COD、氨氮排放量均属于超载状态，秦皇岛市、邢台市、沧州市水质状况属于临界超载状态，COD、氨氮排放量均属于超载状态，廊坊市水质状况、COD、氨氮排放量均属于超载状态；承德市、廊坊市、衡水市属严重超载区，承德市 COD 排放量达标，水质处于临界超载状态，而氨氮排放量属严重超载状态，廊坊市水质、COD 排放量处于超载状态，氨氮排放量处于严重超载状态，衡水市水质处于临界超载状态，氨氮排放量处于超载状况，COD 排放量处于严重超载状态。

京津冀地区水资源水质要素综合承载状况如图 7.25 所示。

（4）水资源综合承载状况。根据上述的评价结果，综合评价京津冀各区县的水资源承载状况。评价结果表明，由于京津冀存在用水总量超载或地下水超载，或者水功能区水质及污染物排放量超标的情况，造成京津冀整体水资源综合承载状况处于超载状态，见表 7.6。

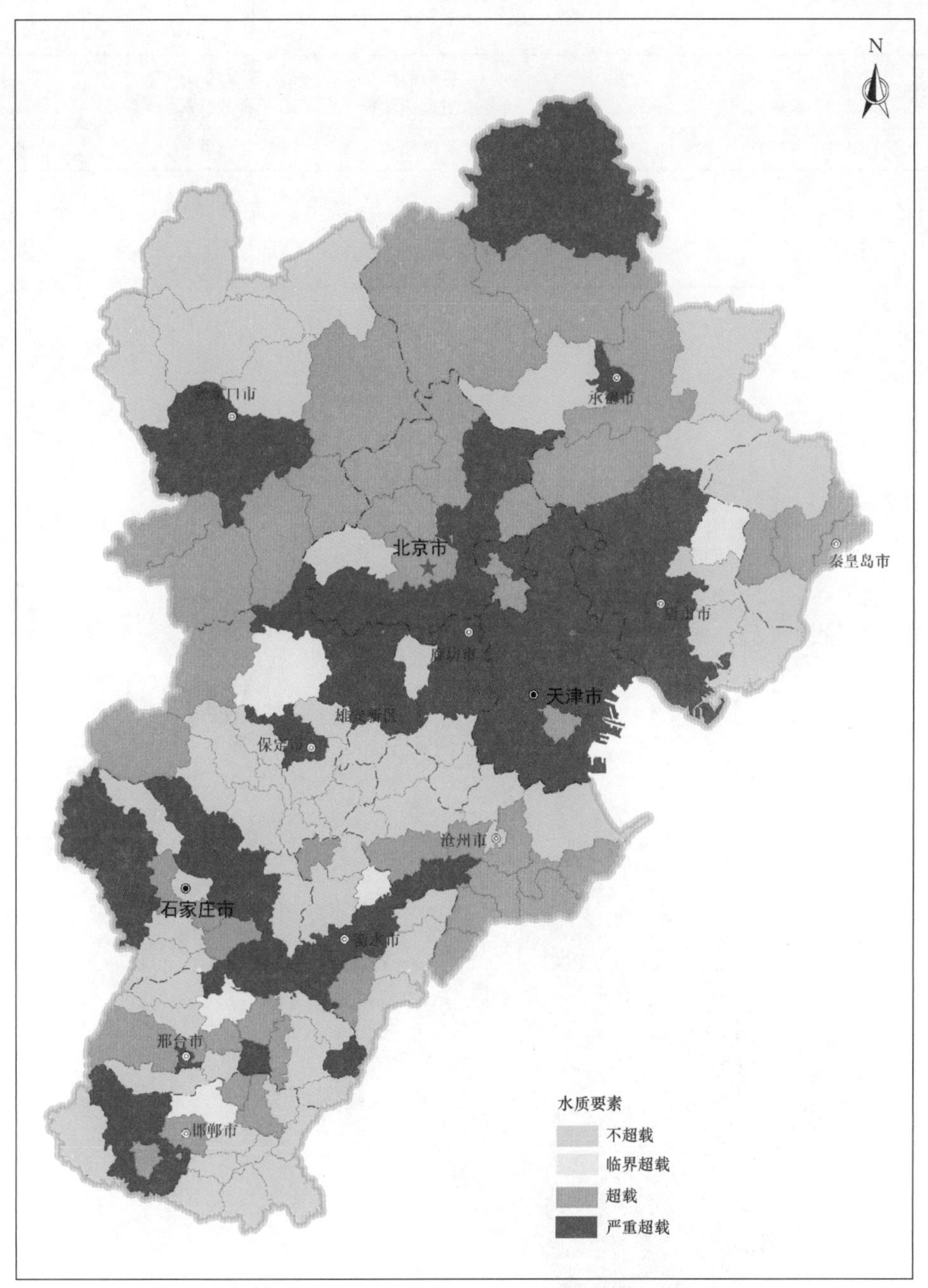

图 7.25 京津冀地区水资源水质要素承载能力评价结果

表 7.6 京津冀地区水资源综合承载状况评价结果表

行政区	用水总量承载状况	地下水承载状况	水功能区水质达标状况	水功能区污染物排放状况	综合承载状况
京津冀	超载	严重超载	超载	超载	严重超载
北京市	超载	超载	临界超载	严重超载	严重超载
天津市	超载	严重超载	严重超载	超载	严重超载

续表

行政区	用水总量承载状况	地下水承载状况	水功能区水质达标状况	水功能区污染物排放状况	综合承载状况
河北省	超载	超载	临界超载	超载	超载

在参与评价的北京市、天津市及河北省的 11 个地级市行政单元中，全部处于超载状况。京津冀地区各市（区、县）水资源水量要素综合承载状况如图 7.26 所示，水资源水

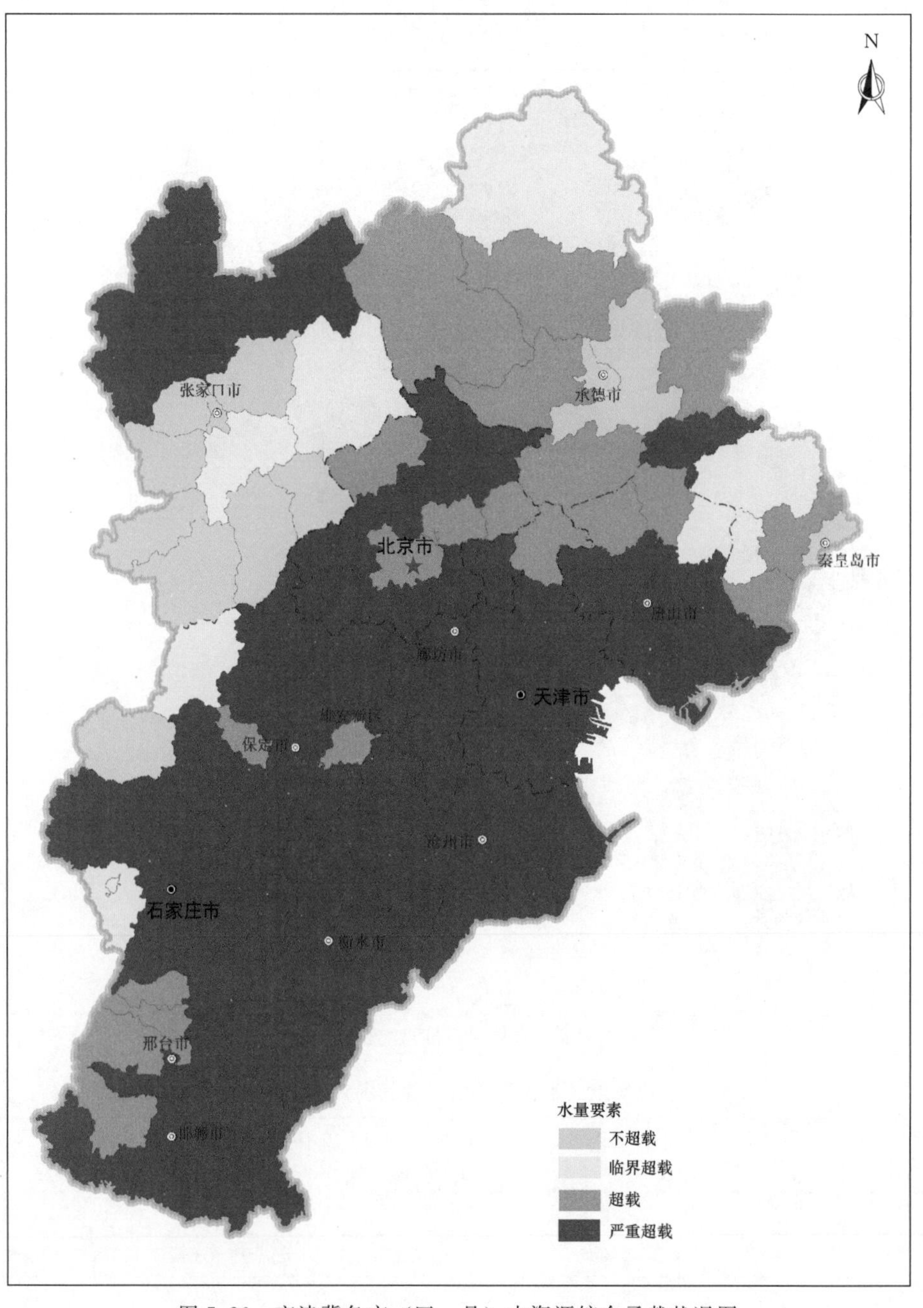

图 7.26　京津冀各市（区、县）水资源综合承载状况图

量、水质要素综合承载状况如图 7.27 所示。

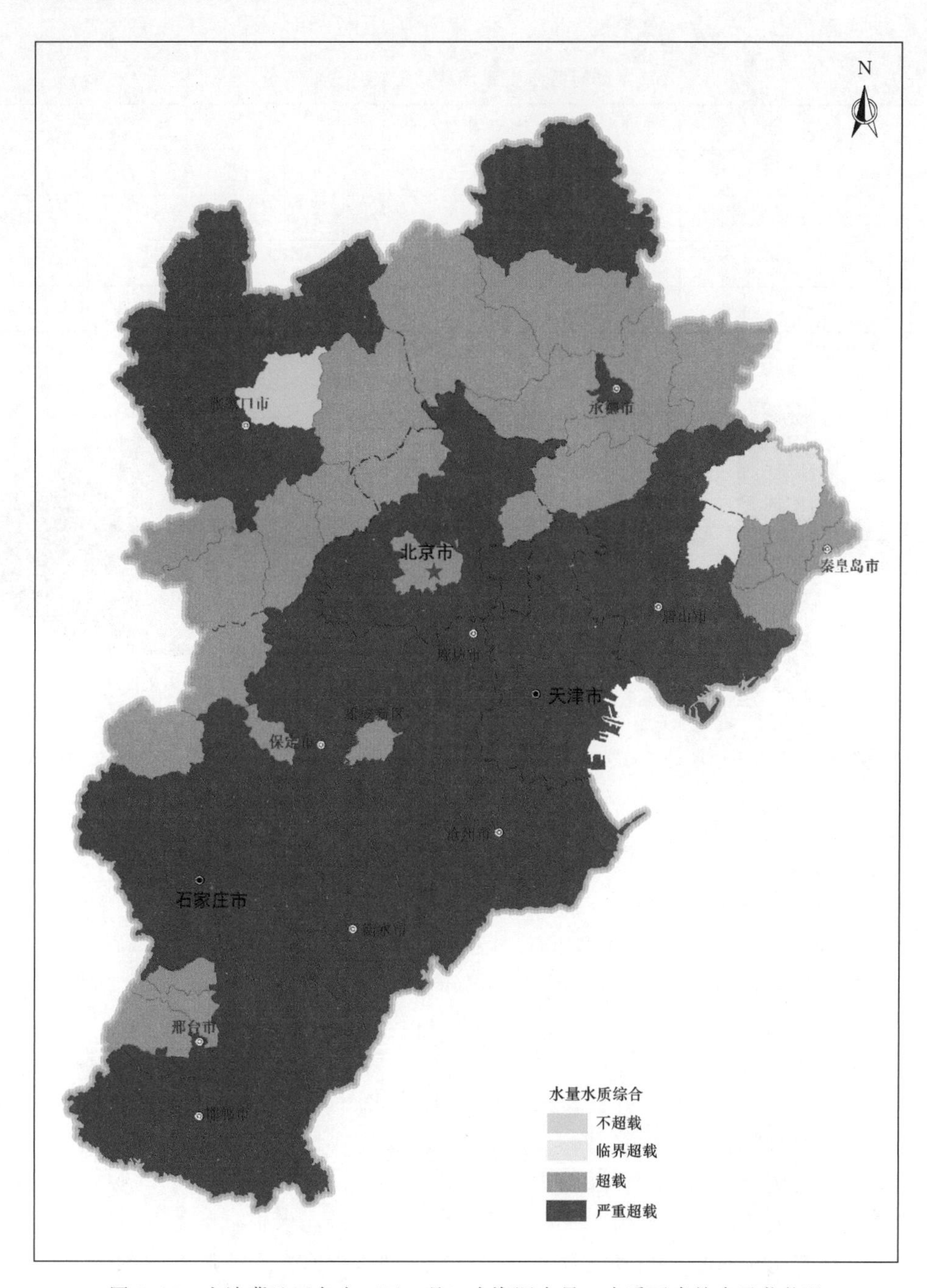

图 7.27 京津冀地区各市（区、县）水资源水量、水质要素综合承载状况

7.3.1.3 京津冀地区水资源承载能力评价分析

（1）总体评价结果。京津冀地区共计 171 个区（县）为评价单元，其中 1 个区（县）处于不超载状态，占区（县）总数的 1%；2 个区（县）处于临界超载状态，占区（县）

总数的 1%；25 个区（县）处于超载状态，占区（县）总数的 15%，143 个区（县）处于严重超载状态，占区（县）总数的 83%，见表 7.7、图 7.28、图 7.29。

表 7.7　　京津冀地区水资源承载状况统计分析表

承载状态 / 承载项目	不超载		临界超载		超载		严重超载	
	个数	比例/%	个数	比例/%	个数	比例/%	个数	比例/%
水量要素	12	7	8	5	20	12	131	76
水质要素	63	37	5	3	43	25	60	35
水量、水质	1	1	2	1	25	15	143	83

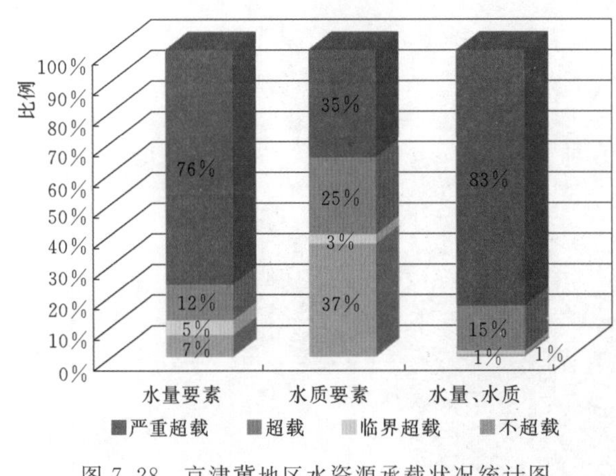

图 7.28　京津冀地区水资源承载状况统计图

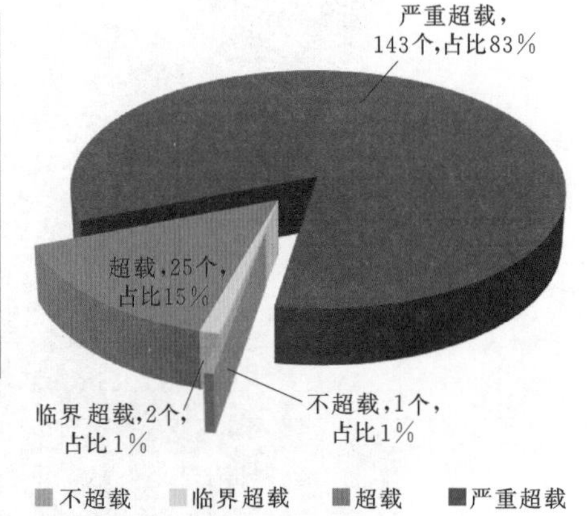

图 7.29　京津冀地区水资源综合要素承载状况图

（2）水量要素评价结果分析。从超载分布看，京津冀地区张家口市大部分地区处于不超载或临界超载状态，此外承德市、县以及秦皇岛部分地区处于不超载状态或临界超载状态；京津冀东北部地区大部分为超载状态；中南部地区几乎全部呈现严重超载状态。

京津冀共计 171 个区（县）评价单元，其中 12 个区（县）处于不超载状态，占区（县）总数的 7%；8 个区（县）处于临界超载状态，占区（县）总数的 5%；20 个区（县）处于超载状态，占区（县）总数的 12%，131 个区（县）处于严重超载状态，占区（县）总数的 76%，见表 7.7、图 7.30。

京津冀地区人均水资源量为 233m^3，均远低于全国平均水平。历史上京津冀地区用水量比较大，多年地下水超采引发大量亏空，目前虽通过节水和产业调整正不断降低，但地下水超采量仍维持比较高的水平。2014 年，京津冀地区深层承压水开采量达 40.58 亿 m^3，占地下水供水量 166.97 亿 m^3 的 24%，超采严重。京津冀地区水资源的过度开发利用是该地区整体处于超采状态的最直接原因。

总体而言，京津冀地区水资源自然条件较差，而经济社会发达，经济社会对水资源的压力较大，造成京津冀地区多数区（县）处于严重超载状态。

(3) 水质要素评价结果分析。从超载分布看，京津冀西北地区、东部部分地区以及中南部大部分地区处于不超载状态；中北部大部分处于超载状态；中部地区大部分处于超载状态。京津冀共计 171 个区（县）为评价单元，其中 63 个区（县）处于不超载状态，占区（县）总数的 37%；5 个区（县）处于临界超载状态，占区（县）总数的 3%；43 个区（县）处于超载状态，占区（县）总数的 25%；60 个区（县）处于严重超载状态，占区（县）总数的 35%。具体情况见表 7.7、图 7.31。

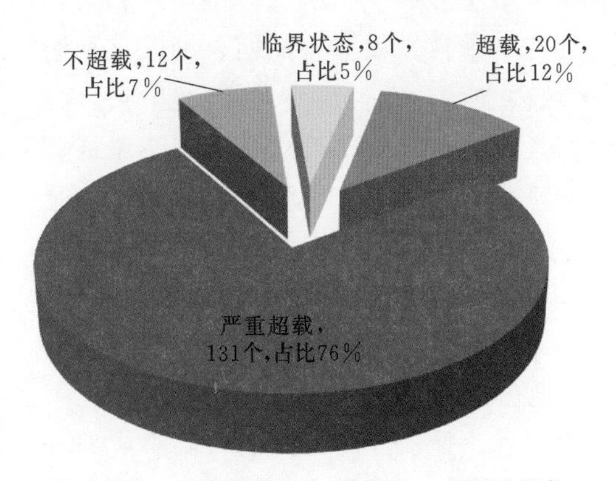

图 7.30 京津冀地区水资源水量要素承载状况图

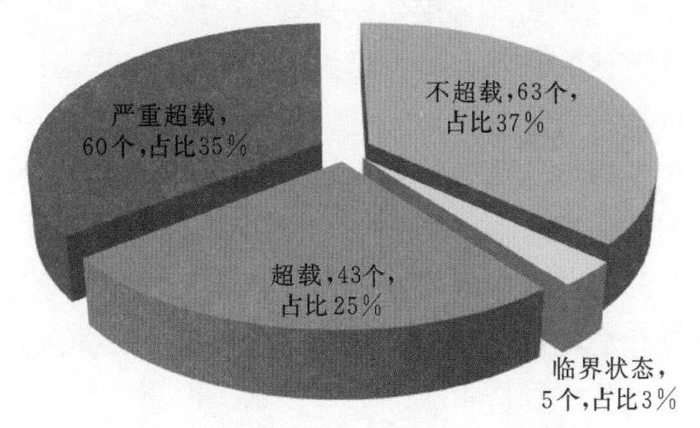

图 7.31 京津冀地区水资源水质要素承载状况图

北京市、天津市由于水资源自然禀赋条件较差，各种工业生产规模大，废污水排放量大，同时水质较差，加之水资源总量较小，水环境容量也偏小，导致水质普遍不达标。

河北省由于张承地区属于坝上和山区，工矿业发展规模较小，产生的废污水较少，所以监测结果表征较好；此外在河北省南部地区由于经济欠发达，各行业规模有限，废污水的排放也就不具规模，水质监测结果比较良好。

近年来，随着京津冀地区人口增加和社会经济飞速发展，用水需求明显增长，随之而来的是废污水排放量的增加。根据近十年京津冀地区排污口调查结果，废污水入河量呈现略有增加的趋势，现状较 2003 年增加了 15%。但同时，随着污水处理厂的建设，污水处理能力的大幅提高，COD 和氨氮入河量和浓度明显减少，与 2003 年相比，现状年 COD 和氨氮入河量浓度分别减少了 72%和 28%。污染物入河浓度变化以 21 世纪初流域污染较严重的卫运河为例，近十年 COD 浓度从 995mg/L 下降到 33.93mg/L，已接近Ⅳ类水质标准；氨氮浓度从 19.06mg/L 下降到 4.89mg/L。虽然污染物浓度已大幅下降，但是和卫运河Ⅲ类水质目标（COD 浓度为 20mg/L、氨氮浓度为 4mg/L）相比，水质仍然超标，水功能区严重超载。

(4) 评价结果特点。京津冀地区从水量要素分析评价承载能力超载状况呈现以下几个特点：①用水总量要素大部分地区处于超载或临界超载状态，地下水要素大部分地区处于超载状态；②总体上山区单元评价结果优于平原单元，以地表水用水为主的单元优于依赖地下水尤其是承压水的单元；③地下水评价结果受地下水控制开采量影响较大，总体评价结果受地下水影响较明显。

从水质要素分析评价承载能力超载状况呈现以下特点：①经济发达地区水质普遍较差，以大城市为中心，人口、工业密集区评价结果差；②山前及山区评价结果良好，水资源容量较大地区的水质评价结果较好。

7.3.2　长江经济带水资源承载能力评价

7.3.2.1　长江经济带概况

长江经济带以长江干流为依托，覆盖上海、江苏、浙江、安徽、江西、湖北、湖南、重庆、四川、云南、贵州等11个省级行政区，区域内水系涉及长江流域片、淮河、珠江和黄河。长江经济带国土面积约205万km^2，包括长江三角洲城市群、长江中游城市群、成渝城市群、滇中地区、黔中地区等区域，贯穿我国东中西三大区域，具有独特优势和巨大发展潜力。该区域面积占全国国土面积的21%，人口为全国人口的43%，GDP约为全国的45%；该区域拥有的水资源量占全国的46%，是我国水资源配置的战略水源地、重要的清洁能源战略基地、横贯东西的“黄金水道”、珍稀水生生物的天然宝库，在我国经济社会发展和生态环境保护中具有十分重要的战略地位。

长江经济带东部地区包括上海市、江苏省、浙江省，是长江三角洲的核心组成部分，也是长江经济带内经济最发达的地区；中部地区包括湖北省、湖南省、江西省、安徽省，区域内自然资源丰富，交通便捷通达，粮食生产优势明显，工业基础雄厚，具有加快经济社会发展的良好条件；西部地区包括重庆市、四川省、云南省、贵州省，水能、矿产、生物资源丰富，是长江经济带乃至全国的重要生态屏障。

2015年，长江经济带常住总人口58807万人，其中城镇人口32706万人，农村人口26101万人，城镇化率55.6%，平均人口密度为288人/km^2。区域内已形成长江三角洲城市群、长江中游城市群、成渝城市群、滇中地区、黔中地区等城市经济圈，聚集地级以上城市约130个。区域内工农业发展迅速，交通发达，在我国经济社会发展中占有极其重要的地位。2015年长江经济带地区生产总值311849亿元，约占全国的45%，人均地区生产总值53030元，略高于全国平均值。2015年工业增加值122677亿元，耕地面积64764万亩，其中有效灌溉面积35842万亩，实际灌溉面积30320万亩。各省级行政区社会经济指标见表7.8。

表7.8　　长江经济带各省级行政区2015年社会经济指标

省级行政区	常住人口/万人			GDP/亿元	工业增加值/亿元	耕地面积/万亩	有效灌溉面积/万亩	耕地实际灌溉面积/万亩
	城镇	农村	合计					
上海市	2155	260	2415	24965	7110	282	282	282
江苏省	5306	2670	7976	71936	29607	7034	6039	5680
浙江省	3638	1901	5539	42886	17209	2967	2148	2022
安徽省	3108	3036	6144	22543	10179	8815	6624	5308
江西省	2339	2267	4606	16853	7405	4291	3046	2658

续表

省级行政区	常住人口/万人			GDP/亿元	工业增加值/亿元	耕地面积/万亩	有效灌溉面积/万亩	耕地实际灌溉面积/万亩
	城镇	农村	合计					
湖北省	3384	2467	5852	31059	13314	5210	3540	2840
湖南省	3452	3331	6783	30426	12871	6230	4670	3951
重庆市	1838	1178	3017	15717	5558	3681	1031	638
四川省	3948	4256	8204	30053	12085	10099	4103	3268
云南省	2055	2687	4742	13619	3843	9351	2760	2328
贵州省	1482	2047	3530	11791	3497	6806	1598	1345
合计	32706	26101	58807	311849	122677	64764	35842	30320

区域内经济发展不平衡，经济重心主要集中在东部地区，中、西部地区相对滞后。工业结构以冶金、纺织、机械、电力、石油化工、高新技术产业等为主。区域内的成都平原、江汉平原、洞庭湖区、鄱阳湖区、巢湖地区和太湖地区等平原区，是我国重要的商品粮、棉、油生产基地。区域内已建立起比较完善的水运、铁路、公路、航空、管道等综合交通运输体系。

7.3.2.2 长江经济带水量要素承载状况评价

（1）用水总量指标承载状况评价。长江经济带共包括11个省级行政区，下含130个地级行政区，共计910个评价县域单元。根据评价成果统计，长江经济带没有“严重超载”和“超载”的县域，“临界超载”县域67个、“不超载”县域843个；临界超载、不超载状态县域占比分别为7.4%和92.6%。长江经济带各省级行政区县域单元用水总量指标承载评价情况见表7.9。

表7.9　　长江经济带各省级行政区县域用水总量指标承载评价情况

省级行政区	地级行政区个数	县域个数	县域四类评价状况个数				县域四类评价状况占比/%			
			严重超载	超载	临界超载	不超载	严重超载	超载	临界超载	不超载
上海市	1	10	—	—	—	10	—	—	—	100.0
江苏省	13	64	—	—	—	64	—	—	—	100.0
浙江省	11	69	—	—	—	69	—	—	—	100.0
安徽省	16	78	—	—	—	78	—	—	—	100.0
江西省	11	93	—	—	11	82	—	—	11.8	88.2
湖北省	17	84	—	—	8	76	—	—	9.5	90.5
湖南省	14	101	—	—	13	88	—	—	12.9	87.1
重庆市	1	39	—	—	4	35	—	—	10.3	89.7
四川省	21	166	—	—	31	135	—	—	18.7	81.3
云南省	16	125	—	—	—	125	—	—	—	100.0

续表

省级行政区	地级行政区个数	县域个数	县域四类评价状况个数				县域四类评价状况占比/%			
			严重超载	超载	临界超载	不超载	严重超载	超载	临界超载	不超载
贵州省	9	81	—	—	—	81	—	—	—	100.0
合计	130	910	—	—	67	843	—	—	7.4	92.6

评价结果显示，长江经济带各省级行政区用水总量指标承载状况的评价结果差异较大，整体表现为用水总量指标分配较为紧张、且水资源开发利用程度较高的地区临界超载区多于指标较为富余的地区，沿江县域单元及西部人口较少的县域，由于水资源相对丰沛，社会经济用水负荷相对较低，多评价为不超载。

(2) 地下水开采量指标承载状况评价。地下水承载状况的判定需要先进行地下水超采量的核定，再进行地下水开采量控制指标与评价口径开采量指标的对比，以此综合判别长江经济带地下水承载状况。值得注意的是，对于处于山区的县域单元，由于开采地下水相当于袭夺地表水，将直接判定为地下不超采，不再进行地下水开采量控制指标与评价口径的对比。

从长江经济带地下水开采量指标水资源承载状况评价结果来看，长江经济带涉及 11 个省级行政区、910 个县级行政区，其中严重超载县域个数为 13 个，占总数的 1.4%。超载的县域个数为 2 个，占总数的 0.2%；无临界超载，不超载县域个数为 893 个，占总数的 98.4%。

从长江经济带省级行政区地下水开采量指标水资源承载状况评价结果来看，除安徽省存在严重超载情况外，其余各省均无严重超载、超载及临界超载。安徽省共有 78 个县域，其中严重超载县域个数为 11 个，占全省比例的 14.1%，超载县域个数为 2 个，占全省比例的 2.6%，无临界超载，不超载县域个数为 65 个，占总数的 83.3%。

长江经济带省级行政区地下水开采量指标承载状况评价成果见表 7.10，超载的县域情况见表 7.11。

表 7.10　　长江经济带省级行政区地下水开采量指标承载状况评价成果

省级行政区	县域个数	县域四类评价状况个数			
		严重超载	超载	临界超载	不超载
上海市	10	0	0	0	10
江苏省	64	0	0	0	64
浙江省	69	0	0	0	69
安徽省	78	11	2	0	65
江西省	93	0	0	0	93
湖北省	84	0	0	0	84
湖南省	101	0	0	0	101
重庆市	39	0	0	0	39
四川省	166	0	0	0	166

续表

省级行政区	县域个数	县域四类评价状况个数			
		严重超载	超载	临界超载	不超载
云南省	125	0	0	0	125
贵州省	81	0	0	0	81

表 7.11　　长江经济带地下水开采量指标承载状况评价成果（严重超载、超载）

省级行政区	地级行政区	县级行政区	地下水开采量指标评价								
			平原区地下水开采量指标/万 m^3	平原区地下水开采量/万 m^3	深层承压水开采量/万 m^3	超采区超采量/万 m^3	地下水开采量指标承载状况				
							平原区地下水开采量是否超标	超采区浅层地下水超采系数	存在深层承压水开采量	存在山丘区地下水过度开采	地下水总体评价
安徽省	淮北市	城区	12809	14288	1300	1078	超载	超载	不超载	不超载	超载
		濉溪县	15541	18912			严重超载	超载	不超载	不超载	严重超载
安徽省	亳州市	城区	20347	18536	5050	1995	临界超载	超载	严重超载	不超载	严重超载
		涡阳县	15897	13633	4795	1900	不超载	超载	严重超载	不超载	严重超载
		蒙城县	14862	12662	4566	1809	不超载	超载	严重超载	不超载	严重超载
		利辛县	12559	10969	3589	1404	不超载	不超载	严重超载	不超载	严重超载
	宿州市	埇桥区	26170	21815	2800	966	不超载	超载	严重超载	不超载	严重超载
		砀山县	12104	13982	700	690	超载	不超载	不超载	不超载	超载
	阜阳市	城区	18188	11139	7369	5062	不超载	超载	严重超载	不超载	严重超载
		临泉县	13067	10984	2947	2022	不超载	超载	严重超载	不超载	严重超载
		太和县	11153	9511	1534	1055	不超载	超载	严重超载	不超载	严重超载
		颍上县	16882	14934	2280	1551	不超载	超载	严重超载	不超载	严重超载
		界首市	6229	3399	2770	1880	不超载	不超载	严重超载	不超载	严重超载

（3）水量要素评价结果。根据上述用水总量、地下水开采量指标的评价结果，按照5.1.1节评价方法，对长江经济带11省市县域单元的水量要素承载状况进行评价。根据评价结果，长江经济带涉及11个省级行政区、130个地级行政区，910个县域单元，水量要素评价结果显示：严重超载的县域单元个数为11个，超载的县域单元个数为2个，临界超载区67个，不超载区830个。

长江经济带各省级行政区评价结果统计见表7.12，可以看出：用水总量指标评价结果与地下水开采量指标评价结果相对独立，不存在2种指标同时超载的县域单元。

表 7.12　　长江经济带水量单要素承载状况评价结果

省级行政区	地级行政区个数	县级行政区个数	县域四类评价状况个数			
			严重超载	超载	临界超载	不超载
上海市	1	10	—	—	—	10
江苏省	13	64	—	—	—	64

续表

省级行政区	地级行政区个数	县级行政区个数	县域四类评价状况个数			
			严重超载	超载	临界超载	不超载
浙江省	11	69	—	—	—	69
安徽省	16	78	11	2	—	65
江西省	11	93	—	—	11	82
湖北省	17	84	—	—	8	76
湖南省	14	101	—	—	13	88
重庆市	1	39	—	—	4	35
四川省	21	166	—	—	31	135
云南省	16	125	—	—	—	125
贵州省	9	81	—	—	—	81
合计	130	910	11	2	67	830

地下水开采量指标存在超载和严重超载的安徽省，其各县域的用水总量指标均不超载，由此说明：安徽省在严格用水总量控制方面，各县域现状用水均控制在红线以内，同时用水水平和用水效率也相对较高，其中农业灌溉亩均用水量、万元工业增加值用水量、城镇人均综合用水量等指标均优于长江经济带的平均水平。然而，安徽省北部的部分县域单元地下水开采量超载严重，应逐步加强地下水的压采工作，确保各县域单元均不超载。

7.3.2.3　长江经济带水质要素承载状况评价

按照拟定的评价标准，对各县级行政区水质要素承载状况进行评价，评价结果见表7.13。

表7.13　　长江经济带各省级行政区水质要素承载状况评价结果统计

省级行政区	县域四类评价状况个数			
	严重超载	超载	临界超载	不超载
上海市	0	2	1	7
江苏省	0	2	4	54
浙江省	0	0	5	39
安徽省	5	4	4	62
江西省	0	0	1	92
湖北省	1	3	1	79
湖南省	0	0	3	98
重庆市	0	0	1	37
四川省	1	1	6	152
云南省	2	2	10	111
贵州省	0	2	5	66
合计	9	16	41	797

注　江苏省按照上报的纳入国家考核的282个水功能区进行评价。

长江经济带参评的863个县级行政区评价单元中，水质要素承载状况为“不超载”的县级行政区有797个，占全部县级行政区总数的92.4%；水质要素承载状况为“临界超载”的县级行政区有41个，占4.8%；水质要素承载状况为“超载”“严重超载”的县域单元分别有16个、9个，各占1.9%、1.0%。水质要素承载状况评价为“严重超载”或“超载”的县域单元分布在安徽省、上海市、江苏省、湖北省、云南省、四川省、贵州省的部分县市，见图7.32。

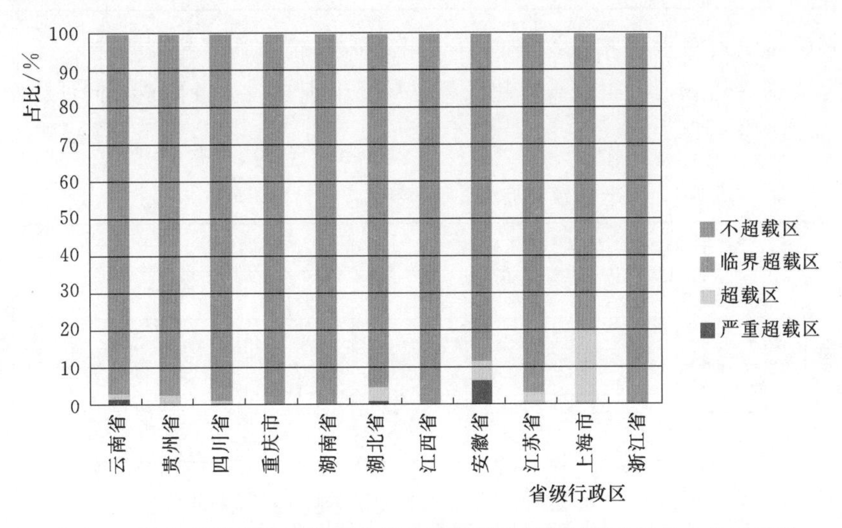

图7.32 长江经济带各省级行政区水质要素承载状况评价结果占比示意图

7.3.2.4 长江经济带水资源承载状况的综合评价

综合上述水量要素、水质要素评价结果，对长江经济带各省级行政区县域单元的水资源承载状况进行综合评价。评价结果表明，长江经济带涉及的910个县域评价单元中，严重超载的县域单元个数为20个，超载的县域单元个数为15个，临界超载102个，不超载773个，见表7.14。

表7.14 长江经济带各省级行政区水资源承载状况综合评价结果统计表

省级行政区	地级行政区个数	县域单元个数	县域四类评价状况个数			
			严重超载	超载	临界超载	不超载
上海市	1	10	—	2	1	7
江苏省	13	64	—	2	4	58
浙江省	11	69	—	—	5	64
安徽省	16	78	16	3	3	56
江西省	11	93	—	—	12	81
湖北省	17	84	1	3	7	73
湖南省	14	101	—	—	16	85
重庆市	1	39	—	—	5	34
四川省	21	166	1	1	34	130

续表

省级行政区	地级行政区个数	县域单元个数	县域四类评价状况个数			
			严重超载	超载	临界超载	不超载
云南省	16	125	2	2	10	111
贵州省	9	81	—	2	5	74
合计	130	910	20	15	102	773

长江经济带水资源承载状况综合评价结果以不超载和临界超载为主，且大部分不超载，少部分为临界超载，严重超载和超载只是局部个别县域。各要素不同评价结果的占比情况见表7.15。

表7.15　长江经济带水资源承载状况统计分析表

承载项目	严重超载		超载		临界超载		不超载	
	个数	比例/%	个数	比例/%	个数	比例/%	个数	比例/%
水量要素	11	1.2	2	0.2	67	7.4	830	91.2
水质要素	9	1.0	16	1.8	41	4.5	844	92.7
综合评价	20	2.2	15	1.6	102	11.2	773	84.9

在空间分布上，东部地区的上海市、江苏省、安徽省超载的县域单元个数普遍高于中西部地区，且超载、严重超载的县域单元多为集中连片分布。

1）水量要素方面，临界超载区主要分布在四川省、湖北省、湖南省和江西省；超载的县域多位于安徽省的北部地区，包括淮北市、亳州市、宿州市、阜阳市，超载原因以深层承压水开采、地下水超采为主。

2）水质要素方面，总体表现为中西部地区超载个数少于东部地区，东部地区由于社会经济发展对水资源的开发利用率较高，入河污染物的负荷较高，整体上水质承载状况不容乐观。

7.3.2.5　评价结果合理性分析

从用水总量指标评价结果来看，本次评价综合考虑了水资源开发利用率、水资源禀赋条件、工程调配能力、指标分解均衡性及合理性、未来指标余量等多种因素，对用水总量指标的评价结果进行了综合判定，使得评价结果更加符合地区水资源承载状况，提高了结果的合理性。

从地下水开采量指标评价结果来看，由于综合考虑了超采区超采量、深层承压水开采量、浅层地下水超采情况，评价结果可反映地下水承载现状，结果基本合理。

从长江经济带水功能区水质现状评价来看，双指标达标率达到84.9%，水质总体优良。本次水质要素承载状况评价为“严重超载区”和“超载区”的县级行政区占比2.9%，水质要素承载状况评价为“临界超载区”的县级行政区占比4.8%，水质要素承载状况评价为“不超载区”的县级行政区占比92.4%。水质要素承载状况评价主要考虑了水功能区水质达标率，部分县级行政区还考虑了COD、氨氮污染物超限排程度，并结

合实际水质情况进行了调整。因此从超载、临界、不超载县级行政区比例进行总体判断，评价结果基本合理。

7.3.3 黄河流域水资源承载能力评价

7.3.3.1 黄河流域概况

(1) 自然地理。黄河是我国第二大河，位于东经95°53′～119°05′，北纬32°10′～41°50′。黄河发源于青藏高原巴颜喀拉山北麓的约古宗列盆地，自西向东，流经青海、四川、甘肃、宁夏、内蒙古、陕西、山西、河南、山东等九省（自治区），在山东省垦利县注入渤海，干流河道全长5464km，流域面积79.5万km^2（包括内流区4.2万km^2）。与其他江河不同，黄河流域上中游地区的面积占总面积的97%；长达数百千米的黄河下游河床高于两岸地面，流域面积只占3%。

内蒙古自治区托克托县河口镇以上为黄河上游，干流河道长3472km，流域面积42.8万km^2，汇入的较大支流（指流域面积1000km^2以上的，下同）有43条。青海省玛多以上属河源段，河段内的扎陵湖、鄂陵湖海拔高程都在4260m以上，蓄水量分别为47亿m^3和108亿m^3，是我国最大的高原淡水湖。玛多至玛曲区间，黄河流经巴颜喀拉山与积石山之间的古盆地和低山丘陵，大部分河段河谷宽阔，间有几段峡谷。玛曲至龙羊峡区间，黄河流经高山峡谷，水流湍急，水力资源较为丰富。龙羊峡以上属高寒地区，人烟稀少，交通不便，经济不发达，开发条件较差。龙羊峡至宁夏回族自治区境内的下河沿，川峡相间，水量丰沛，落差集中，是黄河水力资源的“富矿”区，也是全国重点开发建设的水电基地之一。黄河上游水面落差主要集中在玛多至下河沿河段，该河段干流长度占全河长度的40.5%，而水面落差占全河水面落差的66.6%。

下河沿至河口镇，黄河流经宁蒙高原，河道展宽，比降平缓，两岸分布着大面积的引黄灌区和待开发的干旱高地。本河段地处干旱地区，降水少，蒸发大，加上灌溉引水和河道渗漏损失，致使黄河水量沿程减少。兰州至河口镇区间的河谷盆地及河套平原，是甘肃、宁夏、内蒙古等省（自治区）经济开发的重点地区。沿河平原不同程度地存在洪水和凌汛灾害，特别是内蒙古自治区三盛公以下河段，地处黄河自南向北流的顶端，凌汛期间冰塞、冰坝壅水，往往造成堤防决溢，危害较大。兰州以上地区暴雨强度较小，洪水洪峰流量不大，历时较长。兰州至河口镇河段洪峰流量沿程减小。

河口镇至河南省郑州市桃花峪为黄河中游，干流河道长1206km，流域面积34.4万km^2，汇入的较大支流有30条。河口镇至禹门口是黄河干流上最长的一段连续峡谷，水力资源也很丰富，并且距电力负荷中心近，将成为黄河上第二个水电基地。禹门口至潼关简称小北干流，河长132.5km，河道宽浅散乱，冲淤变化剧烈。河段内有汾河、渭河两大支流相继汇入。该河段两岸是渭北及晋南黄土台塬，塬面高出河床数十至数百米，共有耕地2000多万亩，是陕西、山西两省的重要农业区，但干旱缺水制约着经济的稳定发展。三门峡至桃花峪区间的小浪底以上，河道穿行于中条山和崤山之间，是黄河最后一段峡谷；小浪底以下河谷逐渐展宽，是黄河由山区进入平原的过渡地段。

黄河中游的黄土高原，水土流失极为严重，是黄河泥沙的主要来源地区，在进入三门峡站的11.2亿t泥沙中，主要来自河口镇以下，其中有6.8亿t左右来自河口镇至龙门区间，占来沙量的61%；有3.3亿t来自龙门至三门峡区间，占来沙量的30%。黄河中游的泥沙，年内分配十分集中，90%以上的泥沙集中在汛期；年际变化悬殊，最大年输沙量是最小年的13倍。

桃花峪以下为黄河下游，干流河道长786km，流域面积2.3万km^2，汇入的较大支流只有3条。下游河道是在长期排洪输沙的过程中淤积塑造形成的，河床普遍高出两岸地面。沿黄平原受黄河频繁泛滥的影响，形成以黄河为分水岭脊的特殊地形。目前黄河下游河床已高出大堤背河地面4～6m，比两岸平原高出更多，严重威胁着广大平原地区的安全。

利津以下为黄河河口段，随着黄河入海口的淤积—延伸—摆动，入海流路相应改道变迁。

（2）气候特征。黄河流域位于我国北中部，属大陆性气候。东南部基本属湿润气候，中部属半干旱气候，西北部为干旱气候。

流域冬季几乎全部在蒙古高压控制下，盛行偏北风，有少量雨雪，偶有沙暴；春季蒙古高压逐渐衰退；夏季主要在大陆热低压的范围内，盛行偏南风，水汽含量丰沛，降雨量较多；秋季秋高气爽，降水量开始减少。

以东部（济南市）、南部（西安市）、西部（西宁市）、北部（呼和浩特市）、中部（延安市）几个站为代表，黄河流域内多年的月、年平均气温由南向北，由东向西递减。流域内气温1月为最低（代表冬季）、7月为最高（代表夏季）。

流域内日平均气温不小于10℃出现天数的分布，基本由东南向西北递减，最小为河源区，出现日数小于10d，积温接近于0℃；最大为黄河中下游河谷平原地区，出现日数230d左右，积温达4500℃以上。

流域内日平均气温不大于−10℃出现日数的分布，基本由东南向西北递增。最小的为黄河中下游河谷平原地带，最大的为河源区。

年日照时数以青海高原为最高，大部分在3000h以上，其余地区一般在2200～2800h。

流域多年平均降水量446mm，总的趋势是由东南向西北递减，降水量最多的是流域东南部湿润、半湿润地区，如秦岭、伏牛山及泰山一带年降水量达800～1000mm；降水量最少的是流域北部的干旱地区，如宁蒙河套平原年降水量只有200mm左右。流域内大部分地区旱灾频繁，历史上曾经多次发生遍及数省、连续多年的严重旱灾，危害极大。流域内黄土高原地区水土流失面积45.4万km^2，其中年平均侵蚀模数大于5000t/km^2的面积约为15.6万km^2。流域北部长城内外的风沙区风蚀强烈。严重的水土流失和风沙危害，使脆弱的生态环境继续恶化，阻碍当地经济社会的发展，而且大量的泥沙输入黄河，淤高下游河床，也是黄河下游水患严重而又难于治理的症结所在。

（3）水文条件。

1）降水。黄河流域多年平均年降水量为445.8mm，相应的降水总量为3544亿m^3。黄河流域降水具有地区分布不均和年际、年内变化大的特点。黄河流域年降水量受纬度、距海洋的远近、水汽来源以及地形变化的综合影响，在面上的变化比较复杂，其特点是：东南多雨，西北干旱，山区降水大于平原；年降水量由东南向西北递减，东南和西北相差

4倍以上。

黄河流域400mm年降水量等值线，自内蒙古自治区清水河县经河曲县、米脂县以北、吴旗县、环县以北、会宁县、兰州市以南绕祁连山出黄河流域，又经过海晏县进入黄河流域，经循化撒拉族自治县、同仁市、贵南县、同德县，沿积石山麓至多曲一带出黄河流域，把整个流域分为干旱、湿润两大部分。

黄河流域降水量的年内分配极不均匀。流域内夏季降水量最多，最大降水量出现在7月；冬季降水量最少，最小降水量出现在12月；春秋介于冬夏之间，一般秋雨大于春雨。连续最大4个月降水量占年降水量的68.3%。

黄河流域降水量年际变化悬殊，降水量愈少，年际变化愈大。湿润区与半湿润区最大与最小年降水量的比值大都在3倍以上；干旱、半干旱区最大与最小年降水量的比值一般在2.5～7.5倍，极个别站在10倍以上，如内蒙古自治区乌审召站最大与最小年降水量的比值达18.1，为流域之最。

由于黄河流域降水量季节分布不均和年际变化大，导致黄河流域水旱灾害频繁。1956—2000年的45年间，出现了1958年、1964年、1967年、1982年等大水年，1960年、1965年、2000年等干旱年，1969—1972年、1979—1981年、1991—1997年等连续干旱期。

2）蒸发。黄河流域水面蒸发量随气温、地形、地理位置等变化较大。兰州以上多系青海高原和石山林区，气温较低，平均水面蒸发量790mm；兰州至河口镇区间，气候干燥、降雨量少，多沙漠干草原，平均水面蒸发量1360mm；河口镇至龙门区间，水面蒸发量变化不大，平均水面蒸发量1090mm；龙门至三门峡区间面积大，范围广，从东到西，横跨9个经度，下垫面、气候条件变化较大，平均水面蒸发量1000mm；三门峡到花园口区间平均水面蒸发量1060mm；花园口以下黄河冲积平原水面蒸发量990mm。

黄河流域气候条件年际变化不大，水面蒸发的年际变化也不大，最大最小水面蒸发量比值在1.4～2.2，多数站在1.5左右；C_v值在0.08～0.14，多数在0.11左右。

3）径流。黄河流域现状下垫面条件下多年平均天然河川径流量534.8亿m^3（利津断面），相应径流深71.1mm，黄河干支流主要水文站天然河川径流量基本特征值见表7.16。

表7.16　黄河干支流主要水文站河川天然径流量主要特征值

水文站	最大		最小		多年平均		C_v	C_s/C_v	不同频率年径流量/亿m^3			
	径流量/亿m^3	出现年份	径流量/亿m^3	出现年份	径流量/亿m^3	径流深/mm			20%	50%	75%	95%
唐乃亥	329.25	1989	134.38	1956	205.15	168.2	0.26	3.0	246.21	198.52	167.15	131.76
兰州	535.36	1967	234.42	1997	329.89	148.2	0.22	3.0	387.55	321.94	277.55	225.51
河口镇	534.72	1967	233.25	1956	331.75	86.0	0.22	3.0	390.17	323.63	278.67	226.06
龙门	609.11	1967	258.88	2000	379.12	76.2	0.21	3.0	441.95	370.98	322.48	264.88

续表

水文站	最大		最小		多年平均		C_v	C_s/C_v	不同频率年径流量/亿 m³			
	径流量/亿 m³	出现年份	径流量/亿 m³	出现年份	径流量/亿 m³	径流深/mm			20%	50%	75%	95%
三门峡	777.39	1964	301.58	2000	482.72	70.1	0.22	3.0	567.39	471.00	405.83	329.48
花园口	945.65	1964	332.38	1997	532.78	73.0	0.24	3.0	631.64	518.18	442.30	354.75
利津	1011.08	1964	322.64	1997	534.79	71.1	0.23	3.0	636.74	519.25	441.15	351.67
湟水民和	34.47	1989	12.65	1991	20.53	134.6	0.25	4.0	24.35	19.72	16.85	13.88
洮河红旗	95.76	1967	27.02	2000	48.26	193.3	0.32	2.5	60.30	46.30	37.00	27.00
渭河华县	166.98	1964	35.43	1997	80.93	76.0	0.32	2.0	101.58	78.18	62.27	43.48
北洛河洑头	20.09	1964	4.54	1957	8.96	35.6	0.34	2.5	11.33	8.53	6.73	4.77
汾河河津	37.56	1964	9.54	1987	18.47	47.7	0.33	3.0	23.15	17.45	13.94	10.33
伊洛河黑石关	93.02	1964	12.18	1997	28.32	152.6	0.58	3.0	39.02	23.89	16.47	11.26
沁河武陟	29.44	1963	6.08	1997	13.00	100.9	0.49	3.0	17.14	11.74	8.73	6.08
大汶河戴村坝	55.63	1964	1.14	1989	13.70	165.8	0.71	2.0	16.66	9.27	6.07	4.29

4）河流水系。黄河干流河道全长 5464km，穿越青藏高原、内蒙古高原、黄土高原和华北平原等地貌单元，受地形地貌影响，河道蜿蜒曲折，素有“黄河九曲十八弯”之说。黄河流域支流众多，其中集水面积大于 1000km² 的一级支流 76 条（上游 43 条、中游 30 条、下游 3 条），大于 1 万 km² 的一级支流有 10 条。黄河流域集水面积大于 1 万 km² 的一级支流基本特征值见表 7.17。

表 7.17　　黄河流域集水面积大于 1 万 km² 的一级支流基本特征值

河流名称	集水面积/km²	干流长度/km	平均比降/‰	多年平均径流量/亿 m³	
				把口站	平均年径流量/亿 m³
湟水	32863	373.9	4.16	民和＋享堂	49.48
洮河	25227	673.1	2.80	红旗	48.26
祖厉河	10653	224.1	1.92	靖远	1.53
渭河	134766	818.0	1.27	华县＋洑头	89.89
清水河	14481	320.2	1.49	泉眼山	2.02
大黑河	17673	235.9	1.42	三两	3.31
无定河	30261	491.2	1.79	白家川	11.51
伊洛河	18881	446.9	1.75	黑石关	28.32
汾河	39471	693.8	1.11	河津	18.47
沁河	13532	485.1	2.16	武陟	13.00

（4）经济社会。黄河流域涉及青海、四川、甘肃、宁夏、内蒙古、陕西、山西、河南和山东9省（自治区）的69个地级行政区与364个县级行政区。其中特大城市5个，分别为兰州市、包头市、西安市、太原市和洛阳市；大城市6个，分别为西宁市、银川市、呼和浩特市、宝鸡市、咸阳市和泰安市。另外，黄河下游流域外引黄灌区涉及河南、山东两省的15个地市、75个县（区），人口约为4700万人。

2015年黄河流域县域人口合计为15233.78万人，其中涉及黄河流域县级行政区城镇人口8295.13万人。黄河流域县域国内生产总值合计78564.98亿元，工业增加值为32277.45亿元。黄河流域的农业生产具有悠久的历史，是我国农业经济开发最早的地区，河套平原、汾渭盆地和下游平原是我国重要的农业基地。目前涉及黄河流域县域耕地面积合计为22327.04万亩，是我国重要的后备耕地，只要水资源条件具备，其开发潜力很大。2015年涉及黄河流域县域有效灌溉面积合计为11511.14万亩，实际灌溉面积合计为10031.22万亩。2015年黄河流域（县域）社会经济发展指标见表7.18。

表7.18　　2015年黄河流域（县级行政区）社会经济发展指标

省级行政区	旗（县、区）数量/个	常住人口/万人			GDP/亿元	工业增加值/亿元	耕地面积/万亩	有效灌溉面积/万亩	耕地实际灌溉面积/万亩
		城镇	农村	合计					
青海省	32	246.08	262.72	508.80	1987.62	596.01	785.40	288.29	194.58
四川省	3	5.62	14.53	20.15	36.21	4.11	19.42	4.82	0.77
甘肃省	59	819.78	1071.88	1891.66	4742.63	1267.67	3786.23	824.00	649.79
宁夏回族自治区	20	368.91	298.97	667.87	2916.25	1115.98	1926.64	890.18	732.65
内蒙古自治区	30	745.85	324.44	1070.29	12964.22	5315.05	3396.92	2285.00	1968.95
陕西省	71	1653.52	1411.80	3065.32	15595.64	6354.89	3627.30	1774.97	1321.18
山西省	74	1391.32	1109.39	2500.71	8506.55	3847.15	3792.67	1578.35	1539.10
河南省	44	1633.10	1373.40	3006.50	15656.04	7448.74	2335.25	1726.31	1575.59
山东省	31	1430.95	1071.54	2502.48	16159.83	6327.86	2657.20	2139.24	2048.63
黄河流域县级行政区合计	364	8295.13	6938.66	15233.78	78564.98	32277.45	22327.04	11511.14	10031.22

7.3.3.2 黄河流域水量要素承载状况评价

（1）用水总量指标承载状况评价。现状年，黄河流域县域用水总量控制指标口径（评价口径）用水量483.72亿m^3，核算后黄河流域县域用水总量指标535.06亿m^3。

黄河流域县域364个县级行政区中，就用水总量而言，严重超载的4个，占比1.1%；超载的20个，占比5.5%；临界超载的159个，占比43.7%；不超载的181个，占比49.7%。

（2）地下水指标承载状况评价。现状年，黄河流域县域用水总量控制指标口径地下水开采量（评价口径）平原区地下水开采量105.62亿m^3，核算后黄河流域县域平原区地下水开采量指标140.50亿m^3。

黄河流域县域364个县级行政区中，就地下水开采量而言，严重超载的14个，占比4.4%；超载的19个，占比5.2%；临界超载的36个，占比9.9%；不超载的293个，占比80.5%。

(3) 水量要素承载状况评价。结合用水总量、地下水承载状况评价成果，从水量要素方面评价，黄河流域364个县级行政单元中，严重超载的19个，占比5.2%；超载的37个，占比10.2%；临界超载的152个，占比41.8%；不超载的156个，占比42.9%。

7.3.3.3　黄河流域水质要素承载状况评价

(1) 水质达标率状况。根据此次评价，黄河流域涉及超载地级市辖区内的县级行政区共269个，其中水质严重超载的县级行政区共有63个，主要分布在青海省、甘肃省、山西省、陕西省和河南省。超载的县级行政区为24个。

(2) 主要污染物超排状况评价。根据流域复核后的省（自治区）限排成果分析，黄河流域共有27个地级行政区主要污染物处于超载或严重超载状态。各省（自治区）超载最严重的分别为青海省的西宁市、海东市，甘肃省的临夏回族自治州，宁夏回族自治区的固原市、石嘴山市和银川市，内蒙古自治区的呼和浩特市，山西省的晋城市、晋中市、临汾市、吕梁市和朔州市，陕西省的咸阳市和榆林市。

(3) 水环境承载状况综合评价。根据水功能区水质达标评价和主要污染物超排状况评价成果，按照两者中最不利状况进行综合评价水环境承载状况。

黄河流域超载或严重超载水功能区涉及169个县级行政区，超载河流主要为黄河支流。

7.4　试点地区"量质域流"四个要素水资源承载状况评价

7.4.1　汉江流域水资源承载状况评价

汉江发源于秦岭南麓，襄樊以上河流总体流向东，襄樊以下转向东南，于武汉市注入长江，干流全长1577km，流经陕西、湖北两省，支流延展至甘肃、四川、重庆、河南四省（直辖市），流域面积15.9万km^2。汉江流域水资源总量为573亿m^3，约占长江流域的5.8%。水资源总量中，地表水资源量为555亿m^3，折合径流深为348mm。其中，丹江口以上为384亿m^3，丹江口以下为171亿m^3，径流年际变化大。汉江水资源在我国经济建设和社会发展中占有极其重要的战略地位。

随着南水北调中线工程建成通水，引汉济渭工程、鄂北水资源配置工程陆续实施，汉江流域的水资源利用率将达到50%以上。汉江流域水资源的合理调配，对保障流域内3509万人口和国民经济发展用水安全至关重要，也关系到京津华北平原19个大中城市、111个县市以及陕西关中平原的供水安全。目前汉江流域已建或在建的水电站等拦河蓄水工程的调节库容达到200多亿m^3，占全流域地表水资源总量的40%左右，以控制性枢纽丹江口水库为主的水库群和南水北调中线工程、引江济汉工程、清泉沟引水工程等引调水工程对流域水资源调控的基本格局已经形成。近年来，受到自然来流及人类活动的双重影响，汉江流域水资源矛盾日益突出。

根据水资源承载能力四维要素评价思路，以水资源承载能力的8个评价指标为基础，综合经济社会发展、水资源本底条件、引调水工程、生态保护目标与需求等，并综合专家意见和相关参考文献，划定汉江流域水资源承载能力8个评价指标的等级划分标准，见表7.19。

表7.19 水资源承载能力评价指标等级划分标准

子系统	指标	指标含义	不超载	临界超载	超载	严重超载
水量	Q_1	区域用水总量/区域可利用水量	<0.9	[0.9，1)	[1，1.2)	≥1.2
	Q_2	地下水开采量/地下水控制开采量	<0.9	[0.9，1)	[1，1.2)	≥1.2
水质	Z_1	满足水功能区水质达标个数/水功能区总个数	≥0.8	[0.6，0.8)	[0.4，0.6)	<0.4
	Z_2	污染物入河量/污染物限制排污量	<1.1	[1.1，1.2)	[1.2，3)	≥3
水域	Y_1	水资源开发利用量/区域水资源总量	<0.15	[0.15，0.3)	[0.3，0.5)	≥0.5
	Y_2	岸线开发利用长度/岸线可开发利用总长	<0.05	[0.05，0.1)	[0.1，0.15)	≥0.15
水流	L_1	河段水库总调节库容/河段年径流量	<0.2	[0.2，0.5)	[0.5，1)	≥1
	L_2	满足生态基流的时段/总时段	≥0.9	[0.7，0.9)	[0.5，0.7)	<0.5

汉江流域水量、水质要素承载状况评价结果如图7.33所示，量质双要素承载状况综合评价如图7.34所示。

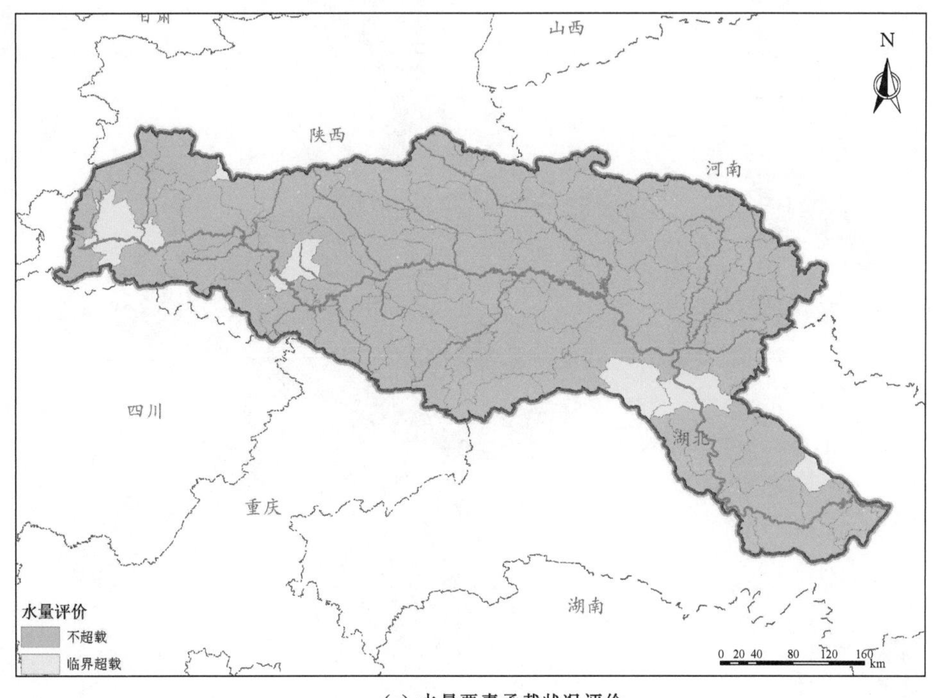

(a) 水量要素承载状况评价

图7.33（一） 汉江流域水量、水质要素承载状况评价

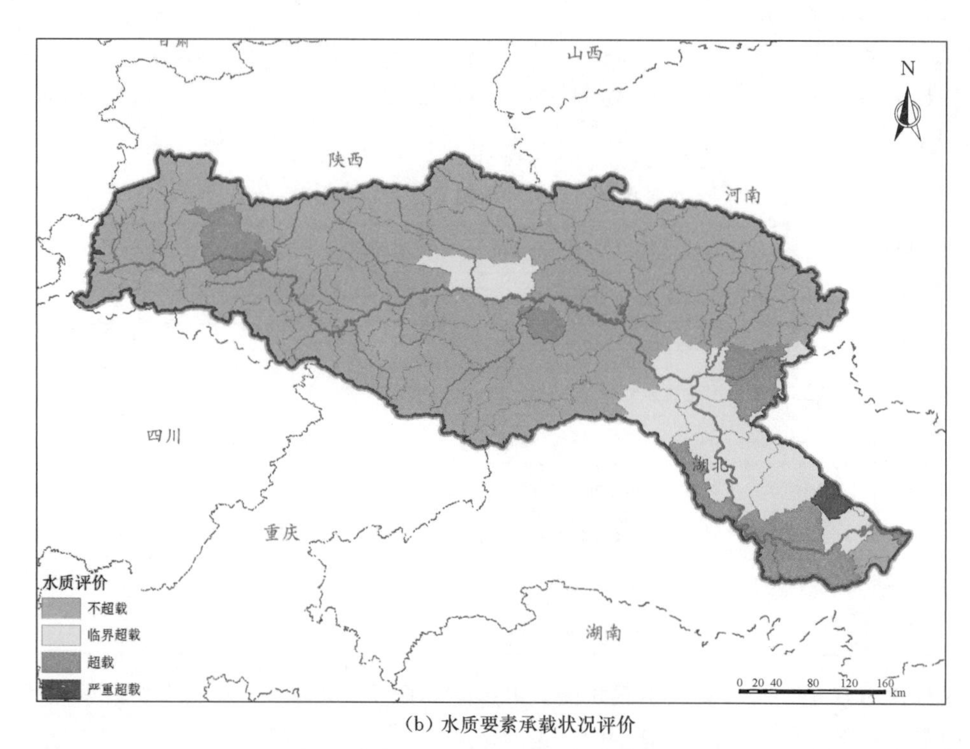

(b) 水质要素承载状况评价

图7.33（二）　汉江流域水量、水质要素承载状况评价

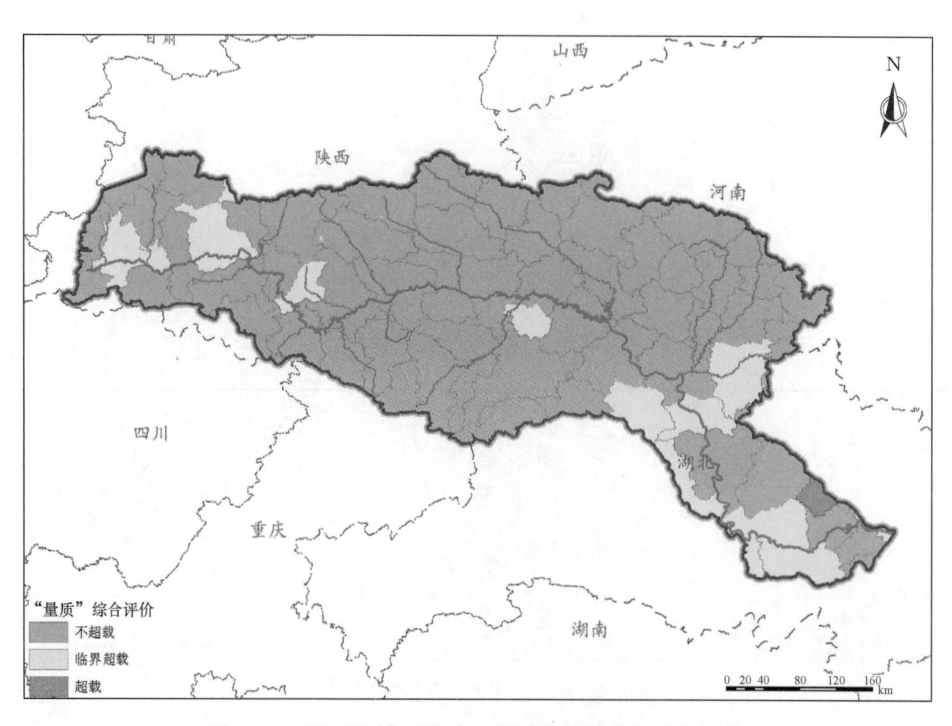

图7.34　汉江流域“量质”双要素承载状况综合评价

以汉江流域的3个水资源三级区为单元计算水资源开发利用程度来表征水域空间被侵占程度，丹江口以上干流、丹江口以下干流和唐白河流域的水资源开发利用程度分别为23.7%、78.2%和12.1%。在岸线开发利用方面，丹江陕西省境内段、唐白河、汉江干流湖北省境内段的岸线开发利用率较高，汉江干流湖北段岸线存在124.17km的非法侵占，唐白河湖北段也存在6.95km岸线侵占，各河段岸线开发利用率见表7.20。基于水利普查及地方水务志等资料，整理得到汉江干流段及流域面积在1000km²以上的支流各河段的水库资料，根据前文所述的水流阻隔率的计算方法，估算各河段水流被水库大坝阻隔的情况。汉江干流被丹江口水库阻隔，阻隔率高于80%。此外，支流中唐白河和堵河的水流阻隔率也较高，水流更新、鱼类的洄游等可能受到一定的影响。

表7.20　汉江流域河流岸线开发利用率

河　段	岸线开发利用率/%	河　段	岸线开发利用率/%
任河	4.41	唐白河湖北段	4.78
汉江干流陕西段	4.33	丹江河南段	0
丹江陕西段	13.95	唐河河南段	9.49
汉江干流湖北段	7.72	白河河南段	14.47
丹江湖北段	0		

按照短板法分别开展流域内水域空间和水流连通性承载状况评价，评价结果如图7.35所示。在水域空间上，除丹江流域的一部分和白河流域为临界超载外，其他区域均为不超载；在连通性方面，超载和严重超载的区域主要集中在汉江干流丹江口水域以上、干流下游和堵河，其余区域均为不超载或临界。

依据水域、水流单要素评价结果，以风险矩阵法得到汉江流域“域流”双要素承载状况综合评价结果，如图7.36所示。汉江流域“域流”评价超载区域主要集中于汉江干流丹江口水库以上一片区域，堵河、丹江、白河和汉江干流丹江口水库以下处于临界超载状态。

再依据“量质”双要素综合评价结果和“域流”双要素综合评价结果，得到汉江流域“量质域流”四个要素承载状况综合评价结果，如图7.37所示。

7.4.2 伊洛河流域水资源承载状况评价

伊洛河地处秦岭、伏牛山、崤山及黄土高原、黄淮海平原的衔接地带，是黄河三门峡以下最大的一级支流，主要由伊河、洛河两大河流水系构成。洛河发源于陕西省蓝田县灞源乡，流经陕西省、河南省的17个县市，在河南省巩义市神堤村注入黄河，干流全长446.9km，流域面积18881km²；支流伊河发源于河南省栾川县陶湾乡三合村的闷墩岭，干流全长264.8km，流域面积6029km²，在河南省偃师市顾县乡杨村与洛河汇合。流域属暖温带向北亚热带过渡区域，环境类型复杂多样，生物多样性较丰富，是黄河中游地区重要的生态区域。伊洛河流域内共有鱼类4目8科36种，鲤科鱼类是最大的优势种群。洛河陕西省境内河段尚未开发，基本保持天然状态；上游河段受水电开发影响，鱼类生境多有破坏；中游河段开发严重，鱼类生境破坏严重，近年来，由于保护力度加强，部分河段鱼类生境略有恢复；下游入黄口河段有黄河下游重要的鱼类产卵场。

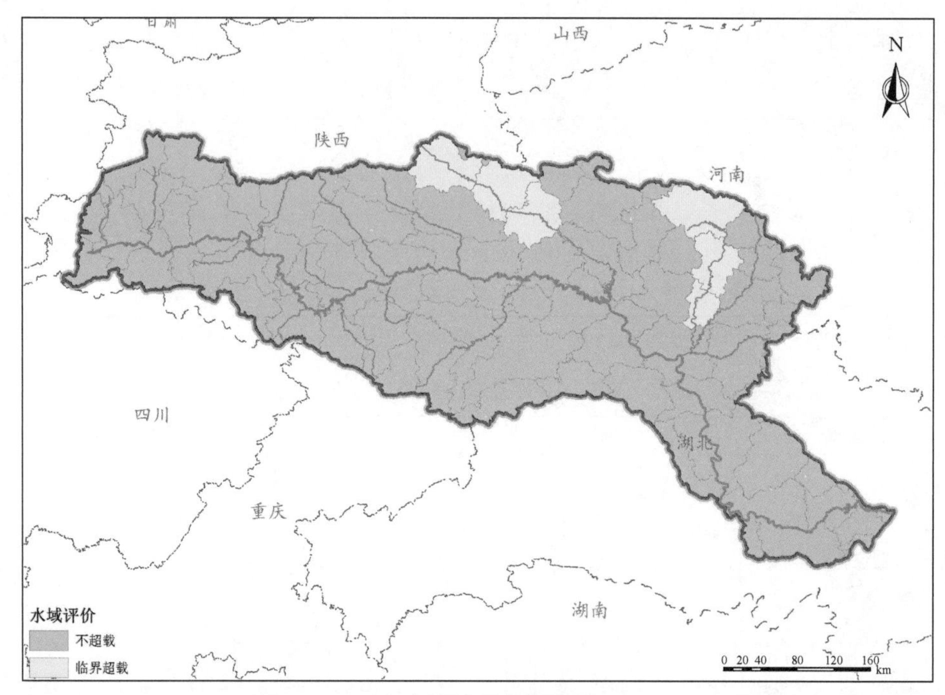

(a) 水域空间承载状况评价

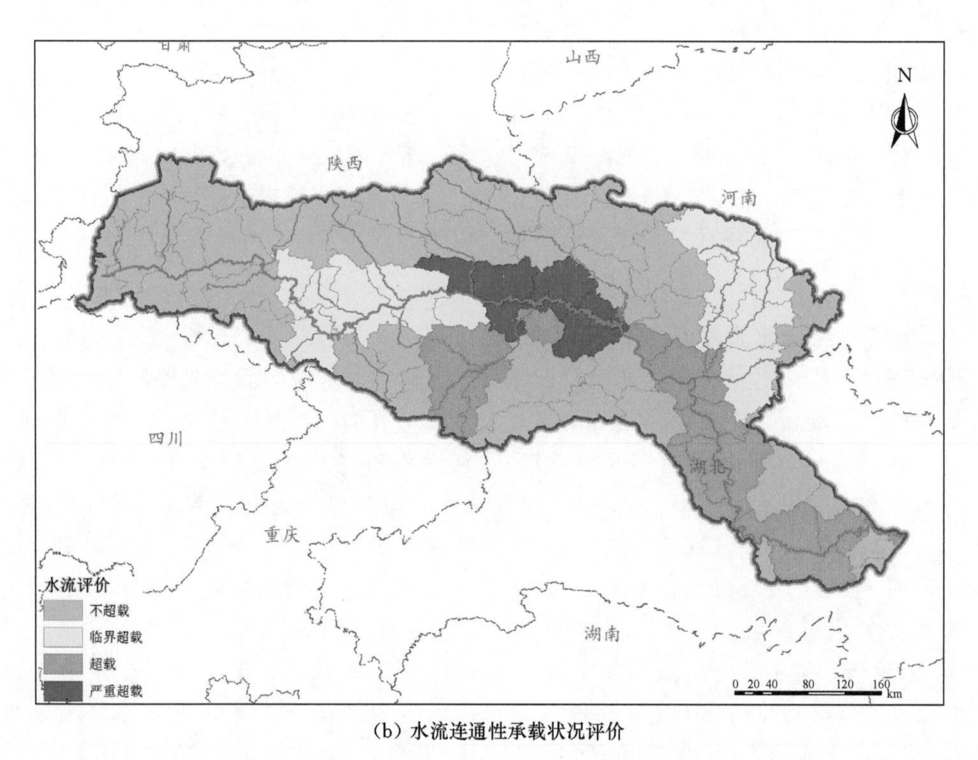

(b) 水流连通性承载状况评价

图7.35　汉江流域水域空间和水流连通性承载状况评价

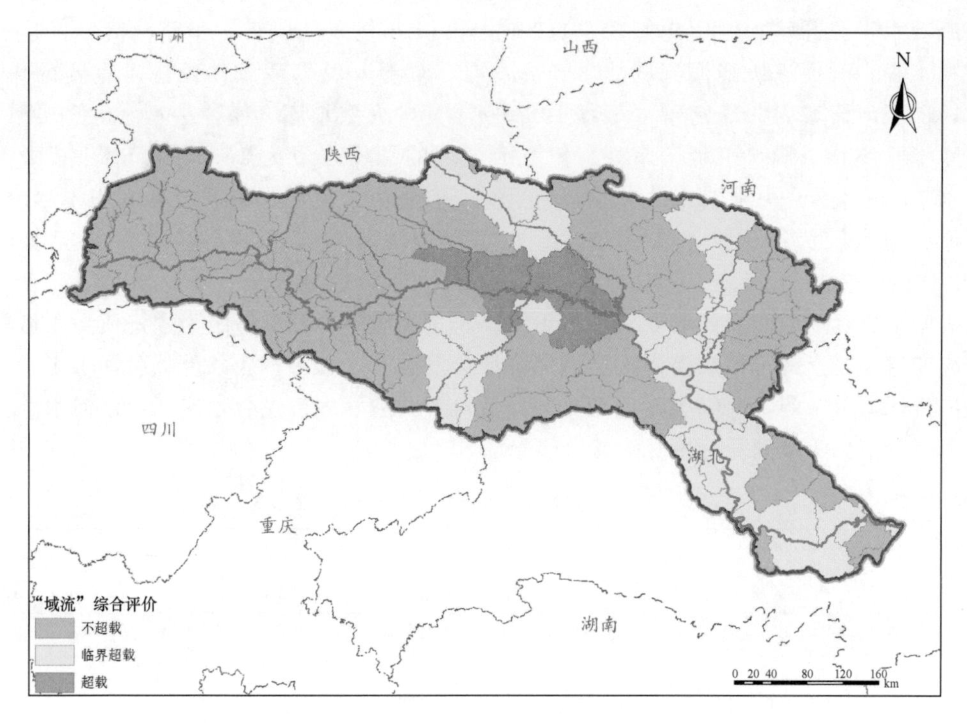

图 7.36 汉江流域“域流”双要素承载状况综合评价

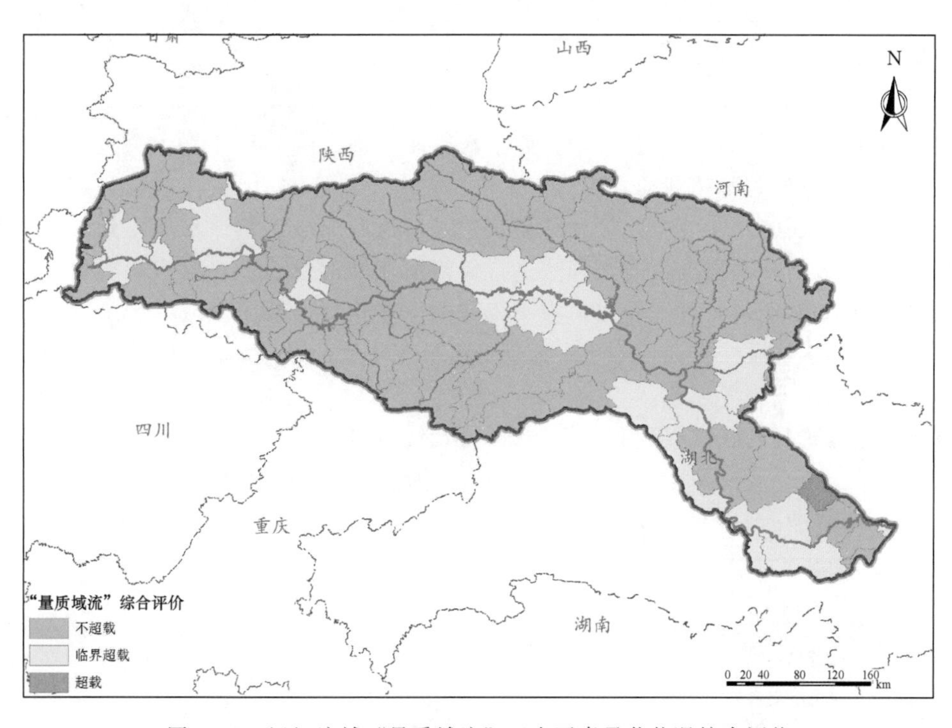

图 7.37 汉江流域“量质域流”四个要素承载状况综合评价

流域水资源开发利用历史悠久，自 20 世纪 50 年代末期以来，伊洛河流域修建了大批水利工程，对促进伊洛河流域社会经济发展、改善人民生活条件发挥了重要的作用。目前，伊洛河流域内共修建蓄水工程 1063 座，其中大型水库 2 座，中型水库 10 座，小型水库 190 座，引调水工程千余处。伊洛河流域的总供水量为 16.46 亿 m^3，其中流域内供水 15.96 亿 m^3，流域外供水 0.50 亿 m^3。但是由于流域水资源开发利用不尽均衡，部分地区缺水较为严重。水资源条件、生态环境现状与经济社会协调发展问题较为突出。

根据水资源承载能力四维要素评价思路，水量水质评价标准等级为固定值，水域空间和水流连通性要素评价标准需考虑区域经济社会发展、水资源本底条件、引调水工程、生态保护目标与需求等，并结合专家意见和相关参考文献等进行综合划定，伊洛河水资源承载能力评价指标等级划分标准见表 7.21。

表 7.21　水资源承载能力评价指标等级划分标准

子系统	指标	指标含义	不超载	临界超载	超载	严重超载
水量	Q_1	区域用水总量/区域可利用水量	<0.9	[0.9，1)	[1，1.2)	≥1.2
	Q_2	地下水开采量/地下水控制开采量	<0.9	[0.9，1)	[1，1.2)	≥1.2
水质	Z_1	满足水功能区水质达标个数/水功能区总个数	≥0.8	[0.6，0.8)	[0.4，0.6)	<0.4
	Z_2	污染物入河量/污染物限制排污量	<1.1	[1.1，1.2)	[1.2，3)	≥3
水域	Y_1	水资源开发利用量/区域水资源总量	<0.15	[0.15，0.3)	[0.3，0.5)	≥0.5
	Y_2	岸线开发利用长度/岸线可开发利用总长	<0.2	[0.2，0.4)	[0.4，0.7)	≥0.7
水流	L_1	河段水库总调节库容/河段年径流量	<0.15	[0.15，0.3)	[0.3，5)	≥0.5
	L_2	满足生态基流的时段/总时段	≥0.8	[0.5，0.8)	[0.3，0.5)	<0.3

在伊洛河流域涉及的 27 个县市中，处于水量评价超载和严重超载的县市共 17 个，主要分布在流域中下游，不超载的县市只有 7 个。在水质评价方面，5 个县市为超载或严重超载状态，不超载县市共 20 个，评价结果较好。伊洛河流域水量、水质要素承载状况评价结果如图 7.38 所示。根据风险矩阵法进行伊洛河流域“量质”双要素承载状况综合评价，结果如图 7.39 所示，可以看出，由于流域中下游相当一部分区域处于水量超载或严重超载状态，导致量质综合评价结果中这部分区域基本为超载或临界超载，流域内只有 9 个县市处于不超载或临界超载。

基于对已有资料的收集整理和现场调研，伊洛河流域岸线长度为 1495km，其中开发利用长度为 707km，岸线开发利用率为 47.3%。伊洛河流域岸线利用情况见表 7.22。

表 7.22　伊洛河流域岸线利用情况（含左右岸）

河段	岸线长度/km	开发利用长度/km	开发利用率/%
灵口（省界）以上	253.6	14.9	5.9
灵口—入黄口	711.6	577.6	81.2
伊河源头—伊河洛河交汇处	529.6	114.6	21.6
伊洛河流域	1494.8	707.1	47.3

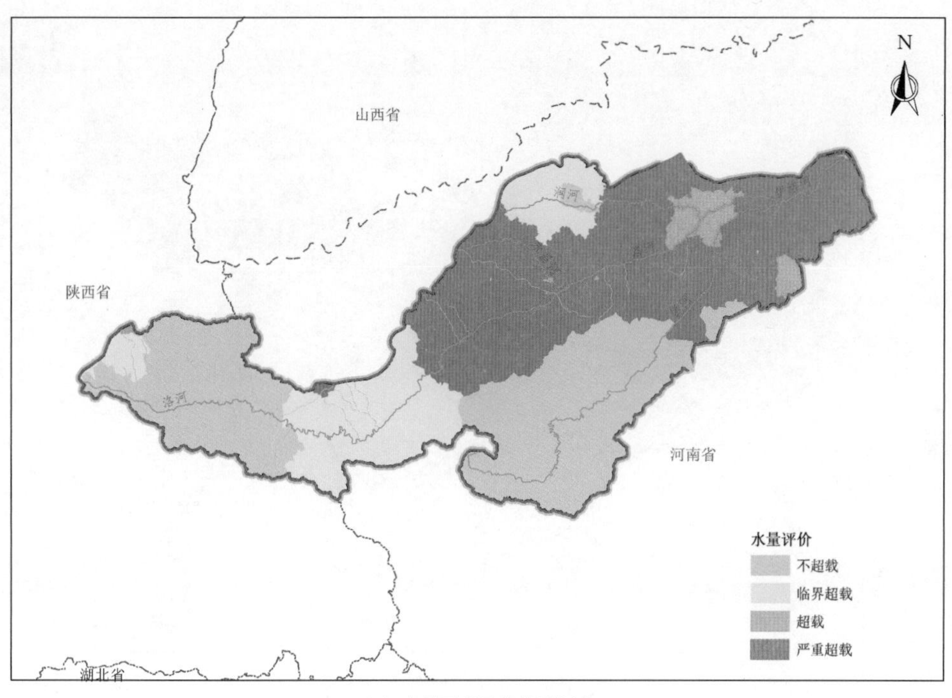

(a) 水量要素承载状况评价

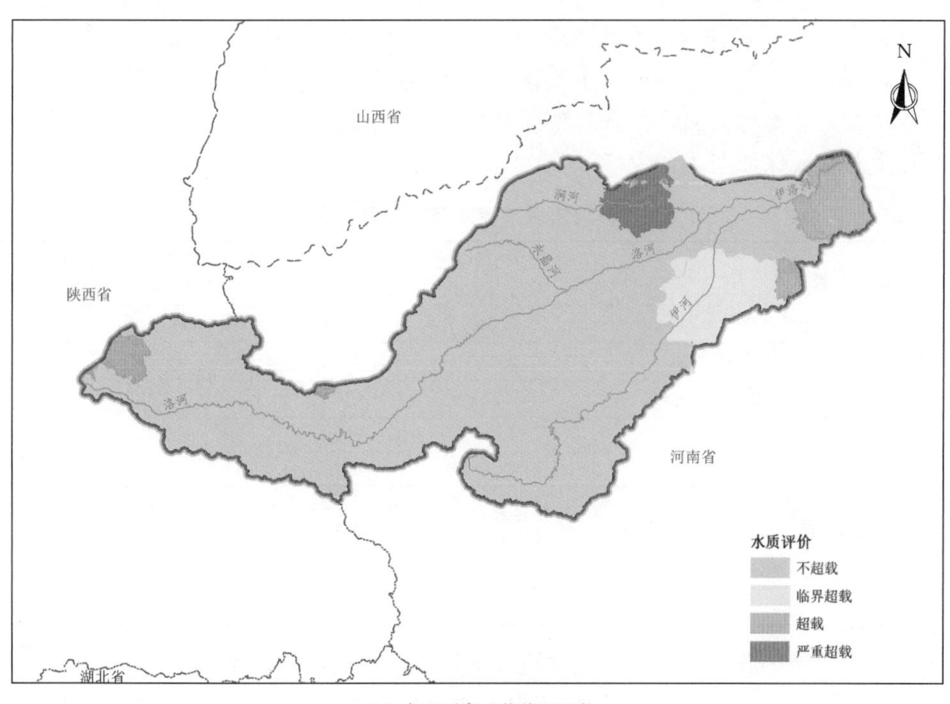

(b) 水质要素承载状况评价

图 7.38 伊洛河流域水量、水质要素承载状况评价

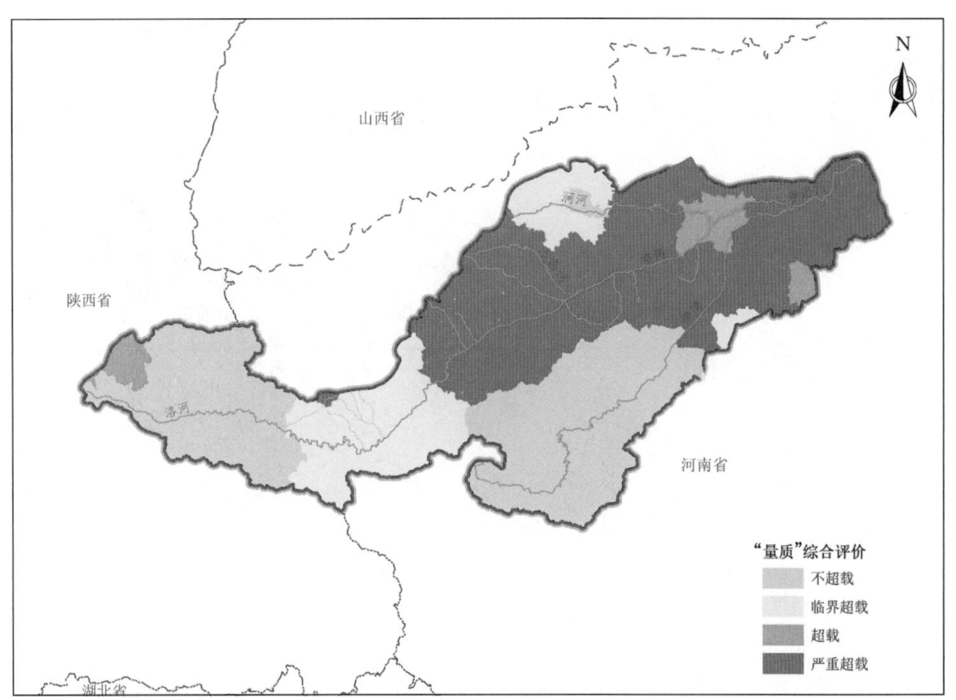

图7.39 伊洛河流域"量质"双要素承载状况综合评价

伊洛河流域水资源开发利用率为59.0%，按照三级水资源分区，洛河流域水资源开发利用率为65.4%，伊河流域水资源开发利用率为39.3%，见表7.23。伊洛河流域各种蓄水工程总兴利库容为13亿 m^3，水流阻隔率为44.2%，伊洛河流域水流阻隔情况见表7.24。在基本生态流量方面，伊洛河黑石关断面（伊洛河入黄断面）生态基流为 $9.0m^3/s$，历年逐月生态基流保证率为95%。

表7.23　　伊洛河流域水资源开发利用情况

水资源分区		多年平均水资源总量/亿 m^3	供水量/亿 m^3	上游来水加本地产水/亿 m^3	水资源开发利用率/%
伊河	陆浑水库以上	6.59	1.21	6.59	18.4
	陆浑水库—龙门镇	3.66	2.82	9.04	31.2
	小计	10.25	4.03	15.63	39.3
洛河	灵口（省界）以上	4.38	0.70	4.38	16.0
	灵口（省界）—故县水库	3.39	0.21	7.07	3.0
	故县水库—白马寺	10.66	7.42	17.52	42.4
	龙门镇、白马寺—入黄口	3.63	4.09	13.73	29.8
	小计	22.06	12.42	31.25	56.3
合计		32.31	16.45	46.88	50.9

按照要素评价标准以及双要素风险矩阵法评价，伊洛河流域水域空间、水流连通性承载状况评价结果，如图7.40所示。由于流域中下游大部分区域水资源开发利用程度和岸线开发利用程度较高导致该区水域空间评价均为严重超载；在水流连通性方面，伊河流域上中游和洛河中游一小片区域处于严重超载状态，其余区域为临界超载。伊洛河流域"域

表 7.24 伊洛河流域水流阻隔情况

水资源分区		兴利库容/亿 m^3	多年平均径流量/亿 m^3	水流阻隔率/%
伊河	陆浑水库以上	6.01	6.25	96.2
	陆浑水库—龙门镇	0.28	3.25	8.5
	小计	6.29	9.50	66.2
洛河	灵口（省界）以上	0.22	6.85	3.1
	灵口（省界）—故县水库	5.14	2.80	183.2
	故县水库—白马寺	1.04	8.62	12.0
	龙门镇、白马寺—入黄口	0.34	1.94	17.3
	小计	6.72	19.97	33.7
伊洛河流域		13.01	29.47	44.2

流”双要素承载状况综合评价结果如图 7.41 所示，其中伊河流域和洛河中下游流域为超载或严重超载，其余区域为临界超载状态。

综合承载能力“量质”评价结果和“域流”评价结果，利用风险矩阵法得到伊洛河流域“量质域流”四个要素承载状况综合评价结果如图 7.42 所示，除洛河流域上游区域涉及的 5 个县市为临界超载或不超载状态，其余区域评价结果均为超载或严重超载。

7.4.3 淮河上游流域水资源承载状况评价

淮河流域地处中国东部，介于长江和黄河两流域之间，位于东经 111°55′～121°25′、

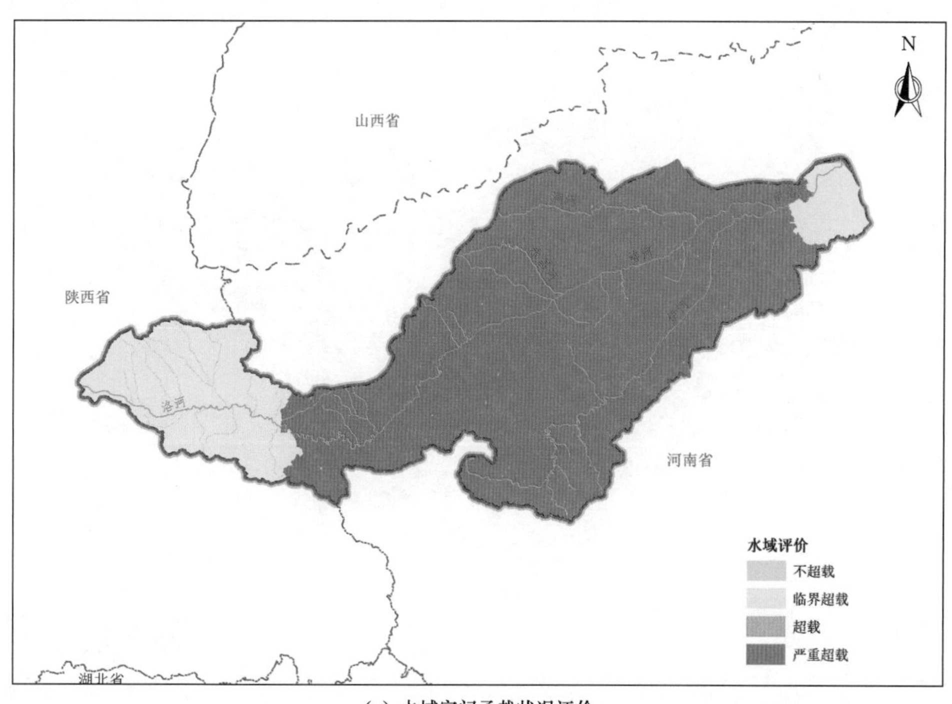

(a) 水域空间承载状况评价

图 7.40（一） 伊洛河流域水域空间、水流连通性承载状况评价

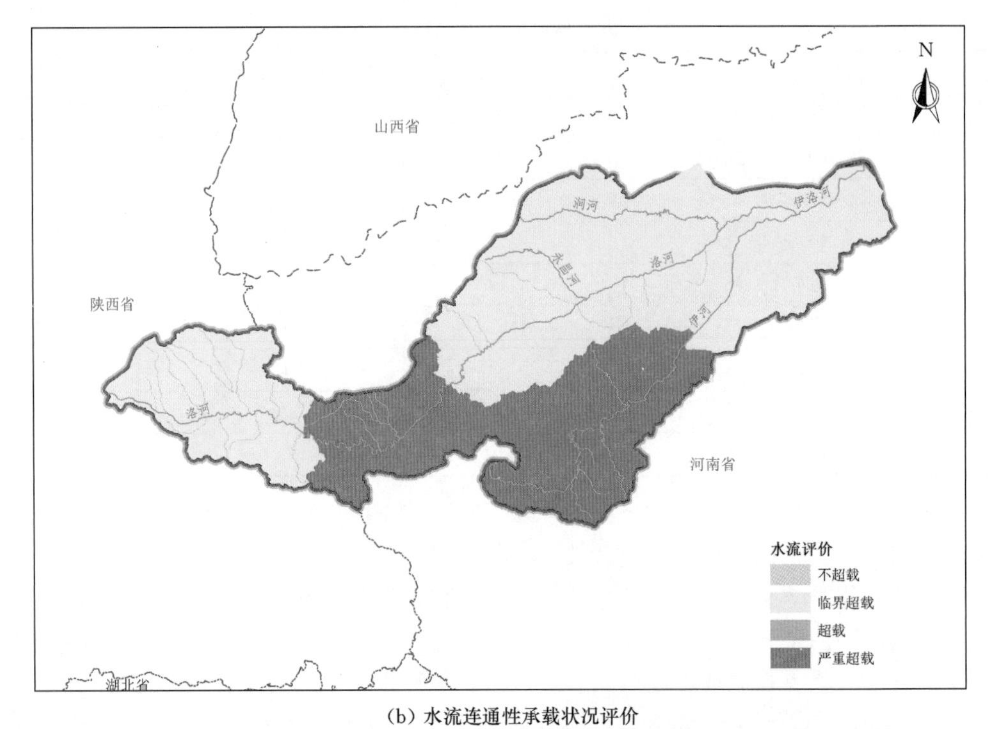

(b) 水流连通性承载状况评价

图 7.40（二）　伊洛河流域水域空间、水流连通性承载状况评价

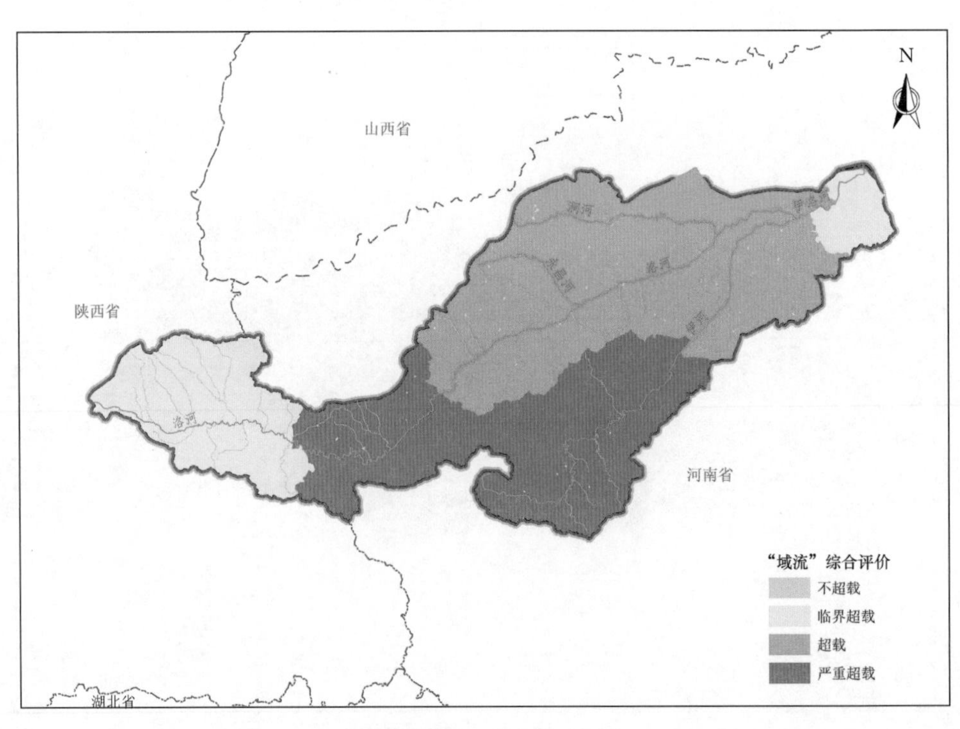

图 7.41　伊洛河流域“域流”双要素承载状况综合评价

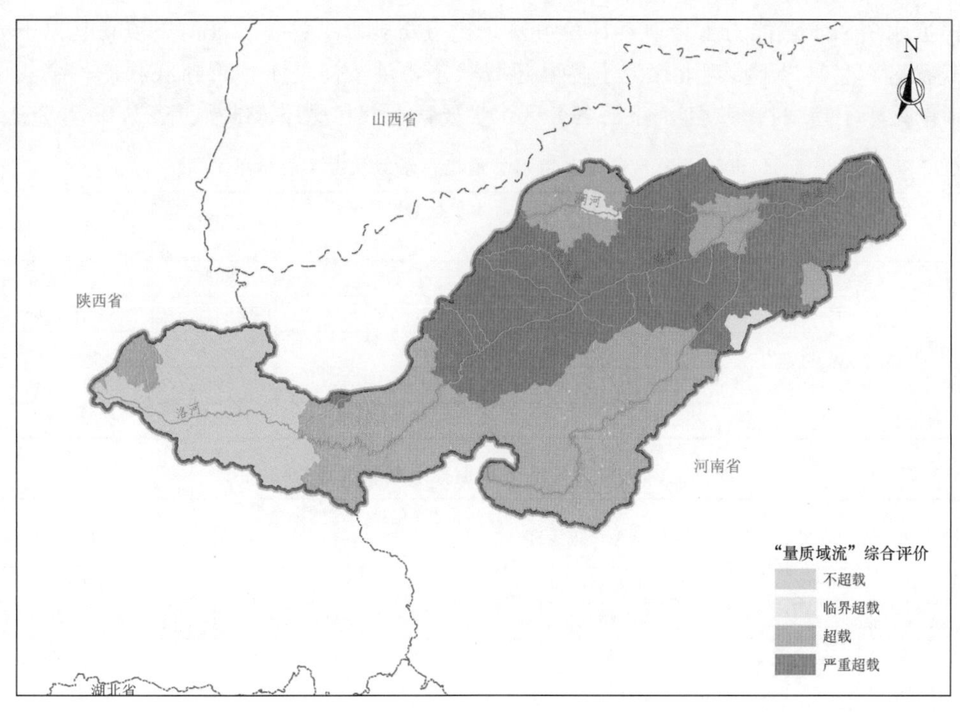

图 7.42 伊洛河流域“量质域流”四个要素承载状况综合评价

北纬 30°55′～36°36′，面积为 27 万 km^2。流域西起桐柏山、伏牛山，东临黄海，南以大别山、江淮丘陵、通扬运河及如泰运河南堤与长江分界，北以黄河南堤和泰山为界与黄河流域毗邻。淮河发源于桐柏山太白顶北麓，依次流经河南省，安徽省，江苏省。流域由淮河水系、沂沭泗水系及山东半岛组成，废黄河以南为淮河水系，废黄河以北、泰沂山脉以西为沂沭泗水系，泰沂山脉以东为山东半岛。淮河水系集水面积约 19 万 km^2，约占流域总面积的 71%。淮河上中游支流众多。本次水资源承载能力评价以淮河流域王家坝以上区域为评价单元，该区域共涉及 2 个水资源三级区和 35 个县市。

根据承载能力四维要素评价思路，考虑区域经济社会发展、水资源本底条件、引调水工程、生态保护目标与需求等，并结合专家意见和相关参考文献等进行综合标准的划定，淮河上游水资源承载力评价指标等级划分标准见表 7.25。

表 7.25 淮河上游水资源承载能力评价指标等级划分标准

子系统	指标	指标含义	不超载	临界超载	超载	严重超载
水量	Q_1	区域用水总量/区域可利用水量	<0.9	[0.9，1)	[1，1.2)	≥1.2
	Q_2	地下水开采量/地下水控制开采量	<0.9	[0.9，1)	[1，1.2)	≥1.2
水质	Z_1	满足水功能区水质达标个数/水功能区总个数	≥0.8	[0.6，0.8)	[0.4，0.6)	<0.4
	Z_2	污染物入河量/污染物限制排污量	<1.1	[1.1，1.2)	[1.2，3)	≥3
水域	Y_1	水资源开发利用量/区域水资源总量	<0.15	[0.15，0.3)	[0.3，0.5)	≥0.5
	Y_2	岸线开发利用长度/岸线可开发利用总长	<0.3	[0.3，0.5)	[0.5，0.8)	≥0.8
水流	L_1	河段水库总调节库容/河段年径流量	<0.15	[0.15，0.3)	[0.3，5)	≥0.5
	L_2	满足生态基流的时段/总时段	≥0.9	[0.75，0.9)	[0.5，0.75)	<0.5

根据水资源承载能力水量要素评价方法，经分析计算、评价，淮河干流息县以上处于不超载状态，息县以下淮河北岸处于临界超载状态，洪汝河处于严重超载状态，息县以下淮河南岸处于不超载状态。淮河上游各分区水量要素承载状况评价结果见表 7.26 和表 7.27。

表 7.26　　淮河上游水量要素用水总量指标承载状况评价结果

分　区	核算后的用水总量 W /万 m^3	用水总量指标 W_0 /万 m^3	W/W_0	评价结果
淮河干流息县以上	10.71	12.45	86%	不超载
息县以下淮河北岸	0.75	0.85	89%	不超载
洪汝河	6.83	7.16	96%	临界超载
息县以下淮河南岸	4.98	6.11	82%	不超载
淮河上游区	23.27	26.55	88%	不超载

表 7.27　　淮河上游水量要素地下水指标承载状况评价结果

分　区	浅层地下水评价结论	深层地下水开采量 /万 m^3	评价结果
淮河干流息县以上	不超载	—	不超载
息县以下淮河北岸	临界超载	—	临界超载
洪汝河	超载	142	严重超载
息县以下淮河南岸	不超载	—	不超载
淮河上游区	不超载	142	不超载

此次试点地区水质要素评价选取水功能区水质达标率控制目标指标作为评价指标。根据淮河流域各省填报的各县域单元涉及的全国重要江河湖泊水功能区、省级水功能区水质达标率控制指标成果，复核后作为水质要素指标的承载能力，数据主要来源于各省级行政区实行最严格水资源管理制度实施方案或考核办法及水功能区批复文件，以及《全国水资源保护规划》《淮河流域水资源保护规划》《淮河流域重要江河湖泊水功能区纳污能力核定及限制排污总量控制方案》等。

按照《淮河流域水资源保护规划》分解成果，经综合分析、平衡和协调，淮河上游区 84 个水功能区中 2020 年规划范围内水功能区达标个数为 71 个，水质达标率（双因子）为 85%。淮河上游各分区水功能区达标目标见表 7.28。

表 7.28　　淮河上游水功能区达标目标

分　区	达标目标个数	水质达标率控制指标/%
淮干息县以上	28	88
息县以下淮河北岸	4	100
洪汝河	28	78
息县以下淮河南岸	11	92
淮河上游区	71	85

淮河上游流域水量、水质要素承载状况评价结果如图 7.43 所示。在水量评价方面，有 9 个县市处于水量超载状态，其余 26 个县市为临界超载或不超载状态，超载区域主要分布在汝河和北汝河上游；在水质评价方面，淮河干流息县以上处于不超载状态，息县以下淮河北岸处于不超载状态，洪汝河处于超载状态，息县以下淮河南岸处于不超载状态，

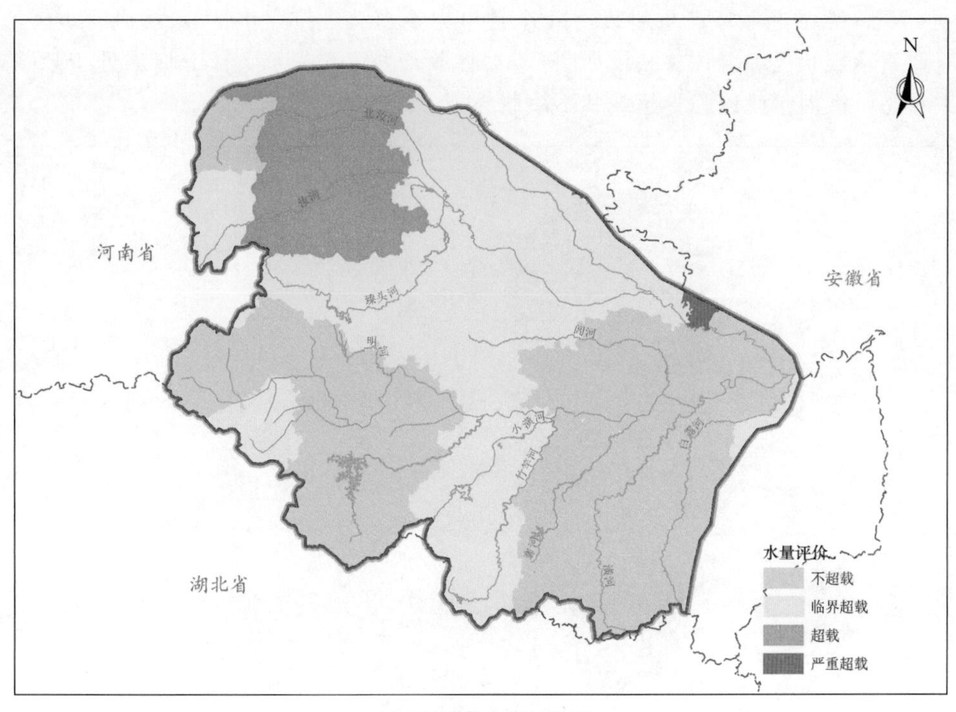

(a) 水量要素承载状况评价

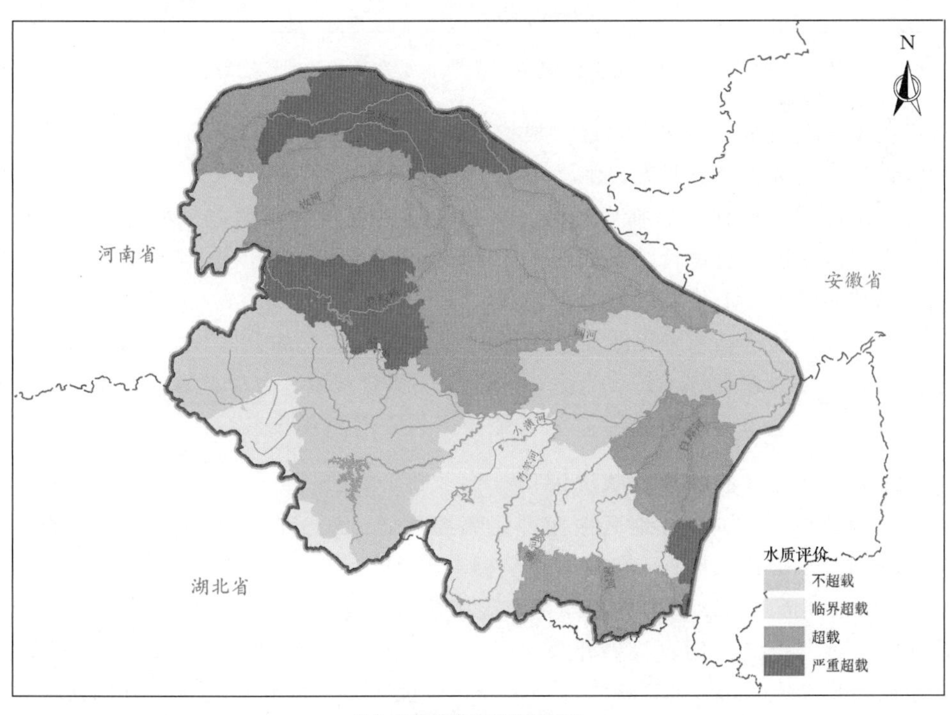

(b) 水质要素承载状况评价

图 7.43 淮河上游流域水量、水质要素承载状况评价

19个县市处于水质超载或严重超载，11个县市为不超载。按照水量-水质风险矩阵，“量质”双要素承载状况综合评价结果如图7.44所示，洪汝河流域大部分区域处于超载或严重超载状态，淮河干流以临界超载和不超载为主。

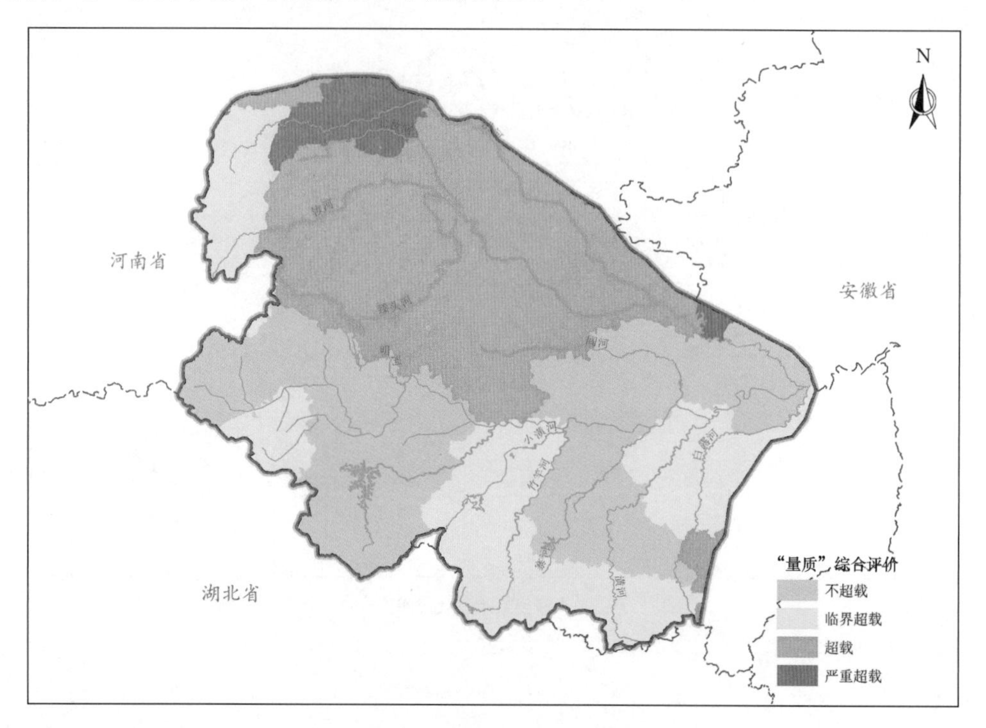

图7.44　淮河上游流域“量质”双要素承载状况综合评价

水资源承载能力水域、水流要素承载状况评价结果如图7.45所示，洪汝河流域在水域和水流评价中均处于超载状态，淮河干流上游水域评价为超载、水流评价为临界超载，淮河干流下游区域水域评价为临界超载、水流连通性评价为不超载。淮河上游流域“域流”双要素承载状况综合评价结果如图7.46所示，结果表明，洪汝河流域和淮河干流上游区域为超载，淮河干流下游区域为不超载。

从四要素综合评价结果（见图7.47）看，洪汝河流域大部分区域为超载和严重超载，淮河干流区域以临界超载和不超载为主，局部出现超载现象。整个计算流域水资源承载能力评价结果仅3个县市为不超载状态，10个县市为临界超载状态。

7.4.4　西辽河流域水资源承载状况评价

西辽河流域位于我国东北地区西南部，流经河北、辽宁、内蒙古和吉林4省（自治区），河流全长829km。西辽河流域地理坐标为：东经119°04′～125°01′，北纬42°00′～45°00′，北以松辽流域分水岭为界和松花江流域接壤，东接东辽河流域，南临辽河干流和大、小凌河，西与七老图山、努鲁儿虎山、医巫闾山和滦河流域毗邻。西辽河流域面积13.52万km^2，行政区划包括吉林省、辽宁省、内蒙古自治区和河北省，分别占流域面积的2.62%，2.58%，91.89%和2.91%。西辽河流域上游为老哈河，下游为西辽河干流，主要支流有西拉木伦河、教来河、新开河、乌力吉木伦河等。西辽河流域属于中温带半干

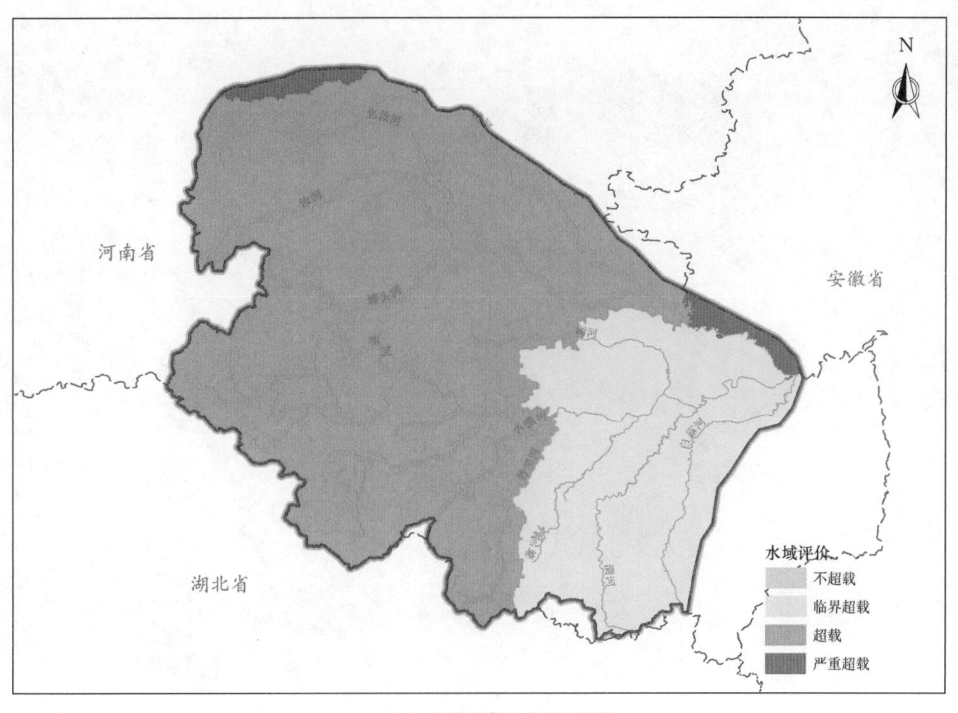

(a) 水域要素承载状况评价

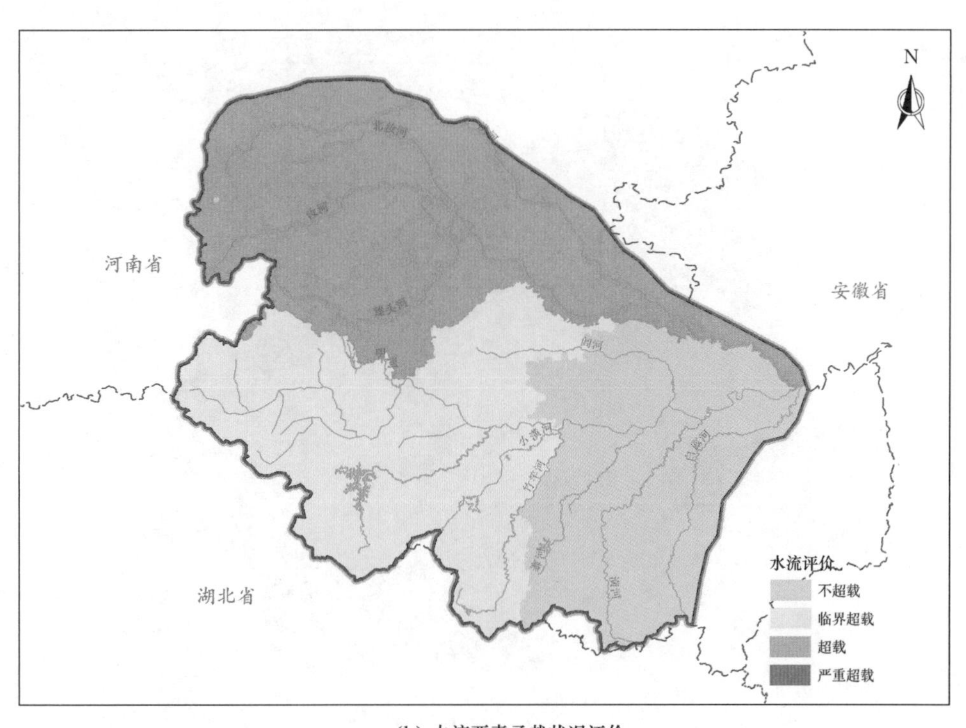

(b) 水流要素承载状况评价

图 7.45 淮河上游流域水域、水流要素承载状况评价

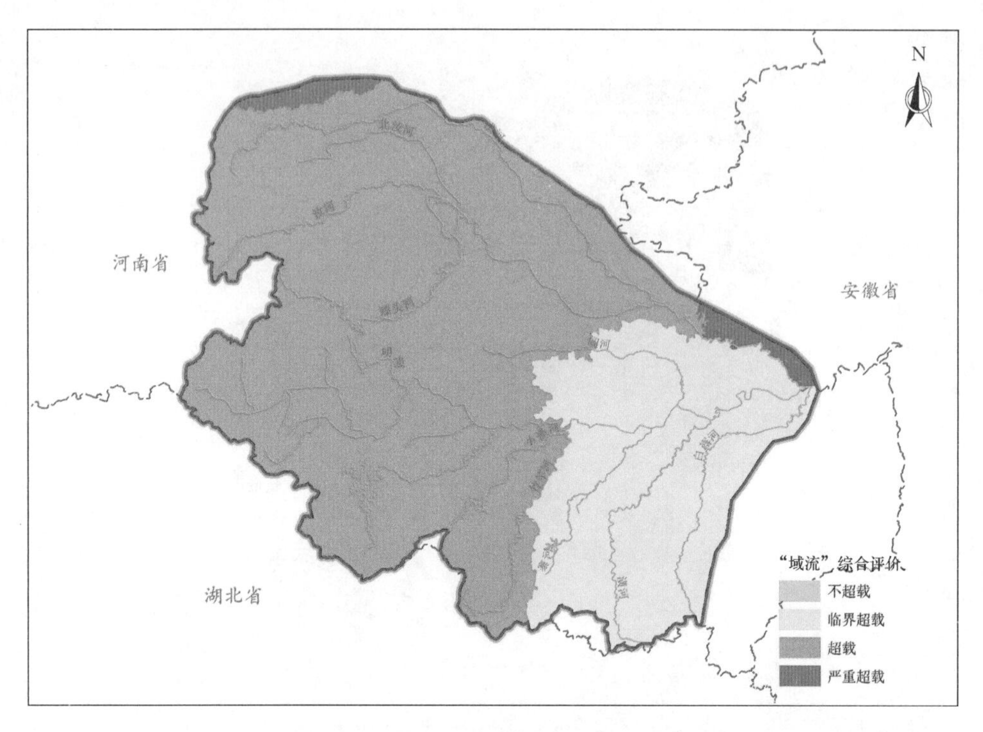

图 7.46 淮河上游流域"域流"双要素承载状况综合评价结果

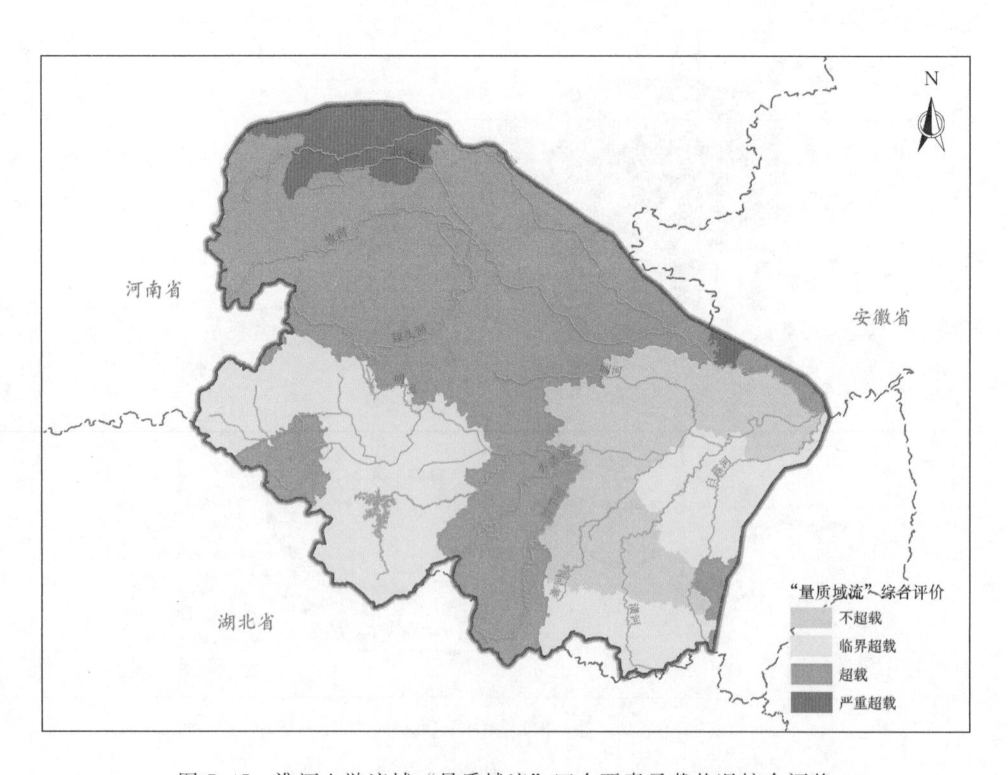

图 7.47 淮河上游流域"量质域流"四个要素承载状况综合评价

旱季风气候区，大陆性气候显著，表现为春季干燥多风，夏季湿热多雨，秋季凉爽，冬季严寒少雪的气候特点。西辽河流域降水量从东南向西北逐渐减少，从650mm减少到325mm，年最大降水量1007.1mm，年最小降水量158.9mm。降水量在时间上分布不均匀，6—9月降水量占全年总降水量的80%以上。西辽河流域年蒸发量从东南向西北逐渐增大，年最大蒸发量为2713.9mm，年最小蒸发量为1323.1mm。西辽河流域年平均气温5～7.5℃。

根据本书的多要素水资源承载能力评价思路，综合相关专家意见和相关参考文献组成西辽河水资源承载能力8个评价指标的等级划分标准，见表7.29。

表7.29　水资源承载能力评价指标等级划分标准

子系统	指标	指标含义	不超载	临界超载	超载	严重超载
水量	Q_1	区域用水总量/区域可利用水量	<0.9	[0.9, 1)	[1, 1.2)	≥1.2
	Q_2	地下水开采量/地下水控制开采量	<0.9	[0.9, 1)	[1, 1.2)	≥1.2
水质	Z_1	满足水功能区水质达标个数/水功能区总个数	≥0.8	[0.6, 0.8)	[0.4, 0.6)	<0.4
	Z_2	污染物入河量/污染物限制排污量	<1.1	[1.1, 1.2)	[1.2, 3)	≥3
水域	Y_1	水资源开发利用量/区域水资源总量	<0.4	[0.4, 0.6)	[0.6, 0.9)	≥0.9
	Y_2	岸线开发利用长度/岸线可开发利用总长	<0.05	[0.05, 0.1)	[0.1, 0.15)	≥0.15
水流	L_1	河段水库总调节库容/河段年径流量	<0.4	[0.4, 0.6)	[0.6, 0.9)	≥0.9
	L_2	满足生态基流的时段/总时段	≥0.9	[0.7, 0.9)	[0.5, 0.7)	<0.5

注　生态流量是指维系河流、湖泊、沼泽等水生态系统的完整性、系统性和稳定性，保障人类生存与发展的合理需求，需要保留在河流、湖泊、沼泽内的流量及其过程。将生态流量过程中枯水期的最小值通常称为生态基流。

所选的评价单元是西辽河流域的三级区，包括西拉木伦河及老哈河、乌力吉木伦河和西辽河下游区间。查阅相关资料得到选取的评价指标值，评价指标和对应的评价等级标准，综合判断单个评价指标的水资源承载能力评价等级，根据各子系统的评价指标权重综合判断各子系统的评价等级，得到西辽河流域的水资源承载能力评价等级，见表7.30。

表7.30　西辽河流域的水资源承载能力评价等级

子系统	区域	指标	指标值	单指标评价等级	综合等级
水量	西拉木伦河及老哈河	区域用水程度 Q_1	0.72	不超载	不超载
		地下水开采程度 Q_2	0.81	不超载	
	乌力吉木伦河	区域用水程度 Q_1	0.85	不超载	临界超载
		地下水开采程度 Q_2	1.06	临界超载	
	西辽河下游区间	区域用水程度 Q_1	0.98	临界超载	临界超载
		地下水开采程度 Q_2	1.17	临界超载	
水质	西拉木伦河及老哈河	水功能区水质达标率 Z_1	0.68	临界超载	超载
		水质污染程度 Z_2	2.71	超载	
	乌力吉木伦河	水功能区水质达标率 Z_1	0.89	不超载	不超载
		水质污染程度 Z_2	0.96	不超载	
	西辽河下游区间	水功能区水质达标率 Z_1	0.91	不超载	临界超载
		水质污染程度 Z_2	1.15	临界超载	

续表

子系统	区域	指　标	指标值	单指标评价等级	综合等级
水域	西拉木伦河及老哈河	区域水资源开发利用程度 Y_1	0.692	超载	临界超载
		水域岸线开发利用程度 Y_2	0	不超载	
	乌力吉木伦河	区域水资源开发利用程度 Y_1	0.823	超载	临界超载
		水域岸线开发利用程度 Y_2	0.005	不超载	
	西辽河下游区间	区域水资源开发利用程度 Y_1	1.107	严重超载	超载
		水域岸线开发利用程度 Y_2	0.045	不超载	
水流	西拉木伦河及老哈河	河流库径比 L_1	1.66	严重超载	严重超载
		生态流量保障率 L_2	—	严重超载	
	乌力吉木伦河	河流库径比 L_1	0.42	临界超载	超载
		生态流量保障率 L_2	—	严重超载	
	西辽河下游区间	河流库径比 L_1	5.39	严重超载	严重超载
		生态流量保障率 L_2	—	严重超载	

注　20世纪80年代以来特别是2000年以后，受自然因素和人类活动的双重影响，西辽河断流时长增加、断流情况加重，致使生态基流为0。

为进一步形象化地反映出西辽河流域水资源承载能力的空间差异，“量质域流”四个要素水资源承载状况的空间分布，如图7.48所示。

从图7.48可以看出，西辽河流域水量要素的承载状况总体较好。由于西拉木伦河及老哈河区域的用水总量低于区域用水总量的控制指标，且地下水开采量较少，水量综合评价等级为不超载；乌力吉木伦河的用水程度较低，但地下水开采程度相对较高，考虑到地下水开采程度的权重高于区域用水程度，水量综合评价等级为临界超载；西辽河下游区间用水程度和地下水开采程度相对较高，水量综合评价等级为临界超载。

西辽河流域水质要素评价等级相比较水量要素结果一般。由于西拉木伦河及老哈河区域水功能区水质达标情况一般，水质污染程度严重，水质综合评价等级为超载；乌力吉木伦河的水功能区水质达标情况较好，水质污染程度较低，水质综合评价等级为不超载；西辽河下游区间水功能区水质达标情况较好，水质污染程度一般，考虑到水质污染程度的指标权重高于水功能区水质达标率，水质综合评价等级为临界超载。

西辽河流域水域要素的承载能力评价结果差。尽管西拉木伦河及老哈河、乌力吉木伦河和西辽河下游区间的水域岸线开发利用程度很低，但3个区域的水资源开发利用程度普遍很高，综合考虑得出3个区域的水域要素的评价等级分别为临界超载、临界超载和承载。

西辽河流域水流要素的承载能力评价结果极差。由于西拉木伦河及老哈河、乌力吉木伦河和西辽河下游区间的河流库径比较大，表明河流被阻隔较为严重，而常年的河流断流导致生态流量无法得到保障，综合考虑得出3个区域的水流要素的评价等级分别为严重超载、临界超载和严重超载。

将所得到“量质域流”4个子系统的评价结果用风险矩阵进行合成得到西辽河区域的水资源承载能力评价，利用短板法将“量质域流”4个子系统的评价结果进行合成得到评价等级结果，如图7.49所示。

从图7.49可以看出，由风险矩阵法综合得到的西辽河流域的水资源承载状况较差，

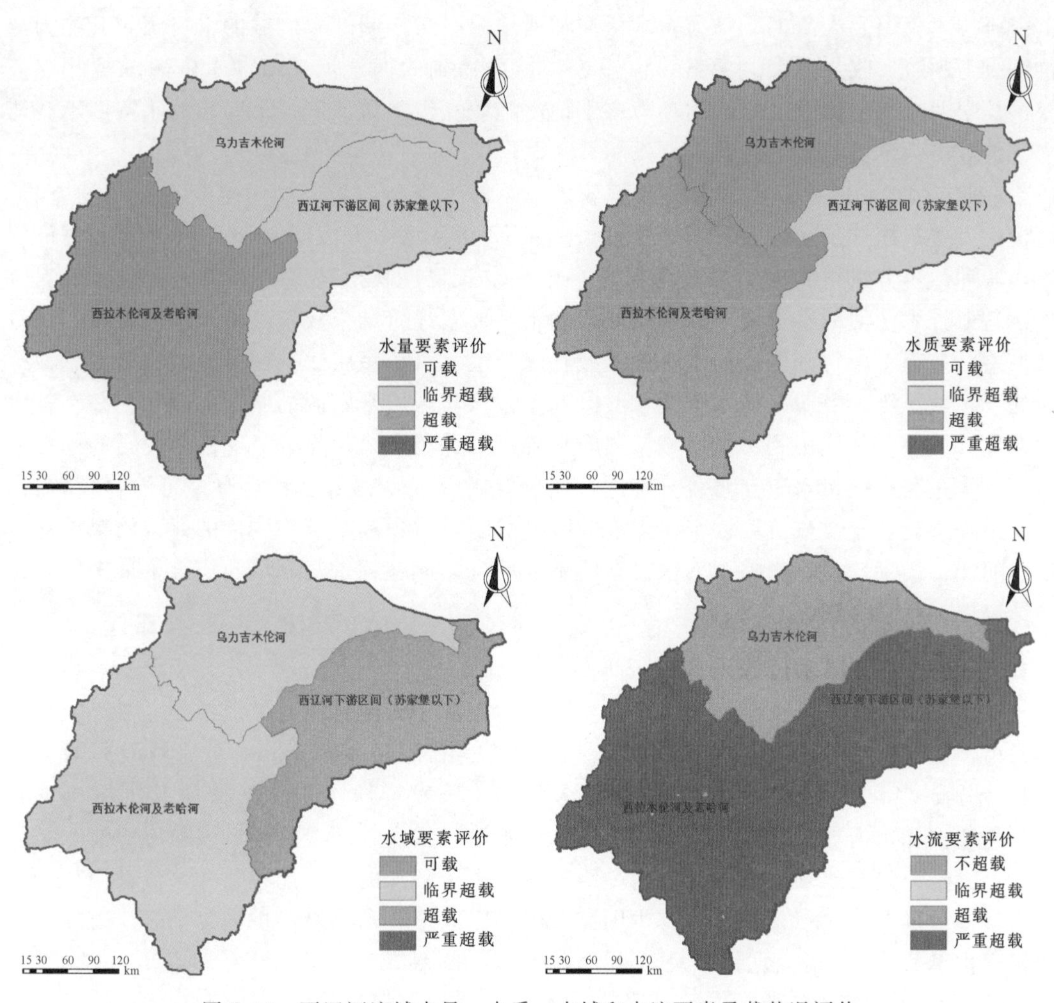

图 7.48 西辽河流域水量、水质、水域和水流要素承载状况评价

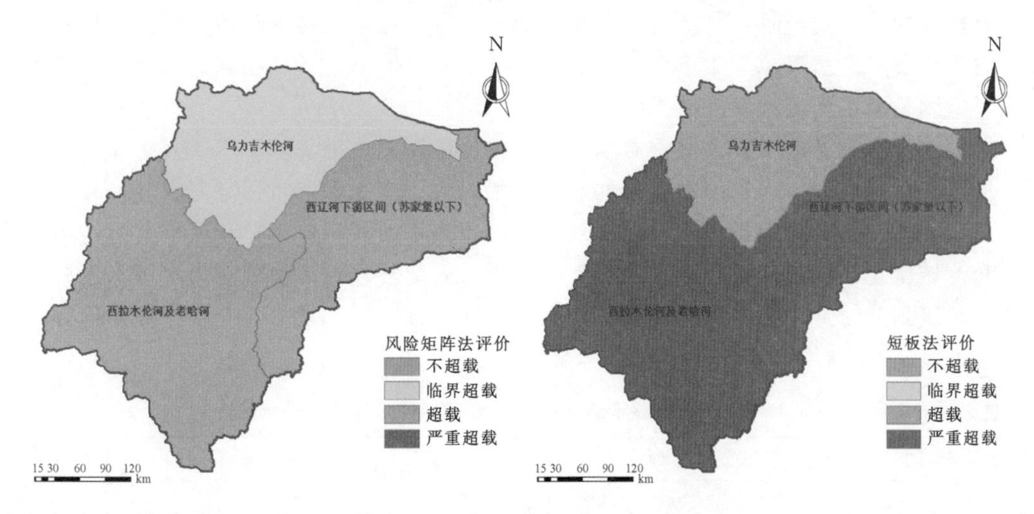

图 7.49 风险矩阵法和短板法评价

其中西拉木伦河及老哈河、乌力吉木伦河和西辽河下游区间 3 个区域的水资源承载能力评价等级为超载、临界超载和超载；由短板法综合得到的西辽河流域的水资源承载状况极差，其中西拉木伦河及老哈河、乌力吉木伦河和西辽河下游区间 3 个区域的水资源承载能力评价等级为严重超载、超载和严重超载。

2 种方法得到的西辽河的水资源承载状况总体上保持一致，同时也存在一定的差异，短板法直接采用“量质域流”四个要素最差的评价等级作为区域水资源承载能力评价等级，这种评价方法得到的结果较为保守，却不能客观反映出区域水资源的承载状况。例如：乌力吉木伦河的水量要素、水质要素和水域要素评价结果较好，由于水流要素的评价结果差，综合考虑得到区域的水资源承载状况一般，可用短板法得到的区域水资源承载等级处于超载等级，表明区域水资源承载状况差，这与区域水资源的实际承载状况存在较大的差异。风险矩阵应用到“量质域流”四个要素的等级合成，充分考虑四个要素的内在关联，将水量与水域、水质与水流分别进行评价等级合成，评价过程具有一定的物理解析。风险矩阵进行“量质域流”四个要素的等级合成时，避免因某单一要素的评价结果差导致最终的评价结果较差，忽略了其他要素的重要性，因此在评价时利用的信息更加全面，评价结果更加科学合理。

7.4.5　赤水河流域水资源承载状况评价

赤水河是长江干流上游右岸一级重要支流，发源于云南省昭通市镇雄县，流经云南省昭通市、贵州省毕节市和遵义市、四川省泸州市，总河长 436.5km，总流域面积约 2 万 km^2。流域多年平均降雨量约 1000mm，多年平均蒸发量约 456mm，降水从上游至下游逐渐递增。赤水河四分之三流域在大山中，河水清澈透底，两岸陡峭、多险滩急流，是长江中上游唯一没有筑坝且未被开发的一级支流。由于特殊的自然地理条件，流域内生物资源丰富，分属多个自然保护区，其中国家级保护区 3 个，市县级保护区 1 个。全流域共有珍稀保护动植物 77 余种，其中国家重点保护植物 39 种，国家重点保护动物 38 种；据中国科学院水生生物研究所 2007 年调查资料显示，赤水河栖息的 131 种鱼类中有 37 种是长江上游特有的。与此同时，该区域又分布有众多白酒、煤炭等耗水和污染企业。随着经济社会的不断发展，水资源、生态环境保护与经济社会发展的任务都很重，如何实现三者的协调可持续是赤水河流域发展需要破解的难题。

根据前文所设计的多要素水资源承载能力评价思路和过程，基于四要素指标评价，考虑区域经济社会发展、水资源本底条件、引调水工程、生态保护目标与需求等，并结合专家意见和相关参考文献等进行综合标准划定。由于赤水河流域位于长江流域上游，水资源本底和流域生态环境较好，且生态功能十分重要，因此在水资源承载能力水域水流要素指标评价等级划分时适当提高评级标准。赤水河流域水资源承载能力四要素指标评价等级划分标准见表 7.31。

表 7.31　赤水河流域水资源承载能力四要素指标评价等级划分标准

子系统	指标	指 标 含 义	不超载	临界超载	超载	严重超载
水量	Q_1	区域用水总量/区域可利用水量	<0.9	[0.9，1)	[1，1.2)	≥ 1.2
	Q_2	地下水开采量/地下水控制开采量	<0.9	[0.9，1)	[1，1.2)	≥ 1.2

续表

子系统	指标	指标含义	不超载	临界超载	超载	严重超载
水质	Z_1	满足水功能区水质达标个数/水功能区总个数	≥0.8	[0.6, 0.8)	[0.4, 0.6)	<0.4
	Z_2	污染物入河量/污染物限制排污量	<1.1	[1.1, 1.2)	[1.2, 3)	≥3
水域	Y_1	水资源开发利用量/区域水资源总量	<0.1	[0.1, 0.2)	[0.2, 0.4)	≥0.4
	Y_2	岸线开发利用长度/岸线可开发利用总长	<0.1	[0.1, 0.2)	[0.2, 0.4)	≥0.4
水流	L_1	河段水库总调节库容/河段年径流量	<0.1	[0.1, 0.2)	[0.2, 0.4)	≥0.4
	L_2	满足生态基流的时段/总时段	≥0.9	[0.7, 0.9)	[0.5, 0.7)	<0.5

赤水河流域水量、水质要素和“量质”双要素承载状况综合评价结果如图7.50所示。由于赤水河流域水资源本底较好，且人类活动干扰相对较弱，因此，水量和水质要素评价中大部分区域为不超载，只有流域上游区域的大方县和七星关区在水质评价中为临界超载。水量水质综合评价结果是大部分区域为不超载，上游区域大方县和七星关区为临界超载。

赤水河流域共涉及13个县市。在水域要素评价中，水域空间被侵占的情况见表7.32，被侵占程度最高的区域分别是仁怀市和遵义县，水资源开发利用程度分别为27%和17%，其他区域水资源开发利用程度集中在15%以下。在岸线开发利用方面，局部河段开发利用程度较高达到了50%。

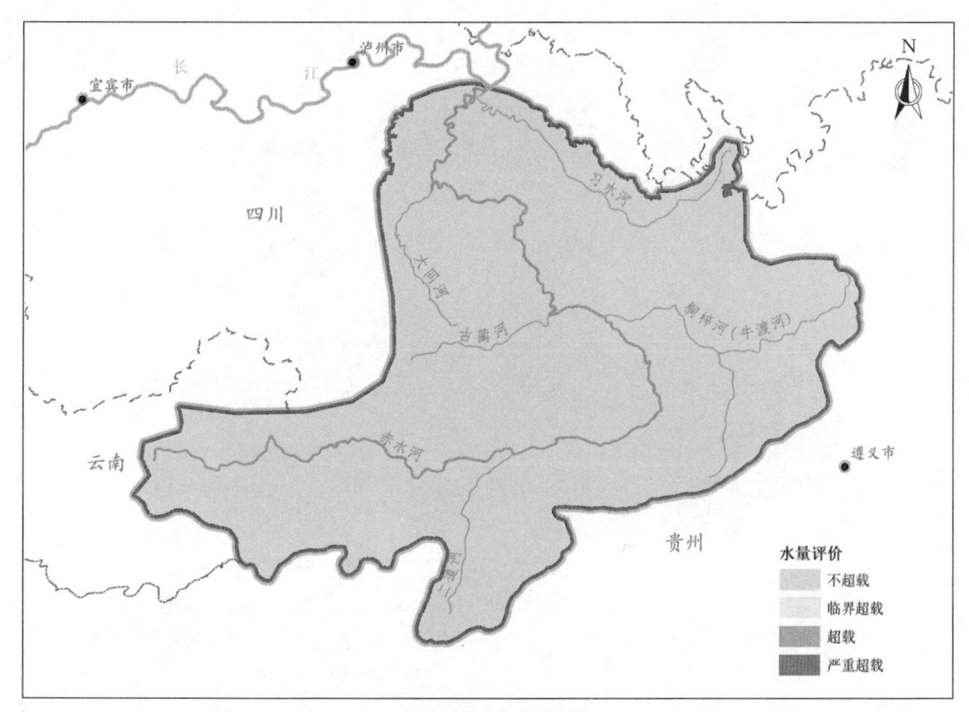

(a) 水量要素承载状况评价

图7.50（一） 赤水河流域水量、水质要素和“量质”双要素承载状况综合评价

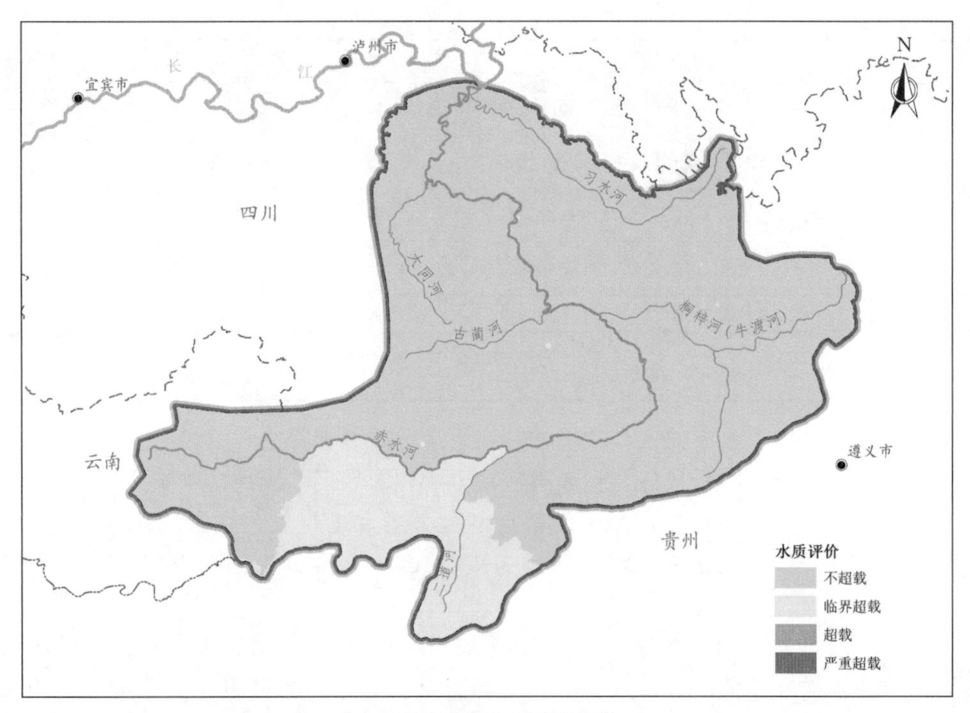

(b) 水质要素承载状况评价

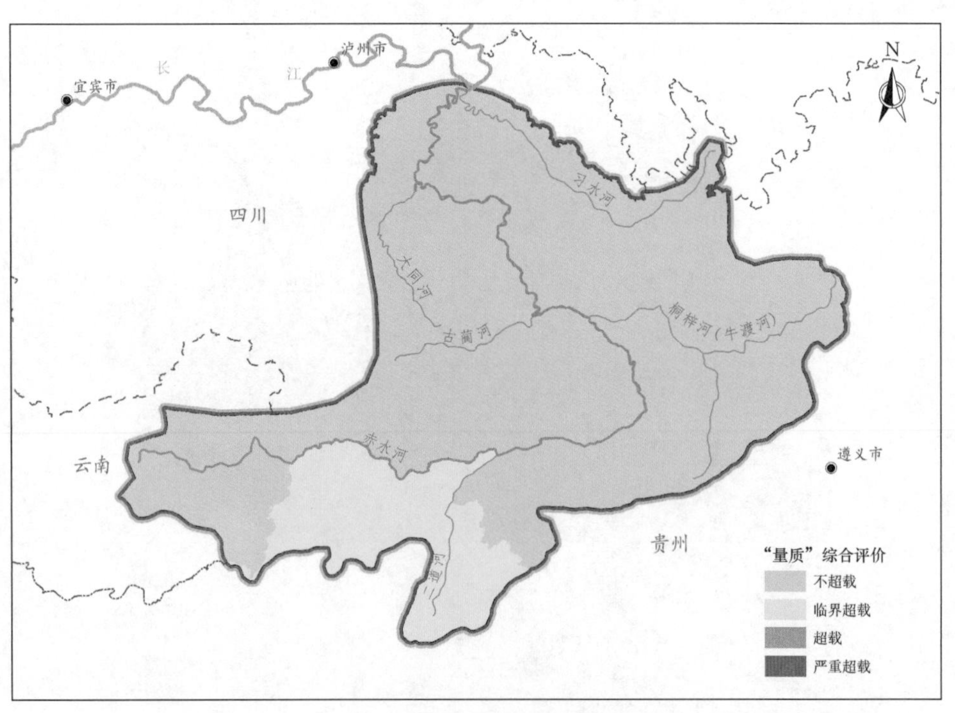

(c) “量质”双要素承载状况综合评价

图7.50(二) 赤水河流域水量、水质要素和“量质”双要素承载状况综合评价

赤水河流域水域、水流要素和“域流”双要素承载状况综合评价结果如图 7.51 所示。在水域要素评价方面，11 个县市为不超载或临界超载，赤水市和仁怀市评价结果为超载。在水流要素评价方面，除桐梓县、仁怀市和遵义县存在临界超载的情况，其余区域为不超载。综合评价中，只有 1 个县市存在域流综合评价超载的情况，其余区域均为不超载或临界超载。

表 7.32　　赤水河流域水域空间被侵占的情况

河　流	县市	水资源开发利用率/%
赤水河	合江县	15.40
	赤水市	7.40
	镇雄县	8.30
	威信县	4.80
	七星关区	13.60
	叙永县	6.30
古蔺河	古蔺县	12.10
桐梓河	桐梓县	8.10
	遵义县	17.30
	仁怀市	27.00
习水河	习水县	7.70
二道河	大方县	8.80
	金沙县	12.90

根据量质域流风险矩阵进行赤水河流域“量质域流”四个要素承载状况综合评价，结果（图 7.52）表明流域目前水资源承载整体状况较好，除了 3 个县市存在临界超载的情况，其余区域均为不超载。但是随着经济社会的发展，在水资源开发利用过程中要十分注重对水资源系统的保护，以实现可持续发展。

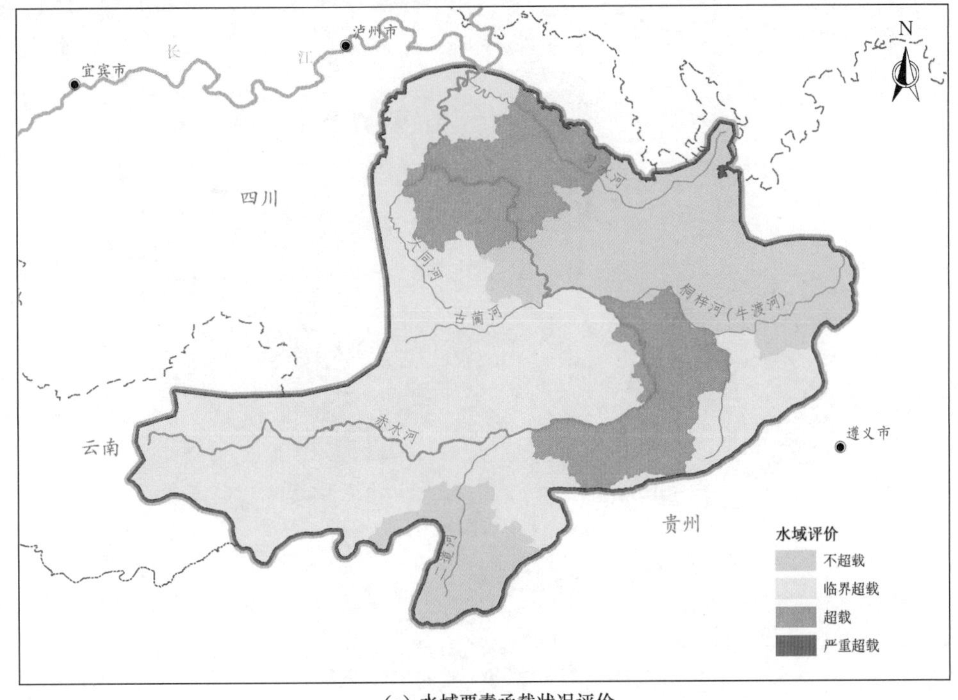

(a) 水域要素承载状况评价

图 7.51（一）　赤水河流域水域、水流要素和“域流”双要素承载状况综合评价

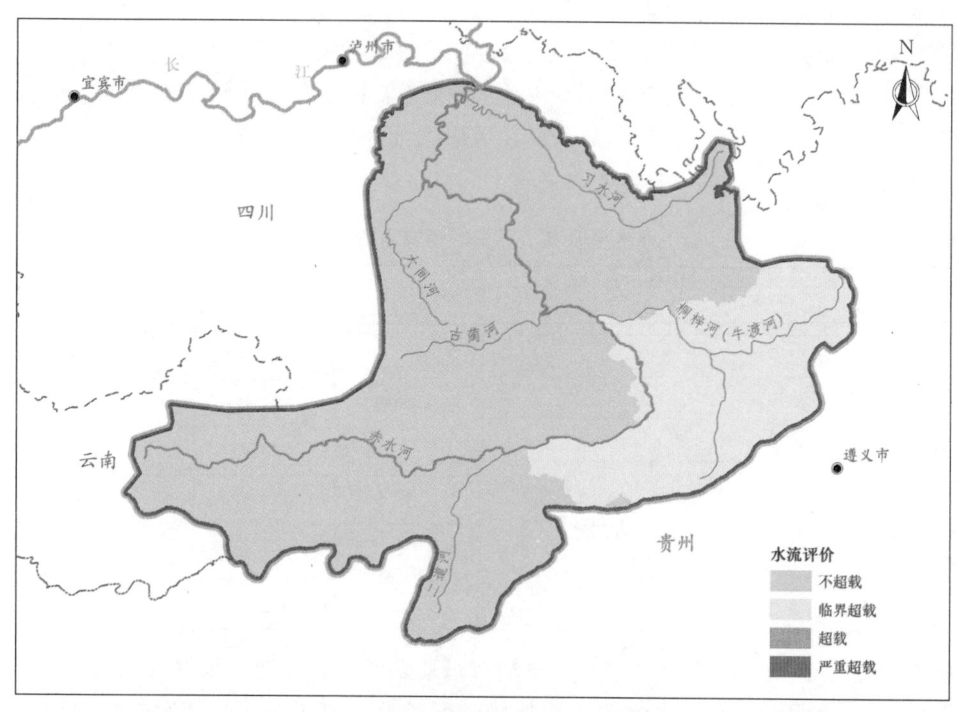

(b) 水流要素承载状况评价

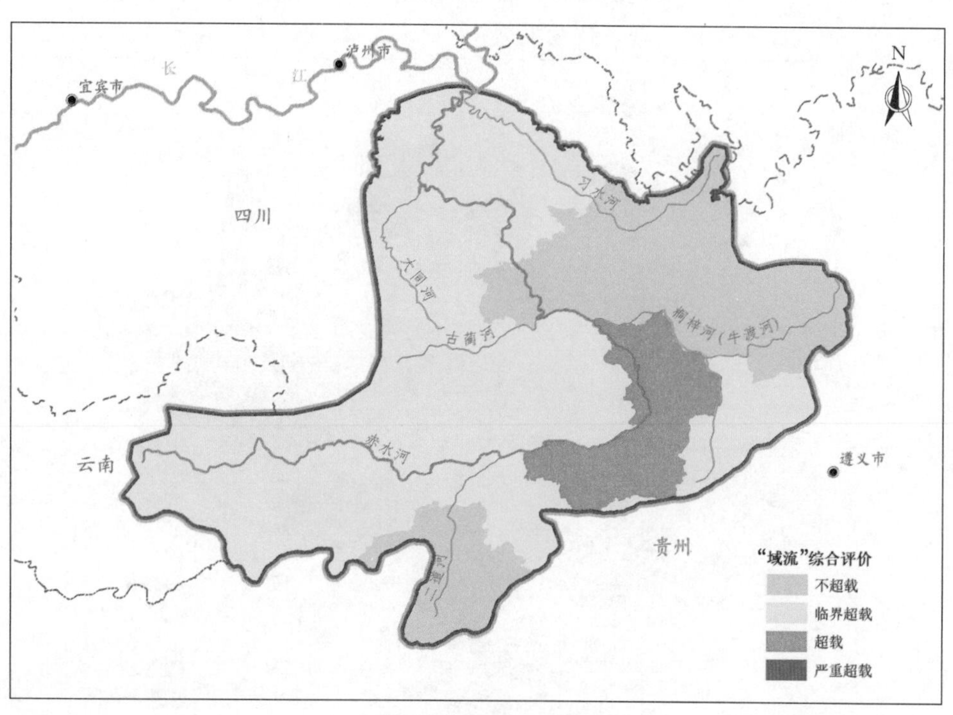

(c) “域流”双要素承载状况综合评价

图 7.51（二）　赤水河流域水域、水流要素和“域流”双要素承载状况综合评价

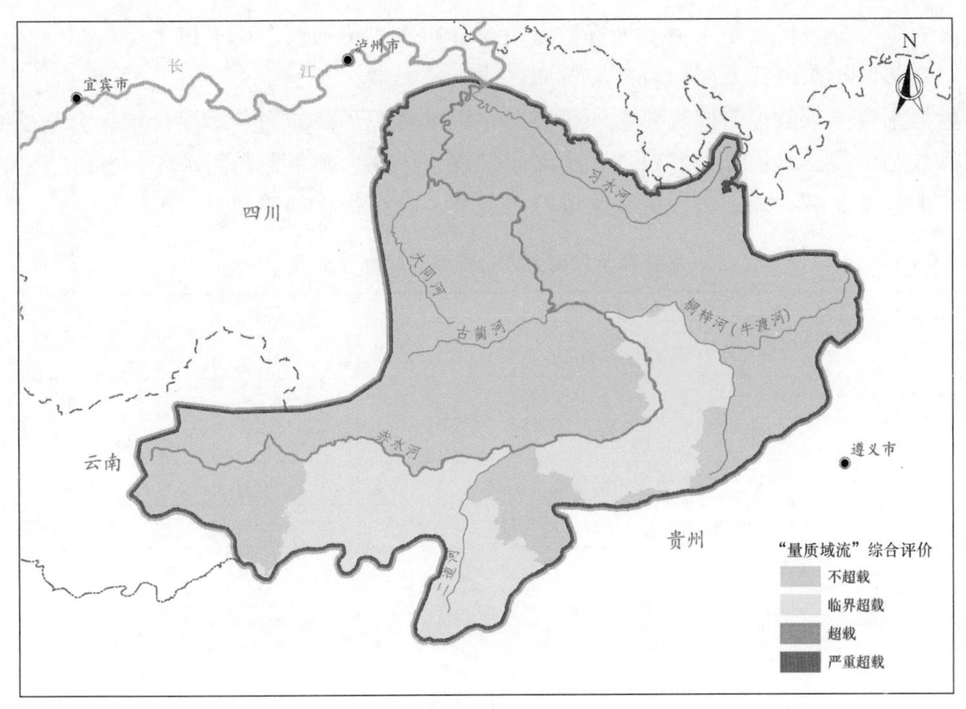

图 7.52 赤水河流域“量质域流”四个要素承载状况综合评价

7.4.6 晋江流域水资源承载状况评价

晋江流域位于福建省东南部，是闽东南沿海的重要水源。流域北与闽江接壤，西及西南与九龙江流域相邻，东与木兰溪和洛阳江相接，东南濒临台湾海峡。晋江流域面积 5629km²，主干流河长 182km，河道平均坡降 1.9‰，流域形状系数 0.17，其地理位置介于东经 117°44′～118°47′、北纬 24°31′～25°32′，行政区划包括了泉州地区的泉州市城区、晋江市、南安市、安溪县、永春县、德化县（部分）等。晋江流域面积 5629km²，河长 182km，河道平均坡降 1.9‰。晋江上游分东溪和西溪，两溪汇合于南安市双溪口，东、西溪流域面积分别为 1917km²、3101km²。自双溪口以下为干流，独流入泉州湾，全长 30km，双溪口至河口区间面积为 611km²。晋江流域气候特点温暖湿润，四季分明，冬无严寒，夏无酷暑。多年平均气温 20.7℃左右，极端最高气温 39.3℃，最低气温－2.9℃。蒸发量山区小，沿海大。流域内年陆地蒸发量 600～900mm；年水面蒸发量 950～1250mm。流域内多年平均年降水量 1200～1900mm，雨量的分布和地形有关，由山区向丘陵，沿海递减。降水量年内分配为 4—9 月占全年的 75%～80%，其中 5—8 月占全年的 60%，枯水期 10 月至次年 3 月仅占全年的 20%左右。多年平均年径流深 1300～500mm，由西部山区向沿海递减。

流域内水资源时空分布与人口分布、经济发展不协调，境内蓄水工程有限，调蓄能力不足。泉州市各地呈现不同程度的工程型缺水、资源型缺水和水质型缺水，远期以资源型缺水为主。区域内水环境保护还有待提高，局部地区水质达不到标准要求，特别是在枯水季节，部分河段水质只能达Ⅳ类或Ⅴ类标准。此外，部分河段驳岸、护坡破损严重。晋江流域水力资源分布特点是水力发电资源点主要分布在东溪和西溪干支流上，资源点多且规模小，众多的小水电开发对河流系统健康产生一定影响。

根据水资源承载能力四维要素评价思路，以水资源承载能力8个评价指标为基础，综合经济社会发展、水资源本底条件、引调水工程、生态保护目标与需求等，并综合专家意见和相关参考文献，确定晋江流域水资源承载能力评价指标等级划分标准，见表7.33。

表7.33　水资源承载能力评价指标等级划分标准

子系统	指标	指标含义	不超载	临界超载	超载	严重超载
水量	Q_1	区域用水总量/区域可利用水量	<0.9	[0.9，1)	[1，1.2)	≥1.2
	Q_2	地下水开采量/地下水控制开采量	<0.9	[0.9，1)	[1，1.2)	≥1.2
水质	Z_1	水功能区水质达标个数/总个数	≥0.8	[0.6，0.8)	[0.4，0.6)	<0.4
	Z_2	污染物入河量/污染物限制排污量	<1.1	[1.1，1.2)	[1.2，3)	≥3
水域	Y_1	水资源开发利用量/区域水资源总量	<0.2	[0.2，0.5)	[0.5，0.8)	≥0.8
	Y_2	岸线开发利用长度/可开发利用总长	<0.3	[0.3，0.5)	[0.5，0.7)	≥0.7
水流	L_1	河段水库总调节库容/河段年径流量	<0.4	[0.4，0.6)	[0.6，0.8)	≥0.8
	L_2	满足生态基流的时/总时段	≥0.8	[0.6，0.8)	[0.3，0.6)	<0.3

由于晋江流域水资源本底条件较好，按照承载能力水量、水质评价方法和指标等级划分标准，晋江流域全流域水量评价结果均为临界超载，水质评价结果为不超载。以“量质”风险矩阵进行承载状况综合评价，结果如图7.53所示，全流域均处于临界超载状态。

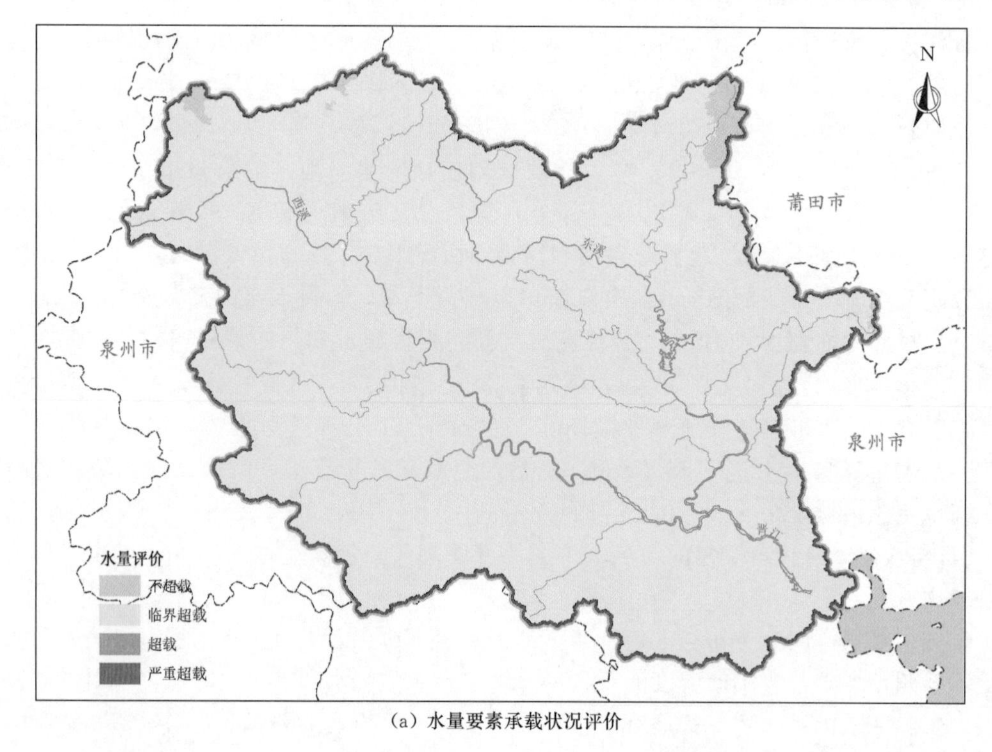

(a) 水量要素承载状况评价

图7.53（一）　晋江流域水量、水质要素和“量质”双要素承载状况综合评价

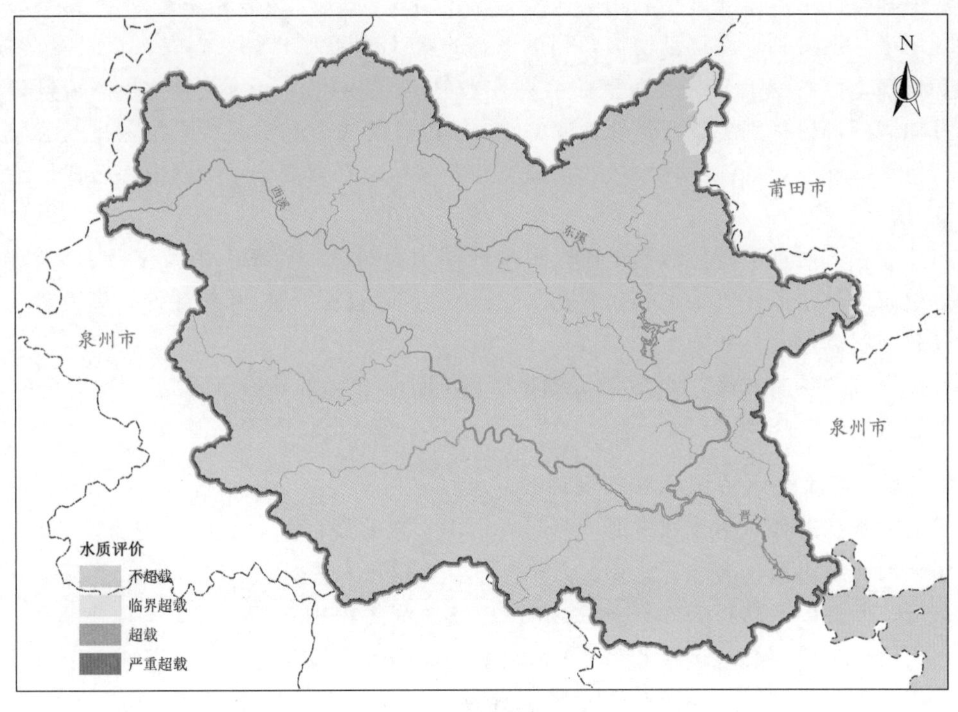

(b) 水质要素承载状况评价

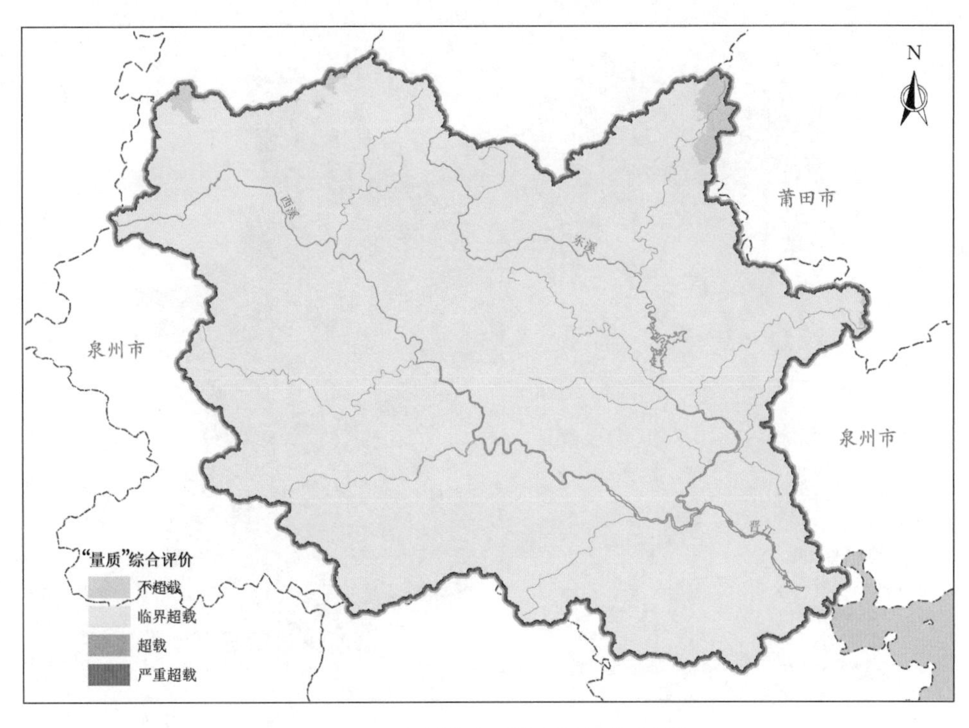

(c) “量质”双要素承载状况综合评价

图 7.53（二） 晋江流域水量、水质要素和“量质”双要素承载状况综合评价

西溪和晋江干流岸线开发利用率在 40%及以下，东溪岸线利用率达到 66%。水资源开发利用率从上游到下游逐渐增加，到最下游的晋江市已大于 90%。在水流阻隔率方面，东溪和晋江干流均小于15%，西溪在 40%左右。流域以 15.3m^3/s 为基本生态流量，根据历年月均流量进行判别生态流量保证率达 100%。根据域、流要素指标在空间上的分布情况和评价等级标准，晋江流域水域、水流要素及“域流”双要素承载状况综合评价结果如图 7.54 所示。

东溪流域、西溪下游流域和干流区域水域评价为超载，西溪上中游流域为临界超载。西溪上中游流域水流评价为临界超载，其余区域为不超载。域流综合评价结果为全流域处于临界超载状态。

晋江流域“量质域流”四要素承载能力综合评价结果如图 7.55 所示，均为全流域处于临界超载状态。

7.4.7　大清河流域水资源承载状况评价

大清河水系地处海河流域中部，西起太行山，东临渤海湾，北临永定河及海河干流，南界子牙河，跨山西、河北、北京、天津 4 省（直辖市），总面积 43060km^2。流域内地形西高东低，西部山区高程为 500～2200m，丘陵地区高程 100～500m，平原高程在 100m 以下。大清河下游滨海地区高程约 1m，主要是海河及其支流永定河、滹沱河冲积而成。大清河流域平均（1956—2016 年）年降水量为 540mm，降水时空分布不均，主要集中在 6—9 月。大清河是海河流域较大的水系，源于太行山的东麓，上游分为南、北两支。北

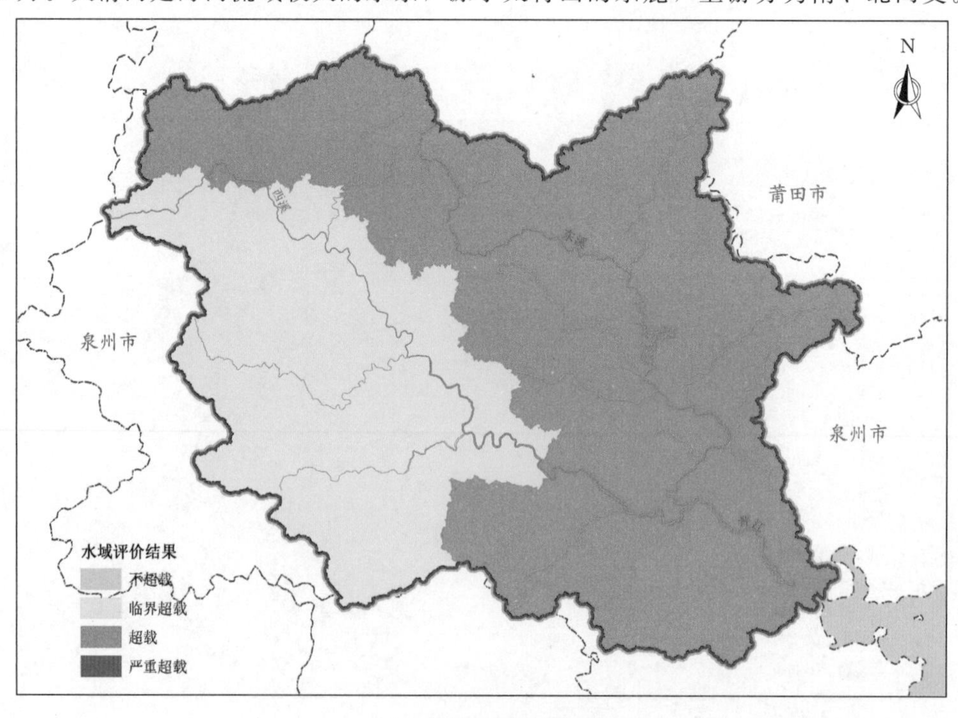

(a) 水域要素承载状况评价

图 7.54（一）　晋江流域水域、水流要素和“域流”双要素承载状况综合评价

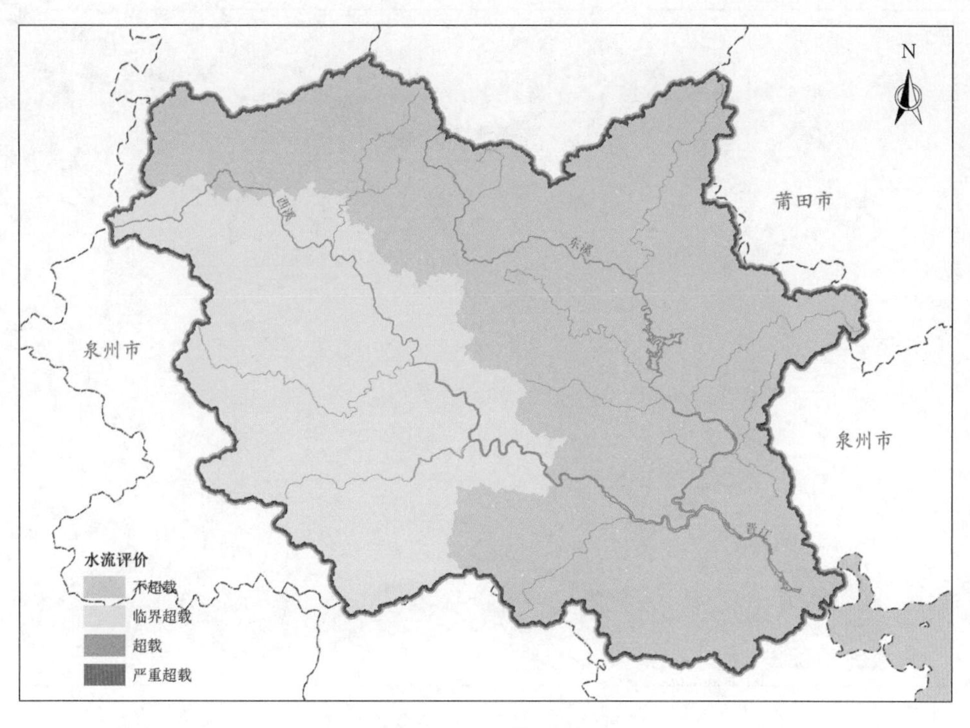

(b) 水流要素承载状况评价

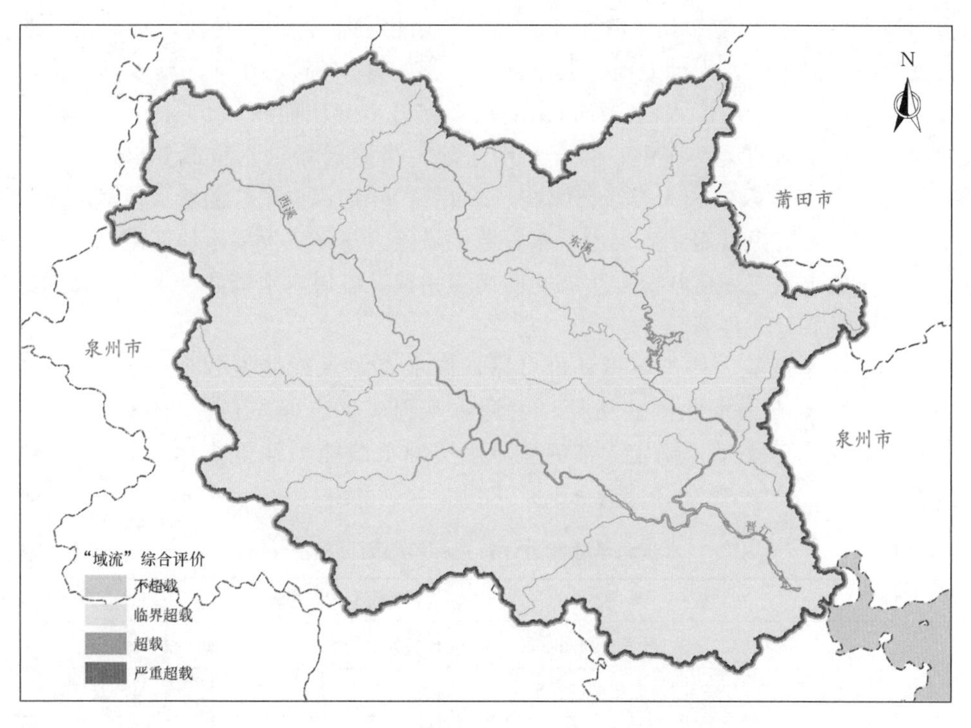

(c) "域流"双要素承载状况综合评价

图 7.54(二) 晋江流域水域、水流要素和"域流"双要素承载状况综合评价

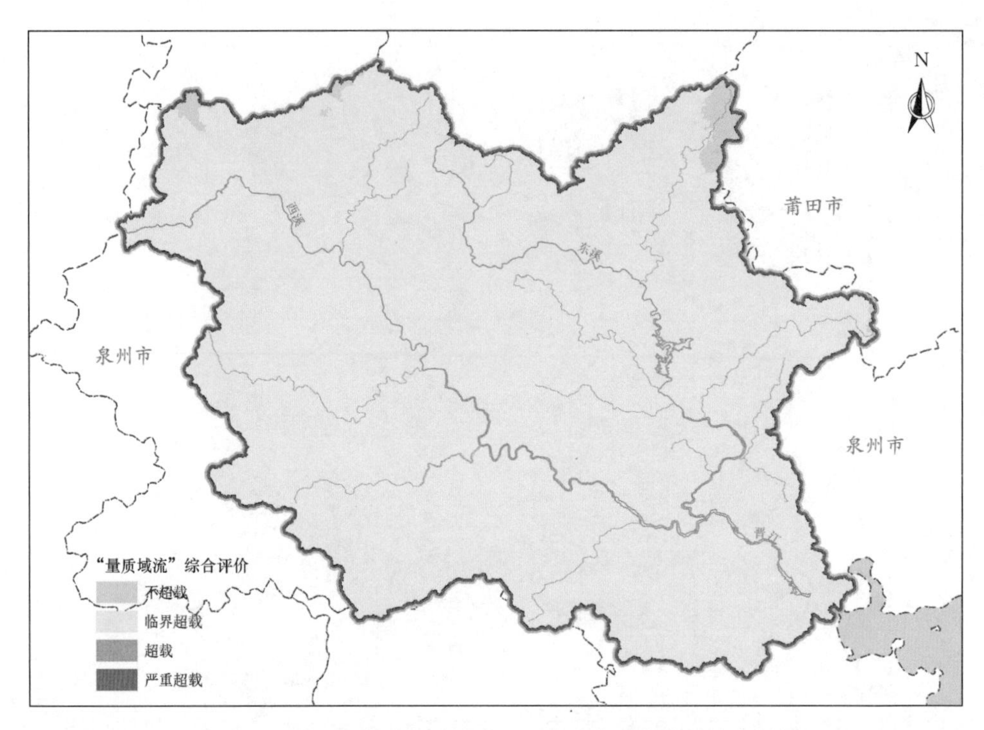

图7.55　晋江流域“量质域流”四个要素承载状况综合评价

支为白沟河水系，主要支流有小清河、琉璃河、南拒马河、北拒马河、中易水、北易水等。南支为赵王河水系，由潴龙河（其支流为磁河、沙河等）、唐河、清水河、府河、瀑河、萍河等组成。各河均汇入白洋淀，南支白洋淀以上流域面积21054km^2。白洋淀为连接大清河山区与平原的缓洪滞洪、综合利用洼淀，当淀区滞洪水位9.0m时，水面面积404km^2。受自然条件限制和人类活动影响，20世纪80年代以来，随着大清河流域水资源量的持续衰减，水资源供需矛盾突出，水资源保障能力与经济发展不尽匹配，水生态环境遭到破坏，流域水生态环境状况与生态文明尚不相符，流域内水资源、生态环境和经济社会发展之间的矛盾日渐显著。

根据水资源承载能力四维要素评价思路，以水资源承载能力8个评价指标为基础，综合经济社会发展、水资源本底条件、引调水工程、生态保护目标与需求等，并综合专家意见和相关参考文献，确定大清河流域水资源承载能力评价指标的等级划分标准，见表7.34。

表7.34　　水资源承载能力评价指标等级划分标准

子系统	指标	指标含义	不超载	临界超载	超载	严重超载
水量	Q_1	区域用水总量/区域可利用水量	<0.9	[0.9，1)	[1，1.2)	≥1.2
	Q_2	地下水开采量/地下水控制开采量	<0.9	[0.9，1)	[1，1.2)	≥1.2
水质	Z_1	满足水功能区水质达标个数/水功能区总个数	≥0.8	[0.6，0.8)	[0.4，0.6)	<0.4
	Z_2	污染物入河量/污染物限制排污量	<1.1	[1.1，1.2)	[1.2，3)	≥3

续表

子系统	指标	指 标 含 义	不超载	临界超载	超载	严重超载
水域	Y_1	水资源开发利用量/区域水资源总量	<0.15	[0.15，0.3)	[0.3，0.5)	≥0.5
	Y_2	岸线开发利用长度/岸线可开发利用总长	<0.05	[0.05，0.15)	[0.15，0.2)	≥0.2
水流	L_1	河段水库总调节库容/河段年径流量	<0.4	[0.4，0.6)	[0.6，0.9)	≥0.9
	L_2	满足生态基流的时段/总时段	≥0.8	[0.5，0.8)	[0.3，0.5)	<0.3

大清河流域共涉及 3 个水资源三级区和 74 个县市。在水量承载状况评价中，有 65 个县市为超载和严重超载，只有上游的小部分区域为不超载和临界超载。在水质评价中，58 个县市处于超载或严重超载的状态，不超载的县市为 13 个。大清河流域水量、水质要素和“量质”双要素承载状况综合评价结果如图 7.56 所示。风险矩阵法进行双要素综合评价的结果表明流域大部分区域处于严重超载的状态，只有上游 3 个县市为不超载和临界超载。

在水域水流要素评价中，由于指标计算的复杂性和数据获取的局限性，以大清河流域山区和平原区为评价单元，其评价结果如图 7.57 所示。在水域要素评价方面，大清河上游山区水资源开发利用程度和岸线开发利用较低，基本处于临界超载状态，而下游平原区由于经济社会迅速发展，城市化程度大大增加，使得水资源过度开发导致河道干涸、湿地萎缩等，水资源开发利用程度较高导致承载状态为严重超载。在水流连通性方面，由于闸坝的修建和部分河段生态流量保证率不高，导致全流域基本处于超载或严重超载状态。

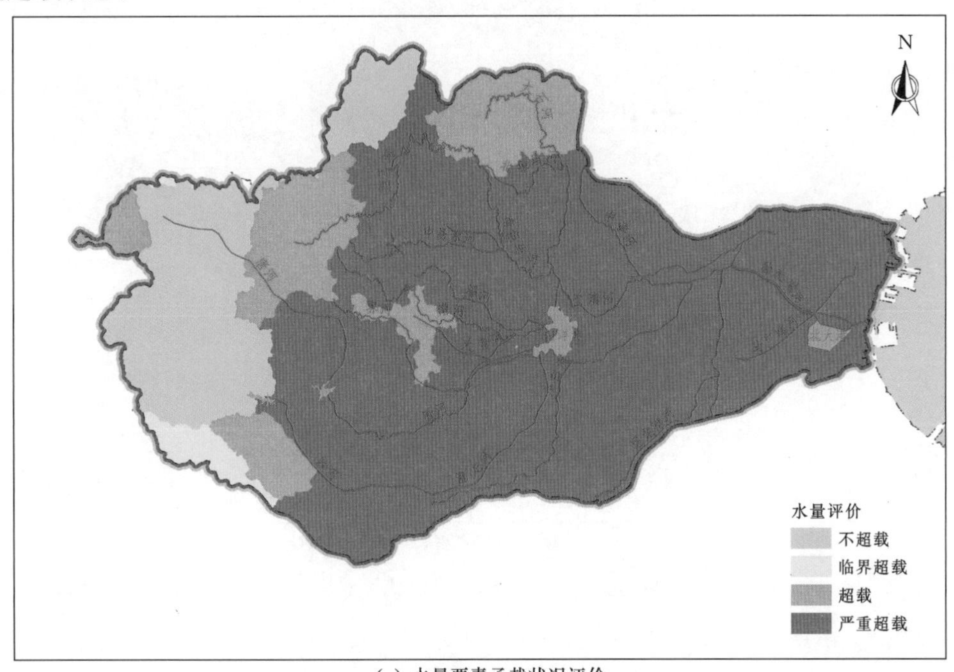

(a) 水量要素承载状况评价

图 7.56（一）　大清河流域水量、水质要素和“量质”双要素承载状况综合评价结果

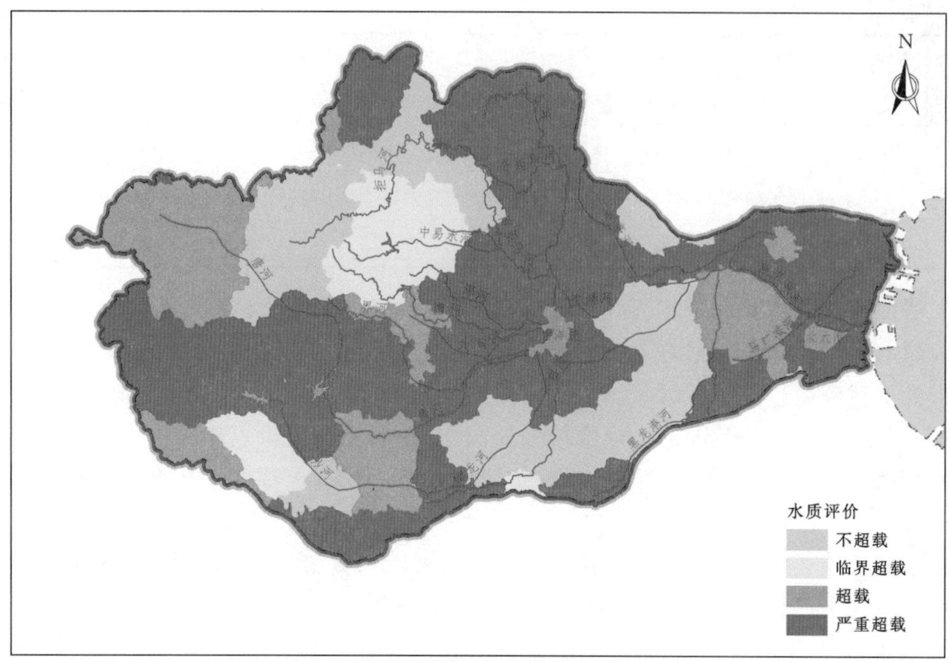

(b) 水质要素承载状况评价

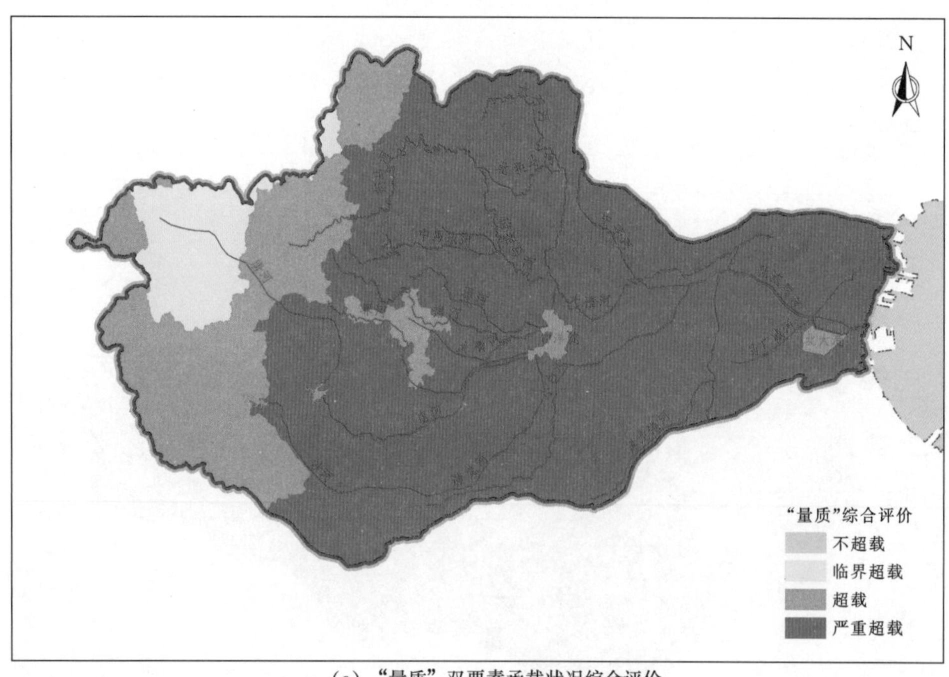

(c) “量质”双要素承载状况综合评价

图 7.56（二）　大清河流域水量、水质要素和“量质”双要素承载状况综合评价结果

基于风险矩阵法，“量质域流”四要素承载能力综合评价结果如图 7.58 所示，流域均处于超载或严重超载状态，应采取多方措施调整人类活动对水资源系统的干扰，改善流域承载状态。

7.4.8 苏州地区水资源承载状况评价

以上试点计算均以自然流域为计算单元，且并未涉及流域边界模糊、水流流向往复的河网地区。为充分考虑南方河网地区的典型特征，以苏州市河网水系为试点，基于已有资料和研究成果，尝试进行“水域、水流”承载能力评价。

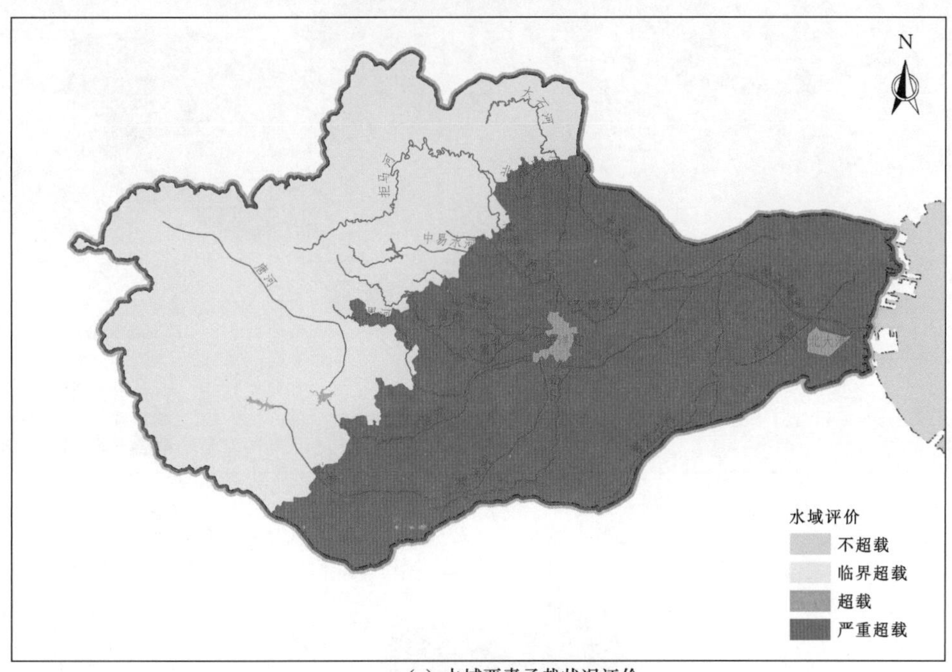

(a) 水域要素承载状况评价

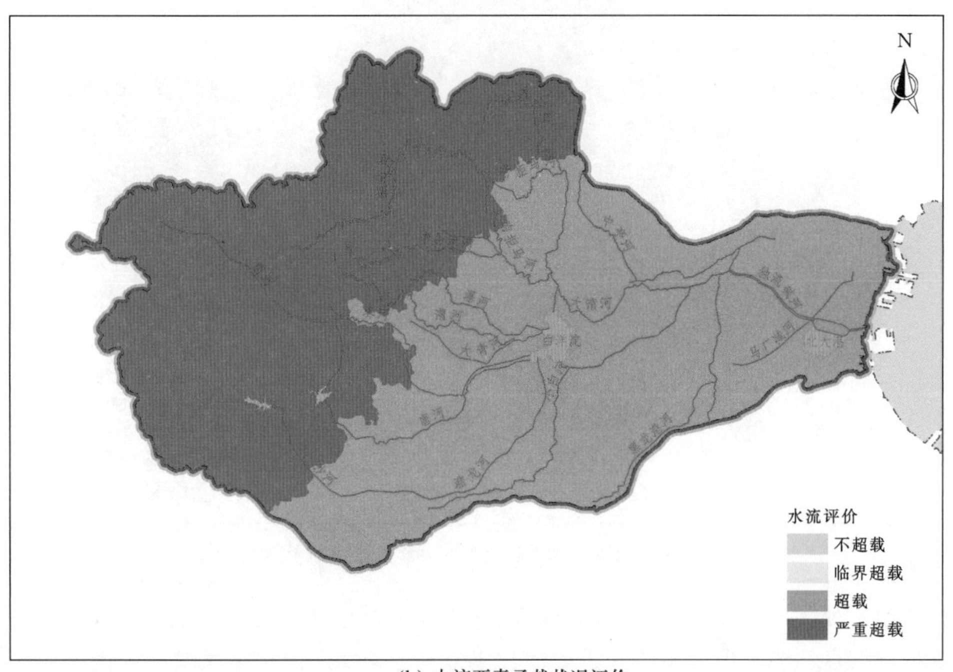

(b) 水流要素承载状况评价

图 7.57（一） 大清河流域水域、水流要素和“域流”双要素承载状况评价

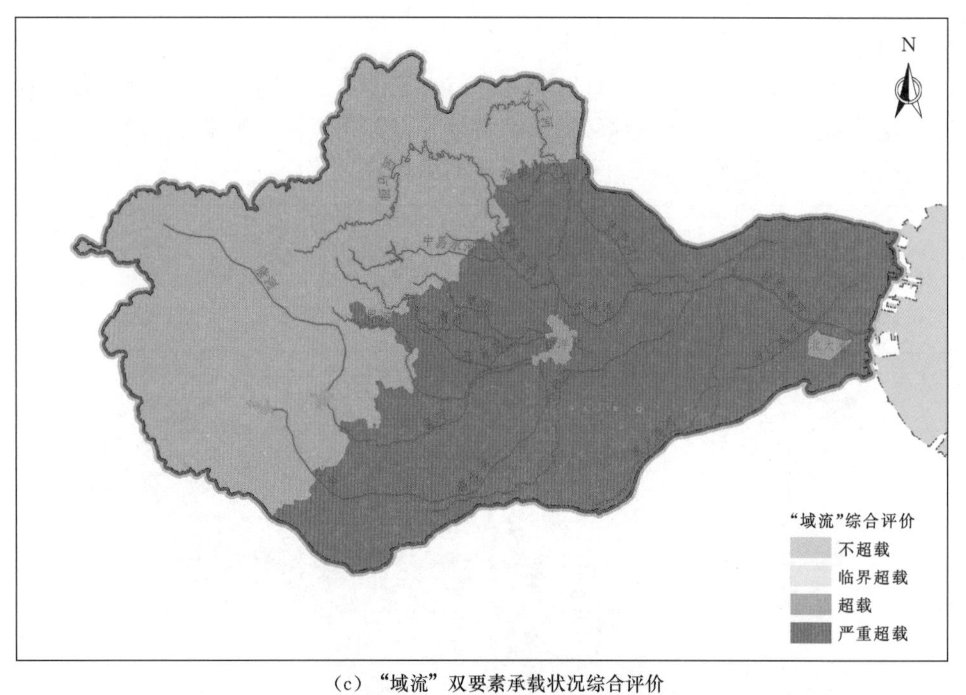

(c) “域流”双要素承载状况综合评价

图 7.57（二）　大清河流域水域、水流要素和“域流”双要素承载状况评价

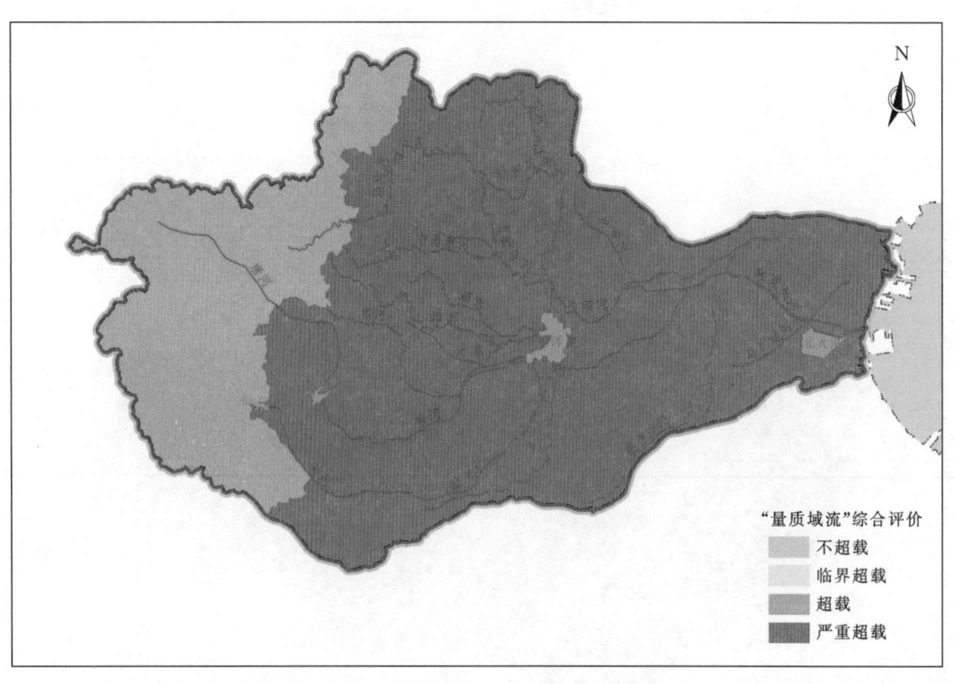

图 7.58　大清河流域“量质域流”四个要素承载状况综合评价

苏州市地处太湖流域腹地，是我国典型的平原河网地区，属亚热带季风气候，降水丰富，区域内湖荡众多，河道密集，水域面积率较高。20 世纪 60 年代以前，该区域的河网水系基本保持天然状况，人类活动干扰较少，但是 20 世纪 80 年代以后，随着苏州城市化

进程的不断加快，城镇用地面积比重不断加大，不透水面积迅速增加，出现河网萎缩、河流被填埋、淤堵等现象，河网结构遭到不同程度破坏。苏州市水网图如图 7.59 所示。

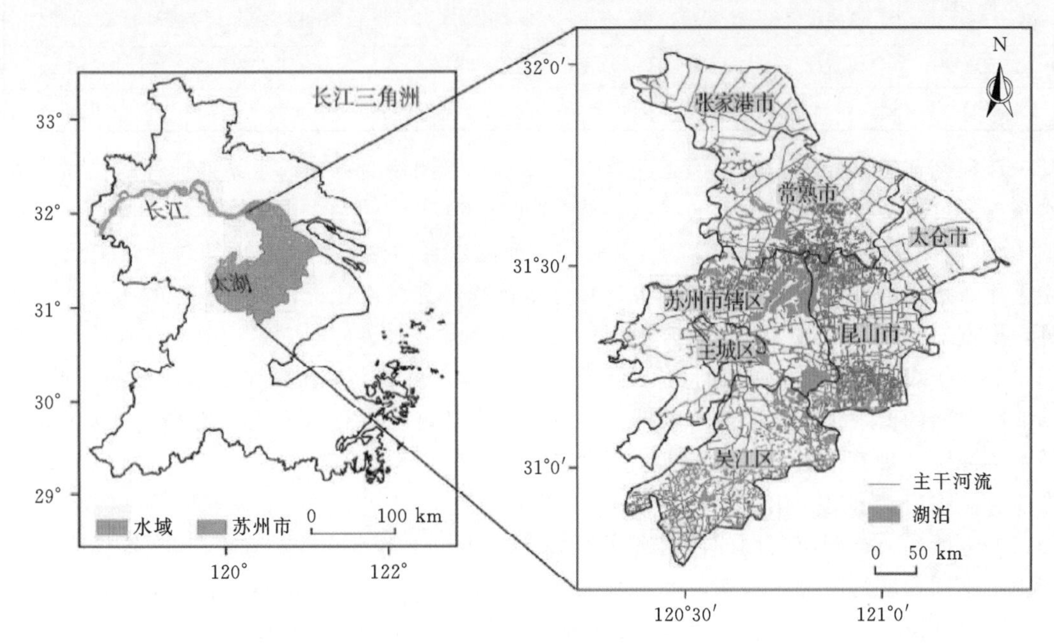

图 7.59 苏州市水网图

由于平原河网地区地势平坦、河道纵横发育、水系结构复杂、与城市发展关系密切，结合近年来面临的河道萎缩、水域面积缩减等问题，分别选择河网密度和水域面积率作为表征"水域空间"要素的评价指标。其中，河网密度是表征水系发育与分布的疏密程度的指标，用以反映河网自然演变和人类活动双重作用的结果，其定义为指单位面积内的河道长度，如下计算公式所示。

$$D = L_R / A \tag{7.1}$$

式中，D 为河网密度，L_R为河流长度，A 为流域面积。D 的数值越大表明河网越发育，且流域内调蓄能力越强，反之亦然。

水域面积率为多年平均水位下，承载水域功能的区域面积占区域总面积的比率，反映了河网水系所占面积比值。水域具有调蓄雨洪资源、滞留与降解污染物、吸纳多余营养物、生物多样性保护、水运、旅游、调节区域小气候等多种功能。城市的水域面积率是在城市形成和发展过程中，基于区域本地条件和人类活动共同作用的结果，具有一定的科学依据和参考价值。因此，此处将 20 世纪 60 年代的河网密度和水域面积率作为该区域的基准值，通过对不同时期数据的解析，分析区域水系结构的变化情况。

参考林芷欣等（2018）开展的河网特征计算成果，计算结果见表 7.35。

以 20 世纪 60 年代的河网密度和水域面积率为基准，21 世纪 10 年代 2 指标均呈现出不同程度的下降趋势，分别是 6.9%和 19.6%。如以 20 世纪 80 年代为基准，则到 21 世纪 10 年代也出现了相同的下降趋势，下降率均为 13%。

表 7.35　　河网密度和水域面积率年代变化情况

水系结构	20世纪60年代	20世纪80年代	21世纪10年代	20世纪60—80年代	20世纪80年代至21世纪10年代	20世纪60年代至21世纪10年代
河网密度	3.52	3.77	3.28	7.15	−13.12	−6.91
水域面积率	15.66	14.51	12.59	−7.33	−13.28	−19.63

在河网连通性方面，借鉴邵玉龙等（2012）基于图论对苏州市水系连通性的描述，以水系连通度表征苏州市水系连通状态，从20世纪60年代的421.5下降为20世纪80年代的401.7，2009年下降为336.1。表明研究区河网水系的网络结构趋向简单化，河流趋向主干化，水系的连通程度呈下降趋势，并且变化趋势与城市化进程具有较好的一致性。此外，根据对《太湖流域水资源综合规划》及《太湖流域水量分配方案》中太湖水位、水资源量的分析表明，太湖旬平均水位不低于2.65m时，可满足城镇供水、农田灌溉、航运、渔业等方面的要求；为有效改善太湖及下游地区水环境，促进太湖水生态修复，《太湖流域水资源综合规划》确定太湖最低旬平均水位规划目标为2.80m。大浦口、望亭（太）、夹浦、小梅口、洞庭西山（三）5站平均达标率为99.62%。

综上所述，苏州市河网的河网密度和水域面积率以20世纪60年代和80年代为基准表现出不同程度的下降，表明苏州市水域空间正在经历不同程度的萎缩，且呈现出低级河网比高级河网萎缩更为严重的现象。在连通性方面，水系的连通程度呈下降趋势，并且下降过程与城市化进程具有很好的一致性。

7.5　小　　结

本章以全国209个三级区和全国2404个评价单元（区县为主）为对象，分别从水量和水质两个方面对水资源承载状况进行评价，并对量质双要素进行综合评价。全国三级区的评价结果是105个不超载区（50.2%），18个临界超载区（8.6%），48个超载区（23.0%），38个严重超载区（18.2%）。全国县域水资源承载状况评价结果是1216个不超载区（50.6%），362个临界超载区（15.1%），435个超载区（18.1%），391个严重超载区（16.3%）。

选取京津冀、长江经济带、黄河流域作为重点地区，对水资源承载能力进行评价。同时又选择了汉江流域、伊洛河流域、淮河上游流域、西辽河流域、赤水河流域、晋江流域、大清河流域和苏州地区等8个试点地区，对水量、水质、水域、水流四要素分别进行了单要素承载状况评价，并在此基础上，依据风险矩阵法，对量质双要素、域流双要素、量质域流四个要素进行了综合评价。

第 8 章　水资源承载能力时空演变特征分析

8.1　水资源超载区和临界超载区空间分布特征识别

8.1.1　水资源承载状况评价结果分析

根据全国地级行政区水资源承载能力评价结果和承载状况评价结果，将各评价单元的水资源承载状况划分为严重超载、超载、临界超载和不超载 4 种类型，分要素进行分析。

8.1.1.1　水量要素评价结果

以地级行政区为单元，采用 6.1 节中单要素评价方法对全国 410 个地级行政区（不包括港澳台地区）的水量要素承载状况进行评价，评价结果如图 8.1 所示。

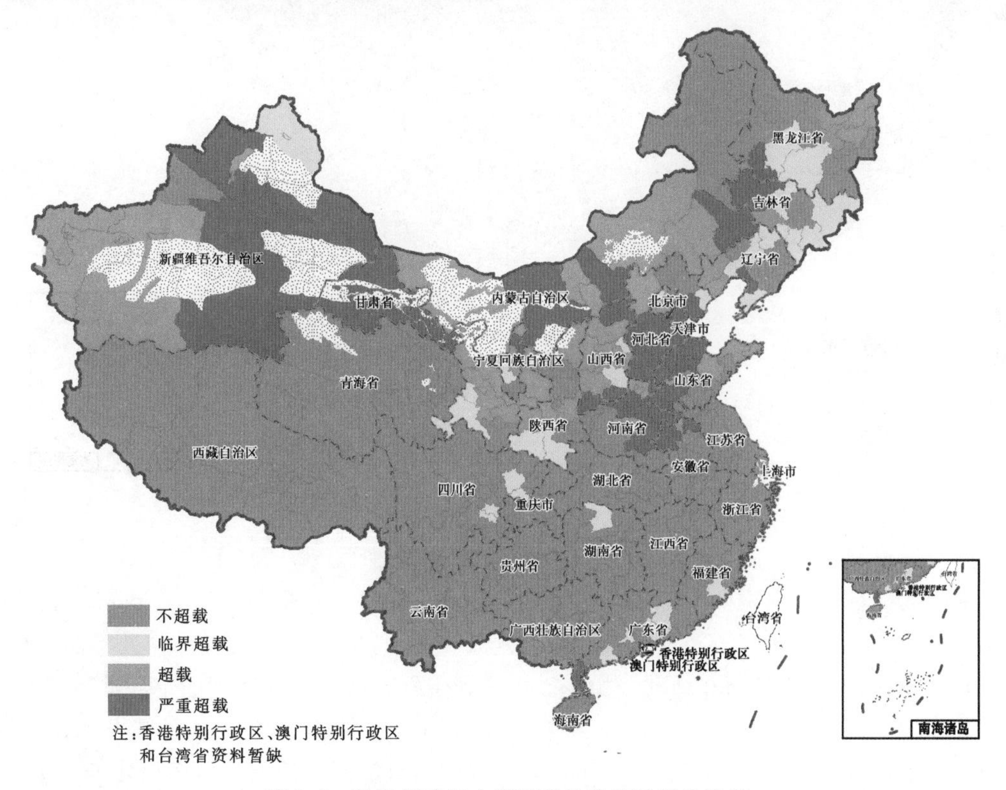

图 8.1　地级行政区水量要素承载状况评价结果

由图 8.1 可见，全国范围内处于严重超载的市域单元有 52 个，占 12.7%，主要分布在北方地区，包括新疆、甘肃、内蒙古、宁夏、河北、河南、山西、山东、吉林、黑龙江等省（自治区），另外，广东也有个别地区呈严重超载状态。处于超载状态的市域单元有

53个、占12.9%，与严重超载区类似，主要分布在新疆、甘肃、宁夏、陕西等西北地区，北京、河北、山西、内蒙古等华北地区，吉林、黑龙江等东北地区，以及山东、河南等省。处于临界超载状态的市域单元有29个、占7.1%，分布较为分散，在南北方、东西部都有分布；不超载市域单元276个、占67.3%。不超载的市域单元主要分布在西南、华中、华东、华南和东北的黑龙江省等地区。

8.1.1.2　水质要素评价结果

以地级行政区为单元，采用5.1节中单要素评价方法对全国410个地级行政区（不包括港、澳、台地区）的水质要素承载状况进行评价，结果如图8.2所示。

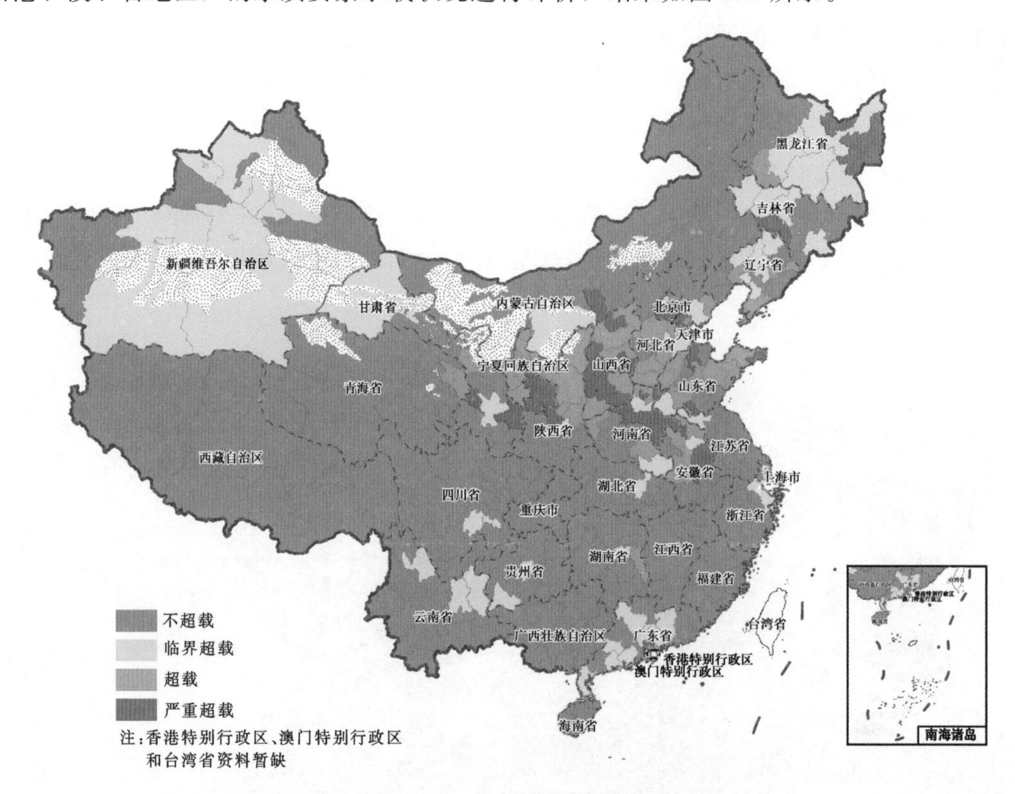

图8.2　地级行政区水质要素承载状况评价结果

由图8.2可见，水质要素处于严重超载状态的市域单元共有36个，主要分布在北京、天津、山西、河南、江苏、宁夏、吉林、黑龙江等省（自治区、直辖市）；处于超载的市域单元有49个，主要分布在河北、山东、山西、宁夏、河南、安徽、辽宁等省（自治区）的部分区域；处于临界超载状态的市域单元有55个，主要分布在新疆、黑龙江、吉林、辽宁、山东、河南、广东、广西、贵州、安徽等省（自治区）的部分地区；处于不超载状态的单元有270个，在全国除天津、山西等个别省（直辖市）的区域外均有分布。

8.1.2　水资源超载区和临界超载区空间分布特征

各个市域单元在地理空间的分布方式及各市域单元之间的地理拓扑关系和特点称为空间分布特征。全国市域水资源承载状况评价结果表明，受水资源禀赋条件、经济社会发展

水平等影响，水资源超载区和临界超载区在空间上具有一定的集聚特征，本部分内容就是为了识别各类超载区或临界超载区的分布范围和空间格局，揭示各类超载区或临界超载区的空间分布特征和规律。受资料所限，仅考虑水量、水质2个要素，以市域为单元，分析全国水资源超载或临界超载区的空间分布特征。

8.1.2.1 空间特征识别方法

（1）空间自相关分析。目前常用的空间分布特征识别方法主要有3类，分别是景观格局分析方法、空间统计分析方法和空间数据探索性分析方法。

1）景观格局分析方法主要是围绕不同类型斑块在空间上的分布格局和特征进行分析，揭示各类景观组成单元的类型、数目以及空间分布与配置；该方法的优点是分析方法成熟，用于描述空间格局的指标数量丰富、指示意义明确，能深刻揭示空间分布的格局和规律；缺点是计算基本单元为栅格，将指标计算值返回到栅格，当计算单元为市域时，由于市域内所有栅格的属性值相同，无法有效体现空间变异的特征和规律。

2）空间统计分析法包括常规统计分析、空间自相关分析、回归分析、趋势分析、专家打分模型等。其中空间自相关分析是认识空间分布特征、选择适宜的空间尺度来完成空间分析的最常用的方法。目前，普遍使用空间自相关系数——莫兰（Moran's I）指数进行分析，本次也使用该方法识别各市域单元水资源承载力的空间分布规律。Moran's I 指数的计算公式如下：

$$I=\frac{n}{\sum_{i=1}^{n}\sum_{j=1}^{n}w_{ij}}\frac{\sum_{i=1}^{n}\sum_{j=1}^{n}w_{ij}(y_i-\overline{y})(y_j-\overline{y})}{\sum_{j=1}^{n}w_{ij}(y_i-\overline{y})^2} \tag{8.1}$$

式中：n 为市域单元数据；i、j 分别为第 i 和 j 个市域单元编号；y_i 和 y_j 分别为第 i、j 个市域单元的水资源承载指数；$\overline{y}$ 为市域单元的水资源承载指数平均值；w_{ij} 为空间权重矩阵，当 $w_{ij}=1$ 表示市域单元 i 与市域单元 j 相邻，$w_{ij}=0$ 表示市域单元 i 与市域单元 j 不相邻。

I 值介于$-1\sim1$，$I=1$ 表示空间自正相关，空间实体呈聚合分布；$I=-1$ 表示空间自负相关，空间实体呈离散分布；$I=0$ 则表示空间实体是随机分布的。

空间统计分析方法的优点是统计分析的基本单元往往是区域尺度的，能够有效结合面板数据对统计分析单元进行时空演变规律分析；缺点是对样本数量、数据系列长度有一定要求，往往需收集大量的基础数据，以满足统计学的相关要求。

3）空间数据探索性分析方法包括探索阶段和证实阶段，是在一组数据中寻找重要信息的过程。利用该方法，分析人员无须借助先验的理论或假设，直接探索隐藏在数据中的关系、模式和趋势等，获得对问题的理解和相关知识。探索性数据分析首先分离出数据的模式和特点，再根据数据特点选择合适的模型；探索性数据分析还可以用来揭示数据对于常见模型的意想不到的偏离。探索性方法既要灵活适应数据的结构，也要对后续分析步骤揭露的模式做出灵活反应。探索性分析有关的方法主要有数据可视化技术和图形交互式技术等。其中，数据可视化技术又分为单变量可视化（如直方图、箱线图、Voronoi 图）和多变量可视化技术（如散点图、平行坐标图、QQ-Plot 分布图等）。

空间数据探索性分析方法的优点是分析对象多为区域，便于揭示区域间某一要素特征的时空演变特征及其内在机制，缺点是需收集大量基础数据，演变机制分析对研究者经验要求较高。

（2）热点/冷点分析方法。采用 Moran's I 指数分析水资源严重超载区、超载区、临界超载区和不超载区的空间分布规律，同时采用热点/冷点分析技术，识别不同空间地级行政区单元的热点区（高值簇）和冷点区（低值簇），进一步分析各个市域单元水资源承载状况的空间聚类特征。具体基于 ArcGIS 空间分析模块中的 Getis－Ord 指数 G_i^* 进行分析，该指数的计算公式如下：

$$G_i^*(d)=\sum_{i=1}^{n} w_{ij}(d)x_j \Big/ \sum_{j=1}^{n} x_j \tag{8.2}$$

式中：w_{ij} 为空间权重矩阵，当 $w_{ij}=0$ 表示市域单元 i 与市域市元 j 相邻，$w_{ij}=0$ 表示市域单元 i 与市域单元 j 不相邻。

将 G_i^* 进行标准化处理得到 $Z(G_i^*)$，在 95%显著性水平下，若 $Z(G_i^*)$ 为正且显著，表明 i 市域单元周围的承载状况较差，属超载聚集区；反之，如果 $Z(G_i^*)$ 显著为负，则该单元周围的承载状况较好。

8.1.2.2　空间特征识别结果

（1）水量要素承载状况的空间分布特征。按照式（8.1）和式（8.2）分别进行空间自相关分析和热点/冷点分析，其中空间自相关的分析结果见表 8.1。

表 8.1　全国市域单元水量要素承载状况空间自相关分析结果

分析方法	指　数	Moran's I	$E(I)$	$Z(I)$	方差	P 值
水量要素承载指数	水量要素承载指数	0.037	−0.005	5.125	4.45×10^{-5}	$P<0.01$ *

可见，在 95%的显著性水平下，水量要素的 Moran's I 指数为正值，表明承载状况相似（即超载或不超载）的市域单元在空间呈显著聚集状态。

全国市域单元的水量要素承载状况热点/冷点分析结果见表 8.2。可见，用水总量承载指数和地下水承载指数在空间上的分布均不是随机的，而是呈高高、低低聚集的状态。其中地下水承载指数的空间聚集特征比用水总量承载指数的空间聚集特征更为显著，表明地下水资源超载或不超载的市域单元在空间上的分布更为集中。

表 8.2　全国市域单元水量承载状况热点/冷点分析结果

分析方法	指　数	$O(G)$	$E(G)$	$Z(G)$	方差	P 值
水量要素承载指数	水量要素承载指数	6.53×10^{-6}	5.85×10^{-6}	2.78	$<1.0\times10^{-6}$	$P<0.05$*

全国市域单元水量要素承载状况的空间分布特征如图 8.3 所示。由图 8.3 可见，对于水量要素承载状况而言，超载单元主要集中在新疆、甘肃、内蒙古、天津、河北、河南、吉林等省（自治区、直辖市），这些地区也是水量要素超载比较严重的地区。

综合承载状况为不超载的区域集中分布在西南、华中、华东、华南的大部分省区，这些地区水资源相对丰富，用水总量多控制在用水总量红线控制指标以内，地下水开采量相对较小，不存在水量要素超载状况。此外，在新疆西部、东北的黑龙江、辽宁两省的部分地区也分布着水量要素不超载的市域单元。

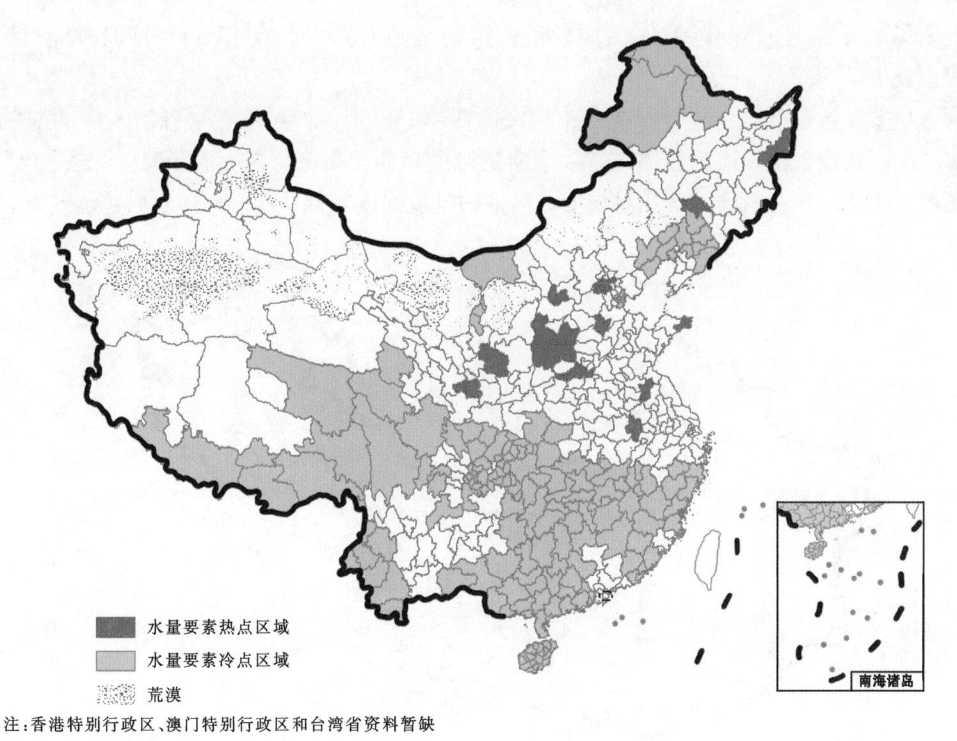

图 8.3 水量要素承载状况的空间聚集特征

(2) 水质要素承载状况的空间分布特征。按照式（8.1）和式（8.2）的计算方法，分别进行空间自相关分析和热点/冷点分析，其中空间自相关的分析结果见表 8.3。

表 8.3　　全国市域单元水质要素承载状况空间自相关分析结果

分析方法	指　数	Moran's I	$E(I)$	$Z(I)$	方差	P 值
水质要素承载指数	水质要素承载指数	0.047	−0.004	4.469	6.4×10^{-5}	$P<0.01^{*}$

由表 8.3 可见，在 95%的显著性水平下，水功能区承载指数和污染负荷承载指数的 Moran's I 指数为正值，表明承载状况相似（即超载或不超载）的市域单元在空间呈显著聚集状态。

全国市域单元的水质要素承载状况热点/冷点分析结果见表 8.4。可见，水功能区承载指数、COD 和氨氮负荷量承载指数在空间上的分布均不是随机的，而是呈高高、低低聚集的状态。其中污染物负荷承载指数的空间聚集特征比水功能区承载指数的空间聚集特征更为显著，表明污染物负荷量超载或不超载的市域单元在空间上的分布更为集中。

表 8.4　　全国市域单元水质要素承载状况热点/冷点分析结果

分析方法	指　数	$O(G)$	$E(G)$	$Z(G)$	方差	P 值
水质要素承载指数	水质要素承载指数	4.0×10^{-6}	1.0×10^{-6}	8.57	$<1.0\times10^{-6}$	$P<0.05^{*}$

全国市域单元水质要素承载状况的空间分布特征如图 8.4 所示。由图 8.4 可见，对于水质要素承载状况而言，超载单元主要集中分布在北京、山西、河南、宁夏、吉林、黑龙

江、安徽、江苏等省（自治区、直辖市），这些地区人口和产业密集，污染物排放量较大、水污染比较严重。

水质要素不超载区主要分布在西南地区的西藏、云南、四川等省（自治区），华中地区的湖南、江西两省，华东地区的福建省，华南地区的广西、海南等省（自治区）。这些地区人口密度相对较小，产业密集程度相对较低，污染物排放强度较低，河湖水体水质总体较好。

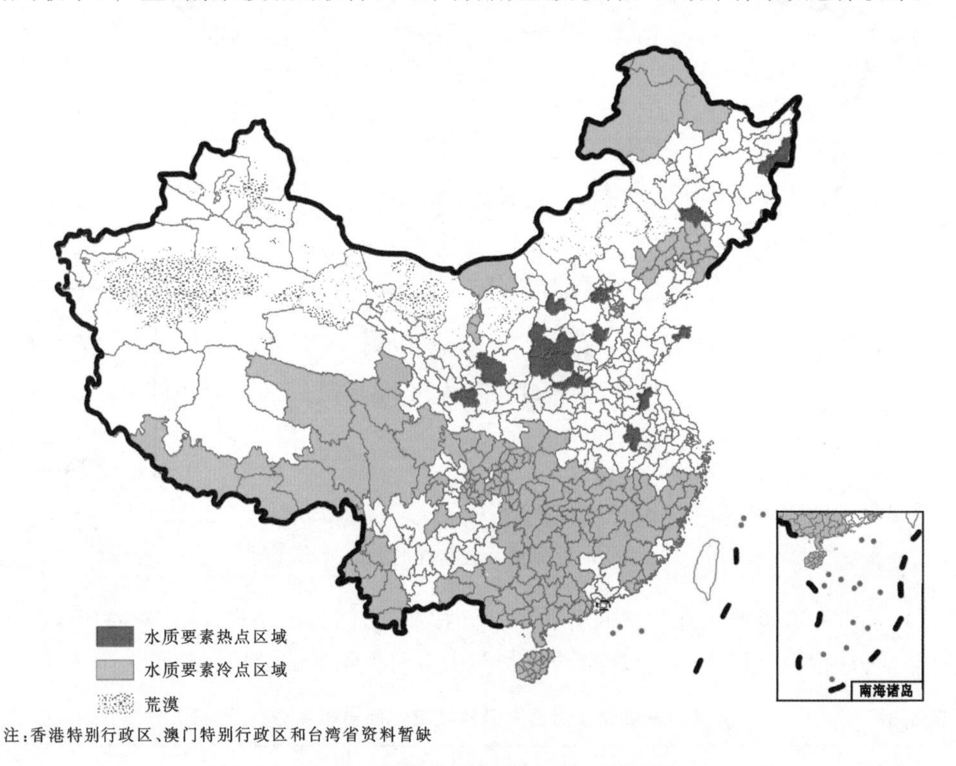

图 8.4　水质要素承载状况的空间聚集特征

8.2　水资源承载能力影响因素分析和关键影响因子识别

8.2.1　水资源承载能力关键影响因子识别的原则

水资源承载能力影响因素分析就是要从水量、水质、水域、水流等方面着手，分别分析承载能力和承载负荷的影响因素，并筛选出对水量、水质、水域、水流等方面的水资源承载状况具有影响作用的关键因子，一般要求关键驱动因子的贡献度需达到 85%以上。关键影响因子的识别需遵循如下准则：

（1）关键影响因子的识别要将数学分析结果与指标之间作用关系的物理含义相结合，坚持合乎逻辑的原则。关键影响因子识别采用主成分分析法，按照主成分累计贡献率超过 85%的原则，提取主成分。结合关键影响因子与水资源承载能力之间相互作用的逻辑关系，分析各主成分囊括的含义，并分析关键影响因子在 1997—2015 年期间的荷载值变化。

(2) 关键影响因子的诊断要统筹兼顾自然条件、发展规模、经济技术投入、工程状况等多方面因素。水资源承载能力水平受到多因素的影响，例如水量要素水资源承载能力受到自然资源、产业结构、水资源配置、管理措施等多方面的影响，由于统计资料口径不同、专业领域统计年鉴缺少等原因，部分影响因子指标数值的可获性不强。因此，在确保1997—2015年系列数值可获得前提下，尽量统筹兼顾各方面的影响因素，建立影响因素全集指标。

(3) 关键影响因子的诊断要兼顾确定性指标和不确定性指标。在影响水资源承载能力的自然条件、发展规模、经济技术投入、工程状况等各方面因素中，部分指标具有较强的不确定性，如降水量、水资源量等，也有部分工程和非工程措施等方面的指标具有确定性，如产业比例、节水措施等。关键影响因子的诊断不能仅考虑确定性因子，也不能仅诊断具有不确定性的影响因子，要两者统筹兼顾。

8.2.2 水资源承载力影响因子体系框架

从国内外的实际应用情况看，影响因子体系多采用多指标层次分析法。从关键影响因子识别的目标出发，围绕承载能力与承载负荷的影响因素逐层展开，有利于构建全面、清晰的影响因子框架。因此，根据国内外的有关研究成果和实践，本书建立由目标层、要素层、表征层和指标层构成的多层次水资源承载能力指标体系。

(1) 目标层。水资源承载能力作为总目标层，反映我国水资源承载能力在水量、水质、水域、水流等方面所处的状态。水资源承载能力研究是要实现水资源对社会经济、生态环境的贡献，能支持社会经济的可持续发展，分析的目标是辨识影响区域水资源承载状况或水平的主要因素，识别造成水资源承载能力高低的关键影响因子，从而为提高水资源承载水平提出对策和建议。

(2) 要素层。要素层包括4个方面：①水量要素，指一个流域或区域允许取用和消耗的水资源数量上限，包括地表水可利用量和地下水可开采量，同时考虑取耗水关联的生态环境系统用水需求量；②水质要素，一个区域或水体允许开发利用的水环境容量的上限，即允许排入污染的数量阈值；③水域要素，是指一个区域的水体水面、滩涂、滨岸等空间允许开发利用的上限；④水流要素，即一个区域河湖水体水流过程被扰动的上限，在天然状态或人类活动下的河湖水体流动状况及由水体流动形成的河湖水流更新状况被扰动的上限。

(3) 表征层。根据水资源承载能力的定义，可分为水资源承载能力和水资源承载负荷，分别表示水资源对社会经济、生态环境发展的支撑力以及后者对水资源利用的压力，因此要素层也可从能力和负荷两方面进行分析，并用表征指标表示：水量要素能力表征指标为区域可利用的水量，负荷表征指标为区域用水量；水质要素能力表征指标为水功能区纳污能力，负荷表征指标为水功能区污染物入河量，主要为COD、氨氮等污染物；水域要素能力表征指标为天然水域面积率，负荷表征指标为实际水域面积率；水流要素能力表征指标为径流量，负荷表征指标为水库容量（大中型水库）。

(4) 指标层。指标层是指定义清晰、可通过直接的计算或从统计资料中获得的指标变量。指标层是构成水资源承载能力诊断指标体系的最基本的元素。对于具体指标的选取，要根据关键影响因子识别目的和分析区域的不同特点，具体问题具体分析。

分别对应反映水资源承载能力诊断的 4 个要素和 8 个表征，构建相应的诊断指标，诊断框架如图 8.5 所示。

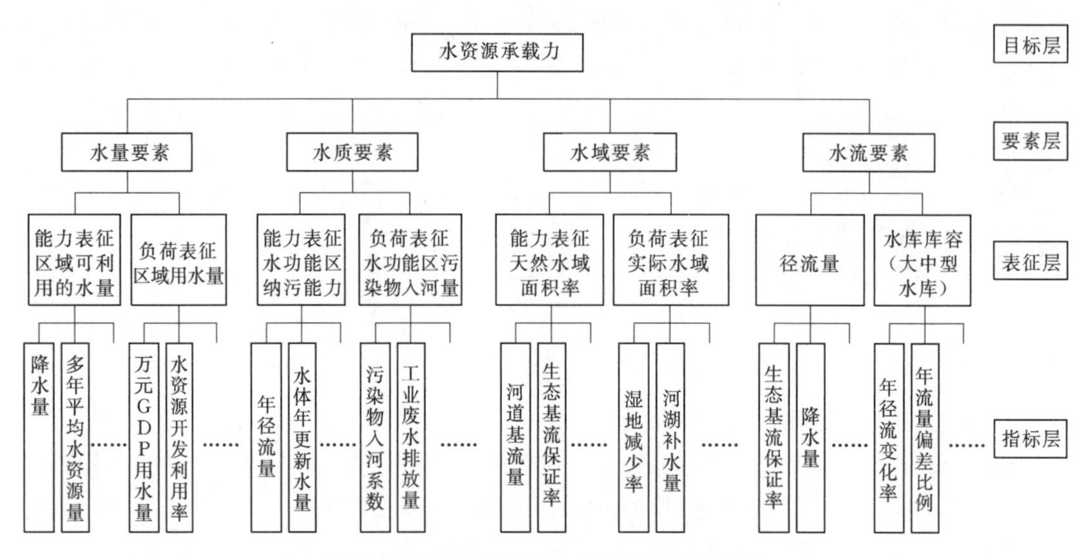

图 8.5 水资源承载能力诊断指标体系框架

8.2.3 水量要素关键影响因子识别

统计数据来源于中国统计公报、中国统计年鉴、水资源公报、环境公报等，时间序列为 1997—2016，共 20 年。

根据关键影响因子识别准则，关于水量要素共选取以下 23 个指标，分为能力指标与负荷指标两类。其中，能力表征指标为区域可利用水量，能力诊断指标包括降水量、蒸发量、水资源总量、地表水资源量、地下水资源量、大中型水库蓄水量、跨流域调水量、干旱指数、人均水资源量；负荷表征指标为区域总用水量，负荷诊断指标包括人口密度、城镇化率、人均 GDP、第三产业用水比例、万元 GDP 用水量、万元工业增加值用水量、城镇居民人均用水量、农村居民人均用水量、水资源开发利用率、人均用水量、地下水开采量、第三产业产值占国内总产值比例。

8.2.3.1 单因素分析

对于水量要素能力指标，以区域可利用水量作为能力表征指标进行各个影响因子与区域可利用水量的相关性分析，初步判别各能力诊断指标与区域可利用水量的正负相关性（见图 8.6）。由图 8.6 可知，随着降水量、水资源总量、地表水资源量、地下水资源量、大中型水库蓄水量、跨流域调水量、人均水资源量的增加，区域可利用水量呈逐步增大的趋势；而随着蒸发量、干旱指数的增大，区域可利用水量呈明显的下降趋势。

对于水量要素负荷指标，以区域总用水量作为负荷表征指标建立各个指标与区域总用水量的线性关系，初步判别各负荷诊断指标与区域总用水量的正负相关性，如图 8.7 所示。

从图 8.7 所示的线性关系图可知，随着人口密度、城镇化率、人均 GDP、水资源开发利用率、人均用水量、地下水开采量、第三产业用水比例、第三产业产值比例的增多，

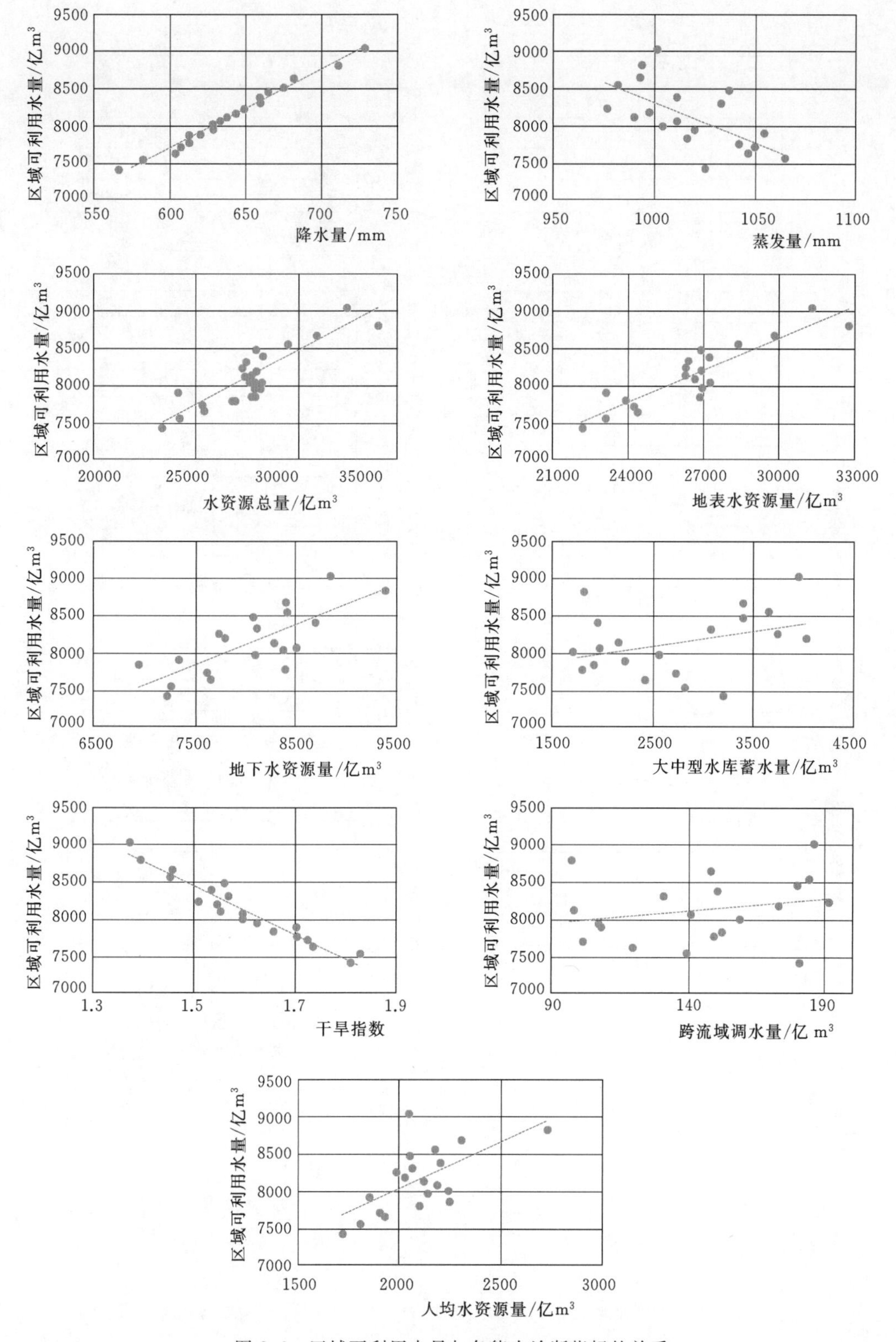

图 8.6 区域可利用水量与各能力诊断指标的关系

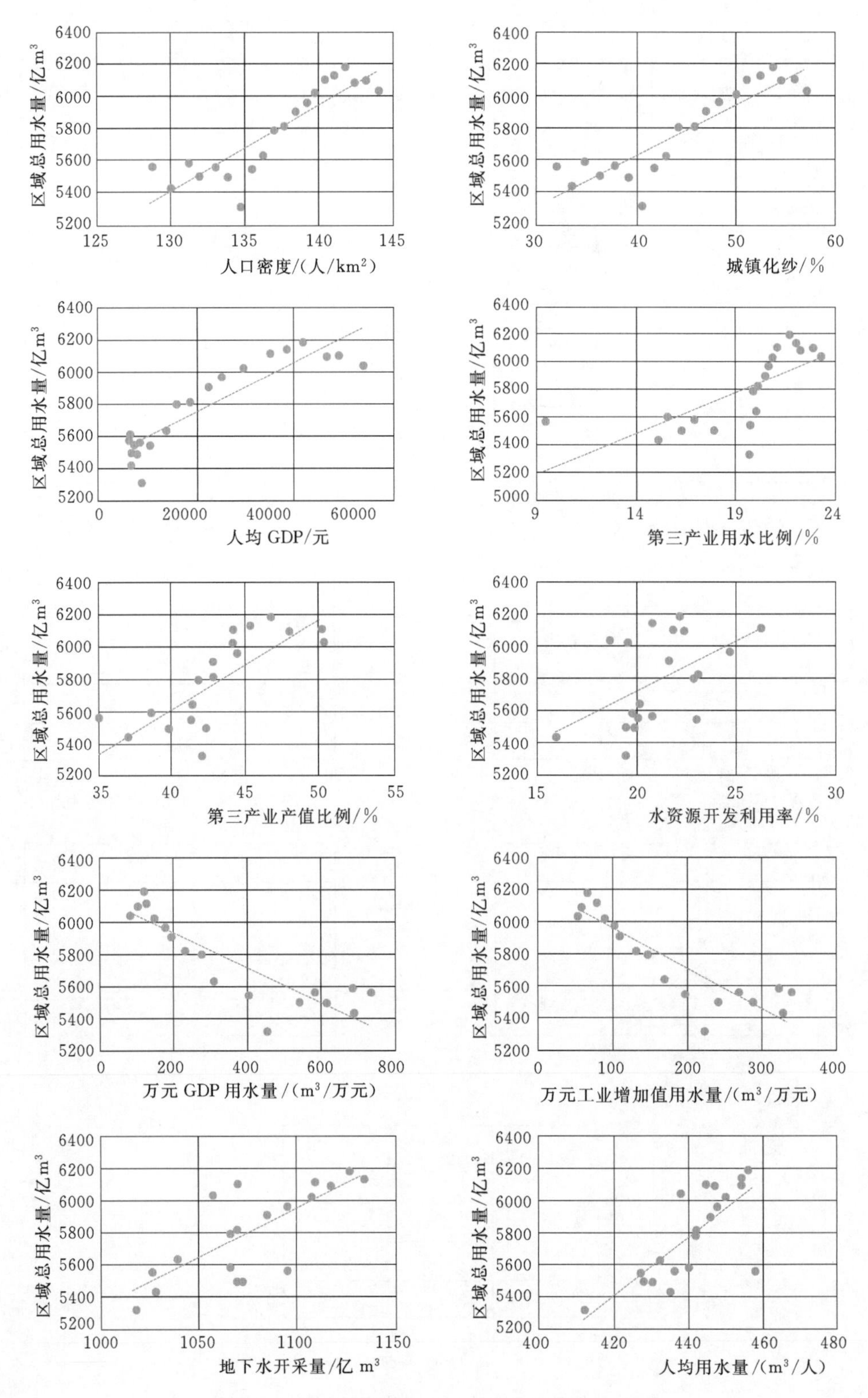

图8.7　区域总用水量与各负荷诊断指标的关系

区域总用水量呈逐渐增多的趋势，即这8个指标与区域总用水量为正相关关系；随着万元GDP用水量、万元工业增加值用水量的增多，区域总用水量呈下降趋势，即这两个指标与区域总用水量为负相关关系。城镇居民人均用水量、农村居民人均用水量这两个指标与区域总用水量没有明显的相关性。

8.2.3.2 相关性分析

对于能力表征指标，分别进行各个能力影响因子与区域可利用水量的Pearson相关性分析；对于负荷表征指标，分别进行各个负荷影响因子与区域总用水量的Pearson相关性分析，分析结果见表8.5。通过表8.5可以得出，降水量、水资源总量、地表水资源量、地下水资源量、干旱指数与区域可利用量相关性较高，即对区域可利用水量影响较大。人口密度，城镇化率、人均GDP、万元GDP用水量、万元工业增加值用水量、灌溉水有效利用系数、第一产业产值占国内总产值比例与区域总用水量相关性较高，即对区域总水量影响较大。

表8.5　水量要素表征指标与诊断指标间的Pearson相关性系数

区域可利用水量	相关系数	区域总用水量	相关系数
降水量	0.992	人口密度	0.883
蒸发量	−0.628	城镇化率	0.902
水资源总量	0.897	人均GDP	0.906
地表水资源量	0.905	第三产业用水比例	−0.718
地下水资源量	0.763	万元GDP用水量	−0.879
大中型水库蓄水量	0.338	万元工业增加值用水量	−0.889
跨流域调水量	0.232	城镇居民人均用水量	−0.426
干旱指数	−0.967	农村居民人均用水量	−0.072
人均水资源量	0.622	水资源开发利用率	0.5
		人均用水量	0.715
		地下水开采量	0.768
		第三产业产值占国内总产值比例	−0.823

8.2.3.3 主成分分析

分别对能力指标、负荷指标以及所有指标进行主成分分析，筛选出各个分类的主成分，并做进一步分析。

（1）能力指标。表8.6为能力指标的总方差，从表8.6可以看出，成分1和2的特征值均大于1（分别为6.607和1.953），合计能解释85.603%的方差，可以代表大部分数据。所以可以提取成分1和成分2作为主成分，其余成分包含的信息较少，故弃去。

表8.7为能力诊断指标的成分矩阵，表8.7中的数值为区域可利用的水量与能力诊断指标变量之间的相关系数，绝对值越大，说明关系越密切。可以看出：主成分1与降水量、水资源总量、地表水资源量、干旱指数的相关性较强，且与降水量、水资源总量、地表水资源量呈正相关，与干旱指数呈负相关，把主成分1称作“总水量”；主成分2与大中型水库蓄水量、跨流域调水量呈较高的正相关，把主成分2称作“工程措施水量”。

表 8.6　　水量要素能力指标的总方差

成分	初始特征值			提取平方和载入		
	合计	方差的占比/%	累积比例/%	合计	方差的占比/%	累积比例/%
1	6.607	66.069	66.069	6.607	66.069	66.069
2	1.953	19.535	85.603	1.953	19.535	85.603
3	0.622	6.220	91.824			
4	0.374	3.741	95.564			
5	0.263	2.634	98.199			
6	0.121	1.209	99.408			
7	0.044	0.440	99.848			
8	0.009	0.092	99.940			
9	0.001	0.013	100			

表 8.7　　水量要素能力诊断指标的成分矩阵

指　标	成分 1	成分 2	指　标	成分 1	成分 2
降水量	0.955	0.081	大中型水库蓄水量	0.186	0.901
蒸发量	−0.748	−0.225	跨流域调水量	0.169	0.833
水资源总量	0.972	−0.108	干旱指数	−0.978	−0.122
地表水资源量	0.971	−0.075	人均水资源量	0.789	−0.507
地下水资源量	0.836	−0.283			

(2) 负荷指标。表 8.8 为负荷指标的总方差，从表 8.8 可以看出，成分 1、成分 2 和成分 3 的特征值均大于 1 (分别为 9.617、1.840 和 1.188)，合计能解释 90.317%的方差，可以代表大部分数据。所以可以提取成分 1、成分 2 和成分 3 作为主成分，其余成分包含的信息较少，故弃去。

表 8.8　　水量要素负荷指标的总方差

成分	初始特征值			提取平方和载入		
	合计	方差的占比/%	累积比例/%	合计	方差的占比/%	累积比例/%
1	9.617	68.69	68.69	9.617	68.690	68.690
2	1.840	13.142	81.832	1.840	13.142	81.832
3	1.188	8.485	90.317	1.188	8.485	90.317
4	0.583	4.165	94.482			
5	0.443	3.167	97.649			
6	0.240	1.715	99.364			
7	0.060	0.426	99.790			
8	0.016	0.114	99.904			
9	0.006	0.040	99.944			
10	0.004	0.029	99.973			
11	0.003	0.02	99.992			
12	0	0.003	100			

表 8.9 中的数值为区域总用水量与负荷诊断指标变量之间的相关系数，绝对值越大，说明关系越密切。可以看出：主成分 1 与人口密度、城镇化率、人均 GDP、万元 GDP 用水量、万元工业增加值用水量、第三产业产值占国内总产值比例的相关性较强，且区域总用水量与人口密度、城镇化率、人均 GDP、第三产业产值占国内总产值比例呈正相关，与万元 GDP 用水量、万元工业增加值用水量呈负相关，把主成分 1 称作"社会经济综合用水"；主成分 2 与农村居民人均用水量、人均用水量呈较强正相关，把主成分 2 称作"人均用水效率"；主成分 3 与水资源开发利用率呈较强正相关，把主成分 3 称作"水资源开发"。

表 8.9　　水量要素负荷指标的成分矩阵

指　　标	主成分 1	主成分 2	主成分 3
人口密度	0.970	0.023	−0.229
城镇化率	0.973	0.061	−0.215
人均 GDP	0.895	0.284	−0.278
第三产业用水比例	−0.896	0.401	0.001
万元 GDP 用水量	−0.987	0.119	0.086
万元工业增加值用水量	−0.990	0.073	0.098
城镇居民人均用水量	−0.574	0.388	−0.417
农村居民人均用水量	−0.297	0.853	−0.077
水资源开发利用率	0.564	−0.258	0.598
人均用水量	0.514	0.521	0.518
地下水开采量	0.670	0.484	0.339
第三产业产值占国内总产值比例	−0.963	0.147	0.122

(3) 水量综合指标。表 8.10 为水量指标的总方差，表 8.11 为水量综合指标的成分矩阵。从表 8.10 可以看出，成分 1、成分 2 和成分 3 的特征值大于 1（分别为 11.315、7.616 和 2.191），合计能解释 88.007%的方差，可以代表大部分数据。所以可以提取成分 1、成分 2 和成分 3 作为主成分，其余成分包含的信息较少，故弃去。

表 8.10　　水量要素综合指标的总方差

成分	初始特征值			提取平方和载入		
	合计	方差的占比/%	累积比例/%	合计	方差的占比/%	累积比例/%
1	11.315	47.146	47.146	11.315	47.146	47.146
2	7.616	31.732	78.879	7.616	31.732	78.879
3	2.191	9.128	88.007	2.191	9.128	88.007
4	0.888	3.700	91.707			
5	0.732	3.048	94.755			
6	0.618	2.576	97.331			

续表

成分	初始特征值			提取平方和载入		
	合计	方差的占比/%	累积比例/%	合计	方差的占比/%	累积比例/%
7	0.290	1.210	98.541			
8	0.160	0.666	99.208			
9	0.057	0.240	99.447			
10	0.048	0.200	99.647			
11	0.037	0.154	99.801			
12	0.015	0.061	99.862			
13	0.011	0.044	99.906			
14	0.007	0.031	99.937			
15	0.006	0.027	99.964			
16	0.004	0.019	99.982			
17	0.002	0.009	99.991			
18	0.001	0.005	99.997			
19	0.001	0.003	100			
20	1.01×10^{-13}	1.03×10^{-13}	100			
21	1.00×10^{-13}	1.01×10^{-13}	100			

表 8.11 中的数值为表征指标与影响因子之间的相关系数，绝对值越大，说明关系越密切。其中，表征指标为区域总用水量与区域可利用水量的比值，用“水量要素承载能力综合指标”表示，比值大于 1 说明水资源处于超载状态，比值小于 1 且比值越小，说明水资源承载潜力越大。根据表 8.11 可以看出：主成分 1 与人口密度、城镇化率、人均 GDP、万元 GDP 用水量、万元工业增加值用水量、第三产业产值占国内总产值比例的相关性较强，且与大中型水库蓄水量、万元 GDP 用水量、万元工业增加值用水量呈负相关，与人口密度、城镇化率、第三产业产值占国内总产值比例呈正相关，可把主成分 1 称作“社会经济综合用水”；主成分 2 与降水量、水资源总量、地表水资源量、干旱指数相关性较强，且与降水量、水资源总量、地表水资源量负相关，与干旱指数呈正相关，把主成分 2 称作“总水量”；主成分 3 与大中型水库蓄水量、跨流域调水量较强负相关性，把主成分 3 称作“工程设施水量”。

表 8.11　　　　　　水量要素综合指标的成分矩阵

指　标	成分 1	成分 2	成分 3
降水量	−0.066	−0.953	−0.180
蒸发量	0.068	0.753	−0.084
水资源总量	−0.285	−0.931	−0.054
地表水资源量	−0.247	−0.932	−0.088
地下水资源量	−0.370	−0.774	−0.142

续表

指　标	成分 1	成分 2	成分 3
大中型水库蓄水量	－0.028	0.375	－0.906
跨流域调水量	0.540	0.343	－0.704
干旱指数	0.090	0.974	0.115
人均水资源量	－0.659	－0.66	0.029
人口密度	0.950	－0.243	－0.115
城镇化率	0.955	－0.256	－0.073
人均 GDP	0.874	0.406	0.102
第三产业用水比例	0.881	0.058	0.422
万元 GDP 用水量	－0.970	－0.113	0.199
万元工业增加值用水量	－0.976	－0.132	0.156
城镇居民人均用水量	－0.569	0.218	0.259
农村居民人均用水量	－0.3100	0.444	0.714
水资源开发利用率	0.652	－0.726	0.145
人均用水量	0.53	0.031	0.602
地下水开采量	0.668	0.119	0.498
第三产业产值占国内总产值比例	0.95	－0.082	0.220

8.2.3.4　熵权法分析

分别对能力指标、负荷指标以及水量要素承载能力综合指标进行了熵权法计算，结果列于表 8.12。由表可知，在能力诊断指标中，降水量、水资源总量、大中型水库蓄水量和干旱指数所占权重较大，分别为 31.2％、21.61％、14.73％和 19.07％；负荷诊断指标中，人口密度、人均 GDP、万元 GDP 用水量、万元工业增加值用水量、灌溉水有效利用系数所占权重较大，分别为 25.08％、20.19％、18.53％和 14.61％；水量综合指标中，人口密度、人均 GDP、万元 GDP 用水量、万元工业增加值用水量所占权重较大，分别为 20.03％、18.52％、17.02％和 17.11％。

表 8.12　　水量要素指标的熵权法权重

指　标			指标权重/％		
水量要素承载能力综合指标	能力诊断指标	降水量	31.20		0.24
		蒸发量	0.11		0.03
		水资源总量	21.61		0.33
		地表水资源量	1.75		0.37
		地下水资源量	1.03		0.22
		大中型水库蓄水量	14.73		3.06
		跨流域调水量	8.70		1.78
		干旱指数	19.07		0.43
		人均水资源量	1.80		0.38

续表

指标			指标权重/%		
水量要素承载能力综合指标	负荷诊断指标	人口密度		25.08	23.03
		城镇化率		1.28	1.18
		人均 GDP		20.19	18.52
		第三产业用水比例		0.09	0.08
		万元 GDP 用水量		18.53	17.02
		万元工业增加值用水量		14.61	13.41
		城镇居民人均用水量		0.05	0.05
		农村居民人均用水量		0.46	0.42
		水资源开发利用率		17.16	17.11
		人均用水量		0.03	0.03
		地下水开采量		0.04	0.04
		第三产业产值占国内总产值比例		2.48	2.27
合计			100	100	100

8.2.3.5 综合分析

以上分别采取了 Pearson 相关性分析法、主成分分析法和熵权法分析法分别对水量要素能力诊断指标和负荷诊断指标进行了分析并提出了与能力表征指标和负荷表征指标的相关度较高的关键指标，识别出的结果见表 8.13。

表 8.13　基于不同分析法对水量要素诊断指标的识别结果

项目	Pearson 相关性分析法	主成分分析法	熵权法分析法
区域可利用的水量	降水量	降水量	降水量
	水资源总量	水资源总量	水资源总量
	地表水资源量	地表水资源量	大中型水库蓄水量
	地下水资源量	干旱指数	干旱指数
	干旱指数	大中型水库蓄水量	
		跨流域调水量	
区域总用水量	人口密度	人口密度	人口密度
	城镇化率	城镇化率	人均 GDP
	人均 GDP	人均 GDP	万元 GDP 用水量
	万元 GDP 用水量	万元 GDP 用水量	万元工业增加值用水量
	万元工业增加值用水量	万元工业增加值用水量	水资源开发利用率
		第三产业产值占国内总产值比例	
		人均用水量	
		水资源开发利用率	

从表 8.13 可以看出，对于以区域可利用的水量为能力表征指标，3 种分析方法提出的共同的影响因子包括降水量、水资源总量，其中 2 种方法都提出了大中型水库蓄水量，因此最终确定关键诊断指标为降水量、水资源总量、大中型水库蓄水量。虽然干旱指数在 3 种方法中都提出了，但考虑干旱指数与降水量有较强的相关性，故不考虑。

对于以区域总用水量为负荷表征指标，3 种分析方法提出的共同的关键诊断指标包括人口密度、万元 GDP 用水量、万元工业增加值用水量，其中 2 种方法都提出了城镇化率、水资源开发利用率，因此最终确定关键影响因子为人口密度、城镇化率、万元 GDP 用水量、万元工业增加值用水量、水资源开发利用率，总水量要素关键诊断指标识别结果见表 8.14。

表 8.14　　总用水量要素关键诊断指标识别结果

能力表征指标关键诊断因子	负荷表征指标关键影响因子	能力表征指标关键诊断因子	负荷表征指标关键影响因子
降水量	人口密度		万元工业增加值用水量
水资源总量	城镇化率		水资源开发利用率
大中型水库蓄水量	万元 GDP 用水量		

8.2.4 水质要素关键影响因子识别

统计数据来源于中国统计公报、中国统计年鉴、水资源公报、环境公报等，时间序列为 1997—2015 年，共 19 年。根据关键影响因子识别准则，关于水质类指标，同时考虑资料可获得性，共选取 7 个指标：水功能区水质承载程度（COD、氨氮）、废水治理投资、废水排放总量、COD 排放总量、氨氮排放总量、城市污水处理率、工业废水达标排放率。

需要说明的是，由于 COD、氨氮的水功能区纳污能力在一段时间内是稳定不变的，单独分析该指标与各影响因素在该段时间内的相关性及其影响变化意义不大，因此将水功能区排放量与水功能区纳污能力合并，并用水功能区水质承载程度来表示水功能区排放量与水功能区纳污能力的商，分析各影响因素与水功能区水质承载程度的相关性，即不从水质能力和水质负荷两方面进行分析。

8.2.4.1 单因素分析

以水功能区水质承载程度（COD、氨氮）作为表征指标，进行各个影响因子与这两个指标的相关性分析，初步判别各影响因子与表征指标“水功能区水质承载程度（COD、氨氮）”的相关性。水功能区水质承载程度（COD、氨氮）与各指标的关系如图 8.8 所示。

从图 8.8 可以看出，除了氨氮排放总量与水功能区水质承载程度（氨氮）、COD 排放总量与水功能区水质承载程度（COD）有显著的线性相关外，其他几个指标与水功能区水质承载程度都没有明显相关性。

8.2.4.2 相关性分析

对于水质指标，分别建立各个指标与水功能区水质承载程度（COD）、水功能区水质承载程度（氨氮）的 Pearson 相关性分析，分析结果见表 8.15 和表 8.16。可见，氨氮排放总量与水功能区水质承载程度（COD）、COD 排放总量与水功能区水质承载程度（氨氮）相关性都很强。在各个指标的相关性分析中，城市污水处理率与废水排放总量、氨氮排放总量与 COD 排放总量相关性较强。

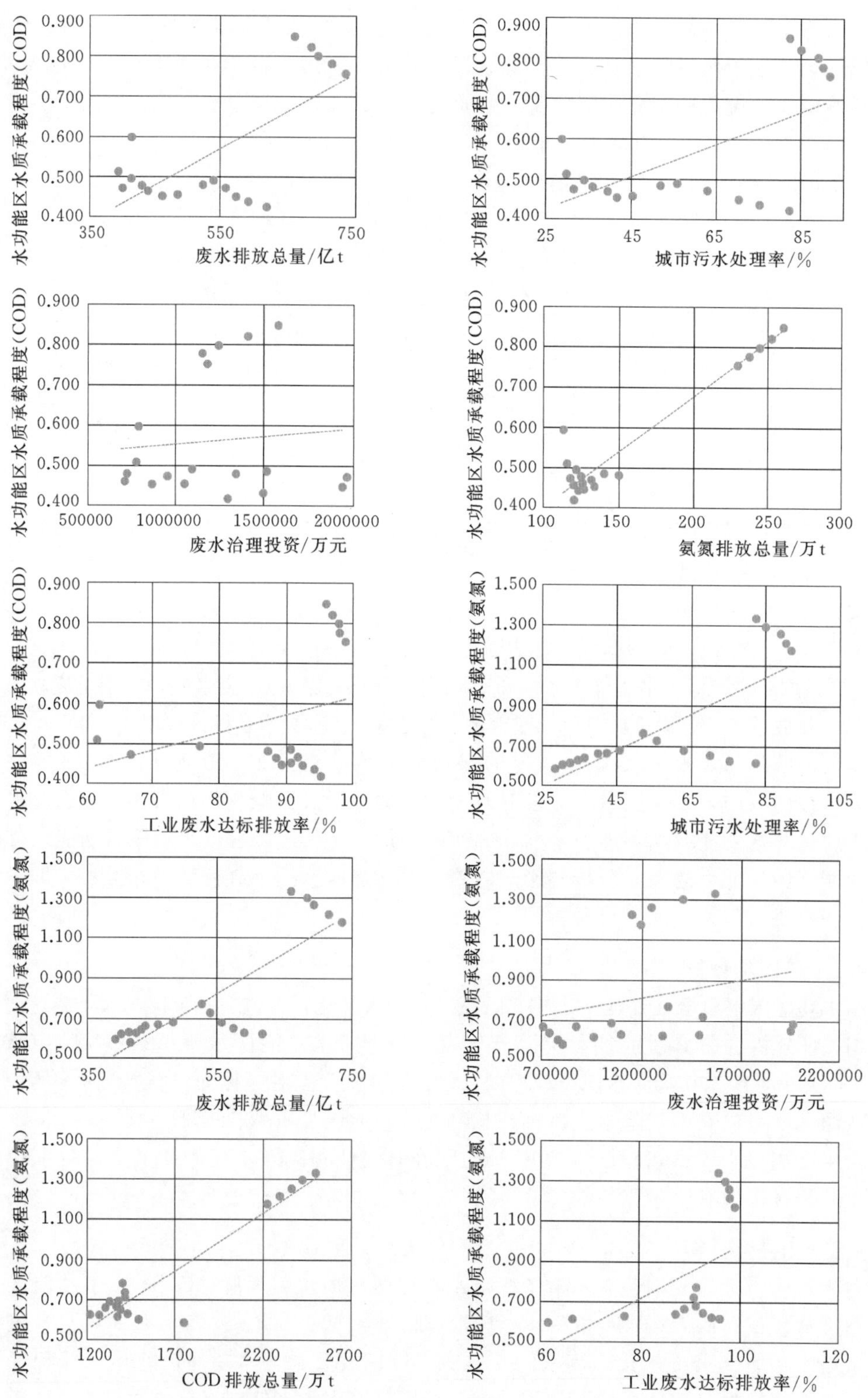

图 8.8　水功能区水质承载程度（COD、氨氮）与各指标的关系

表 8.15　　水质指标 Pearson 相关性系数

水功能区水质承载程度（COD）	相关系数	水功能区水质承载程度（氨氮）	相关系数
废水治理投资	0.091	废水治理投资	0.231
废水排放总量	0.701	废水排放总量	0.825
氨氮排放总量	0.951	COD 排放总量	0.951
城市污水处理率	0.621	城市污水处理率	0.759
工业废水达标排放率	0.334	工业废水达标排放率	0.575

表 8.16　　水质指标相关性分析

指标	废水治理投资	废水排放总量	COD 排放总量	氨氮排放总量	城市污水处理率	工业废水达标排放率
废水治理投资	1					
废水排放总量	0.532	1				
COD 排放总量	0.091	0.701	1			
氨氮排放总量	0.231	0.825	0.951	1		
城市污水处理率	0.579	0.987	0.621	0.759	1	
工业废水达标排放率	0.518	0.801	0.334	0.575	0.815	1

8.2.4.3 主成分分析

对废水治理投资、废水排放总量、COD 排放总量、氨氮排放总量、城市污水处理率、工业废水达标排放率 6 个指标运用主成分分析，分析结果见表 8.17。

表 8.17　　水质指标的总方差

成分	初始特征值			提取平方和载入		
	合计	方差的占比/%	累积比例/%	合计	方差的占比/%	累积比例/%
1	4.22	70.340	70.340	4.220	70.340	70.340
2	1.182	19.704	90.045	1.182	19.704	90.045
3	0.433	7.210	97.254			
4	0.148	2.464	99.718			
5	0.011	0.178	99.896			
6	0.006	0.104	100			

从表 8.17 可以看出，成分 1 和成分 2 的特征值均大于 1（分别为 4.22 和 1.182），合计能解释 90.045%的方差，可以代表大部分数据。所以可以提取成分 1 和 2 作为主成分，其余成分包含的信息较少，故弃去。水质指标的成分矩阵见表 8.18。

表 8.18　　水质指标的成分矩阵

指　　标	成分 1	成分 2	指　　标	成分 1	成分 2
废水治理投资	0.551	0.7	氨氮排放总量	0.887	−0.427
废水排放总量	0.981	0.042	城市污水处理率	0.962	0.14
COD 排放总量	0.761	−0.608	工业废水达标排放率	0.814	0.344

8.2.4.4　熵权法分析

对废水治理投资、废水排放总量、COD 排放总量、氨氮排放总量、城市污水处理率、工业废水达标排放率 6 个指标运用熵权法分析，分析结果见表 8.19。可见，城市污水处理率权重最大，为 62.57%。

表 8.19　水质指标的熵权法权重

指　标	指标权重/%	指　标	指标权重/%
废水治理投资	8.33	氨氮排放总量	14.42
废水排放总量	4.05	城市污水处理率	62.57
COD 排放总量	6.44	合计	100

8.2.4.5　综合分析

在表征指标与各个影响因子的单因素分析中，通过建立各个指标与水功能区水质承载程度（COD、氨氮）的线性关系，可以发现：除了氨氮排放总量与水功能区水质承载程度（氨氮）、COD 排放总量与水功能区水质承载程度（COD）有显著的线性相关外，其他几个指标与水功能区水质承载程度都没有明显相关性。然而在理论上或是人们的主观意识中，认为一个区域废水治理投资越多、城市污水处理率越高、工业废水达标排放率越高，区域的污水治理程度越高，则排放和最终进入水功能区的污染物浓度越低、污染物量也越少，从而水功能区水质承载程度（COD）也越低。这种理论与实际的差异，一方面说明水环境承载状况的分析识别远比水量承载状况复杂，不仅是水质污染因子量的增减，更是涉及水质污染因子的运移、生物化学转化等一系列生化作用和过程，导致在一定时期内水环境状况并不是与污染投资治理状况呈正相关关系；另一方面也说明，目前采用的水质诊断因子还不全面，由于受资料获得性等条件限制，所应用的影响因子尚不能完全反映水质承载状况。

在主成分分析中，提取的公因子与表征指标之间的相关系数，绝对值越大，说明关系越密切。可以看出：主成分 1 与废水排放总量、城市污水处理率相关性较强正相关，把主成分 1 称作“综合排污量”；主成分 2 与 COD 排放总量、氨氮排放总量呈较高的负相关，把主成分 2 称作“主要污染物”。此外，在主成分综合得分分析中，全国水质承载程度呈逐年递减态势。

在熵权法权重分析中，可以看出：城市污水处理率权重最大，为 62.57%，说明城市污水处理率所提供的重要信息比较多，这是因为最近几年我国工农业的大力发展，对污水处理越来越重视，投入的资金和资源越来越多，技术水平日趋完善，对污水的处理能力越来越高。虽然排污量也随着工农业发展而增多，但是在较高的污水处理率下，最终排放进入水功能区的污染物日趋减少，水功能区的水质承载程度逐渐降低。

综合以上分析，Pearson 相关性分析、主成分分析和熵权法分析分别对水质诊断指标进行了相关性分析并提出了与水质表征指标相关度较高的关键指标，识别出的结果见表 8.20。在此基础上最终确定的水质要素承载状况关键影响因素见表 8.21。

8.2.5　水域要素关键影响因子识别

根据指标选取原则，关于水域类指标共选取以下 19 个指标：天然水域面积率 K_1、河

表 8.20　　基于不同分析方法对水质要素关键影响因子的识别结果

项　目	Pearson 相关性分析法	主成分分析法	熵权法分析法
水功能区承载程度（COD、氨氮）	氨氮排放总量	废水排放总量	城市污水处理率
	COD 排放总量	城市污水处理率	
		COD 排放总量	
		氨氮排放总量	

表 8.21　　水质要素承载状况关键影响因子

指　标　分　类	关键影响因子
水质要素承载状况	氨氮排放总量
	COD 排放总量
	城市污水处理率

道基流量 K_2、降水量 K_3、蒸发量 K_4、河网密度（遥感）K_5、年径流量 K_6、实际水域面积率 K_7、湿地减少率 K_8、地下水超采率 K_9、地面沉降面积比 K_{10}、地下水位降落漏斗面积变化率 K_{11}、水系阻隔率 K_{12}、河湖补水量 K_{13}、景观破碎度 K_{14}、水土流失率 K_{15}、植被覆盖率 K_{16}、生态环境用水量 K_{17}、人均生态面积 K_{18}、水文连接度 K_{19}。其中，能力表征指标为天然水域面积率，能力影响因子 5 个，分别为河道基流量、降水量、蒸发量、生态基流保证率、年径流量；负荷标准指标为河道内实际水域面积率，负荷影响因子 12 个，分别为地下水超采率、地面沉降面积比、地下水位降落漏斗面积变化率、水土保持率、河湖补水量、湿地减少率、水土流失率、植被覆盖率、生态环境用水量、水系阻隔率、水文连接度、景观破碎度。下面分别对能力、负荷以及综合指标进行分析。

8.2.5.1　能力指标 DEMATEL 分析

建立 6 个因素之间的直接影响矩阵。如果某因素 K_i 与因素 K_j 有直接影响，则相应的第 i 行第 j 列元素为 1，若没有直接影响关系，则相应的元素为 0。通过专家访谈建立了信息获取影响因素的水域能力指标直接影响矩阵，见表 8.22。

表 8.22　　水域能力指标直接影响矩阵

影响因素	K_1	K_2	K_3	K_4	K_5	K_6
K_1	1	0	0	1	1	0
K_2	0	1	0	0	1	0
K_3	1	1	1	0	1	1
K_4	1	0	0	1	0	1
K_5	0	0	0	0	1	0
K_6	1	1	1	1	1	1

应用 Matlab 软件计算出其综合影响矩阵以及综合影响矩阵中的行和（即为每个因素的综合影响度）与列和（表示该因素的被影响度）；行和与列和之差为该因素的原因度，表示该因素与其他因素的因果逻辑关系程度；行和与列和之和为该因素的中心度，表示该因素在系统中的重要程度。水域能力指标综合影响矩阵及影响指数见表 8.23。

表 8.23　　水域能力指标综合影响矩阵及影响指数

影响因素	K_1	K_2	K_3	K_4	K_5	K_6	行和	原因度	中心度
K_1	0.266	0.013	0.011	0.264	0.269	0.055	0.878	−0.4333	2.1905
K_2	0	0.2	0	0	0.24	0	0.44	−0.4624	1.3424
K_3	0.330	0.306	0.255	0.121	0.433	0.275	1.721	1.1357	2.3063
K_4	0.330	0.066	0.055	0.321	0.145	0.275	1.193	0.1453	2.2407
K_5	0	0	0	0	0.2	0	0.2	−1.5452	1.9452
K_6	0.385	0.317	0.264	0.341	0.457	0.321	2.086	1.1599	3.0131
列和	1.311	0.902	0.585	1.047	1.745	0.926	6.519	0	0

通过综合影响矩阵分析可知：①水域（水生态）能力指标方面，影响水资源承载能力的原因要素（原因度大于零的因素）按重要程度由大到小依次是：年径流量 K_6、蒸发量 K_4、降水量 K_3，由此可知这些因素对其他因素的影响较大，尤其是年径流量；②结果因素（原因度小于零的因素）重要程度由大到小依次是：河网密度 K_5、河道基流量 K_2、天然水域面积率 K_1，说明这些因素受其他因素的影响较大；③从因素的中心度而言，年径流量的中心度最大 K_6，其次是降水量 K_3、蒸发量 K_4，说明这 3 个因素是水域（水生态）能力指标中对水资源承载能力影响最为重要的因素。

8.2.5.2　负荷指标 DEMATEL 分析

建立 13 个因素之间的直接影响矩阵。如果某因素 K_i 与因素 K_j 有直接影响，则相应的第 i 行第 j 列元素为 1，若没有直接影响关系，则相应的元素为 0。通过专家访谈建立了信息获取影响因素的水域负荷指标直接影响矩阵，见表 8.24。

表 8.24　　水域负荷指标直接影响矩阵

影响因素	K_7	K_8	K_9	K_{10}	K_{11}	K_{12}	K_{13}	K_{14}	K_{15}	K_{16}	K_{17}	K_{18}	K_{19}
K_7	1	0	0	0	0	1	1	1	1	1	0	1	1
K_8	0	1	0	0	0	0	0	0	0	0	0	1	0
K_9	0	0	1	1	1	0	1	1	1	1	0	0	0
K_{10}	0	0	1	1	1	0	1	1	1	1	0	0	0
K_{11}	0	0	1	1	1	0	1	1	1	1	0	0	0
K_{12}	0	0	0	0	0	1	0	1	1	1	0	0	0
K_{13}	0	0	0	0	0	1	1	1	1	1	0	0	0
K_{14}	1	0	0	0	0	1	1	1	1	1	0	1	1
K_{15}	0	0	0	0	0	1	1	1	1	1	0	0	1
K_{16}	0	0	0	0	0	1	0	1	1	1	0	0	1
K_{17}	0	0	0	0	0	0	0	0	0	0	1	0	0
K_{18}	0	0	0	0	0	1	0	1	1	1	0	1	1
K_{19}	0	0	0	0	0	1	0	1	1	1	0	0	1

应用 Matlab 软件计算出其综合影响矩阵以及综合影响矩阵中的行和（即为每个因素的综合影响度）与列和（表示该因素的被影响度）；行和与列和之差为该因素的原因度，表示该因素与其他因素的因果逻辑关系程度；行和与列和之和为该因素的中心度，表示该因素在系统中的重要程度。水域负荷指标综合影响矩阵及影响指数见表 8.25。

表 8.25　　　　水域负荷指标综合影响矩阵及影响指数

影响因素	K_7	K_8	K_9	K_{10}	K_{11}	K_{12}	K_{13}	K_{14}	K_{15}	K_{16}	K_{17}	K_{18}	K_{19}	行和	原因度	中心度
K_7	0.224	0	0	0	0	0.568	0.3371	0.568	0.568	0.568	0	0.256	0.4549	3.544	2.5035	4.5845
K_8	0.0091	0.1429	0	0	0	0.064	0.0196	0.064	0.064	0.064	0	0.1737	0.0536	0.6549	0.512	0.7977
K_9	0.0798	0	0.2	0.2	0.2	0.3586	0.3996	0.5586	0.5586	0.5586	0	0.0912	0.2638	3.4688	2.8688	4.0688
K_{10}	0.0798	0	0.2	0.2	0.2	0.3586	0.3996	0.5586	0.5586	0.5586	0	0.0912	0.2638	3.4688	2.8688	4.0688
K_{11}	0.0798	0	0.2	0.2	0.2	0.3586	0.3996	0.5586	0.5586	0.5586	0	0.0912	0.2638	3.4688	2.8688	4.0688
K_{12}	0.049	0	0	0	0	0.343	0.105	0.343	0.343	0.343	0	0.056	0.162	1.744	−2.9398	6.4278
K_{13}	0.056	0	0	0	0	0.392	0.2629	0.392	0.392	0.392	0	0.064	0.1851	2.136	−0.7794	5.0514
K_{14}	0.224	0	0	0	0	0.568	0.3371	0.568	0.568	0.568	0	0.256	0.4549	3.544	−1.7398	8.8278
K_{15}	0.063	0	0	0	0	0.441	0.2779	0.441	0.441	0.441	0	0.072	0.3511	2.528	−2.7558	7.8118
K_{16}	0.056	0	0	0	0	0.392	0.12	0.392	0.392	0.392	0	0.064	0.328	2.136	−3.1478	7.4198
K_{17}	0	0	0	0	0	0	0	0	0	0	0.1429	0	0	0.1429	0	0.2857
K_{18}	0.064	0	0	0	0	0.448	0.1371	0.448	0.448	0.448	0	0.216	0.3749	2.584	1.0887	4.0793
K_{19}	0.056	0	0	0	0	0.392	0.12	0.392	0.392	0.392	0	0.064	0.328	2.136	−1.3479	5.6199
列和	1.0405	0.1429	0.6	0.6	0.6	4.6838	2.9154	5.2838	5.2838	5.2838	0.1429	1.4953	3.4839	31.5561	0	0

通过综合影响矩阵分析可知：①水域负荷指标方面，影响水资源承载能力的原因要素（原因度大于 0 的因素）按重要程度由大到小依次是：地下水超采率 K_9、地面沉降面积比 K_{10}、地下水位降落漏斗面积变化率 K_{11}、实际水域面积率 K_7、人均生态面积 K_{18}，由此可知这些因素对其他因素的影响较大，尤其是地下水超采率；②结果因素（原因度小于 0 的因素）重要程度由大到小依次是：植被覆盖率 K_{16}、水系阻隔率 K_{12}、水土流失率 K_{15}、景观破碎度 K_{14}、水文连接度 K_{19}、河湖补水量 K_{13}，说明这些因素受其他因素的影响较大；③从因素的中心度而言，景观破碎度 K_{14} 的中心度最大，其次是水土流失率 K_{15}、植被覆盖率 K_{16}，说明这 3 个因素是水域负荷指标中对水资源承载能力影响最为重要的因素。

8.2.5.3 综合指标 DEMATEL 分析

建立 19 个因素之间的直接影响矩阵。如果某因素 K_i 与因素 K_j 有直接影响，则相应的第 i 行第 j 列元素为 1，若没有直接影响关系，则相应的元素为 0。通过专家访谈建立了信息获取影响因素的水域综合指标直接影响矩阵，见表 8.26。

表 8.26　　　　　　　　　　**水域综合指标直接影响矩阵**

影响因素	K_1	K_2	K_3	K_4	K_5	K_6	K_7	K_8	K_9	K_{10}	K_{11}	K_{12}	K_{13}	K_{14}	K_{15}	K_{16}	K_{17}	K_{18}	K_{19}
K_1	1	0	0	1	1	0	1	0	0	0	0	1	1	1	1	1	0	1	1
K_2	0	1	0	0	1	0	0	0	0	0	0	1	0	0	0	1	0	0	0
K_3	1	1	1	0	1	1	1	0	0	0	0	1	1	1	1	1	1	1	1
K_4	1	0	0	1	0	1	1	0	0	0	0	0	0	0	0	0	1	1	1
K_5	0	0	0	0	1	0	0	0	0	0	0	0	0	0	0	0	0	0	0
K_6	1	1	1	1	1	1	1	0	0	0	0	1	1	1	1	1	0	1	1
K_7	0	0	0	1	1	0	1	0	0	0	0	1	1	1	1	1	0	1	1
K_8	0	0	0	0	1	0	0	1	0	0	0	0	0	0	0	0	0	1	0
K_9	0	1	0	0	1	0	0	0	1	1	1	0	1	1	1	1	0	0	0
K_{10}	0	1	0	0	1	0	0	0	1	1	1	0	1	1	1	1	0	0	0
K_{11}	0	1	0	0	1	0	0	0	1	1	1	0	1	1	1	1	0	0	0
K_{12}	0	0	0	0	1	0	0	0	0	0	0	1	0	1	1	1	0	0	0
K_{13}	0	0	0	0	0	0	0	0	0	0	0	1	1	1	1	1	0	0	0
K_{14}	1	1	0	1	1	1	1	0	0	0	0	1	1	1	1	1	0	1	1
K_{15}	0	0	0	0	1	0	0	0	0	0	0	1	1	1	1	1	0	0	1
K_{16}	0	0	1	1	1	1	0	0	0	0	0	1	0	1	1	1	0	0	1
K_{17}	0	0	0	0	0	0	0	0	0	0	0	0	0	0	0	0	1	0	0
K_{18}	0	0	1	0	1	0	0	0	0	0	0	1	0	1	1	1	0	1	1
K_{19}	0	0	1	1	1	1	0	0	0	0	0	1	0	1	1	1	0	0	1

应用 Matlab 软件计算出其综合影响矩阵以及综合影响矩阵中的行和（即为每个因素的综合影响度）与列和（表示该因素的被影响度）；行和与列和之差为该因素的原因度，表示该因素与其他因素的因果逻辑关系程度；行和与列和之和为该因素的中心度，表示该因素在系统中的重要程度。水域指标综合影响矩阵及影响指数见表 8.27。

通过综合影响矩阵分析可知：①水域（水生态）指标方面，影响水资源承载能力的原因要素（原因度大于零的因素）按重要程度由大到小依次是：降水量 K_3、年径流量 K_6、地下水超采率 K_9、地面沉降面积比 K_{10}、地下水位降落漏斗面积变化率 K_{11}、天然水域面积率 K_1、实际水域面积率 K_7、湿地减少率 K_8、人均生态面积 K_{18}，由此可知这些因素对其他因素的影响较大，尤其是降水量；②结果因素（原因度小于零的因素）重要程度由大到小依次是：河网密度 K_5、水系阻隔率 K_{12}、水土流失率 K_{15}、植被覆盖率 K_{16}、河湖补水量 K_{13}、河道基流量 K_2、生态环境用水量 K_{17}、水文连接度 K_{19}、景观破碎度 K_{14}、蒸发量 K_4，说明这些因素受其他因素的影响较大；③从因素的中心度而言，景观破碎度 K_{14} 的中心度最大，其次是植被覆盖率 K_{16}、年径流量 K_6，说明这 3 个因素是水域（水生态）指标中对水资源承载能力影响最为重要的因素。

8.2.5.4　综合分析

以中心度为横轴，原因度为纵轴，两轴相交于点（2.481，0）（其中 2.481 为中心度的均值），从而绘制出具有 4 个象限的坐标系，将各因素的中心度和原因度展现在坐标系中，如图 8.9 所示。

表 8.27　　水域指标综合影响矩阵及影响指数

影响因素	K_1	K_2	K_3	K_4	K_5	K_6	K_7	K_8	K_9	K_{10}	K_{11}	K_{12}	K_{13}	K_{14}	K_{15}	K_{16}	K_{17}	K_{18}	K_{19}	行和	原因度	中心度
K_1	0.108	0.021	0.040	0.138	0.179	0.053	0.116	0.000	0.000	0.000	0.000	0.175	0.128	0.173	0.173	0.175	0.014	0.125	0.162	1.778	0.963	2.593
K_2	0.004	0.080	0.010	0.012	0.105	0.012	0.005	0.000	0.000	0.000	0.000	0.098	0.006	0.021	0.021	0.098	0.002	0.005	0.014	0.493	−0.441	1.427
K_3	0.118	0.113	0.128	0.075	0.212	0.138	0.128	0.000	0.000	0.000	0.000	0.207	0.147	0.199	0.199	0.207	0.093	0.137	0.179	2.278	1.389	3.167
K_4	0.102	0.016	0.033	0.122	0.069	0.110	0.110	0.000	0.000	0.000	0.000	0.066	0.037	0.065	0.065	0.066	0.089	0.119	0.138	1.208	−0.057	2.473
K_5	0.000	0.000	0.000	0.000	0.077	0.000	0.000	0.000	0.000	0.000	0.000	0.000	0.000	0.000	0.000	0.000	0.000	0.000	0.000	0.077	−2.525	2.679
K_6	0.126	0.114	0.130	0.155	0.217	0.145	0.135	0.000	0.000	0.000	0.000	0.212	0.150	0.204	0.204	0.212	0.022	0.146	0.189	2.359	1.228	3.489
K_7	0.029	0.019	0.037	0.128	0.166	0.049	0.108	0.000	0.000	0.000	0.000	0.162	0.119	0.161	0.161	0.162	0.013	0.116	0.150	1.580	0.625	2.534
K_8	0.002	0.002	0.009	0.003	0.095	0.004	0.002	0.077	0.000	0.000	0.000	0.012	0.003	0.012	0.012	0.012	0.001	0.085	0.011	0.340	0.263	0.417
K_9	0.018	0.113	0.019	0.032	0.158	0.031	0.019	0.000	0.091	0.091	0.091	0.065	0.127	0.148	0.148	0.156	0.004	0.021	0.046	1.377	1.104	1.650
K_{10}	0.018	0.113	0.019	0.032	0.158	0.031	0.019	0.000	0.091	0.091	0.091	0.065	0.127	0.148	0.148	0.156	0.004	0.021	0.046	1.377	1.104	1.650
K_{11}	0.018	0.113	0.019	0.032	0.158	0.031	0.019	0.000	0.091	0.091	0.091	0.065	0.127	0.148	0.148	0.156	0.004	0.021	0.046	1.377	1.104	1.650
K_{12}	0.014	0.012	0.015	0.024	0.122	0.023	0.015	0.000	0.000	0.000	0.000	0.115	0.023	0.114	0.114	0.115	0.003	0.016	0.035	0.757	−1.415	2.930
K_{13}	0.015	0.013	0.016	0.026	0.049	0.025	0.016	0.000	0.000	0.000	0.000	0.124	0.101	0.123	0.123	0.124	0.003	0.017	0.037	0.810	−0.669	2.288
K_{14}	0.117	0.106	0.050	0.149	0.202	0.136	0.126	0.000	0.000	0.000	0.000	0.197	0.139	0.190	0.190	0.197	0.015	0.136	0.176	2.125	−0.182	4.432
K_{15}	0.018	0.015	0.024	0.035	0.138	0.035	0.019	0.000	0.000	0.000	0.000	0.135	0.105	0.134	0.134	0.135	0.005	0.020	0.120	1.070	−1.237	3.377
K_{16}	0.041	0.031	0.115	0.130	0.170	0.132	0.044	0.000	0.000	0.000	0.000	0.161	0.050	0.159	0.159	0.161	0.019	0.048	0.153	1.573	−0.872	4.018
K_{17}	0.000	0.000	0.000	0.000	0.000	0.000	0.000	0.000	0.000	0.000	0.000	0.000	0.000	0.000	0.000	0.000	0.077	0.000	0.000	0.077	−0.320	0.473
K_{18}	0.027	0.024	0.111	0.042	0.161	0.046	0.029	0.000	0.000	0.000	0.000	0.152	0.040	0.150	0.150	0.152	0.012	0.108	0.140	1.343	0.155	2.530
K_{19}	0.041	0.031	0.115	0.130	0.170	0.132	0.044	0.000	0.000	0.000	0.000	0.161	0.050	0.159	0.159	0.161	0.019	0.048	0.153	1.573	−0.219	3.365
列和	0.815	0.934	0.889	1.265	2.602	1.131	0.954	0.077	0.273	0.273	0.273	2.172	1.479	2.307	2.307	2.445	0.396	1.188	1.792	23.571	0.000	0.000

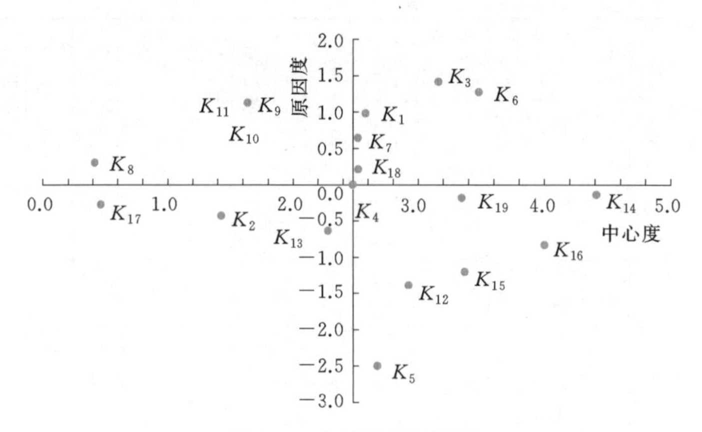

图 8.9　水域指标因果图

第一象限内的因素包括天然水域面积率 K_1、降水量 K_3、年径流量 K_6、实际水域面积率 K_7，属于水资源承载能力水域要素的关键影响因素；第四象限内的因素河网密度 K_5、水系阻隔率 K_{12}、景观破碎度 K_{14}、水土流失率 K_{15}、植被覆盖率 K_{16}、水文连接度 K_{19} 的中心度较高，但原因度较低且为负，属于次要因素；第二象限内的因素湿地减少率 K_8、地下水超采率 K_9、地面沉降面积比 K_{10}、地下水位降落漏斗面积变化率 K_{11} 的原因度较高，但中心度偏低；第三象限内的因素河道基流量 K_2、河湖补水量 K_{13}、生态环境用水量 K_{17} 的中心度都偏低，且原因度为负，说明不对其他因素产生驱动作用，且对系统的影响较低。关键诊断指标基本属于第一和第四象限，水域指标关键影响因素见表 8.28。

经过 DEMATEL 分析，综合考虑选取水资源承载能力水域指标的关键影响因素，共筛选出 8 个关键影响指标。对于天然水域面积率，在能力指标分析中的原因度为－0.4333，中心度为 2.1905，属于受其他因素影响较大的结果因素；在综合指标分析中的原因度为 0.963，中心度为 2.593，属于影响其他因素的原因要素。因此，说明天然水域面积率在水域指标中起着至关重要的作用，天然的水域面积率越高，流域或区域的水量必然越多，流域或区域的水资源承载能力越强。

表 8.28　　水域指标关键影响因素

指标分类	关键影响指标		
能力指标	降水量	年径流量	河网密度
负荷指标	水系阻隔率	景观破碎度	水土流失率
	植被覆盖率	水文连接度	

对于降水量，在能力指标分析中的原因度为 1.1357，中心度为 2.3063，属于对其他因素影响较大的原因要素；在综合指标分析中的原因度为 1.389，中心度为 3.167，也属于对其他因素影响较大的原因要素。说明降水量在水域指标中起着至关重要的作用，降水量越多，流域或区域的水量必然越多，流域或区域的水资源承载能力越强。降水多的地方，一般植被茂盛，生态系统完善，而完善的生态系统可以更好地调节气候、保持水土、调蓄洪水、涵养水源、降解污染。

对于年径流量，在能力指标分析中的原因度为 1.1599，中心度为 3.0131，属于对其

他因素影响较大的原因要素；在综合指标分析中的原因度为1.104，中心度为1.650，也属于对其他因素影响较大的原因要素。因此，说明年径流量在水域指标中起着至关重要的作用，年径流量越多，流域或区域的水量必然越多，流域或区域的水资源承载能力越强。

对于河网密度，在能力指标分析中的原因度为－1.5452，中心度为1.9452，属于受其他因素影响较大的结果要素；在综合指标分析中的原因度为－2.525，中心度为2.679，也属于受其他因素影响较大的结果要素。因此，说明河网密度在水域指标中有着不可忽视的作用，河网密度越高，流域或区域的生态环境必然越好，流域或区域的水资源承载能力越强；河网密度越高，生态需水量得到充分满足，生态系统中的动植物可以得到充足的水量来繁衍生息，有利于生态环境的保护与发展，更加有利于区域水资源承载能力的发展。

对于水土保持率，在负荷指标分析中的原因度为－2.9398，中心度为7.8118，属于受其他因素影响较大的结果要素；在综合指标分析中的原因度为－1.415，中心度为2.930，也属于受其他因素影响较大的结果要素。因此，说明水土保持率在水域指标中有着不可忽视的作用，水土保持率越高，流域或区域的生态环境必然越好，流域或区域的水资源承载能力越强；水土保持率越高，地表植被保存完好且发育较好，可以阻截部分降雨，有利于涵养水源。

对于水土流失率，在负荷指标分析中的原因度为－2.7558，中心度为6.4278，属于受其他因素影响较大的结果要素；在综合指标分析中的原因度为－1.237，中心度为3.377，也属于受其他因素影响较大的结果要素。因此，说明水土流失率在水域指标中有着不可忽视的作用，水土流失率越高，流域或区域的生态环境越差，流域或区域的对水资源承载能力的需求越强；水土流失率越高，地形割裂风化越强，地表植被破坏严重，地表径流多，并携带走大量泥沙，对生态环境破坏较大，不利于水源涵养。

对于植被覆盖率，在负荷指标分析中的原因度为－3.1478，中心度为7.4198，属于受其他因素影响较大的结果要素；在综合指标分析中的原因度为－0.872，中心度为4.018，也属于受其他因素影响较大的结果要素。因此，说明植被覆盖率在水域指标中起着至关重要的作用，流域或区域的植被覆盖率越高，流域或区域的水资源承载能力越强。一方面，流域或区域的植被覆盖率高，植被的蒸腾能力越强，蒸散发的水分越多，空气湿度越大，流域或区域的降水量越大；另一方面，植被既能阻截部分降雨动能，使土壤表面免于被雨滴直接击溅，极大程度上减少土壤的侵蚀流失，又能增加地表糙度和促进雨滴的下渗，减小径流量，削弱径流对土壤的冲刷作用，充分含蓄水源。

8.2.6　水流要素关键影响因子识别

关于水流要素，共选取以下16个指标：径流量K_1、生态基流保证率K_2、河道平均流速K_3、降水量K_4、水资源总量K_5、水库容量K_6（大中型水库）、灌溉面积K_7、人口密度K_8、河道断流长度比K_9、水能开发利用率K_{10}、河流脉动指数K_{11}、水系连通性K_{12}、年流量偏差比例K_{13}、流量过程变异程度K_{14}、河口径流指标K_{15}、年径流变化率K_{16}。

其中，能力表征指标为径流量，能力诊断指标4个，分别为生态基流保证率、河道平均流速、降水量、水资源总量；负荷标准指标为水库容量（大中型水库），负荷诊断指标

10 个，分别为灌溉面积、人口密度、河道断流长度比、水能开发利用率、河流脉动指数、水系连通性、年流量偏差比例、流量过程变异程度、河口径流指标、年径流变化率。下面分别对能力、负荷指标进行分析。

8.2.6.1　能力指标 DEMATEL 分析

建立 5 个因素之间的直接影响矩阵。如果某因素 K_i 与因素 K_j 有直接影响，则相应的第 i 行第 j 列元素为 1，若没有直接影响关系，则相应的元素为 0。通过专家访谈建立了信息获取影响因素的水流能力指标直接影响矩阵，见表 8.29。

表 8.29　水流能力指标直接影响矩阵

影响因素	K_1	K_2	K_3	K_4	K_5
K_1	0	1	1	0	1
K_2	0	0	0	0	0
K_3	1	0	0	0	0
K_4	1	1	1	0	1
K_5	1	1	1	0	0

应用 Matlab 软件计算出其综合影响矩阵以及综合影响矩阵中的行和（即为每个因素的综合影响度）与列和（表示该因素的被影响度）；行和与列和之差为该因素的原因度，表示该因素与其他因素的因果逻辑关系程度；行和与列和之和为该因素的中心度，表示该因素在系统中的重要程度。水流能力指标综合影响矩阵及影响指数见表 8.30。

表 8.30　水流能力指标综合影响矩阵及影响指数

影响因素	K_1	K_2	K_3	K_4	K_5	行和	原因度	中心度
K_1	0.1636	0.3636	0.3636	0	0.2909	1.1818	−0.0909	2.4545
K_2	0	0	0	0	0	0	−1.2727	1.2727
K_3	0.2909	0.0909	0.0909	0	0.0727	0.5455	−0.7273	1.8182
K_4	0.4545	0.4545	0.4545	0	0.3636	1.7273	1.7273	1.7273
K_5	0.3636	0.3636	0.3636	0	0.0909	1.1818	0.3636	2
列和	1.2727	1.2727	1.2727	0	0.8182	4.6364	0	0

通过综合影响矩阵分析，可知：①水流能力指标方面，影响水资源承载能力的原因要素（原因度大于零的因素）按重要程度由大到小依次是：降水量 K_4、水资源总量 K_5，由此可知这些因素对其他因素的影响较大，尤其是年径流量；②结果因素（原因度小于零的因素）重要程度由大到小依次是：生态基流保证率 K_2、河道平均流速 K_3、径流量 K_1，说明这些因素受其他因素的影响较大；③从因素的中心度而言，水资源总量 K_5 的中心度最大，其次是河道平均流速 K_3、降水量 K_4，说明这 3 个因素是水流能力指标中对水资源承载能力影响最为重要的因素。

8.2.6.2　负荷指标 DEMATEL 分析

建立 11 个因素之间的直接影响矩阵。如果某因素 K_i 与因素 K_j 有直接影响，则相应

的第 i 行第 j 列元素为 1，若没有直接影响关系，则相应的元素为 0。通过专家访谈建立了信息获取影响因素的水流负荷指标直接影响矩阵，见表 8.31。

表 8.31　　水流负荷指标直接影响矩阵

影响因素	K_6	K_7	K_8	K_9	K_{10}	K_{11}	K_{12}	K_{13}	K_{14}	K_{15}	K_{16}
K_6	0	1	0	1	1	1	0	1	1	1	1
K_7	0	0	0	0	0	0	0	0	0	0	0
K_8	0	0	0	0	0	0	0	0	0	0	0
K_9	0	1	0	0	0	1	1	0	0	1	1
K_{10}	0	1	0	1	0	1	0	0	1	1	1
K_{11}	0	0	0	0	0	0	1	1	1	1	1
K_{12}	0	0	0	1	0	1	0	1	1	1	1
K_{13}	0	0	0	0	0	1	0	0	1	1	1
K_{14}	1	1	0	0	1	1	0	1	0	1	1
K_{15}	0	0	0	0	0	0	0	0	1	0	0
K_{16}	0	0	0	0	0	1	0	0	1	1	0

应用 Matlab 软件计算出其综合影响矩阵以及综合影响矩阵中的行和（即为每个因素的综合影响度）与列和（表示该因素的被影响度）；行和与列和之差为该因素的原因度，表示该因素与其他因素的因果逻辑关系程度；行和与列和之和为该因素的中心度，表示该因素在系统中的重要程度，见表 8.32。

表 8.32　　水流负荷指标综合影响矩阵及影响指数

影响因素	K_6	K_7	K_8	K_9	K_{10}	K_{11}	K_{12}	K_{13}	K_{14}	K_{15}	K_{16}	行和	原因度	中心度
K_6	0.0362	0.206	0	0.1569	0.1657	0.2726	0.0537	0.2065	0.2892	0.3067	0.2726	1.966	1.6081	2.3239
K_7	0	0	0	0	0	0	0	0	0	0	0	0	−0.9126	0.9126
K_8	0	0	0	0	0	0	0	0	0	0	0	0	0	0
K_9	0.0133	0.1446	0	0.0226	0.0149	0.1954	0.1522	0.0584	0.1062	0.2198	0.1954	1.1227	0.5706	1.6748
K_{10}	0.0291	0.1791	0	0.1383	0.0327	0.2205	0.0449	0.0659	0.2327	0.2481	0.2205	1.4118	0.8842	1.9395
K_{11}	0.031	0.0425	0	0.026	0.0349	0.1122	0.1423	0.1917	0.2483	0.2512	0.2233	1.3037	−0.3947	3.002
K_{12}	0.0325	0.0586	0	0.1396	0.0366	0.245	0.0481	0.1982	0.2601	0.2757	0.245	1.5395	1.0082	2.0708
K_{13}	0.0274	0.0360	0	0.0105	0.0309	0.1961	0.0258	0.0586	0.2194	0.2206	0.1961	1.0215	−0.0349	2.0778
K_{14}	0.1458	0.1899	0	0.0433	0.164	0.2509	0.0368	0.2000	0.1663	0.2822	0.2509	1.7301	−0.1331	3.5933
K_{15}	0.0182	0.0237	0	0.0054	0.0205	0.0314	0.0046	0.025	0.1458	0.0353	0.0314	0.3413	−1.6944	2.3769
K_{16}	0.0244	0.0320	0	0.0093	0.0274	0.1743	0.023	0.0521	0.1951	0.1961	0.0632	0.7969	−0.9015	2.4952
列和	0.3579	0.9126	0	0.5521	0.5276	1.6984	0.5313	1.0563	1.8632	2.0356	1.6984	11.2335	0	0

通过综合影响矩阵分析可知：①水流负荷指标方面，影响水资源承载能力的原因要素（原因度大于零的因素）按重要程度由大到小依次是：水库容量 K_6（大中型水库）、水系连通性 K_{12}、水能开发利用率 K_{10}、河道断流长度比 K_9，由此可知这些因素对其他因素的影响较大，尤其是年径流量；②结果因素（原因度小于零的因素）重要程度由大到小依次是：河口径流指标 K_{15}、灌溉面积 K_7、年径流变化率 K_{16}、河流脉动指数 K_{11}、流量过程变异程度 K_{14}、年流量偏差比例 K_{13}，说明这些因素受其他因素的影响较大；③从因素的中心度而言，流量过程变异程度的中心度最大 K_{14}，其次是河流脉动指数 K_{11}、年径流变化率 K_{16}，说明这 3 个因素是水流负荷指标中对水资源承载能力影响最为重要的因素。

8.2.6.3　综合分析

根据以上分析，水流要素关键影响因子识别结果见表 8.33。

表 8.33　　水流要素关键影响因子识别结果

指标分类	关键影响指标		
能力指标	水资源总量	河道平均流速	降水量
负荷指标	流量过程变异程度	河流脉动指数	年径流变化率

8.3　小　　结

本章在对水资源超载区和临界超载区的空间分布特征进行识别的基础上，对水量、水质、水域、水流 4 个要素，分别进行了影响因素分析和关键影响因子识别。

（1）水资源超载区和临界超载区空间分布特征识别。以地级行政区水量、水质要素承载状况评价结果为依据，采用空间自相关分析、热点/冷点分析方法分别分析了水量、水质要素中严重超载和超载单元的空间聚集特征，结果表明，对于水量要素承载状况而言，超载单元主要集中在新疆、甘肃、内蒙古、天津、河北、河南、吉林等省（自治区、直辖市）；对于水质要素承载状况而言，超载单元主要集中在分布在北京、山西、河南、宁夏、吉林、黑龙江、安徽、江苏等省（自治区、直辖市），这些地区人口和产业密集，污染物排放量较大、水污染比较严重。

（2）水资源承载能力影响因素分析和关键影响因子识别。从水量、水质、水域、水流 4 个指标入手，经过相关性分析、主成分分析、熵权法分析以及 DEMATEL 分析共筛选出 24 个关键影响因子。水资源承载能力关键诊断指标识别结果见表 8.34。

表 8.34　　水资源承载能力关键诊断指标识别结果

指标分类	关键影响因素		
水量指标	降水量	水资源总量	大中型水库蓄水量
	人口密度	城镇化率	万元 GDP 用水量
	万元工业增加值用水量	水资源开发利用率	
水质指标	氨氮排放总量	COD 排放总量	城市污水处理率

续表

指标分类	关键影响因素		
水域指标	降水量	年径流量	河网密度
	水系阻隔率	景观破碎度	水土流失率
	植被覆盖率	水文连接度	
水流指标	水资源总量	河道平均流速	降水量
	流量过程变异程度	河流脉动指数	年径流变化率

第9章 水资源超载原因与调控对策

9.1 典型流域水资源超载原因分析

9.1.1 长江流域

9.1.1.1 水量要素超载成因分析

长江流域767个县域评价单元中，没有水量要素评价为“严重超载”和“超载”的县域单元，被评价为“临界超载”的县域单元有56个，主要成因分析如下：

（1）部分地区用水总量指标分解与社会经济发展的空间布局不匹配。部分地区在进行用水总量控制指标划分时，未较好地适应未来各区域的发展趋势，使得在地级行政区用水总量指标尚有一定富余的情况下，出现部分区域水资源临界超载或超载情况，如湖北省孝感市孝南区和应城市用水总量指标承载综合评价为“临界超载”。从孝感市整体分析，其总量指标尚有3.40亿m^3的富余量，可见其在总量指标分解时未较好考虑区域产业布局及未来发展潜能，存在一定的不合理性；或是区域发展时未与用水总量指标布局相适应。湖北省孝感市各县域用水总量承载评价成果见表9.1。

表9.1 湖北省孝感市各县域用水总量承载评价成果

县级行政区	2015年用水总量/亿m^3	评价口径的现状用水量/亿m^3	水资源总量/亿m^3	水资源开发利用率/%	2020年总量指标/亿m^3	用水总量指标综合评价
孝南区	3.20	3.21	4.39	73.3	3.30	临界超载
应城市	3.55	3.68	4.62	79.6	4.30	临界超载
安陆市	3.51	2.97	4.43	67.1	4.25	不超载
汉川市	10.40	8.21	7.95	103.3	11.40	不超载
孝昌县	2.75	2.40	4.48	53.6	3.13	不超载
大悟县	2.11	1.97	10.03	19.7	2.55	不超载
云梦县	2.92	2.59	2.25	115.3	3.53	不超载
合计	28.44	25.04	38.15	65.7	32.46	—

（2）部分地区用水水平及用水效率不高，存在较大节水潜力。部分地区的用水水平较低，使得出现临界超载，如江西省南昌市进贤县、安义县的2015年评价口径用水量虽未超过其用水总量指标，但也十分接近其用水总量指标（表9.2）。从用水水平分析，其人均综合用水量、万元GDP用水量均远高于南昌市平均水平。除了用水总量指标分解不合理、区域产业布局及经济发展与用水总量指标不相协调外，用水水平较低也是导致临界超载甚至超载情况发生的原因之一。

表 9.2　　江西省南昌市各县域用水总量承载评价成果及用水水平

区域		用水总量指标综合评价/亿 m³			用水水平			
		2015 年用水总量指标	评价口径现状用水量	综合评价	人均综合用水量/m³	万元 GDP 用水量/m³	农田灌溉用水量/(m³/亩)	万元工业增值用水量/m³
南昌市	城区	13.54	10.32	不超载	471	51	553	59
	南昌县	9.10	7.82	不超载	1046	149	558	52
	新建区	5.06	4.45	不超载	778	137	546	54
	进贤县	5.86	5.82	临界超载	814	213	603	55
	安义县	2.25	2.23	临界超载	1190	248	645	55
	小计	35.80	30.64	—	675	90	577	57

9.1.1.2　水质要素超载成因分析

此次评价水质要素超载的县级行政区占全部评价县域单元的 3%左右，水质要素超载的原因主要有以下几方面：①部分地区河段沿岸人口密集、工业发达，点源入河量大，而污水收集管网不完善，污水仍存在直排现象；②部分已建的污水处理厂现状污水处理率相对较低，尾水水质较差，导致主要污染物入河负荷量大；③部分地区面源污染特别是畜禽养殖污染较为严重，当排入水量较小的河流时容易导致水质超标；④上游来水水质较差，对下游水功能区水质造成一定影响。

(1) 上海市。上海市奉贤区水质要素超载是因为浦南运河上海农业与景观娱乐 C 用水区、金汇港上海过渡区、金汇港上海工业与景观娱乐 B 用水区、南竹港上海过渡区、南竹港上海农业用水区等 5 个水功能区现状年水质不达标（COD 和氨氮均有超标）。

闵行区水质要素超载是因为吴淞江—苏州河上海景观娱乐 B 用水区、吴淞江—苏州河上海景观娱乐 C 用水区、淀浦河上海工业与景观娱乐 B 用水区、张家塘港上海景观娱乐 C 用水区、漕河泾港—龙华港上海过渡区、新泾港—外环西河上海景观娱乐 C 用水区等 6 个水功能区现状年水质不达标（COD 和氨氮均有超标）。上海市位于长江经济带的最下游，水质较差的原因不仅与区域内社会的快速发展有关，也容易受到上游来水影响造成水质不达标。

(2) 江苏省。江苏省南京市江宁区水质要素超载是因为秦淮河溧水农业与渔业用水区、秦淮河江宁铺头过渡区、秦淮河江宁禄口饮用水水源区、秦淮河江宁秣陵农业与渔业用水区、秦淮河江宁工业与景观娱乐用水区等 5 个水功能区水质均不达标（COD 和氨氮均有超标）。

(3) 安徽省。安徽省合肥市肥东县水质要素超载是因为滁河合肥巢湖滁州农业用水区、南淝河施口过渡区、店埠河肥东景观娱乐用水区、店埠河肥东农业用水区、巢湖合肥饮用水源景观娱乐用水区、巢湖居巢中庙景观娱乐渔业用水区、巢湖湖区调水水源保护区等 7 个水功能区现状年水质不达标（COD 和氨氮均有超标）。

滁州市城区、天长市、来安县、全椒县水质要素超载是因为白塔河天长农业用水区、白塔河天长过渡区、老白塔河天长农业用水区、来安河来安农业用水区、清流河滁州农业用水区、滁河皖苏缓冲区、清流河皖苏缓冲区、滁河合肥巢湖滁州农业用水区、滁河皖苏缓冲区、黄栗树水库全椒河流源头保护区、襄河全椒农业用水区、清流河滁州农业用水区、沙河集水库滁州河流源头保护区等 13 个水功能区现状年水质不达标（COD 和氨氮均有超标）。

（4）湖北省。湖北省荆门市城区水质要素超载是因为浰河保留区、竹皮河荆门保留区、竹皮河荆门马良过渡区等 3 个水功能区现状年水质不达标（氨氮超标）。荆门市城区人口较多，化工、化肥、矿业产业较为发达，污水处理厂及各企业工业废水汇入，致使竹皮河等水系的水质恶化，现状水功能区水质达标率仅为 40%，氨氮入河量远超过限排总量。

孝感市孝南区、应城市水质要素超载是因为沦河汉川—孝南保留区、涢水云梦—武汉保留区、大富水曾都—京山—应城保留区、汉北河天门—汉川保留区、漳水保留区等 5 个水功能区现状年水质不达标（氨氮超标）。孝南区作为孝感市主城区，经济较为发达，工业以盐磷化工、汽车机电、纺织服装、医药为主，3 座城区污水处理厂及各重点工业企业生产的废水退水入府澴河，COD 和氨氮污染物入河量均超过其限排总量，水功能区水质达标率仅为 33%。应城市矿藏资源丰富，是湖北省最大的盐业化工生产基地，也是全国商品粮生产基地，大量点、面源污染汇入，致使辖区水功能区水质达标率仅为 25%，其中 COD 和氨氮污染物入河量也均远超过其限排总量。

仙桃市水质要素超载主要是因为汉江仙桃饮用水源区氨氮入河量与限排量比值较大所致，该水功能区涉及饮用水水源地，氨氮限制排污量定值偏小，从而造成入河量与限排量的比值较大。仙桃市为湖北省直管市，经济较为发达，主要产业为纺织服装、食品加工、医药化工、机械电子，城区现有 3 座污水处理厂，各主要乡镇均建有污水处理厂，但现状污水处理率相对较低，尾水水质较差，城南污水处理厂更是长期氨氮超标排放，导致氨氮入河负荷量大。

（5）四川省。四川省乐山市井研县水质要素超载是因为茫溪河井研保留区、茫溪河井研工业与农业用水区、茫溪河井研五通桥保留区 3 个水功能区现状年水质均不达标所致（COD 超标）。资阳市乐至县水质要素超载是因为琼江乐至—遂宁保留区现状年水质不达标（COD 超标）。乐至县、井研县面源污染特别是畜禽养殖污染较为严重，而多数河流流量小，水环境承载能力较弱。

（6）云南省。云南省丽江市古城区水质要素超载是因为漾弓江古城农业与工业用水区、漾弓江古城—鹤庆过渡区、清溪水库黑龙潭古城饮用与景观用水区 3 个水功能区现状年水质均不达标（COD 超标）。

（7）贵州省。贵州省铜仁市石阡县水质要素超载是因为石阡河石阡思南保留区现状年水质不达标（氨氮超标）。石阡县已建污水处理厂 2 座，日处理能力 1 万 t，但是污水收集管网不完善，污水直排现象较突出，造成石阡河水质达不到水功能区水质目标要求。

9.1.2　黄河流域

（1）流域水资源贫乏。黄河流域面积占全国国土面积的 8.3%，而年径流量只占全国年径流量的 2%，位居我国七大江河的第五位（小于长江、珠江、松花江和淮河）。现状年流域人均占有河川径流量为全国人均河川径流量的 22%，黄河又是世界上泥沙最多的

河流，有限的水资源还必须承担一般清水河流所没有的输沙任务，使可用于经济社会发展的水量进一步减少；特别是进入21世纪以后，黄河流域天然来水量已有减少的趋势，2004—2017年流域年均天然径流量为480.07亿m^3，与1956—2000年相比减少9%，遇到特枯水年和连续枯水段，水资源量和可以利用的水量比正常年景大幅减少，流域水资源承载状况堪忧。

（2）用水需求日益增长。近年来流域经济社会发展势头迅猛，2017年，流域用水量已从2004年的444.75亿m^3增长至519.16亿m^3，年均增长率为1.2%，其中地表水用水量从2004年的312.02亿m^3增长至400.22亿m^3，年均增长率为1.9%。随着"一带一路"倡议、京津冀协同发展、黄河流域生态保护与高质量发展等战略政策的提出，国家发展蓝图与新常态下经济社会发展对能源丰富、资源型缺水的黄河流域提出了新需求和新挑战，未来虽然流域经济社会将呈平稳运行，结构调整出现积极变化，发展质量不断提高，但日益增长的用水需求，仍是造成流域水资源超载的主要原因。

（3）用水效率偏低。2017年，黄河流域人均用水量、亩均灌溉用水量、城镇居民生活用水量虽低于全国平均水平，与早期相比用水效率虽有了较大提高，但与全国先进地区和世界发达国家相比，水资源利用方式以及用水效率有待进一步改进和提高；节水管理与节水技术还比较落后，尤其是部分灌区渠系老化失修、工程配套较差、灌水田块偏大、沟长畦宽、土地不平整、灌水技术落后及用水管理粗放等原因，造成了灌区大水漫灌、浪费水严重的现象；此外，工业企业用水效率与国内外先进地区相比仍有差距。

（4）流域外供水任务重。据统计，2010—2017年黄河流域年均向流域外供水111.08亿m^3，2017年向流域外供水102.03亿m^3，占全流域地表水供水量的25%。在流域内缺水形势如此严峻的情况下，还需向流域外输出近1/4的水量，且流域外供水主要集中在黄河下游山东省地区，全流域有60%以上的水量从山东省境内黄河流域供出，流域外供水任务重也是造成黄河下游区水资源超载的重要原因。

9.1.3 淮河流域

9.1.3.1 水量要素超载区分布及成因分析

评价结果显示，淮河流域水量超载区域主要分布于淮河水系淮河以北广大平原地区及沙颍河、洪汝河流域的山前平原地区，沂沭泗水系南四湖周边地区，山东半岛环渤海及沿黄地区。淮河以南、淮河下游地区、沂沭河区及中运河区基本处于不超载状态。淮河流域各省水量要素超载情况评价结果及原因分析如下。

（1）湖北省。淮河流域湖北省涉及孝感、随州2市，包括大悟县、广水县和随县3个县域单元。从水量要素评价来看，3个县域单元地下水承载均处于不超载状态；从水质要素评价来看，3个县域单元也均处于不超载状态。

（2）河南省。淮河流域河南省共涉及县域单元73个，水量要素承载状况评价结果为临界超载状态、超载状态及严重超载状态的共58个，占全部县域单元的79.5%，其中处于临界超载状态的8个，处于超载状态的31个，处于严重超载状态的19个。与淮河流域河南省各县域单元地下水承载状况评价结果相比，水量要素承载状况评价结果为临界超载状态、超载状态及严重超载状态的县域单元多出3个，分别为伊川县、固始县、泌阳县（均为临界超载状态），其余 57 个县域单元地下水承载状况评价结果与水量要素承载状况评价结果一致。淮河流域河南省各县域单元水量要素承载状况评价结果见表 9.3。

表 9.3　　淮河流域河南省各县域单元水量要素承载状况评价结果

承载状态 地级市	临界超载	超　　载	严重超载
郑州		新密市、荥阳市、登封市、中牟县	巩义市、郑州市市区
开封		开封市市区、杞县、通许县、祥符区（开封县）、兰考县	
洛阳			
平顶山	汝州市	叶县	平顶山市市区、郏县
许昌		鄢陵县、襄城县	禹州市、长葛市、许昌县
漯河		舞阳县、临颍县	漯河市市区
南阳			方城县
商丘		睢阳区、梁园区、虞城县、民权县、宁陵县、睢县、夏邑县、柘城县、永城市	
信阳	息县、淮滨县、光山县、罗山县		
周口		川汇区、项城市、西华县、太康县、鹿邑县、郸城县、淮阳县、沈丘县	扶沟县、商水县
驻马店		驿城区、汝南县、遂平县	西平县、上蔡县、平舆县、正阳县、新蔡县

对水量要素承载状况为临界超载状态的县域单元，应注意控制需求增长，确保未来总用水量不突破用水总量控制指标。城镇生态环境用水量偏高，农田灌溉用水量、生活用水量偏大，是导致部分县域单元用水总量处于超载状态的主要因素。地级市用水总量控制指标在县区间的分布不尽合理，省内用水总量控制指标分布不均是导致部分县域单元用水总量超载的因素之一。地表水开发利用难度大，大量开采利用深层地下水，以及井灌区分布范围较大、局部地区集中开采浅层地下水，是导致河南省淮北地区有关县域单元地下水承载处于超载或严重超载状态的主要原因。平原区地下水开采量指标偏紧是导致上游淮河以南及其他超载区地下水承载处于超载及严重超载状态的主要因素。

1）用水总量方面。对于开封市超载区，开封市杞县处于超载状态，经分析杞县城镇化率、人均 GDP 及人均工业增加值、万元工业增加值用水量、人均城镇及农村居民生活用水量水平在开封市境内均处于较低水平，农业用水占比为 64.4%，在开封市 6 个县域单元中位列第三。进一步分析其用水结构可知，杞县 2015 年城镇生态环境用水量达 7091 万 m^3，占开封市城镇生态环境用水总量的 71.7%，城镇生态环境用水量偏高是杞县用水总量超载的主要原因。开封市 2015 年核定的用水总量指标为 15.94 亿 m^3，核算至评价口径的现状用水量为 14.04 亿 m^3，指标富余量为 1.9 亿 m^3。杞县核定的用水总量指标为 3.07 亿 m^3，核算至评价口径的现状用水量为 3.63 亿 m^3，超承载负荷 0.56 亿 m^3。可见，开封市用水总

量控制指标在县区间的分布不尽合理也是导致杞县用水总量超载的因素之一。

对于商丘市超载区及严重超载区，商丘市虞城县用水总量评价结果为超载状态，民权县、宁陵县、睢县用水总量评价结果为严重超载。经分析，就整个商丘市境内的9个县域单元而言，虞城县等4个县在城镇化率、人均GDP、人均工业增加值、万元工业增加值用水量等指标水平与其他县域单元基本相当，农业用水量占比、人均用水量、人均城镇生活用水量、人均城镇、农村居民生活用水量指标均高于其他县域单元，其中民权县人均用水量和农田亩均灌溉用水量最高，睢县人均城镇生活、人均居民生活用水量最高。可见，农田灌溉用水量、生活用水量偏大，是导致上述4个县域单元用水总量处于超载状态的主要因素。经进一步分析，商丘市核定的用水总量指标为15.03亿m^3，核算至评价口径的现状用水量为14.28亿m^3，约占用水总量的95%。商丘市用水总量整体偏紧，与河南省其他地市县域单元相比，商丘市农田亩均灌溉用水量、人均生活用水量指标等均处于正常值水平。

因此，省内用水总量控制指标分布不均是导致上述4个县域单元用水总量处于超载状态的因素之一。

2）地下水方面。对于淮北平原超载区，河南省淮北平原地区，降雨量偏低，平原河道的特性进一步加大了该区域开发利用地表水的难度；此外，淮北平原浅层地下水水质普遍较差，而开采利用深层地下水是解决现状淮北地区城市用水及农村居民生活用水的主要途径；淮北平原地区井灌区分布范围较广，占区域有效灌溉面积的比重较大，加之部分地区集中开采浅层地下水，导致该区域部分地区浅层地下水承载处于超载或严重超载状态。可见，地表水开发利用难度大，大量开采利用深层地下水，以及井灌区分布范围较大、局部地区集中开采浅层地下水，是导致淮河流域河南省淮北地区有关县域单元地下水承载处于超载或严重超载状态的主要原因。

对于上游淮河以南及其他超载区。经分析知，上游淮河以南及其他超载区有关县域单元平原区地下水可开采量较大，但各县域单元地下水开采量控制指标较可开采量偏小较多。因此，平原区地下水开采量指标偏紧是导致上游淮河以南及其他超载区地下水承载处于超载及严重超载状态的主要因素。

（3）安徽省。淮河流域安徽省共涉及39个县域单元，水量要素承载状况评价结果为临界超载状态、超载状态及严重超载状态的共15个，占全部县域单元的38.5%，其中处于超载状态的14个，处于严重超载状态的1个。与淮河流域安徽省各县域单元地下水承载状况评价结果相比，水量要素承载状况评价结果与其一致。淮河流域安徽省各县域单元水量要素承载状况评价结果见表9.4。

表9.4　淮河流域安徽省各县域单元水量要素承载状况评价结果

承载状态 地级市	临界超载	超　载	严重超载
淮北		淮北市市区	濉溪县
亳州		亳州市市区、涡阳县、蒙城县、利辛县	
宿州		埇桥区、砀山县、泗县	
阜阳		阜阳市市区、临泉县、太和县、阜南县、颍上县、界首市	

淮河流域安徽省水量要素承载处于超载或严重超载状态的县域单元均在淮河以北地区。地表水开发利用难度大，井灌区相对较多，城区及农村居民生活大量开采深层地下水是导致安徽省淮北地区有关县域单元水量要素承载处于超载或严重超载状态的主要原因。

1）用水总量方面。从用水总量方面进行评价分析可知，淮河流域安徽省涉及的各县域单元均处于不超载状态。

2）地下水方面。淮河流域安徽省地下水承载处于超载或严重超载状态的县域单元均在淮河以北地区。该区域的共同特点为降雨量偏低、地表水资源开发利用难度大；井灌区面积较大，大量开采地下水是解决当前农村地区用水的主要途径。深层地下水是安徽省淮北地区的城市及农村居民生活用水的主要水源，考虑到淮北市市区、亳州市市区、涡阳县、蒙城县、利辛县、埇桥区、砀山县、阜阳市市区、临泉县、太和县、阜南县、颍上县、界首市深层地下水开采量相对较少，且主要用于城镇居民生活应急用水、农村安全饮水工程和酿酒、食品企业等行业，本次将这13个县域单元评价为超载。可见，地表水开发利用难度大，井灌区相对较多，城区及农村居民生活大量开采深层地下水是导致安徽省淮北地区有关县域单元地下水承载处于超载或严重超载状态的主要原因。

（4）江苏省。从用水总量方面进行评价可知，淮河流域江苏省徐州市沛县、睢宁县，连云港市赣榆区处于临界超载状态，综合考虑区域水资源条件、水资源开发利用程度后，确定徐州市沛县、睢宁县，连云港市赣榆区处于不超载状态。淮河流域江苏省各县域单元地下水承载均处于不超载状态。综合考虑用水总量和地下水承载状况可知，淮河流域江苏省水量要素承载处于不超载状态。

（5）山东省。淮河流域山东省共涉及县域单元88个，水量要素承载状况评价结果为临界超载状态、超载状态及严重超载状态的共49个，占全部县域单元的55.6%，其中处于临界超载状态的13个，处于超载状态的34个，处于严重超载状态的2个。与淮河流域山东省各县域单元地下水承载状况评价结果相比，水量要素承载状况评价结果为临界超载状态、超载状态及严重超载状态的县域单元多出5个，分别为济南市市区、青岛市市区、枣庄市市中区、济宁市泗水县、威海市乳山市，其余48个县域单元地下水承载状况评价结果与水量要素承载状况评价结果一致。淮河流域山东省各县域单元水量要素承载状况评价结果见表9.5。

表9.5　　淮河流域山东省各县域单元水量要素承载状况评价结果

地级市	承载状态		
	临界超载	超载	严重超载
济南	济南市市区、章丘市		
青岛	青岛市市区		
淄博		临淄区、周村区、桓台县	张店区、高青县
枣庄	薛城区、滕州市	市中区、峄城区	
东营		广饶县	

续表

地级市	承载状态		
	临界超载	超载	严重超载
烟台		烟台市市区、龙口市、莱州市、招远市	
潍坊	高密市、临朐县	潍坊市市区、青州市、寿光市、昌邑市	
济宁	曲阜市、邹城市、微山县	任城区、兖州区、鱼台县、金乡县、汶上县、嘉祥县、梁山县	
泰安		宁阳县	
威海	乳山市		
日照	东港区		
临沂	郯城县		
滨州		滨城区、博兴县、邹平县	
菏泽		牡丹区、曹县、单县、成武县、巨野县、郓城县、鄄城县、定陶区、东明县	

对于水量要素承载状况为临界超载状态的县域单元，应注意控制需求增长，确保未来总用水量不突破用水总量控制指标。农业灌溉用水量、城镇生态环境用水量偏高是淮河流域山东省部分县域单元水量要素承载处于超载状态的主要原因。省层面用水总量控制指标在地级市间的分布不尽合理，地级市用水总量控制指标在县区间的分布也不尽合理，是淮河流域山东省部分县域单元水量要素承载处于超载状态的原因之一。降雨量偏少、地表水开发利用难度大，井灌区面积较大，是导致淮河流域山东省部分县域单元水量要素承载处于超载状态的主要原因。另外，浅层地下水开采量指标偏紧也是导致淮河流域山东省部分县域单元水量要素承载处于超载状态的原因之一。大量开采利用深层地下水是淮河流域山东省部分县域单元水量要素承载处于严重超载状态的主要原因。

1）用水总量方面。对于淄博市超载区，淄博市高青县处于严重超载状态，经分析，高青县城镇化率、人均 GDP 及人均工业增加值、人均城镇、农村居民生活用水量在淄博市境内均处于较低水平；农业用水占比为 85.8%，亩均农田灌溉用水量 352.6m^3，人均城镇生活综合用水量 67.3L/（人·d），在淄博市 8 个县域单元中位居首位。进一步分析其用水结构可知，高青县 2015 年城镇生态环境用水量达 800 万 m^3，明显高于其他县域单元。因此，农业灌溉用水量、城镇生态环境用水量偏高是高青县用水总量超载的主要原因。淄博市 2015 年核定的用水总量指标为 12.87 亿 m^3，核算至评价口径的现状用水量为 10.69 亿 m^3，指标富余量为 2.18 亿 m^3。高青县核定的用水总量指标为 2.21 亿 m^3，核算至评价口径的现状用水量为 2.69 亿 m^3，超承载负荷 0.48 亿 m^3。可见，淄博市用水总量控制指标在县区间的分布不尽合理也是导致高青县用水总量严重超载的因素之一。

对于枣庄市超载区，枣庄市市中区和峄城区处于超载状态。经分析知，与淮河流域山东省其他县域单元相比，市中区和峄城区单元城镇化率、人均 GDP 及人均工业增加值、万元工业增加值用水量、亩均农田灌溉用水量均处于一般水平。进一步分析其用水结构可知，市中区人均城镇居民生活用量达 171.2L，位居山东省各县域单元的首位，河湖补水达 2563 万 m^3，远高于其他县域单元。可见，城镇居民生活用水量及河湖补水量偏高是市中区用水总量超载的主要因素。

淮河流域山东省各县域单元 2015 年核定的用水总量指标为 181.94 亿 m^3，核算至评价口径的现状用水量为 149.32 亿 m^3，占用水总量指标的 82.1%，指标富余量为 32.62 亿 m^3。枣庄市市中区和峄城区核定的用水总量指标为 1.38 亿 m^3，核算至评价口径的现状用水量为 1.50 亿 m^3，超承载负荷 0.12 亿 m^3。可见，山东省用水总量控制指标在地级行政区间的分布不尽合理也是导致枣庄市市中区、峄城区用水总量超载的因素之一。

对于滨州市超载区，淮河流域滨州市涉及的 3 个县域单元均处于超载状态。经分析知，与淮河流域山东省其他县域单元相比，滨州市的 3 个县域单元城镇化率、人均 GDP 及人均工业增加值、万元工业增加值用水量、人均城镇、农村居民生活用水量人均城镇生活用水量均处于一般水平；人均用水量、亩均农田灌溉用水量及农业用水量占比，3 项指标较省内其他县域单元明显偏高。可见，农业用水量偏高是滨州市各县域单元用水总量超载的主要因素。

淮河流域山东省各县域单元 2015 年核定的用水总量指标为 181.94 亿 m^3，核算至评价口径的现状用水量为 149.32 亿 m^3，占用水总量指标的 82.1%，指标富余量为 32.62 亿 m^3。淮河流域滨州市 3 个县域单元核定的用水总量指标为 7.75 亿 m^3，核算至评价口径的现状用水量为 8.19 亿 m^3，超承载负荷 0.44 亿 m^3。可见，山东省用水总量控制指标在地级行政区间的分布不尽合理也是导致滨州市 3 个县域单元用水总量超载的因素之一。

2）地下水方面。淮河流域山东省地下水承载处于超载状态或严重超载的县域单元主要分布在山东半岛及南四湖湖东地区，主要由于过量开采浅层地下水以及大量开采利用深层地下水所致。该区域降雨量偏低，多年平均降雨量在 700mm 以下，该区域河流一般源短流急，进一步加剧了地表水开发利用的难度。该区域井灌区分布较广，井灌区面积约占区域总有效灌溉面积的 50%以上，局部地区超过 70%；浅层地下水是支持区域经济社会发展的重要水源。可见，降雨量偏少、地表水开发利用难度大，井灌区面积较大以及大量开采利用深层地下水，是导致山东省部分县域单元地下水承载处于超载状态的主要原因。

进一步分析可知，浅层地下水开采量指标偏紧也是导致该区域地下水承载处于超载状态的原因之一。

9.1.3.2　水质要素超载区分布及成因分析

根据评价结果，淮河流域水质要素评价超载区域主要分布于豫东平原地区、洪汝河山前平原区、里下河区、新沂河、南四湖周边地区及山东半岛的沿黄及环渤海的部分地区。淮河流域各省水质要素超载情况评价结果及原因分析如下。

（1）湖北省。淮河流域湖北省涉及的 3 个县域单元水质要素评价结果均不超载。

（2）河南省。淮河流域河南省水质要素承载状况处于临界超载状态、超载状态及严重超载状态的县域共 43 个，其中临界超载状态 13 个，超载状态 12 个，严重超载状态 18 个。淮河流域河南省各县域单元水质要素承载状况评价结果见表 9.6。

表 9.6 淮河流域河南省各县域单元水质要素承载状况评价结果

地级市＼承载状态	临界超载	超 载	严重超载
郑州	登封市	新密市、郑州市区	新郑市、荥阳市、中牟县
开封		开封市区、通许县、兰考县	杞县、尉氏县
平顶山	平顶山市区、宝丰县、舞钢市		
许昌	禹州市		
漯河	舞阳县		
南阳			
商丘		梁园区、民权县	虞城县、睢县、夏邑县、永城市
信阳	潢川县、罗山县、新县		商城县
周口	西华县、商水县、鹿邑县		项城市、扶沟县、太康县、郸城县、淮阳县、沈丘县
驻马店	新蔡	驿城区、上蔡、平舆、正阳、汝南	西平、确山

淮河流域河南省水质超载县域的原因主要分为以下 3 个方面。

1）水功能区监测数据不足。河南省此次评价的 188 个功能区中共有 143 个省级江河湖泊水功能区达标评价采用的是 2013 年监测数据成果，与其他省区采用 2015 年评价成果差异较大，超载区域较多。上述功能区包括北汝河、滚河、灌河、甘江河、红溪河、大沙河、慎水河、练江河、谷河、双洎河、索须河、东风渠、陶河、清水河、文化河、大浪沟、新蔡河、黑泥河、西草河、灰河、潢河、小潢河、湛河、臻头河、净肠河等众多中小河流。根据调查，这些中小河流历史污染相对严重，造成了如荥阳市、确山县、西平县、新郑市、淮阳县、驿城区、长葛市、潢川县、商城县、新县、郑州市区等县域水资源承载状况超载。随着河南省对区域内的区域治污力度的加大，河道的水环境质量总体趋好，存在承载状况趋缓的可能。

2）入河排污超限排，污水处理不达标。通过入河排污口达标排放评价和主要污染物 COD 和氨氮入河量对比区域的水功能区限制排放总量，分析出河南省上述超载县域中有开封市区、兰考县、杞县等 29 个县域存在大量入河排污口不能达标排放的情况；同时区域主要污染物入河量严重超过河道纳污能力引起河流水质的恶化，导致包括中牟县、驻马店市区、太康县等共计 26 个县域的入河排放量超过水功能区的纳污能力。大量超载的县域上述两种超载成因并存。

3）区域性水污染。近年来由于城乡居民生活污水和废水排放量的逐年增加、工业废水排放、农业面源污染、污水处理能力不足等综合因素导致了淮北平原区北部的颍河、贾鲁河、奎濉河、涡河、惠济河、包浍河等流域中上游区域普遍性河道水质不达标，同时上述河道由于闸坝阻隔、河道环境流量得不到保障，导致了水质的持续恶化，造成这些流域内的大部分县域超载。

(3) 安徽省。淮河流域安徽省水质要素承载状况处于临界超载状态、超载状态及严重超载状态的县域共 7 个，其中临界超载状态 3 个，超载状态 1 个，严重超载状态 3 个。淮河流域安徽省各县域单元水质要素承载状况评价结果见表 9.7。

表 9.7　淮河流域安徽省各县域单元水质要素承载状况评价结果

承载状态 / 地级市	临界超载	超　载	严重超载
淮北	濉溪县		淮北市区
亳州		埇桥区	砀山县
宿州	太和县、界首市		
阜阳			天长市

淮河流域安徽省水质超载县域主要涉及阜阳市、淮北市、滁州市和淮南市。

1) 阜阳市超载区。阜阳市界首市、太和县水资源承载状况超标的主要原因是其县域内万福沟、黑茨河等河流的水污染严重，根据调查显示上述河段现状无规模以上入河排污口，分析其主要污染原因为未接管的生活污水的直排及农业面源污染导致区域超载。

2) 淮北市超载区。淮北市区、濉溪县、埇桥区、砀山县水质要素超载是因为区域内的萧濉新河、浍河、新沱河等河流的水功能区现状年水质不达标（COD 和氨氮均有超标），结合区域排污口调查情况发现，上述河流为雨源型河流，水环境容量相对较小，河道接纳的工业废水（主要为煤矿、工业园）与生活污水存在有机污染物、无机污染物并重的特征。此外河流由于受区域农业面源污染影响，汛期污染相对严重，且受上游来水水质影响，导致水质不能达标。

3) 滁州市超载区。滁州市天长市超载是因为白塔河天长农业用水区、白塔河天长过渡区、老白塔河天长农业用水区等水功能区现状年水质不达标（COD 和氨氮均有超标）。白塔河作为滁州市天长市的主要河道，其城区段受纳的城镇生活污水逐年增加，大量未经净化处理的城镇居民生活污水直排河道，城镇生活污水接管处理能力不足，造成了白塔河的水质的恶化。

4) 淮南市超载区。淮南市区处于临界超载状态的主要原因为高塘湖水质不能达标，高塘湖的水质超标因子主要为 COD 和总磷，分析其主要成因为湖内的网箱养殖、湖周的分散畜禽养殖污染进入湖泊，且多年湖底沉积物内源污染超出高塘湖的自净能力，加上周边一定程度的工业、生活污水排放，影响了湖水水质达标。

(4) 江苏省。淮河流域江苏省水质要素承载状况处于临界超载状态、超载状态及严重超载状态的县域共 31 个，其中临界超载状态 7 个，超载状态 9 个，严重超载状态 15 个。淮河流域江苏省各县域单元水质要素承载状况评价结果见表 9.8。

淮河流域江苏省水质超载县域原因主要分为以下两个方面。

1）水功能区监测数据不足。江苏省涉及的406个功能区中213个省级江河湖泊水功能区由于缺少2015年监测数据，采用2013年达标评价成果。参与评价的众多中小河流水质监测数据代表性差，造成大部分里下河河网区域的县域超载。

2）入河排污超限排，污水处理不达标，入河排污口布局不合理。通过入河排污口达标排放评价和主要污染物COD和氨氮入河量对比区域的水功能区限制排放总量，分析出江苏省超载县域内有22个县域存在大量入河排污口不能达标排放的情况，同时区域主要污染物入河量严重超过河道纳污能力引起河流水质的恶化，导致共计18个县域的入河排放量超过水功能区的纳污能力；根据水功能区纳污能力和入河排污口空间分布分析，江苏省超载县域中共计有超过20个县域存在排污口设置在无纳污能力的水功能区内，甚至在饮用水源保护区也设置有入河排污口，造成水功能区水质不能达标。大量超载的县域上述3种超载成因并存。

表9.8　淮河流域江苏省各县域单元水质要素承载状况评价结果

承载状态／地级市	临界超载	超　载	严重超载
徐州	邳州市		徐州市区、丰县、沛县、睢宁县
南通	海安县	如东县	
连云港		赣榆区、东海县	连云港市区、灌云县、灌南县
淮安	淮安市区、盱眙县	洪泽县	涟水县
盐城	阜宁县	盐城市区、射阳县、建湖县	东台市、大丰市
扬州	宝应县	扬州市区	高邮市
泰州	兴化市		泰州市区
宿迁		泗洪县	宿迁市区、沭阳县、泗阳县

（5）山东省。淮河流域山东省水质要素承载状况处于临界超载状态、超载状态及严重超载状态的县域共38个，其中临界超载状态16个，超载状态8个，严重超载状态14个。淮河流域山东省各县域单元水质要素承载状况评价结果见表9.9。

淮河流域山东省水质超载县域原因主要涉及以下两个方面。

1）入河排污量限排，污水处理不达标，入河排污口布局不合理。通过入河排污口达标排放评价和主要污染物COD和氨氮入河量对比区域的水功能区限制排放总量，分析出山东省超载县域中有8个县域存在入河排污口不能达标排放的情况；同时区域主要污染物入河量严重超过河道纳污能力引起河流水质的恶化，导致共计16个县域入河排放量超过水功能区的纳污能力；根据水功能区纳污能力和入河排污口空间分布分析，山东省超载县域共计有超过8个县域存在排污口设置在无纳污能力的水功能区内，造成水功能区水质不能达标。部分超载的县域上述3种超载成因并存。

2）城乡生活污水处理率低，农业面源污染。山东省的部分超载县域的水功能区在统计数据中显示无规模以上入河排污口，县域的水功能区纳污能力满足区域排污需求，但水功能区水质仍然不能达标；通过其他资料调查发现，大多因为城乡生活污水的接管处理率不足、污水直排，以及农业面源污染等综合原因导致水功能区水质不达标，主要包括邹平县、东营区、巨野县、嘉祥县、青岛市区等 14 个超载县域。

表 9.9　　淮河流域山东省各县域单元水质要素承载状况评价结果

地级市＼承载状态	临界超载	超　　载	严重超载
济南		济南市区	
青岛	青岛市区、即墨市、平度市、莱西市		
淄博	博山区		张店区、淄川区、周村区、桓台县、高青县
枣庄	山亭区、滕州市	市中区、台儿庄区	峄城区
东营		广饶县	东营区
烟台	烟台市区、招远市		莱阳市
潍坊	安丘市、高密市	寿光市、昌邑市	
济宁	邹城市、微山县、嘉祥县		鱼台县、金乡县
日照	岚山区		
临沂	临沭县	沂南县	
滨州		邹平县	博兴县
菏泽			巨野县、郓城县、鄄城县

9.2　水资源超载地区的超载原因分析

9.2.1　水量超载地区的超载原因分析

从水资源承载能力评价指标来看，实际供水量超过其允许供水量、地下水供水量超过其可供水量，是造成水量超载的直接原因，在地区分布上，尤其以黄淮海辽四大流域最为突出。综合而言，水量超载地区水资源禀赋条件普遍较差，经济社会发展对地表和地下水系统产生较大压力，用水集约节约程度不高、用水效率相对低下，水资源、经济社会、生态环境三大系统功能协同发挥失衡等因素，是造成水量超载的主要原因。

（1）水资源禀赋条件普遍较差。中国特定的自然地理条件决定了降水时空分布的不均匀性，导致中国水资源时空分布很不均匀，水资源分布与人口、生产力布局以及土地等其他资源不相匹配。北方大部分水量超载区产水条件相对较差，水资源量年际年内变化大，且天然来水过程与经济社会需水过程不相一致，往往呈现连续丰水或连续枯水的年段，使得水资源开发利用的难度较大。部分地区经济社会发展用水需求与本地水资源禀赋条件不相协调，在经济社会发展、城市建设以及生产力布局中考虑水资源条件不够，在水资源短缺地区盲目开发高耗水、重污染项目，扩大工业区和灌溉面积，导致部分地区已经十分尖锐的水资源供需矛盾更加突出。特别是北方部分地区经济社会发展现状与态势形成了较大

的水资源承载负荷，造成本地水资源开发利用过度，导致区域水资源承载状况处于超载状态。例如新疆维吾尔自治区部分地区水量评价结果超载的原因是降水少、蒸发大、水资源禀赋较差，属于资源性缺水地区，全区整体用水紧张，整体农灌用水所占比重极大，造成本地区用水总量判定为超载状态。京津冀部分地区水量评价结果超载是因为用水需求较大，超本地区水资源可利用量，地下水超采严重。

（2）水资源供给压力普遍过大。人口集聚水平和GDP结构是经济社会发展水平的重要衡量指标。评价显示，在水量超载地区，人口和GDP规模及密度相对较大。人口快速增长导致生活用水需求也不断增加，加剧了水资源的压力。例如黑龙江省的佳木斯市、鹤岗市、双鸭山市，吉林省白城市，甘肃省河西地区以及新疆维吾尔自治区大部分地区均存在过量开采浅层地下水用于农业灌溉的现象。山西省中部的朔州市、运城市、大同市为满足经济社会发展超载地下水，均造成这些区域的水量超载。

（3）用水集约节约水平普遍较低，用水效率相对低下。我国的用水效率与节水技术与国际先进水平相比还有一定的差距，并且各地区之间用水水平差异也较大。京津冀地区是我国节水水平较高的地区，2014年全区人均用水量为230m^3/人，为全国平均值的51%；万元GDP用水量38m^3/万元，为全国平均值的40%；城镇人均生活用水量（含公共）172L/（人·d），为全国平均值的81%；农村居民生活用水量57L/（人·d），为全国平均值的70%；耕地实际灌溉用水量为228m^3/亩，为全国平均值的57%。但与国际先进水平相比，京津冀地区的农业、城镇生活、工业用水效率仍有提高的潜力。综合看来，水量超载地区的用水集约节约水平普遍较低，高耗水工业布局和高耗水作物种植结构调整难度大，水量超载状况短期内难以扭转。

9.2.2 水质超载地区的超载原因分析

（1）部分地区的天然水质本底条件较差。以京津冀地区水质评价结果为超载的地区为例，津冀地区随着人口增加和社会经济飞速发展，用水需求明显增长，随之而来的是废污水排放量的增加。根据近10年京津冀地区排污口调查结果显示，废污水入河量呈现略有增加的趋势，现状较2003年增加了15%。治污能力与污染物排放规模不相匹配，导致当前水质依旧超标。

（2）部分地区的污染排放管理不到位。由于城镇废污水收集处理率低，河南、山东、陕西等省存在废污水直排入河现象。东北地区的黑龙江省、辽宁省、吉林省，存在部分河流上游水质本底值超标及煤炭化工废污水排放等问题。西北地区的青海省和宁夏回族自治区部分地市，由于大型灌区退水等原因，存在总氮超排问题，导致局部河段水质超载。综合而言，北方地区水质达标率提高任务依然艰巨，而南方地区部分地市城区尚未完全实现雨污分流，汛期污水直排入河道，极易造成河道污染。滁州、东莞、株洲等地市部分乡镇企业废污水直排入河，造成氨氮入河量长期超排。

（3）部分地区的污水收集处理能力不足，污水处理厂运行效率低。以污水处理能力较强的京津冀地区为例，该地区现有污水处理厂390座，基本覆盖了区域内所有县级行政区，设计处理能力达到1628万m^3/d。但由于配套管网不健全、运行维护费用不足等问题，实际平均处理污水量只有1270万m^3/d，占设计处理能力的78%。目前建成的污水处理厂均为雨污合流制，还未实行雨污分流，导致汛期污水收集量太大、污染物浓度偏低，旱季又因污水量不足，不能有效发挥污水处理厂作用。雨季降水量大时，部分污水直接排入河道，易造成河道污染。京津冀地区目前只有北京市、天津市等经济发达地区的污水处理厂达到一级B及以上排放标准，河北省大部分污水处理厂排放标准较低，污水处理深度不够。还有部分经济发展较为落后的地区，企业管理粗放，废污水经过简单处理或者不处理就直排入附近河道，造成水质长期超标。

（4）普遍存在产业调整步伐缓慢，管理理念落后的情况。水质评价为超载的大部分地区，仍处于工业化加速推进的过程中。尽管近年来最严格水资源管理制度实施已逐步带动区域产业结构优化与调整，但工业结构中传统的高耗水和高污染行业仍占有相当比例，直接造成用水量大的同时也产生了废污水的大量排放。以往的水资源管理存在一定的“先排污后治理”“先用水后节水”“重生产轻生态”“重保障轻约束”等现象，在未界定生态环境质量底线、充分考虑水资源承载能力的前提下，一些地区大规模建设供水工程、大量超采地下水以支撑经济社会高速发展，未能处理好生态环境保护与经济社会高质量发展的关系，直接造成我国大范围地区尤其是北方缺水地区的水资源超载现象。

9.3　水资源承载能力调控对策分析

9.3.1　用水总量超载地区

（1）全面推进各行业节水。大力推进农业、工业、城镇节水，建设节水型社会，编制实施节水规划。①强化农业节水，加快重大农业节水工程建设，陆续完善大型灌区续建配套和节水改造任务，加快实施区域规模化高效节水灌溉工程，积极推广喷灌、微灌、集雨补灌、水田控制灌溉和水肥一体化等高效节水技术，开展灌区现代化改造试点，有效增加全国节水灌溉工程面积；②强化工业节水，完善国家鼓励和淘汰的用水技术、工艺、产品和设备目录，重点开展火电、钢铁、石化、化工、印染、造纸、食品等高耗水工业行业节水技术改造，大力推广工业水循环利用，推进节水型企业、节水型工业园区建设，高耗水行业争取达到先进定额标准；③强化城镇节水，加快推进城镇供水管网改造，推动供水管网独立分区计量管理，加快推广普及生活节水器具，推进学校、医院、宾馆、餐饮、洗浴等重点行业节水技术改造，全面开展节水型公共机构、居民小区建设。地级及以上缺水城市全部达到国家节水型城市标准要求，公共供水管网漏损率控制在10%以内。

（2）统筹配置和有序利用水资源。合理有序使用地表水、控制使用地下水、积极利用非常规水，进一步做好流域和区域水资源统筹调配，减少水资源消耗，逐步降低过度开发河流和地区的开发利用强度，退减被挤占的生态用水；加快完善流域和重点区域水资源配置，强化水资源统一调度，统筹协调生活、生产、生态用水；大力推进非常规水源利用，将非常规水源纳入区域水资源统一配置。

（3）稳步推进水权制度建设。加快明晰区域和取用水户初始水权，稳步推进确权登记，建立健全水权初始分配制度。在内蒙古、江西、河南、湖北、广东、甘肃、宁夏7个省（自治区）开展水权试点工作，总结试点经验，研究进一步扩大试点范围，推进区域

间、流域间、流域上下游、行业间、用水户间等多种形式的水权交易，因地制宜探索水权交易的方式，统筹推进水权交易平台建设。

(4) 推进水价和水资源税费改革。深入贯彻落实《国务院办公厅关于推进农业水价综合改革的意见》(国办发〔2016〕2号)，建立健全农业水价形成机制，建立精准补贴和节水奖励机制，农田水利工程设施完善的地区通过3～5年努力率先完成改革目标；合理制定、调整城镇供水价格，全面推行居民阶梯水价和非居民用水超定额超计划累进加价制度；切实加强水资源费征收管理，确保应收尽收。积极推进水资源税费改革。

(5) 提升水资源计量监控能力。加快推进国家水资源监控能力建设项目，对年取水量50万m^3以上的工业取水户、100万m^3以上的公共供水取水户和大型灌区及部分中型灌区渠首实现在线监控；完善中央、流域和省水资源管理系统三级平台建设，健全水资源计量体系；加快推进省、市、县各级水资源监控能力建设，实现信息共享、互联互通和业务协同；结合大中型灌区建设与节水配套改造、小型农田水利设施建设，完善灌溉用水计量设施，提高农业灌溉用水定额管理和科学计量水平。

(6) 加强重点用水单位监督管理。建立健全国家、省、市级重点监控用水单位名录，强化取用水计量监控，完善取用水统计和核查体系，建立健全用水统计台账；对重点用水单位的主要用水设备、工艺和水消耗情况及用水效率等进行监控管理；引导重点用水单位建立健全节水管理制度，实施节水技术改造，提高其内部节水管理水平。

(7) 加快推进技术与机制创新。实施国家重点研发计划水资源高效开发利用专项，大力推进综合节水、非常规水源开发利用、水资源信息监测、水资源计量器具在线校准等关键技术攻关，加快研发水资源高效利用成套技术设备；建设节水技术推广服务平台，加强先进实用技术示范和应用，支持节水产品设备制造企业做大做强，尽快形成一批实用高效、有应用前景的科技成果；开展水效领跑者引领行动，定期公布用水产品、用水企业、灌区等领域的水效领跑者名单和指标，带动全社会提高用水效率；培育一批专业化节水服务企业，加大节水技术集成推广，推动开展合同节水示范应用，通过第三方服务模式重点推进农业高效节水灌溉和公共机构、高耗水行业等领域的节水技术改造。

(8) 针对水资源承载状况年际变化的重点地区分类施策。水资源承载能力评价从超载转变为临界超载的地区，暂停审批高耗水项目，严格控制用水总量，继续加大节水和非常规水源利用力度，强化优化调整产业结构；水资源承载能力评价从临界超载转变为不超载的地区，严格水资源消耗总量和强度控制，强化水资源保护和入河排污监管，实施一定程度的奖励性措施；水资源承载能力评价从不超载恶化为临界超载或者临界超载恶化为超载的地区，对这两类地区进行预警提醒，暂停审批建设项目新增取水许可，制定并严格实施用水总量削减方案，对主要用水行业领域实施更严格的节水标准，退减不合理灌溉面积，实行水资源费差别化征收政策，积极推进水资源税改革试点。

(9) 全面推动水资源承载能力监测预警机制建设。明确责任主体，统一管理，建立水资源承载能力评价监测预警部门联动机制，具体工作需落实到省、市、县，以市、县为主，逐步建立水利部、流域机构、省、市、县五级监测预警体系；积极做好水资源承载能力监测、预警实施方案，制定具体办法对超出水资源管理红线指标的地区、单位和部门实行限批限用；充分发挥水资源承载能力的指标作用，以承载能力为依据，合理确定产业规模；预警发出后，应及时落实好限采、限产和限排等超越承载能力的防控措施；加大水资源开发利用保护的执法监管，严格问责，在水污染重点区域，有效开展污染联防联控工作，逐步建立协作长效机制。

（10）宣传教育，增强保护水资源的意识。水资源管理与节水型社会建设是一项社会公益事业，需要全民动员、全社会参与，宣传教育是提高节水意识和节水效果的重要手段，要突出开展水情宣传教育工作。一是开展形式多样的常规宣传，借助世界水日、中国水周、城市节水宣传周、公共机构节能宣传日等活动，开展了形式多样的水情、节水、护水等主题宣传活动；二是围绕旱情重点宣传，针对连续干旱年，部分河道断流、地下水位持续下降等旱情，群众亲身感受和亲眼见到的水资源短缺现象，引起政府部分领导、水行政主管部分的高度重视，同时引起广大市民的关注，并抓住时机，突出重点积极开展水情、节水、护水的宣传。

9.3.2　地下水超载地区

（1）推进农业节水。增效加快灌区续建配套建设和现代化改造，依托高标准农田建设项目统筹推进高效节水灌溉规模化、集约化，大力发展喷灌、微灌、管道输水灌溉；开展农业用水精细化管理，科学合理确定灌源定额；积极推广测摘灌溉、保水剂应用等农艺节水措施，推行水肥一体化，实施规模养殖场节水改造和建设，发展节水渔业；基本完成大中型灌区的节水改造任务，重点是在浅层地下水超采区，发展高效节水灌溉，增加水肥一体化种植面积，有效提高灌溉水有效利用系数，提高年节水能力，实现压减超采区地下水。

（2）加快工业节水减排。大力推进工业节水改造，定期开展水平衡测试及水效对标，对超过取用水定额标准的企业，限期实施节水改造；加快高耗水行业节水改造，加强废水深度处理和达标再利用；推进现有工业园区开展以节水为重点内容的绿色转型升级和循环化改造，促进企业间串联用水、分质用水、一水多用和循环利用；新建企业和园区要统筹供排水、水处理及循环利用设施建设，推动企业间的用水系统集成优化；强化企业内部用水管理，建立完善计量体系；减少万元工业增加值用水量，提高工业用水重复利用率，实现年用水量1万 m^3 及以上的工业企业用水计划管理全覆盖；通过节水，抑制未来高耗水工业用水的增长，控制地下水开采量的增加。

（3）加强城镇节水降损。全面推进节水型城市建设，提高城市节水工作的系统性，将节水落实到城镇规划、建设、管理各环节，落实城市节水各项基础管理制度，实现优水优用、循环循序利用；推进海绵城市建设，因地制宜实施雨污分流，提高雨水资源利用水平；推进城镇节水改造，抓好污水处理回用设施建设与改造；加快实施供水管网改造建设，降低供水管网漏损率；深入开展公共领域节水，公共建筑必须采用节水器具，限期淘汰不符合节水标准的用水器具；从严制订洗浴、洗车、高尔夫球场、人工滑雪杨、洗涤，宾馆等行业用水定额，工业生产、城市绿化、道路清扫、车辆冲洗建筑施工生态景观，应当优先使用再生水；推动城镇居民家庭节水，普及推广节水型用水器具；严格控制城市供水管网平均漏损率，提高再生水的利用率；通过节水，抑制未来城镇用水增长，控制地下水开采量。

(4) 调整农业种植结构。重点在地下水严重超采区，根据水资源条件，推进适水种植和量水生产；严格控制发展高耗水农作物，扩大低耗水和耐旱作物种植比例；在无地表水源置换和地下水严重超采地区，实施轮作休耕、旱作雨养等措施，减少地下水开采；发展半雨养设施农业，推广设施棚面集雨及高效利用技术；在部分地区实施季节性休耕，适度减少冬小麦种植面积，改种抗旱作物或改"两季"种植模式为只种一季春玉米、棉花、杂粮或牧草等；在深层承压水超采地区，适度退减部分地下水灌溉面积，变灌溉农业为旱作雨养农业，压减地下水开采。

(5) 调整优化产业布局。在地下水超采地区，推动产业有限转移流动，优化调整产业布局和结构，鼓励创新性产业、绿色产业发展，结合供给侧结构改革和优化过剩产能，依法依规压减或淘汰高耗水产业不达标产能，推进高耗水工业结构调整。

(6) 实施地下水水源置换。加快城镇供水水源置换，重点在南水北调东、中线一期和引黄等工程受水区，充分利用当地水和引江、引黄等外调水，加快配套供水工程建设，采取法律、行政等手段，加大水源切换力度，强制性关闭自备井，有效压减城镇生活和工业地下水开采量；在超采区城镇通过置换水源压减地下水以实现年开采量采补平衡。加快农村集中供水水源置换，对超采区农村乡镇和集中供水区，具有地表水水源条件的，加快置换水源，压减地下水开采，改善供水水质。利用城镇供水管网延伸，置换部分农村乡镇和集中供水区取用深层承压水，压减地下水年开采量。加大农业水源置换力度，充分利用南水北调工程通水后城市返还给农业的水量，加大雨洪水和非常规水等水源利用，适当利用引黄、引江水，实现农业水源置换，压减农业对地下水的开采量。

9.3.3 水质超载地区

(1) 严格控制入河排污总量。鼓励使用节水器具，控制过度集中开发，将人口密集型城市发展向周边辐射，减轻人口密度大带来的生活污废水排放压力，完善污水管网系统，修补渗漏严重的管网，增强污水处理能力，严禁直接向河道内排放污废水和倾倒垃圾的行为。

(2) 高效治理入河污染物。通过工业搬迁改造，优化工业结构水平，淘汰落后工艺，提高技术水平，推行清洁生产，以知识、技术密集为特点的尖端工业为主，耗水少、效益高，降低污染物排放量，从源头上加强对工业企业达标排放的监控，加大违规排放的处罚力度。

(3) 实现污水资源化。加强对污染物入河量大、超限排量河流的管理，将限制排污总量分解到具体的排污单位，严格控制入河排污量，加强城市点源治理力度，要求入河排污口的设置单位提出分阶段整治方案。污水也是一种资源，水质在符合《农田灌溉水质标准》(GB 5084—2021) 的基础上可以直接回用于农田灌溉与城市绿化用水；在水资源比价缺乏的情况下，还可以对污水进行深度加工处理，将其用作生产、生活等其他用途。

(4) 强化水功能区监督管理。各地要采取措施提高水功能区水质监测覆盖率，探索建立水功能区影响评价制度，细化水功能区分类管理，对危害水功能区功能的行为实行有效控制。流域管理机构要对省界缓冲区、其他含省界断面的水功能区以及直接管理的河道(河段)、湖泊、水库的水功能区实现全覆盖监测，并组织制定流域年度水功能区监测方案并监督贯彻实施，对流域内各省（自治区、直辖市）上报的月度、年度水功能区水质监测成果进行复核，对地方负责水质监测的部分水功能区进行监督性监测，完善水功能区水质评价和通报制度。

（5）推进水功能区水质安全保障达标建设。严格落实《最严格水资源管理制度》，坚守纳污红线，落实入河污染物达标排放要求，以不达标水功能区为重点，组织实施入河排污口布局与整治、点源污染控制、面源污染治理、增强河湖水体流动性、开展水生态保护与修复等水功能区水质安全保障工程与措施，实现水功能区水质达标率考核目标。

（6）加快水资源水质监控体系建设。加强水资源水质监控体系建设工作，全面提升水资源水质监控能力，建成与水资源水质监督管理相适应的监控体系。因此，在大幅度提高重要江河湖泊水功能区水质监测覆盖率的同时，建议在水质超载的各地区加快入河排污口监测能力建设，加强对入河排污口的日常监测和监督性监测，鼓励相关部门利用先进科技手段监控和排查入河排污口，尽快提高入河排污口的监测频次和覆盖程度，为落实限制排放总量方案提供基础数据支撑。

（7）实施跨区域多部门协同治污。建立跨县域、地市的水污染联防机制，流域上下游之间，水质、水利、水文、气象以及环境监管等部门之间应加强联系，建立有效的沟通联系机制。涉及上游闸坝放水或控制污水下泄需上下游的水利部门共同参加，上下游地区政府及相关部门建立具有刚性约束力的联动机制。建立跨地区的监测数据共享、交界水质联合监测机制，建立水环境信息平台。

9.4 小　结

本章在对长江、黄河、淮河等几个典型流域超载原因分析的基础上，进一步从水量和水质两个方面总结和分析了超载原因。在此基础上，从用水总量、地下水开采、水质等几个方面分析了水资源承载能力调控对策。

参 考 文 献

唱彤，郦建强，金菊良，等，2020. 面向水流系统功能的多维度水资源承载力评价指标体系［J］. 水资源保护，36（1）：44－51.

陈江平，傅仲良，边馥苓，等，2003. 基于空间分析的空间关联规则提取［J］. 计算机工程，29（11）：29－31.

陈奕，许有鹏，宋松，2010. 基于“压力-状态-响应”模型和分形理论的湿地生态健康评价［J］. 环境污染与防治，6（32）：27－31.

陈永灿，刘昭伟，2005. 三峡水库水环境承载能力的评价和分析［J］. 水科学进展，16（5）：715－719.

陈长安，2008. 区域水资源承载力评价研究［D］. 昆明：昆明理工大学.

程国栋，2002. 承载力概念的演变及西北水资源承载力的应用框架［J］. 冰川冻土，24（4）：361－367.

程军蕊，曹飞凤，楼章华，等，2006. 钱塘江流域水资源承载力指标体系研究［J］. 浙江水利科技，（4）：1－3.

崔凤军，1998. 城市水环境承载力及其实证研究［J］. 自然资源学报（1）：58－62.

党丽娟，徐勇，2015. 水资源承载力研究进展及启示［J］. 水土保持研究，22（3）：341－348.

丁晶，覃光华，李红霞，2016. 水资源设计承载力的探讨［J］. 华北水利水电大学学报（自然科学版），37（4）：1－6.

董雯，刘志辉，2010. 艾比湖流域水资源承载力综合评价［J］. 干旱区地理，33（2）：217－223.

段春青，刘昌明，陈晓楠，等，2010. 区域水资源承载力概念及研究方法的探讨［J］. 地理学报，65（1）：82－90.

封志明，刘登伟，2006. 京津冀地区水资源供需平衡及其水资源承载力［J］. 自然资源学报，21（5）：689－699.

冯耀龙，韩文秀，王宏江，等，2003. 区域水资源承载力研究［J］. 水科学进展，14（1）：109－113.

傅湘，纪昌明，1999. 区域水资源承载能力综合评价：主成分分析法的应用［J］. 长江流域资源与环境，8（2）：168－173.

高彦春，刘昌明，1997. 区域水资源开发利用的阈限分析［J］. 水利学报（8）：73－79.

耿福明，薛联青，吴义锋，2007. 基于净效益最大化的区域水资源优化配置［J］. 河海大学学报（自然科学版）（2）：149－152.

郭怀成，唐剑武，1995. 城市水环境与社会经济可持续发展对策研究［J］. 环境科学学报（3）：363－369.

韩宇平，袁皖华，肖恒，2015. 水科学研究的关键词共词聚类分析［J］. 华北水利水电大学学报（自然科学版），36（4）：20－25.

何仁伟，刘邵权，刘运伟，2011. 基于系统动力学的中国西南岩溶区的水资源承载力——以贵州省毕节地区为例［J］. 地理科学，31（11）：1376－1382.

贺中华，梁虹，黄法苏，等，2005. 岩溶地区枯水资源承载力的概念与讨论——以贵阳市为例［J］. 中国岩溶（1）：17－24.

胡荣祥，徐海波，任小松，等，2012. BP 神经网络在城市水环境承载力预测中的应用［J］. 人民黄河，34（8）：79－81.

惠泱河，蒋晓辉，黄强，等，2000. 水资源承载力评价指标体系研究［J］. 水土保持通报，21（1）：30－34.

贾嵘，薛惠峰，解建仓，等，1998. 区域水资源承载力研究［J］. 西安理工大学学报，14（4）：382－387.

金菊良，陈磊，郦建强，等，2018a. 基于集对分析和风险矩阵的水资源承载力评价方法［J］. 人民长江，49（7）：35－41.

金菊良，陈梦璐，郦建强，等，2018b. 水资源承载力预警研究进展［J］. 水科学进展，29（4）：583－596.

金菊良，董涛，郦建强，等，2018c. 不同承载标准下水资源承载力评价［J］. 水科学进展，29（1）：31－39.

金菊良，董涛，郦建强，等，2018d. 区域水资源承载力评价的风险矩阵方法［J］. 华北水利水电大学学报（自然科学版），39（2）：46－50.

金菊良，陈鹏飞，陈梦璐，等，2019a. 基于知识图谱的水资源承载力研究的文献计量分析［J］. 水资源保护，35（6）：14－24，57.

金菊良，沈时兴，陈梦璐，等，2019b. 遗传层次分析法在区域水资源承载力评价指标体系筛选中的应用［J］. 华北水利水电大学学报（自然科学版），40（2）：1－6，15.

金菊良，魏一鸣，潘金锋，2004. 修正AHP中判断矩阵一致性的加速遗传算法［J］. 系统工程理论与实践，24（1）：63－69.

金菊良，杨晓华，丁晶，2001. 标准遗传算法的改进方案——加速遗传算法［J］. 系统工程理论与实践（4）：8－13.

景林艳，2007. 区域水资源承载能力的量化计算和综合评价研究［D］. 合肥：合肥工业大学.

黎清霞，2005. 南方经济发达城市水资源承载力评价指标探讨［J］. 中山大学学报（自然科学版）（S1）：340－342.

李海辰，王志强，廖卫红，等，2016. 中国水资源承载能力监测预警机制设计［J］. 中国人口·资源与环境，26（S1）：316－319.

李韩笑，陈森林，胡士辉，等，2007. 区域水资源承载力多目标分析评价模型及应用［J］. 珠江现代建设，38（2）：12－15.

李继清，张玉山，王丽萍，等，2003. 可持续利用的水资源配置研究［J］. 科技进步与对策，20（3）：41－43.

李景保，卢承志，梁成军，2003. 湖南省水安全问题研究［J］. 水利学报，34（7）：52－57，63.

李娟，王丽萍，纪昌明，2004. 可持续发展观念下的水资源承载能力理论研究与展望［J］. 科技进步与对策，21（11）：165－167.

李娟，2005. 面向可持续发展的水资源承载能力理论方法与应用研究［D］. 武汉：武汉大学.

李娟芳，王文川，薛建民，等，2019. 基于水质-水量-水生态-社会-经济指标体系的洛阳市水资源承载力分析［J］. 水利规划与设计，26（1）：34－39.

李令跃，甘泓，2000. 试论水资源合理配置和承载能力概念与可持续发展之间的关系［J］. 水科学进展（3）：307－313.

李如忠，2006. 水质预测理论模式研究进展与趋势分析［J］. 合肥工业大学学报：自然科学版，29（1）：26－30.

李新，石建屏，曹洪，2011. 基于指标体系和层次分析法的洱海流域水环境承载力动态研究［J］. 环境科学学报，31（6）：1338－1344.

李秀霞，2001. 水环境约束下的昆山市产业结构优化研究［D］. 苏州：苏州科技大学.

李云玲，郭旭宁，郭东阳，等，2017. 水资源承载能力评价方法研究及应用［J］. 地理科学进展，36（3）：342－349.

郦建强，李爱花，唱彤，等，2017. 水流功能分析及其在水利总体规划中的应用［J］. 水利规划与设

计（11）：1－5.

郦建强，陆桂华，杨晓华，等，2004. 流域水资源承载能力综合评价的多目标决策-理想区间模型［J］. 水文，24（4）：1－4，25.

廖文根，彭静，何少苓，2002. 水环境承载力及其评价体系探讨［C］ //水资源及水环境承载能力学术研讨会.

林芷欣，许有鹏，代晓颖，等，2018. 城市化对平原河网水系结构及功能的影响——以苏州市为例［J］. 湖泊科学，30（6）：1722－1731.

刘佳骏，董锁成，李泽红，2011. 中国水资源承载力综合评价研究［J］. 自然资源学报，26（2）：258－269.

刘明，2007. 大庆市地下水资源承载力评价及用水对策研究［D］. 成都：成都理工大学.

刘强，杨永德，姜兆雄，2004. 从可持续发展角度探讨水资源承载力［J］. 中国水利（3）：11－14.

刘颖秋，2004. 华北地区经济社会发展的水安全问题［J］. 中国水利（8）：22－23，37.

马丽平，2006. 典型喀斯特流域水资源承载力研究——以普定后寨河流域为例［D］. 贵州：贵州大学.

麦少芝，徐颂军，潘颖君，2005. PSR模型在湿地生态系统健康评价中的应用［J］. 热带地理，25（4）：317－322.

聂庆华，1993. 土地生产潜力和土地承载能力研究进展［J］. 水土保持通报（3）：53－59.

潘兴瑶，夏军，李法虎，等，2007. 基于GIS的北方典型区水资源承载力研究——以北京市通州区为例［J］. 自然资源学报，22（4）：664－671.

潘灶新，陈晓宏，刘德地，2009. 影响水资源承载能力增强因子的结构分析［J］. 水文，29（3）：81－85.

庞清江，2004. 大汶河流域水资源承载能力及其调控研究［D］. 青岛：山东科技大学.

彭建，吴健生，潘雅婧，等，2012. 基于PSR模型的区域生态持续性评价概念框架［J］. 地理科学进展，31（7）：933－940.

钱海涛，2007. 宜兴横山水库洪水预报及水资源承载能力研究［D］. 扬州：扬州大学.

邱微，赵庆良，李崧，等，2008. 基于“压力-状态-响应”模型的黑龙江省生态安全评价研究［J］. 环境科学，29（4）：1148－1152.

任玉忠，叶芳，高树东，等，2012. 基于主成分分析的潍坊市水资源承载力评价研究［J］. 中国农学通报，28（5）：312－316.

阮本青，沈晋，1998. 区域水资源适度承载能力计算模型研究［J］. 土壤侵蚀与水土保持学报（3）：3－5.

邵玉龙，许有鹏，马爽爽，2012. 太湖流域城市化发展下水系结构与河网连通变化分析——以苏州市中心区为例［J］. 长江流域资源与环境，21（10）：1167－1172.

沈珍瑶，祝莹欣，贾超，等，2015. 基于动态模拟递推算法和向量模法的水环境承载力计算方法［J］. 水资源保护（6）：32－39.

施雅风，孔昭宸，王苏民，等，1992a. 中国全新世大暖期的气候波动与重要事件［J］. 中国科学（B辑化学生命科学地学）（12）：1300－1308.

施雅风，曲耀光，1992b. 乌鲁木齐河流域水资源承载力及其合理利用［M］. 北京：科学出版社.

施雅风，张祥松，1995. 气候变化对西北干旱区地表水资源的影响和未来趋势［J］. 中国科学（B辑），25（9）：968－977.

史正涛，黄英，刘新有，2008. 安全及城市水安全研究进展与趋势［J］. 中国安全科学学，18（4）：20－27.

孙富行，2003. 水资源承载力支撑理论探讨［J］. 海河水利（3）：4－6.

孙新新，沈冰，于俊丽，等，2007. 宝鸡市水资源承载力系统动力学仿真模型研究［J］. 西安建筑科技

大学学报（自然科学版），39（1）：72-77.
陶洁，左其亭，齐登红，等，2011. 中原城市群水资源承载力计算及分析［J］. 水资源与水工程学报，22（6）：56-61.
陶涛，2000. 水利工程风险率及β指标的研究［J］. 武汉水利电力大学学报（1）：18-20.
田红，1991. 研究“中国土地资源生产能力及人口承载量”的五个层次和内容［J］. 中国人口·资源与环境（Z1）：34.
佟长福，史海滨，李和平，等，2011. 鄂尔多斯市工业用水变化趋势和需水量预测研究［J］. 干旱区资源与环境，25（1）：148-150.
王贵玲，刘志明，马明珠，2003. 西北干旱区山前绿洲地下水资源开发利用模型研究［J］. 南京大学学报（自然科学版），39（2）：298-308.
王浩，秦大庸，王建华，等，2004a. 西北内陆干旱区水资源承载能力研究［J］. 自然资源学报，19（2）：151-159.
王浩，杨小柳，阮本清，等，2001. 流域水资源管理［M］. 北京：科学出版社.
王浩，王建华，秦大庸，2004b. 流域水资源合理配置的研究进展与发展方向［J］. 水科学进展，15（1）：123-128.
王建华，江东，顾定法，等，1999. 水资源承载力的概念与理论［J］. 甘肃科学学报，11（2）：1-4.
王建华，姜大川，肖伟华，等，2016. 基于动态试算反馈的水资源承载力评价方法研究——以沂河流域（临沂段）为例［J］. 水利学报，47（6）：724-732.
王建华，姜大川，肖伟华，等，2017. 水资源承载力理论基础探析：定义内涵与科学问题［J］. 水利学报，48（12）：1399-1409.
王奎峰，李娜，于学峰，等，2014. 基于PSR概念模型的生态环境承载力评价指标体系研究——以山东半岛为例［J］. 环境科学学报，34（8）：2133-2139.
王猛飞，2016. 区域水资源、经济发展和生态环境协调度研究［D］. 郑州：华北水利水电大学.
王韶伟，2010. 晋江流域生态水文特征及过程模拟研究［D］. 北京：北京师范大学.
王顺金，曹文强，1992. 从物理学的观点看系统论和系统结构的层次性［J］. 自然辩证法研究，8（2）：67-74.
王顺久，侯玉，张欣莉，等，2003. 流域水资源承载能力的综合评价方法［J］. 水利学报（1）：88-92.
王顺久，杨志峰，丁晶，2004. 关中平原地下水资源承载力综合评价的投影寻踪方法［J］. 资源科学，26（6）：104-110.
王伟中，1999. 地方可持续发展导论［M］. 北京：商务印书馆.
王小博，1997. 生存空间理论在区域及土地资源人口承载力问题中的应用探讨［J］. 农业经济（6）：49-50.
王友贞，施国庆，王德胜，2005. 区域水资源承载力评价指标体系的研究［J］. 自然资源学报，20（4）：597-604.
王在高，梁虹，2001. 岩溶地区水资源承载力指标体系及其理论模型初探［J］. 中国岩溶，20（2）：144-148.
王志良，李楠楠，张先起，等，2011. 基于集对分析的区域水资源承载力评价［J］. 人民黄河，33（4）：40-42.
魏宏森，曾国屏，1995. 系统论的基本规律［J］. 自然辩证法研究，11（4）：23-29.
温雅欣，2010. 山西省水资源承载力评价研究［D］. 太原：山西财经大学.
邬建国，2000. 景观生态学：格局，过程，尺度与等级［M］. 北京：高等教育出版社.
吴国雄，林海，邹晓蕾，等，2014. 全球气候变化研究与科学数据［J］. 地球科学进展，29（1）：15-22.

吴琳娜，杨胜天，刘晓燕，等，2014. 1976年以来北洛河流域土地利用变化对人类活动程度的响应［J］. 地理学报，69（1），54-63.

吴琳娜，2005. 枯水资源初探及其承载力研究［D］. 贵州：贵州师范大学.

夏军，朱一中，2002a. 水资源安全的度量：水资源承载力的研究与挑战［J］. 自然资源学报，17（3）：262-269.

夏军，2002b. 华北地区水循环与水资源安全：问题与挑战［J］. 地理科学进展（6）：517-526.

肖寒，欧阳志云，赵景柱，等，2000. 森林生态系统服务功能及其生态经济价值评估初探——以海南岛尖峰岭热带森林为例［C］//中国生态学学会. 生态学的新纪元——可持续发展的理论与实践：1.

新疆水资源软科学课题研究组，1989. 新疆水资源及其承载能力和开发战略对策［J］. 水利水电技术（6）：2-9.

邢军，孙立波，2014. 基于因子分析与模糊综合评判方法的水资源承载力评价［J］. 节水灌溉，（4）：52-55.

徐冠华，葛全胜，宫鹏，等，2013. 全球变化和人类可持续发展：挑战与对策［J］. 科学通报，58（21）：2100-2106.

徐孝勇，王艳冲，2015. 基于状态空间法的重庆市区域环境承载力研究［J］. 重庆师范大学学报（自然科学版）（6）：127-133.

徐勇，孙晓一，汤青，2015. 陆地表层人类活动强度：概念、方法及应用［J］. 地理学报，70（7）：1068-1079.

许晓彤，2006. 跨流域调水规划技术支撑体系研究［D］. 北京：中国水利水电科学研究院.

许新宜，金传良，石玉波，1997. 中国水环境现状与问题［J］. 中国水利（12）：19-20.

许新宜，2002. 浅谈水资源的承载能力与合理配置［J］. 中国水利（10）：42-44.

许有鹏，1993. 干旱区水资源承载能力综合评价研究——以新疆和田河流域为例［J］. 自然资源学报，8（3）：229-237.

杨峰，宋全香，2007. 郑州市水资源承载能力的定性与定量研究［J］. 水利发展研究（3）：37-39.

杨广，2009. 玛纳斯河流域水资源承载力评价模型研究［D］. 石河子：石河子大学.

杨金鹏，2007. 区域水资源承载能力计算模型研究［D］. 北京：中国水利水电科学研究院.

杨菊，2016. 湖塘生态系统中重金属污染及迁移［D］. 成都：成都理工大学.

姚志春，安琪，2011. 社会经济系统与水资源自然生态环境系统关系的优化调整分析——以河西走廊为例［J］. 兰州学刊（10）：220-222.

袁鹰，甘泓，汪林，等，2006a. 基于不同承载水平的水资源承载能力计算［J］. 中国农村水利水电，31（6）：40-43.

袁鹰，2006b. 区域水资源承载能力评价方法研究［D］. 北京：中国水利水电科学研究院.

张丽，2005. 水资源承载能力与生态需水量理论及应用［M］. 郑州：黄河水利出版社.

张靓，曾辉，2015. 基于MODIS数据的内蒙古土地利用/覆被变化研究［J］. 干旱区资源与环境，29（1）：31-36.

张琳，李林，2008. 阿克苏市最大支撑人口的水资源承载能力分析［J］. 水利科技与经济（4）：283-284，304.

张升堂，拜存有，万三强，等，2004. 人类活动的水文效应研究综述［J］. 水土保持研究，11（3）：317-319.

张薇薇，金菊良，周玉良，等，2008. 区域地下水资源承载力评价的模糊联系度方法［J］. 四川大学学报（工程科学版），40（6）：30-36.

赵军凯，张爱社，2006. 水资源承载力的研究进展与趋势展望［J］. 水文（6）：47-50，54.

郑瑜，2011. 基于系统动力学模型的湖州市水资源承载力研究［D］. 北京：中国人民大学.

周炳中，杨浩，包浩生，等，2002. PSR模型及在土地可持续利用评价中的应用［J］. 自然资源学报，17（5）：541-548.

周林飞，许士国，孙万光，2008. 基于压力-状态-响应模型的扎龙湿地健康水循环评价研究［J］. 水科学进展，19（2）：205-213.

周翟尤佳，张惠远，郝海广，2018. 环境承载力评估方法研究综述［J］. 生态经济，34（4）：164-168.

周长春，2009. 黄河下游引黄灌区水资源短缺风险下承载力分析［J］. 地理与地理信息科学，25（5）：89-92.

朱一中，夏军，谈戈，2002. 关于水资源承载力理论与方法的研究［J］. 地理科学进展（2）：180-188.

朱一中，夏军，王纲胜，2005. 张掖地区水资源承载力多目标情景决策［J］. 地理研究（5）：732-740.

邹进，张友权，潘峰，2014. 基于二元水循环理论的水资源承载力质量能综合评价［J］. 长江流域资源与环境，23（1）：117-123.

邹乐乐，金菊良，周玉良，2010. 基于遗传模糊层次分析法的水库诱发地震综合风险评价指标体系筛选模型［J］. 地震地质，32（4）：628-637.

左其亭，2017. 水资源承载力研究方法总结与再思考［J］. 水利水电科技进展，37（3）：1-6.

BAKKER K，2012. Water security：research challenges and opportunities［J］. Science，337（6097）：914-915.

CHEN M，Wu F P，2014. Empirical Study of Sunan's Water Resources Carrying Capacity during the Process of Modernization［J］. Advanced Materials Research，955-959（1）：3075-3078.

CUI Y，FENG P，JIN J L，et al，2018. Water resources carrying capacity evaluation and diagnosis based on set pair analysis and improved the entropy weight method［J］. Entropy，20（5）：359.

DAVID G S，CARVALHO E D，LEMOS D，et al，2015. Ecological carrying capacity for intensive tilapia（Oreochromis niloticus）cage aquaculture in a large hydroelectrical reservoir in Southeastern Brazil［J］. Aquacultural engineering，66：30-40.

Gu Q，WANG H，2015. Ecological footprint analysis for urban agglomeration sustainability in the middle stream of the Yangtze River［J］. Ecological Modelling，318：86-99.

HARRIS J M，KENNEDY S，1999. Carrying capacity in agriculture：global and regional issues［J］. Ecological Economics，29（3）：443-461.

LONG T R，JIANG W C，HE Q，2004. Water resources carrying capacity：new perspectives based on eco-economic analysis and sustainable development［J］. Journal of Hydraulic Engineering，35（1）：38-45.

REN C F，GUO P，LI M，et al，2016. An innovative method for water resources carrying capacity research-Metabolic theory of regional water resources［J］. Journal of Environmental Management，167：139-146.

WANG J，ZHAI Z，SANG X，et al，2017. Study on index system and judgment criterion of water resources carrying capacity［J］. Journal of Hydraulic Engineering，48（9）：1023-1029.

WEI C，GUO C，2014. Constructing an assessment indices system to analyze integrated regional carrying capacity in the coastal zones-A case in Nantong［J］. Ocean and Coastal Management，93（C）：51-59.

XIE Y，LI X，YANG C，et al，2014. Assessing water resources carrying capacity based on integrated system dynamics modeling in a semiarid river basin of northern China［J］. Water Science & Technology Water Supply，14（6）：1057-1066.

YANG J，LEI K，KHU S，et al，2015. Assessment of water environmental carrying capacity for sustainable development using a coupled system dynamics approach applied to the Tieling of the Liao River Basin，China［J］. Environmental Earth Sciences，73（9），5173-5183.

ZHANG M，LIU Y M，WU J，2018. Index system of urban resource and environment carrying capacity

based on ecological civilization [J]. Environmental Impact Assessment Review, 68: 90 - 97.

ZHANG P, SU Y, 2017. Assessment of long - term water quality variation affected by high - intensity land-based inputs and land reclamation in Jiaozhou Bay, China [J]. Ecological Indicators, 75: 210 - 219.

ZHANG Y, CHEN M, 2010. Evaluating Beijing's human carrying capacity from the perspective of water resource constraints [J]. Journal of Environmental Sciences, 22 (8): 1297 - 1304.

ZHANG Z, LU W X, 2014. Development tendency analysis and evaluation of the water ecological carrying capacity in the Siping area of Jilin Province in China based on system dynamics and analytic hierarchy process [J]. Ecological Modelling, 275: 9 - 21.